大学数学教学与改革丛书

# 数值计算方法

许松林　李逢高　主编

U0181769

科 学 出 版 社

北 京

## 内 容 简 介

本书主要介绍数值计算方法及其有关的理论，内容包括插值法、函数逼近与曲线拟合、数值积分与数值微分、解线性方程组的直接法、解线性方程组的迭代法、非线性方程与方程组的数值解法、常微分方程的初值问题、矩阵特征值和特征向量计算等内容,章末配有数值实验习题,并提供编程及应用 MATLAB 数学软件完成数值实验两种解决方案，并在最后一章提供一些数值分析应用案例. 本书注重实际应用能力和计算能力的训练，注意基本概念、基本理论、基本方法的讲授，但不追求理论上的完整性. 虽然起点不是很高，但跨度大，从学习高等数学和线性代数开始，直到数值分析的一些较新成果，范围及深度都有较大弹性.

本书可作为理工科非计算数学专业本科生和研究生的教材，也可供科技工作者参考.

**图书在版编目(CIP)数据**

数值计算方法/许松林，李逢高主编. —北京：科学出版社, 2020.1
(大学数学教学与改革丛书)
ISBN 978-7-03-064106-9

I. ①数… II. ①许… ②李… III. ①数值计算-计算方法-高等学校-教材 IV. ①O241

中国版本图书馆 CIP 数据核字(2020) 第 002731 号

责任编辑：谭耀文 王 晶／责任校对：高 嵘
责任印制：赵 博／封面设计：苏 波

科学出版社 出版
北京东黄城根北街 16 号
邮政编码：100717
http://www.sciencep.com

北京华宇信诺印刷有限公司印刷
科学出版社发行 各地新华书店经销
*
2020 年 1 月第 一 版 开本：787 × 1092 1/16
2025 年 2 月第三次印刷 印张：16 1/4
字数：382 000

**定价：49.00 元**

(如有印装质量问题，我社负责调换)

# 前　言

随着科学技术的迅猛发展与计算机的广泛使用, 计算科学已成为科学研究、工程设计中一种重要的手段, 成为与理论分析、科学试验并驾齐驱的科学研究方法. 目前, 掌握和应用计算科学的基本方法或数值计算方法, 已不仅仅是数学专业的学生和专门从事科学与工程计算工作的科研人员的必备知识, 从事力学、物理学、航空航天、信息传输、能源开发、土木工程、机械设计、医药卫生及社会科学领域的科研人员和工程技术人员, 也将数值计算方法作为各自领域研究的一种重要研究工具. 因此, "数值计算方法" 已逐渐成为理工科大学本科生和硕士研究生的必修课程.

本书根据国家教育部关于 "数值计算方法" 课程的基本要求, 介绍计算机上常用的数值计算方法. 全书深入浅出, 层次分明, 部分理论证明和全书内容独立, 便于根据理工科本科或研究生 32 学时、48 学时等不同需求进行取材和教学, 也适合数学系高年级本科生 64 学时、72 学时使用. 本书在内容安排上, 既注重理论的严谨性, 又注重方法的实用性. 每章配备了大量的例题, 并配有丰富的习题, 以帮助读者巩固和加深理解.

本书可供理工科大学生、硕士研究生学习 "数值计算" 或者 "数值分析" 课程, 以及部分理工科高年级本科生学习 "计算方法" 课程, 也可供相关科技人员学习参考.

本书内容丰富, 教学时可全讲或选讲. 各章具有相对独立性, 可以根据教学要求, 有选择地讲解部分内容. 下面给出一种方案供参考.

| 章节 | 理论课时 | 上机课时 |
|---|---|---|
| 第 1 章　绪论与预备知识 | 2 | — |
| 第 2 章　插值法 | 8 | 2 |
| 第 3 章　函数逼近与曲线拟合 | 6 | 2 |
| 第 4 章　数值积分与数值微分 | 8 | 2 |
| 第 5 章　解线性方程组的直接法 | 6 | 2 |
| 第 6 章　解线性方程组的迭代法 | 2 | 2 |
| 第 7 章　非线性方程与方程组的数值解法 | 4 | 2 |
| 第 8 章　常微分方程的初值问题 | 8 | 2 |
| 第 9 章　矩阵特征值和特征向量计算 | 4 | 2 |
| 第 10 章　数值分析应用案例 | 选读 | — |
| 合计 | 48 | 16 |

本书由许松林、李逢高主编, 周宁琳、胡二琴任副主编. 其中第 1、5、10 章由许松林编写, 第 2、6 章由胡二琴编写, 第 3、4 章由黄毅编写, 第 7、9 章由周宁琳编写, 第 8 章由李逢高编写, 最后由许松林、李逢高统稿、定稿.

本书的出版得到了湖北工业大学教务处的大力支持, 在此表示衷心感谢, 由于编者水平所限, 书中难免有不妥之处, 敬请读者批评指正.

编　　者

2019 年 12 月

# 目 录

# 第 1 章　绪论及预备知识

本书内容概括为用计算机求解数学问题的数值方法及其理论, 简称数值计算方法或数值分析, 一般只涉及工程和科学实验中常见的数学问题, 如线性方程组、非线性方程与方程组、微积分及微分或积分方程、优化问题、数据的处理、矩阵的特征值问题等, 如何用计算机处理这些数学问题, 就是本书的研究内容.

本章首先介绍数值计算方法的基本概念, 然后介绍相关的微积分、微分方程、线性代数等方面的基本概念及理论基础, 最后简要介绍数学软件.

## 1.1　数值计算方法

现代的科学技术发展十分迅速, 它们有一个共同的特点, 就是都有面临大量的数据计算问题. 计算问题可以说是现代社会各个领域普遍存在的共同问题, 例如, 工业、农业、交通运输、医疗卫生、文化教育等, 通过数据分析, 以便掌握事物发展的规律. 研究计算问题的解决方法和相关数学理论问题的一门学科就称为计算数学, 它主要研究有关的数学和逻辑问题怎样通过计算机来有效解决.

数值计算方法简称计算方法, 又称 “数值分析”, 是计算数学的一个主要部分. 它研究用计算机求解数学问题的数值计算方法及其软件实现, 是数学科学的一个分支. 计算数学几乎与数学科学的一切分支有联系, 它利用数学领域的成果发展了新的更有效的算法及其理论, 反过来很多数学分支都需要探讨和研究适用于计算机的数值方法.

运用计算机求解解决实际问题通常需要经历以下步骤.

第 1 步, 根据实际问题建立数学模型 (建立数学模型);

第 2 步, 由所建立的数学模型给出相应的数值计算方法 (给出计算方法);

第 3 步, 根据计算方法编制算法程序, 然后在计算机上计算出结果, 并对结果进行分析 (程序设计及结果分析).

其中第 1 步通常是应用数学的任务, 而第 2 步及第 3 步是计算数学的任务, 也就是计算方法所研究的对象, 它涉及数学的各个分支, 内容十分广泛. 但本书作为 “计算方法” 基础, 只介绍科学与工程计算中最常用的基本数值方法, 包括线性方程组与非线性方程求根、插值与最小二乘拟合、数值积分及常微分方程数值解法等. 这些都是计算数学中最基础的内容.

计算数学与计算工具发展密切相关, 在计算机出现以前, 数值计算方法只能计算规模小的问题, 并且也没形成单独的学科; 在计算机出现以后, 数值计算迅速发展并成为数学科学中一个独立学科——计算数学. 当代计算能力的大幅度提高既来自计算机的进步, 也来自计算方法的进步, 计算机与计算方法的发展是相辅相成、互相促进的. 计算方法的发展启发了新的计算机体系结构, 而计算机的更新换代也对计算方法提出了新的标准和要求. 例如, 为了利用计算机求解大规模的计算问题、提高计算效率, 诞生并发展了并行计算机. 自计算机诞生以来, 经典的计算方法已经历了一个重新评价、筛选、改造和创新的过程; 与此同时, 涌现了许多新概念、新课题, 以及能充分发挥计算机潜力、有更大解题能力的新方法, 这就构成了现代意义下的计算数学, 这也是数值分析的研究对象与特点.

由于计算机的发展及其在各技术科学领域的应用推广与深化, 新的计算性学科分支纷纷兴起, 如计算力学、计算物理、计算化学、计算经济学等. 不论其背景与含义如何, 要用计算机进行科学计算都必须建立相应的数学模型, 并研究其适合于计算机编程的计算方法. 因此, 计算数学是各种计算性科学的联系纽带和共性基础, 是一门兼有基础性、应用性和边缘性的数学学科.

概括地说, 计算方法是研究适合于在计算机上使用的实际可行、理论可靠、计算复杂性好的数值计算方法.

第一, 面向计算机. 要根据计算机特点提供实际可行的算法, 即算法只能由计算机可执行的加减乘除四则运算和各种逻辑运算组成.

第二, 要有可靠的理论分析. 数值分析中的算法理论主要是连续系统的离散化及离散型方程数值求解. 对近似算法要保证收敛性和数值稳定性, 而这些都建立在相应的数学理论的基础上. 有关基本概念包括误差、稳定性、收敛性、计算量、存储量等, 这些概念用来刻画计算方法的可靠性、准确性、效率及使用的方便性.

第三, 要有良好的计算复杂性. 计算复杂性包括时间复杂性 (指计算时间多少) 和空间复杂性 (指占用存储单元多少), 时间复杂性好是指节省计算时间, 空间复杂性好是指节省存储空间. 计算复杂性是建立算法要考虑的问题, 它关系算法能否在计算机上实现.

第四, 要有数值试验. 任何一个算法只有通过数值试验来证明是否行之有效.

根据计算方法课程的特点, 学习该课程时, 首先要复习微积分、线性代数与常微分方程等相关的基础知识, 并具有一定的计算机编程能力; 其次, 在学习各章时, 要注意每章要解决什么问题, 是如何解决的, 以及各种方法的思想及其数学原理, 注重基本概念及基本方法, 不要死记硬背; 最后, 还要做一定数量的理论分析与计算练习. 树立信心, 克服"怕"的思想, 就能学好这门课程.

## 1.2 误差的来源与误差分析的重要性

用计算机求解科学计算问题, 首先要建立数学模型, 它是通过对被描述的实际问题进行抽象、简化而得到的, 因而会产生误差. 人们将数学模型与实际问题之间出现的这种误差称为**模型误差**. 由于模型误差难以用数量表示, 通常都假定数学模型是合理的, 这种误差可忽略不计, 在计算方法中不予讨论. 在数学模型中往往还有一些根据观测得到的物理量, 如温度、重量、长度等都由观测得到, 显然也会产生误差, 这种误差称为**观测误差**, 在计算方法中也不予讨论, 计算方法只研究数值求解数学问题时产生的误差, 它们主要有以下三类: **截断误差**或**方法误差**、**舍入误差**和**初始误差**.

第一类是截断误差或方法误差, 它是指将数学问题转化为数值计算问题时产生的误差, 通常是用有限过程近似无限过程时产生的误差. 例如, 可微函数 $f(x)$ 用泰勒 (Taylor)

多项式

$$P_n(x)=f(0)+\frac{f'(0)}{1!}x+\frac{f''(0)}{2!}x^2+\cdots+\frac{f^{(n)}(0)}{n!}x^n$$

近似代替时, 其**截断误差**为

$$R_n(x)=f(x)-P_n(x)=\frac{f^{(n+1)}(\xi)}{(n+1)!}x^{n+1}$$

$\xi$ 在 0 与 $x$ 之间.

截断误差将结合有关数值方法进行讨论, 数值方法的误差估计指的就是这类误差.

第二类是舍入误差, 数值计算时由于计算是有限位的, 所以原始数据、中间结果和最后结果都要舍入, 这就产生舍入误差. 在十进制运算中一般采用四舍五入. 例如 $\frac{1}{3}$ 写成 0.333 3, $\pi\approx3.141\,6$ 等, 都有舍入误差.

第三类是初始误差, 也称为输入数据误差, 这些误差对计算也将造成影响. 但对初始误差的分析与对舍入误差的分析相似, 因此可将它归入第二类.

研究计算结果的误差是否满足精度要求就是误差估计问题, 本书主要讨论算法的截断误差与舍入误差, 截断误差一般结合具体算法讨论, 而由于对大规模数值计算问题的舍入误差目前尚无有效方法进行定量估计, 所以主要进行定性分析. 因此先对误差估计的基本概念及较简单的数值运算误差估计作简单介绍.

## 1.3　近似数的误差表示法

### 1.3.1　绝对误差与相对误差

**定义 1.1**　设准确值 $x$ 的近似值为 $x^*$, 称 $e^*=x^*-x$ 为近似值的**绝对误差**，简称**误差**，而近似值的误差 $e^*$ 与准确值 $x$ 的比值

$$\frac{e^*}{x}=\frac{x^*-x}{x}$$

称为近似值 $x^*$ 的**相对误差**, 记为 $e_{\rm r}^*$.

绝对误差可正可负. 在实际计算中, 由于真值 $x$ 总是不知道的, 所以 $e^*$ 的准确值很难求出, 往往只能求 $|e^*|$ 的一个上界 $\varepsilon^*$, 即 $|e^*|=|x^*-x|\leqslant\varepsilon^*$ 称为 $x^*$ 的**绝对误差限**, 简称误差限, 它总是正数. 相对误差 $e_{\rm r}^*$ 当 $x=0$ 时没有意义, 且准确值 $x$ 往往未知, 通常取

$$e_{\rm r}^*=\frac{e^*}{x^*}=\frac{x^*-x}{x^*}$$

作为 $x^*$ 的相对误差.

相对误差也可正可负, 它的绝对值上限称为**相对误差限**, 记为 $\varepsilon_{\rm r}^*$, 即 $\varepsilon_{\rm r}^*=\frac{\varepsilon^*}{|x^*|}$.

在使用中经常将 $e^*,e_{\rm r}^*,\varepsilon^*,\varepsilon_{\rm r}^*$ 简记为 $e,e_{\rm r},\varepsilon,\varepsilon_{\rm r}$, 其中 $e$ 还可以记为 $e_A$.

**例 1.1**　已知 $\pi=3.141\,592\,6\cdots$, 若取近似数为 $x^*=3.14$, 则误差

$$e=x^*-\pi=-0.001\,592\,6\cdots$$

其绝对值的上限

$$|e| \leqslant 0.002 = \varepsilon$$

为 $x^*$ 的误差限, 而相对误差限为

$$\varepsilon_{\mathrm{r}} = \frac{\varepsilon}{|x^*|} < 0.7\%$$

通常在 $x$ 有多位数字时, 若取前有限位数的数字作近似值, 都采用四舍五入原则. 例如, $x = \pi$ 取 3 位, $x^* = 3.14$, $\varepsilon \leqslant 0.002$; 取 5 位, $x^* = 3.141\,6$, $\varepsilon \leqslant 0.000\,01$, 它们的误差限都不超过近似数 $x^*$ 末位数的半个单位, 即

$$|\pi - 3.14| \leqslant \frac{1}{2} \times 10^{-2}, \quad |\pi - 3.141\,6| \leqslant \frac{1}{2} \times 10^{-4}$$

从而引出有效数字的概念.

### 1.3.2 舍入误差与有效数字

**定义 1.2** 设 $x^*$ 是 $x$ 的一个近似数, 可表示为

$$x^* = \pm 10^m \times (0.a_1 a_2 \cdots a_n) \tag{1.1}$$

其中 $a_i (i = 1, 2, \cdots, n)$ 为 0 到 9 中的一个数字, $a_1 \neq 0$, $m$ 为整数, 若

$$|x^* - x| \leqslant \frac{1}{2} \times 10^{m-n} \tag{1.2}$$

则称近似值 $x^*$ 近似具有 $n$ 位**有效数字**或称 $x$ 精确到 $10^{m-n}$ 位.

例如, 用 3.14 近似 $\pi$ 有 3 位有效数字, 用 3.141 6 近似 $\pi$ 有 5 位有效数字.

显然, 近似数的有效位数越多, 相对误差限就越小, 反之亦然.

**定理 1.1** 设 $x$ 的近似数 $x^*$ 表示为 $x^* = \pm 10^m \times (0.a_1 a_2 \cdots a_n)$, 若 $x^*$ 具有 $n$ 位有效数字, 则其相对误差限

$$\varepsilon_{\mathrm{r}} \leqslant \frac{1}{2a_1} \times 10^{-(n-1)} \tag{1.3}$$

反之, 若 $x^*$ 的相对误差限 $\varepsilon_{\mathrm{r}} \leqslant \dfrac{1}{2(a_1+1)} \times 10^{-(n-1)}$, 则 $x^*$ 至少具有 $n$ 位有效数字.

**证明** 显然

$$a_1 \times 10^{m-1} < |x^*| = 10^m \times (0.a_1 a_2 \cdots a_n) < (a_1 + 1) \times 10^{m-1}$$

由 $x^*$ 具有 $n$ 位有效数字知

$$|e| = |x^* - x| < \frac{1}{2} \times 10^{m-n}$$

所以

$$\varepsilon_{\mathrm{r}} = \frac{|x^* - x|}{|x^*|} \leqslant \frac{\frac{1}{2} \times 10^{m-n}}{a_1 \times 10^{m-1}} = \frac{1}{2a_1} \times 10^{-(n-1)}$$

反之, 因

$$|x^*-x|=|x^*|\varepsilon_{\mathrm{r}}<(a_1+1)\times 10^{m-1}\times\frac{1}{2(a_1+1)}\times 10^{-(n-1)}=\frac{1}{2}\times 10^{m-n}$$

故 $x^*$ 至少具有 $n$ 位有效数字.

**例 1.2**　下列近似数有几位有效数字? 其相对误差限是多少?

(1) $x=\mathrm{e}\approx 2.718\,28=x^*$　　(2) $x=0.040\,032\approx 0.040\,0=x^*$

**解**　(1) 因 $|\mathrm{e}-2.718\,28|\leqslant\frac{1}{2}\times 10^{-5}$, 故 $x^*$ 有 6 位有效数字.

又因 $a_1=2$, 故相对误差限 $\varepsilon_{\mathrm{r}}\leqslant=\frac{1}{4}\times 10^{-5}$.

(2) 因 $|x^*-x|\leqslant\frac{1}{2}\times 10^{-4}$, 故 $x^*$ 有 3 位有效数字.

又因 $a_1=4$, 故相对误差限 $\varepsilon_{\mathrm{r}}\leqslant=\frac{1}{8}\times 10^{-2}$.

## 1.4　数值运算误差分析

设两个近似数 $x_1^*$ 与 $x_2^*$ 的误差限分别为 $\varepsilon(x_1^*)$ 及 $\varepsilon(x_2^*)$, 则它们进行和、差、积、商运算得到的误差限满足

$$\varepsilon(x_1^*\pm x_2^*)\leqslant\varepsilon(x_1^*)+\varepsilon(x_2^*)$$

$$\varepsilon(x_1^*x_2^*)\leqslant|x_1^*|\,\varepsilon(x_2^*)+|x_2^*|\,\varepsilon(x_1^*)$$

$$\varepsilon\left(\frac{x_1^*}{x_2^*}\right)\leqslant\frac{|x_1^*|\,\varepsilon(x_2^*)+|x_2^*|\,\varepsilon(x_1^*)}{|x_2^*|^2}\quad(x_2^*\neq 0)$$

更一般的情况是, 当自变量有误差时计算函数值也产生误差, 其误差限可利用函数的泰勒展开式进行估计. 设一元函数 $f(x)$ 具有二阶导数, 自变量 $x$ 的一个近似值为 $x^*$, $f(x)$ 的近似值为 $f(x^*)$, 其误差限记作 $\varepsilon(f(x^*))$. 用 $f(x)$ 在 $x^*$ 点的泰勒展开式估计误差, 可得

$$f(x)-f(x^*)=f'(x^*)(x-x^*)+\frac{f''(\xi)}{2}(x-x^*)^2$$

其中, $\xi$ 在 $x$ 与 $x^*$ 之间取绝对值, 得

$$|f(x)-f(x^*)|\leqslant|f'(x^*)|\,\varepsilon(x^*)+\frac{|f''(\xi)|}{2}\varepsilon^2(x^*)$$

若 $f'(x^*)$ 与 $f''(x^*)$ 的比值不是很大, 则可忽略 $\varepsilon(x^*)$ 的高阶项, 于是可得计算函数的误差限及相对误差限的公式

$$\varepsilon(f(x^*))\approx|f'(x^*)|\,\varepsilon(x^*)$$

$$\varepsilon_{\mathrm{r}}(f(x^*))\approx\left|\frac{f'(x^*)}{f(x^*)}\right|\varepsilon(x^*)$$

如果 $f$ 为多元函数, 计算 $A=f(x_1,x_2,\cdots,x_n)$. 自变量 $x_1,x_2,\cdots,x_n$ 的近似值为 $x_1^*,x_2^*\cdots x_n^*$, $A$ 的近似值 $A^*=f(x_1^*,x_2^*,\cdots,x_n^*)$. 由多元函数的泰勒展开式, 可得

$$\begin{aligned}e(A^*)&=A^*-A=f(x_1^*,x_2^*,\cdots,x_n^*)-f(x_1,x_2,\cdots,x_n)\\&\approx\sum_{k=1}^{n}\frac{\partial f(x_1^*,x_2^*,\cdots,x_n^*)}{\partial x_k}(x_k^*-x_k)=\sum_{k=1}^{n}\left(\frac{\partial f}{\partial x_k}\right)^*e_k\end{aligned}$$

于是误差限

$$\varepsilon(A^*)\approx\sum_{k=1}^{n}\left|\left(\frac{\partial f}{\partial x_k}\right)^*\right|\varepsilon(x_k^*) \tag{1.4}$$

及相对误差限

$$\varepsilon_{\mathrm{r}}=\varepsilon_{\mathrm{r}}(A^*)=\frac{\varepsilon(A^*)}{|A^*|}\approx\sum_{k=1}^{n}\left|\left(\frac{\partial f}{\partial x_k}\right)^*\right|\frac{\varepsilon(x_k^*)}{|A^*|} \tag{1.5}$$

其中, $\left(\dfrac{\partial f}{\partial x_k}\right)^*$ 表示 $\dfrac{\partial f}{\partial x_k}$ 在点 $(x_1^*,x_2^*,\cdots,x_n^*)$ 处的值.

**例 1.3**　设某场地长 $l$ 的值为 $l^*=100\,\mathrm{m}$, 宽 $d$ 的值为 $d^*=80\,\mathrm{m}$, 已知 $|l^*-l|\leqslant 0.2\,\mathrm{m}$, $|d^*-d|\leqslant 0.1\,\mathrm{m}$, 试求面积 $S=ld$ 的绝对误差限与相对误差限.

**解**　因 $S=ld, \dfrac{\partial S}{\partial l}=d, \dfrac{\partial S}{\partial d}=l$, 由式 (1.4) 知

$$\varepsilon(S^*)\approx\left|\left(\frac{\partial S}{\partial l}\right)^*\right|\varepsilon(l^*)+\left|\left(\frac{\partial S}{\partial d}\right)^*\right|\varepsilon(d^*)$$

其中, $\left(\dfrac{\partial S}{\partial l}\right)^*=d^*=80\,\mathrm{m}, \left(\dfrac{\partial S}{\partial d}\right)^*=l^*=100\,\mathrm{m}$, 从而有

$$\varepsilon(S^*)\approx 80\times0.2+100\times0.1=26\,\mathrm{m}^2$$

相对误差限为

$$\varepsilon_{\mathrm{r}}=\varepsilon_{\mathrm{r}}(S^*)=\frac{\varepsilon(S^*)}{|S^*|}\approx\frac{26}{100\times80}=0.325\%$$

## 1.5　数值计算中的一些基本原则

上面给出的误差估计方法只适用运算量很少的情形, 对大规模数值计算的舍入误差估计目前尚无有效的方法做出定量估计, 为了确保数值计算结果的正确性, 应对数值计算问题进行定性分析, 以保证其舍入误差不会影响计算的精度, 本节主要讨论算法的数值稳定性及数值计算中的一些基本原则.

### 1.5.1　算法的数值稳定性

用一个数值方法进行计算时, 由于原始数据有误差, 在计算中这些误差会传播, 有时误差增长很快使计算结果误差很大, 影响到结果不可靠.

**定义 1.3**　一个算法如果原始数据有扰动 (即误差), 而在计算过程中舍入误差不增长, 则称此算法是**数值稳定**的; 否则称此算法是**不稳定**的.

**例 1.4**　计算积分 $I_n = \int_0^1 x^n e^{x-1} \mathrm{d}x \ (n = 0, 1, \cdots)$, 并估计误差.

**解**　由分部积分法得递推公式

$$\begin{cases} I_n = 1 - nI_{n-1} & (n = 1, 2, \cdots) \\ I_0 = \int_0^1 e^{-1} \mathrm{d}x = 1 - e^{-1} \end{cases} \tag{1.6}$$

若计算 $I_0$ 时取 $e^{-1} \approx 0.3969$, 其截断误差 $|e^{-1} - 0.3969| < \frac{1}{2} \times 10^{-4}$, 由式 (1.6) 依次计算 $I_1, I_2, \cdots, I_9$. 计算过程中小数点后第 5 位的数字按四舍五入原则舍入, 由此产生的舍入误差这里先不讨论. 当初值取 $I_0 \approx 0.6321 = \widetilde{I}_0$ 时, 用式 (1.6) 递推的计算公式为 (称为方法 A)

$$\text{A} \quad \begin{cases} \widetilde{I}_0 = 0.6321 \\ \widetilde{I}_n = 1 - n\widetilde{I}_{n-1} \quad (n = 1, 2, \cdots) \end{cases} \tag{1.7}$$

计算结果见表 1.1 中用方法 A 所计算的列.

**表 1.1　两种方法计算积分的结果**

| $n$ | $\widetilde{I}_n$(用方法 A) | $\widetilde{I}_n$(用方法 B) | $n$ | $\widetilde{I}_n$(用方法 A) | $\widetilde{I}_n$(用方法 B) |
|---|---|---|---|---|---|
| 0 | 0.6321 | 0.6321 | 5 | 0.148 | 0.1455 |
| 1 | 0.3679 | 0.3679 | 6 | 0.112 | 0.1268 |
| 2 | 0.2642 | 0.2642 | 7 | 0.216 | 0.1121 |
| 3 | 0.2074 | 0.2073 | 8 | −0.728 | 0.1035 |
| 4 | 0.1704 | 0.1709 | 9 | 7.552 | 0.0684 |

从表 1.1 中看到 $\widetilde{I}_8$ 出现负值, 这与 $I_n > 0$ 矛盾. 实际上, 各步计算的误差 $E_n = I_n - \widetilde{I}_n$ 满足

$$E_n = I_n - \widetilde{I}_n = -n(I_{n-1} - \widetilde{I}_{n-1}) = \cdots = (-1)^n n! E_0$$

当 $n$ 增大时 $E_n$ 是递增的, 到计算 $\widetilde{I}_9$ 时的误差已达到 $-9!E_0$, 是严重失真的. 它表明式 (1.7) 给出的算法是不稳定的.

现在换一种计算方案. 由定积分性质可估值, 得

$$\frac{e^{-1}}{n+1} = \min_{0 \leqslant x \leqslant 1} e^{x-1} \int_0^1 x^n \mathrm{d}x < I_n < \max_{0 \leqslant x \leqslant 1} e^{x-1} \int_0^1 x^n \mathrm{d}x = \frac{1}{n+1}$$

取 $n = 9$, 得

$$\frac{e^{-1}}{10} < I_9 < \frac{1}{10}$$

粗略取 $I_9 \approx \frac{1}{2}\left(\frac{e^{-1}}{10} + \frac{1}{10}\right) = 0.0684 = \widetilde{I}_9$, 然后将式 (1.6) 倒过来计算, 即 (称为方法 B)

$$\text{B} \quad \begin{cases} \widetilde{I}_9 = 0.0684 \\ \widetilde{I}_{n-1} = \frac{1}{n}(1 - \widetilde{I}_n) \quad (n = 9, 8, \cdots) \end{cases} \tag{1.8}$$

计算结果见表 1.1 中用方法 B 所计算的列. 可以发现用方法 B 计算时, $I_0$ 与 $\widetilde{I}_0$ 的误差不超过 $10^{-4}$. 这是由于

$$E_{n-1} = I_{n-1} - \widetilde{I}_{n-1} = \frac{1}{n}(I_n - \widetilde{I}_n) = \frac{1}{n}E_n$$

从而

$$|E_0| = \frac{1}{n!}|E_n|$$

说明计算是稳定的.

此例说明, 用方法 A 计算时, 误差是逐步扩大的, 因而是不稳定的算法; 用方法 B 计算时, 误差是逐步衰减的, 因而是稳定的算法.

数值不稳定的算法是不能使用的.

### 1.5.2 避免误差危害的若干原则

数值计算中通常不使用数值不稳定性算法, 在设计算法时还应该尽量避免误差危害, 防止有效数字损失, 通常运算中应注意以下若干原则.

(1) 避免用绝对值很小的数做除法.

(2) 避免两个相近数相减, 以免有效数字损失.

(3) 注意运算次序, 防止大数 "吃掉" 小数, 如多个数相加减, 应按绝对值由小到大的次序运算.

(4) 简化计算步骤, 尽量减少运算次数.

为了说明以上原则, 下面给出一些例题.

**例 1.5** 求 $x^2 - 16x + 1 = 0$ 的小正根.

**解** 方程的两根为 $x_1 = 8 - \sqrt{63}$, $x_2 = 8 + \sqrt{63}$, 其小正根为

$$x_1 = 8 - \sqrt{63} \approx 8 - 7.94 = 0.06$$

只有一位有效数字.

为避免两相近数相减, 可改用

$$x_1 = 8 - \sqrt{63} = \frac{1}{8 + \sqrt{63}} \approx \frac{1}{8 + 7.94} \approx 0.0627$$

具有三位有效数字.

**例 1.6** 计算 $A = 10^4(1 - \cos 2^\circ)$(用四位数学用表).

**解** 由于 $\cos 2^\circ = 0.9994$, 直接计算得

$$A = 10^4(1 - \cos 2^\circ) = 10^4 \times (1 - 0.9994) = 6$$

只有一位有效数字. 若利用 $1 - \cos x = 2\sin^2\dfrac{x}{2}$, 则

$$A = 10^4(1 - \cos 2^\circ) = 2 \times (\sin 1^\circ)^2 \times 10^4 = 6.13$$

具有三位有效数字 (其中 $\sin 1^\circ = 0.0175$).

例 1.5 及例 1.6 说明, 可以通过改变计算公式避免或者减少有效数字的损失. 有以下几种经验性的方法来避免有效数字的损失

$$\sqrt{x+\varepsilon}-\sqrt{x}=\frac{\varepsilon}{\sqrt{x+\varepsilon}+\sqrt{x}}, \quad \ln(x+\varepsilon)-\ln x=\ln\left(1+\frac{\varepsilon}{x}\right)$$

当 $|x| \ll 1$ 时

$$1-\cos x=2\sin^2\frac{x}{2}, \quad e^x-1=x\left(1+\frac{1}{2}x+\frac{1}{6}x^2+\cdots\right)$$

更一般地, 当 $f(x)\approx f(x^*)$ 时, 可用泰勒展开式, 得

$$f(x)-f(x^*)=f'(x^*)(x-x^*)+\frac{f''(x^*)}{2}(x-x^*)^2+\cdots$$

取右端的有限项近似左端.

**例 1.7** 计算多项式

$$p(x)=a_0x^n+a_1x^{n-1}+\cdots+a_{n-1}x+a_n \quad (a_0\neq 0)$$

在 $x^*$ 处的值 $p(x^*)$.

**解** 若直接计算每一项 $a_kx^{n-k}$ $(k=0,1,\cdots,n-1)$, 再逐项相加, 共需进行

$$1+2+\cdots+n=\frac{n(n+1)}{2}$$

次乘法和 $n$ 次加法. 若采用以下算法

$$p(x)=(\cdots(a_0x+a_1)x+\cdots+a_{n-1})x+a_n$$

它可表示为

$$\begin{cases} b_0=a_0 \\ b_k=b_{k-1}x^*+a_k \quad (k=1,2,\cdots,n) \end{cases}$$

则 $b_n=p(x^*)$ 即为所求. 用它计算 $n$ 次多项式 $p(x)$ 的值只需 $n$ 次乘法和 $n$ 次加法. 此算法称为秦九韶算法, 也称霍纳 (Horner) 算法. 它是我国南宋数学家秦九韶于 1247 年提出的, 比霍纳 1819 年提出此算法早 500 多年.

## 1.6 微积分若干基本概念和基本定理

### 1.6.1 数列极限和函数极限

**定义 1.4** 设实数集合 $X$, 若有一个实数 $M$, 使得 $X$ 中任何数都不超过 $M$, 那么就称 $M$ 是 $X$ 的一个**上界**. 在所有那些上界中如果有一个最小的上界, 就称为 $X$ 的**上确界**. 类似可定义**下界**及**下确界**. 上确界记作 $\sup(X)$, 下确界记作 $\inf(X)$.

一个有界数集有无数个上界和下界, 但是上确界 (或下确界) 却只有一个.

**定理 1.2** (确界定理) 任何有上界 (下界) 的非空实数集必存在上确界 (下确界).

**定义 1.5** 设数列 $\{x_n\}_{n=1}^{\infty} \subset \mathbf{R}$ 和实数 $a \in \mathbf{R}$, 若对于任意给的正数 $\varepsilon$, 总存在正数 $N$, 使得当 $n > N$ 时, 有 $|x_n - a| < \varepsilon$, 则称数列 $\{x_n\}$**收敛**于 $a$. 记为 $\lim\limits_{n\to\infty} x_n = a$. 也称 $\{x_n\}$ 为**收敛数列**. 否则称 $\{x_n\}$ 为**发散数列**.

**定义 1.6** 设序列 $\{x_n\}_{n=1}^{\infty} \subset \mathbf{R}$, 若对于任意给的正数 $\varepsilon$, 总存在正数 $N$, 使得当 $n \geqslant N$ 和 $m \geqslant N$ 时, 有 $|x_n - x_m| < \varepsilon$, 则称数列 $\{x_n\}$ 为**柯西 (Cauchy) 序列**.

**定理 1.3** (柯西定理) 序列 $\{x_n\}_{n=1}^{\infty}$ 收敛的充分必要条件是 $\{x_n\}_{n=1}^{\infty}$ 是一个柯西序列.

**定理 1.4** (单调有界原理) 单调有界数列必有极限.

**定义 1.7** 设函数 $y = f(x)$ 在点 $x_0$ 的某一去心邻域内有定义, 若对于任意给的正数 $\varepsilon$, 总存在正数 $\delta > 0$ 和常数 $A$, 使得当 $0 < |x - x_0| < \delta$ 时, 总有 $|f(x) - A| < \varepsilon$, 则称函数 $y = f(x)$ 当 $x \to x_0$ 时收敛于 $A$, 记为 $\lim\limits_{x\to x_0} f(x) = A$.

**定义 1.8** 设 $\alpha$ 及 $\beta$ 都是同一个自变量的变化过程中的无穷小, 而 $\lim \dfrac{\beta}{\alpha}$ 也是在这个变化过程中的极限.

若 $\lim \dfrac{\beta}{\alpha}=0$, 就说 $\beta$ 是比 $\alpha$ 高阶的无穷小, 记作 $\beta = o(\alpha)$;

若 $\lim \dfrac{\beta}{\alpha}=\infty$, 就说 $\beta$ 是比 $\alpha$ 低阶的无穷小;

若 $\lim \dfrac{\beta}{\alpha}=c \neq 0$, 就说 $\beta$ 是与 $\alpha$ 同阶的无穷小;

若 $\lim \dfrac{\beta}{\alpha}=1$, 就说 $\beta$ 与 $\alpha$ 是等价无穷小, 记作 $\beta \sim \alpha$.

**定义 1.9** 若当 $x \to a$ 时, 无穷小函数 $f(x)$ 的阶不低于某一正的函数 $g(x)$ 无穷小的阶 (或无穷大函数 $f(x)$ 的阶不高于某一正的函数 $g(x)$ 无穷大的阶), 即

$$\limsup_{x\to a} \frac{|f(x)|}{g(x)} = c \quad (0 \leqslant c < +\infty)$$

则约定记作 $f(x) = O(g(x))$.

一般来讲小 $o$ 号只对无穷小量使用, 大 $O$ 号则既用于无穷小量的比较也用于无穷大量的比较. 另外要注意变化趋势 (比如 $x \to a$) 只有在不引起误解的情况下才能省略, 否则就不要漏掉.

至于小 $o$ 和大 $O$ 之间的转化, 从定义 (1.8)、定义 (1.9) 出发可以直接得到: 若 $v = o(u)$, 则 $v = O(u)$, 但是反过来没有什么结论. 在一定的条件下, $x \to 0$ 时 $o(x^k)$ 可以化到 $O(x^{k+1})$.

大 $O$ 号在分析算法效率的时候非常有用. 举个例子, 若解决一个规模为 $n$ 的问题所花费的时间 (或者所需步骤的数目) 可以被求得：$T(n) = 4n^2 - 2n + 1$, 则可以记为

$$T(n) = O(n^2) \quad \text{或} \quad T(n) \in O(n^2)$$

并且说明该算法具有二阶的时间复杂度.

### 1.6.2　闭区间上的连续函数

**定义 1.10**　设函数 $f(x)$ 在点 $x_0$ 的某个邻域内有定义, 若

$$\lim_{x\to x_0} f(x) = f(x_0)$$

则称函数 $f(x)$ 在点 $x_0$ 处**连续**, 且称 $x_0$ 为函数 $f(x)$ 的**连续点**. 设函数 $f(x)$ 在区间 $(a,b]$ 内有定义, 若

$$\lim_{x\to b^-} f(x) = f(b)$$

则称函数 $f(x)$ 在点 $b$**左连续**. 设函数 $f(x)$ 在区间 $[a,b)$ 内有定义, 若

$$\lim_{x\to a^+} f(x) = f(a)$$

则称函数 $f(x)$ 在点 $a$ **右连续**. 一个函数若在开区间 $(a,b)$ 内每点连续, 则称函数 $f(x)$ 在 $(a,b)$ 内连续; 若又在 $a$ 点右连续, $b$ 点左连续, 则称函数 $f(x)$ 在闭区间 $[a,b]$ 上连续; 若在整个定义域内连续, 则称为**连续函数**. 一个函数若在定义域内某一点左、右都连续, 则称函数在此点连续, 否则在此点不连续.

**定义 1.11**　若定义在实数区间 $A$(注意区间 $A$ 可以是闭区间, 亦可以是开区间甚至是无穷区间) 上的任意函数 $f(x)$, 对于任意给定的正数 $\varepsilon>0$, 总存在一个与 $x$ 无关的实数 $\delta>0$, 使得当区间 $A$ 上的任意两点 $x_1, x_2$, 满足 $|x_1-x_2|<\delta$ 时, 总有 $|f(x_1)-f(x_2)|<\varepsilon$, 则称 $f(x)$ 在区间 $A$ 上是**一致连续**的.

**定理 1.5** (康托尔 (Cantor) 定理)

(1) 有界闭区间 $[a,b]$ 上的连续函数 $f(x)$ 必在 $[a,b]$ 上一致连续;

(2) 若 $f(x)$ 在 $(a,b)$ 内连续, 并且 $\lim\limits_{x\to a^+} f(x)$, $\lim\limits_{x\to b^-} f(x)$ 都存在, 则 $f(x)$ 在 $[a,b]$ 上一致连续.

**定理 1.6** (函数一致连续性的判定定理)　若 $f(x)$ 在区间 $(a,b)$(可以是闭区间, 开区间, 或者无限区间) 上连续, 且其一阶导数有界, 即存在 $M>0$, 使得 $|f'(x)|\leqslant M$ , 则 $f(x)$ 在区间 $(a,b)$ 上一致连续.

### 1.6.3　函数序列的一致收敛性

**定义 1.12**　设函数列 $\{f_n\}$ 与函数 $f$ 定义在同一数集 $D$ 上, 若对任给的正数 $\varepsilon$, 总存在某一正数 $N$, 使得当 $n>N$ 时, 对一切 $x\in D$, 都有

$$|f_n(x)-f(x)|<\varepsilon$$

则称函数列 $\{f_n\}$ 在 $D$ 上一致收敛于 $f(x)$, 记为

$$f_n(x)\rightrightarrows f(x)(n\to\infty)\quad (x\in D)$$

**定理 1.7** (一致收敛性的柯西准则)　定义在集合 $D$ 上的函数序列 $\{f_n\}_{n=1}^{\infty}$ 在 $D$ 上一致收敛, 当且仅当 $\forall\varepsilon>0, \exists N\in N_+$, 使得当 $n\geqslant N, m\geqslant N$ 和 $\forall x\in D$ 时, 有 $|f_n(x)-f_m(x)|<\varepsilon$.

**定理 1.8**　设 $\lim\limits_{n\to\infty} f_n(x)=f(x)$, $\forall x\in D$, 令 $M_n=\sup\limits_{x\in D}|f_n(x)-f(x)|$, 那么在 $D$ 上 $f_n\to f$ 是一致的, 当且仅当 $n\to\infty$ 时, $M_n\to 0$.

### 1.6.4　中值定理

**定理 1.9** (罗尔 (Rolle) 中值定理)　如果函数 $f(x)$ 满足: ① 在闭区间 $[a,b]$ 上连续; ② 在开区间 $(a,b)$ 内可导; ③ $f(a)=f(b)$, 则至少存在一个 $\xi\in(a,b)$, 使得 $f'(\xi)=0$.

**定理 1.10** (拉格朗日 (Lagrange) 中值定理)　如果函数 $f(x)$ 满足: ① 在闭区间 $[a,b]$ 上连续; ② 在开区间 $(a,b)$ 内可导; 那么在开区间 $(a,b)$ 内至少有一点 $\xi$, 使得

$$f(b)-f(a)=f'(\xi)(b-a)$$

**定理 1.11** (泰勒中值定理)　若函数 $f(x)$ 在开区间 $(a,b)$ 有直到 $n+1$ 阶的导数, 则当函数在此区间内时, 可以展开为一个关于 $(x-x_0)$ 多项式和一个余项的和

$$f(x)=f(x_0)+f'(x_0)(x-x_0)+\frac{f''(x_0)}{2!}(x-x_0)^2+\cdots+\frac{f^{(n)}(x_0)}{n!}(x-x_0)^n+R_n(x)$$

其中

$$R_n(x)=\frac{f^{(n+1)}(\xi)}{(n+1)!}(x-x_0)^{n+1}$$

这里 $\xi$ 在 $x$ 和 $x_0$ 之间, 该余项称为拉格朗日型的余项.

当 $x_0=0$ 时, 称泰勒公式为麦克劳林 (Maclaurin) 公式.

**定理 1.12** (加权积分中值定理)　若函数 $f(x)\in C[a,b]$, $g(x)$在$[a,b]$ 上可积且 $g(x)$ 在 $[a,b]$ 内不变号, 则存在 $\xi\in[a,b]$, 使得

$$\int_a^b f(x)g(x)\mathrm{d}x=f(\xi)\int_a^b g(x)\mathrm{d}x$$

**定理 1.13** (二元泰勒 (Taylor) 中值定理)　若函数 $f(x,y)$ 在平面域

$$D=\{(x,y)|\,|x-x_0|\leqslant a,|y-y_0|\leqslant b\}$$

上有直到 $n+1$ 阶的偏导数, 则当函数在此区域内时, 可以展开为一个关于 $(x-x_0)$ 和 $(y-y_0)$ 多项式与一个余项的和

$$f(x,y)=\sum_{k=0}^{n}\frac{1}{k!}\left[(x-x_0)\frac{\partial}{\partial x}+(y-y_0)\frac{\partial}{\partial y}\right]^k f(x_0,y_0)+R_n$$

其中

$$R_n=\frac{1}{(n+1)!}\left[(x-x_0)\frac{\partial}{\partial x}+(y-y_0)\frac{\partial}{\partial y}\right]^{n+1} f[x_0+\theta(x-x_0),y_0+\theta(y-y_0)]$$

$$(0<\theta<1)$$

并记

$$\left[(x-x_0)\frac{\partial}{\partial x}+(y-y_0)\frac{\partial}{\partial y}\right]^k f(x_0,y_0)\xlongequal{\text{记}}\sum_{j=0}^{k}C_k^j(x-x_0)^j(y-y_0)^{k-j}\left(\frac{\partial^k f}{\partial x^j\partial y^{k-j}}\right)_{(x_0,y_0)}$$

# 1.7　常微分方程的基本概念和有关理论

## 1.7.1　常微分方程的基本概念

含有未知函数的导数的方程都是微分方程. 一般凡是表示未知函数、未知函数的导数与自变量之间的关系的方程, 称为**微分方程**. 未知函数是一元函数的, 称为**常微分方程**; 未知函数是多元函数的称为**偏微分方程**. 微分方程有时也简称方程. 微分方程中所含未知函数导数的最高次数称为这个微分方程的阶.

设

$$y' = f(x,y), \quad x \in [x_0, b] \tag{1.9}$$

$$y(x_0) = y_0 \tag{1.10}$$

称为一阶微分方程的**初值问题**. $(x_0, y_0)$ 为初始值, 式 (1.10) 为**初始条件**.

同理, 称

$$\begin{cases} \dfrac{\mathrm{d}x}{\mathrm{d}t} = f_1(t,x,y), \quad x(t_0) = x_0 \\ \dfrac{\mathrm{d}y}{\mathrm{d}t} = f_2(t,x,y), \quad y(t_0) = y_0 \end{cases} \tag{1.11}$$

为一阶微分方程组的**初值问题**.

称

$$y'' + p(x)y' + q(x)y = f(x) \quad (x \in [a,b]) \tag{1.12}$$

$$y(x_0) = y_0, \quad y'(x_0) = y_0' \tag{1.13}$$

为二阶微分方程的初值问题, 式 (1.13) 为初始条件.

所谓常微分方程的两点边值问题, 就是找二阶常微分方程在区间 $[a,b]$ 边界上满足已知条件的解. 二阶常微分方程 (1.12) 有如下三类边界条件.

第一类边界条件

$$y(a) = \alpha, \quad y(b) = \beta$$

当 $\alpha = 0$ 或 $\beta = 0$ 时, 称为**齐次的**, 否则称为**非齐次的**.

第二类边界条件

$$\frac{\mathrm{d}y}{\mathrm{d}x}(a) = g_1, \quad \frac{\mathrm{d}y}{\mathrm{d}x}(b) = g_2$$

当 $g_1 = 0$ 或 $g_2 = 0$ 时, 称为**齐次的**, 否则称为**非齐次的**.

第三类边界条件

$$p(a)\frac{\mathrm{d}y}{\mathrm{d}x}(a) + \alpha y(a) = g_1, \quad p(b)\frac{\mathrm{d}y}{\mathrm{d}x}(b) + \beta y(b) = g_2$$

当 $g_1 = 0$ 或 $g_2 = 0$ 时, 称为**齐次的**, 否则称为**非齐次的**.

### 1.7.2　初值问题解的存在唯一性

考虑一阶常微分方程的初值问题

$$y' = f(x, y) \quad (x \in [x_0, b])$$

$$y(x_0) = y_0$$

若存在实数 $L > 0$, 使得

$$|f(x, y_1) - f(x, y_2)| \leqslant L\,|y_1 - y_2|\,, \quad \forall y_1, y_2 \in \mathrm{R}$$

则称 $f$ 关于 $y$ 满足利普希茨 (Lipschitz) 条件, $L$ 称为 $f$ 的利普希茨常数 (简称 Lips. 常数).

**定理 1.14**　设 $f$ 在区域 $D = \{(x, y) | a \leqslant x \leqslant b, y \in \mathrm{R}\}$ 上连续, 关于 $y$ 满足利普希茨条件, 则对任意 $x_0 \in [a, b], y_0 \in \mathrm{R}$, 常微分方程 (1.9)、式 (1.10) 当 $x \in [a, b]$ 时存在唯一的连续可微解.

**定理 1.15**　设 $f$ 在区域 $D = \{(x, y) | a \leqslant x \leqslant b, y \in \mathrm{R}\}$ 上连续, 且关于 $y$ 满足利普希茨条件, 若初值问题

$$y' = f(x, y), \quad y(x_0) = s$$

的解为 $y(x, s)$, 则

$$|y(x, s_1) - y(x, s_2)| \leqslant e^{L|x - x_0|}\,|s_1 - s_2|$$

## 1.8　线性代数的有关概念和结论

### 1.8.1　线性空间

**定义 1.13**　设 $V$ 是一个非空集合, $K$ 是一个数域. 在 $V$ 上定义了一种加法运算 “+”, 即对 $V$ 中任意的两个元素 $\boldsymbol{\alpha}$ 与 $\boldsymbol{\beta}$, 总存在 $V$ 中唯一的元素 $\boldsymbol{\gamma}$ 与之对应, 记为 $\boldsymbol{\gamma} = \boldsymbol{\alpha} + \boldsymbol{\beta}$; 在数域 $K$ 和 $V$ 的元素之间定义了一种运算, 称为数乘, 即对 $K$ 中的任意数 $k$ 与 $V$ 中任意一个元素 $\boldsymbol{\alpha}$, 在 $V$ 中存在唯一的一个元素 $\boldsymbol{\delta}$ 与它们对应, 记为 $\boldsymbol{\delta} = k\boldsymbol{\alpha}$. 若上述加法和数乘满足下列运算规则, 则称 $V$ 是数域 $K$ 上的一个**线性空间**.

(1) 加法交换律: $\boldsymbol{\alpha} + \boldsymbol{\beta} = \boldsymbol{\beta} + \boldsymbol{\alpha}$;

(2) 加法结合律: $(\boldsymbol{\alpha} + \boldsymbol{\beta}) + \boldsymbol{\gamma} = \boldsymbol{\alpha} + (\boldsymbol{\beta} + \boldsymbol{\gamma})$;

(3) 在 $V$ 中存在一个元素 $\mathbf{0}$, 对于 $V$ 中的任一元素 $\boldsymbol{\alpha}$, 都有 $\boldsymbol{\alpha} + \mathbf{0} = \boldsymbol{\alpha}$;

(4) 对于 $V$ 中的任一元素 $\boldsymbol{\alpha}$, 存在元素 $\boldsymbol{\beta}$, 使 $\boldsymbol{\alpha} + \boldsymbol{\beta} = \mathbf{0}$;

(5) $1 \cdot \boldsymbol{\alpha} = \boldsymbol{\alpha}$;

(6) $k(\boldsymbol{\alpha} + \boldsymbol{\beta}) = k\boldsymbol{\alpha} + k\boldsymbol{\beta}, k \in K$;

(7) $(k + l)\,\boldsymbol{\alpha} = k\boldsymbol{\alpha} + l\boldsymbol{\beta}, \quad k, l \in K$;

(8) $k\,(l\boldsymbol{\alpha}) = (kl)\,\boldsymbol{\alpha}$.

其中: $\boldsymbol{\alpha}, \boldsymbol{\beta}, \boldsymbol{\gamma}$ 是 $V$ 中的任意元素; $k, l$ 是数域 $K$ 中任意数. $V$ 中适合 (3) 的元素 $\mathbf{0}$ 称为**零元素**; 适合 (4) 的元素 $\boldsymbol{\beta}$ 称为 $\boldsymbol{\alpha}$ 的**负元素**, 记为 $-\boldsymbol{\alpha}$.

**定义 1.14**　在向量空间 $V$ 的一组向量 $\boldsymbol{A}:\boldsymbol{\alpha}_1,\boldsymbol{\alpha}_2,\cdots,\boldsymbol{\alpha}_m$, 若存在不全为零的数 $k_1,k_2,\cdots,k_m$ , 使

$$k_1\boldsymbol{\alpha}_1+k_2\boldsymbol{\alpha}_2+\cdots+k_m\boldsymbol{\alpha}_m=\mathbf{0}$$

则称向量组 $\boldsymbol{A}$ 是**线性相关**的, 否则数 $k_1,k_2,\cdots,k_m$ 全为 0 时, 称它是线性无关.

**定义 1.15**　设 $V$ 是数域 $K$ 上的一个线性空间, 若 $V$ 中的 $n$ 个向量 $\boldsymbol{\varepsilon}_1,\boldsymbol{\varepsilon}_2,\cdots,\boldsymbol{\varepsilon}_n$ 满足:

(1) $\boldsymbol{\varepsilon}_1,\boldsymbol{\varepsilon}_2,\cdots,\boldsymbol{\varepsilon}_n$ 线性无关;

(2) $V$ 中的任意向量都可由 $\boldsymbol{\varepsilon}_1,\boldsymbol{\varepsilon}_2,\cdots,\boldsymbol{\varepsilon}_n$ 线性表示,

则称 $\boldsymbol{\varepsilon}_1,\boldsymbol{\varepsilon}_2,\cdots,\boldsymbol{\varepsilon}_n$ 为线性空间 $V$ 的一组**基**, $n$ 称为 $V$ 的**维数**, 记为 $\dim V=n$, 并称 $V$ 为数域 $K$ 上的 **$n$维线性空间**.

**定义 1.16**　设 $\boldsymbol{\varepsilon}_1,\boldsymbol{\varepsilon}_2,\cdots,\boldsymbol{\varepsilon}_n$ 是 $n$ 维线性空间 $V$ 的一组基, 对 $V$ 中的任意向量 $\boldsymbol{\alpha}$, 存在唯一数组 $x_1,x_2,\cdots,x_n$, 使得

$$\boldsymbol{\alpha}=x_1\boldsymbol{\varepsilon}_1+x_2\boldsymbol{\varepsilon}_2+\cdots+x_n\boldsymbol{\varepsilon}_n$$

则称 $x_1,x_2,\cdots,x_n$ 为向量 $\boldsymbol{\alpha}$ 在基 $\boldsymbol{\varepsilon}_1,\boldsymbol{\varepsilon}_2,\cdots,\boldsymbol{\varepsilon}_n$ 下的坐标, 记作 $(x_1,x_2,\cdots,x_n)^{\mathrm{T}}$.

**定义 1.17**　设 $\boldsymbol{\alpha}_1,\boldsymbol{\alpha}_2,\cdots,\boldsymbol{\alpha}_m$ 是 $R^n$ 中任一组向量. 记 $\boldsymbol{\alpha}_1,\boldsymbol{\alpha}_2,\cdots,\boldsymbol{\alpha}_m$ 的所有线性组合的集合为 $\mathrm{Span}(\boldsymbol{\alpha}_1,\boldsymbol{\alpha}_2,\cdots,\boldsymbol{\alpha}_m)$, 即

$$\mathrm{Span}(\boldsymbol{\alpha}_1,\boldsymbol{\alpha}_2,\cdots,\boldsymbol{\alpha}_m)=\{k_1\boldsymbol{\alpha}_1+k_2\boldsymbol{\alpha}_2+\cdots+k_m\boldsymbol{\alpha}_m|\,k_i\in R,i=1,2,\cdots,m\}$$

称 $\mathrm{Span}(\boldsymbol{\alpha}_1,\boldsymbol{\alpha}_2,\cdots,\boldsymbol{\alpha}_m)$ 为向量组 $\boldsymbol{\alpha}_1,\boldsymbol{\alpha}_2,\cdots,\boldsymbol{\alpha}_m$ 生成的子空间.

### 1.8.2　矩阵和矩阵变换

设

$$\boldsymbol{D}=\begin{pmatrix} d_1 & & & \\ & d_2 & & \\ & & \ddots & \\ & & & d_n \end{pmatrix},\quad \boldsymbol{L}=\begin{pmatrix} l_{11} & & & \\ l_{21} & l_{22} & & \\ \vdots & \vdots & \ddots & \\ l_{n1} & l_{n2} & \cdots & l_{nn} \end{pmatrix},\quad \boldsymbol{U}=\begin{pmatrix} u_{11} & u_{12} & \cdots & u_{1n} \\ & u_{22} & \cdots & u_{2n} \\ & & \ddots & \vdots \\ & & & u_{nn} \end{pmatrix}$$

称 $\boldsymbol{D}=\mathrm{diag}(d_1,d_2,\cdots,d_n)$ 为**对角阵**, $\det\boldsymbol{D}=\prod\limits_{i=1}^{n}d_i$, $\boldsymbol{DA}$ 就是用 $\boldsymbol{D}$ 的对角线上诸元素乘矩阵 $\boldsymbol{A}$ 的相应各行, $\boldsymbol{AD}$ 就是用 $\boldsymbol{D}$ 的对角线上诸元素乘矩阵 $\boldsymbol{A}$ 的相应各列.

称 $\boldsymbol{L}$ 为**下三角矩阵**(简称**下三角阵**), 其中当 $l_{ii}=1(i=1,2,\cdots,n)$ 时, 称为**单位下三角阵**, 当 $l_{ii}=0(i=1,2,\cdots,n)$ 时, 称为**严格下三角阵**, $\det\boldsymbol{L}=\prod\limits_{i=1}^{n}l_{ii}$.

称 $\boldsymbol{U}$ 为**上三角矩阵**(简称**上三角阵**), 其中当 $u_{ii}=1(i=1,2,\cdots,n)$ 时, 称为**单位上三角阵**, 当 $u_{ii}=0(i=1,2,\cdots,n)$ 时, 称为**严格上三角阵**.

容易验证, 有限个下三角阵的乘积仍然为下三角阵, 下三角阵的逆仍然为下三角阵. 对上三角阵有相似的结论.

**定义 1.18** 若 $\boldsymbol{A}$ 是 $n$ 阶矩阵, 则 $\boldsymbol{A}_k=\begin{pmatrix} a_{11} & a_{12} & \cdots & a_{1k} \\ a_{21} & a_{22} & \cdots & a_{2k} \\ \vdots & \vdots & & \vdots \\ a_{k1} & a_{k2} & \cdots & a_{kk} \end{pmatrix}$ $(k=1,2,\cdots,n)$, 称为 $\boldsymbol{A}$ 的 **$k$阶顺序主子阵**, $D_k=\det \boldsymbol{A}_k(k=1,2,\cdots,n)$ 称为 $\boldsymbol{A}$ 的 **$k$阶顺序主子式**.

**定义 1.19** 每行每列中正好有一个元素等于 1 而其余元素为 0 的 $n$ 阶矩阵 $\boldsymbol{P}$, 称为**排列阵**. 有性质 $\boldsymbol{P}^{\mathrm{T}}=P^{-1}, \det \boldsymbol{P}=\pm 1$. 排列阵的乘积仍然是排列阵.

**定义 1.20** 设 $\boldsymbol{A}$ 和 $\boldsymbol{B}$ 均为 $n$ 阶矩阵, 若存在可逆矩阵 $\boldsymbol{P}$, 使得

$$\boldsymbol{P}^{-1}\boldsymbol{A}\boldsymbol{P}=\boldsymbol{B} \quad \text{或} \quad \boldsymbol{A}=\boldsymbol{P}\boldsymbol{B}\boldsymbol{P}^{-1}$$

则称 $\boldsymbol{A}$ 和 $\boldsymbol{B}$**相似**, 记作 $\boldsymbol{A}\sim\boldsymbol{B}$, 也称 $\boldsymbol{P}^{-1}\boldsymbol{A}\boldsymbol{P}$ 为 $\boldsymbol{A}$ 的**相似变换**.

**定义 1.21** 设 $\boldsymbol{A}$ 为 $n$ 阶实矩阵, 若 $\boldsymbol{A}\boldsymbol{A}^{\mathrm{T}}=\boldsymbol{A}^{\mathrm{T}}\boldsymbol{A}=\boldsymbol{E}$, 则称 $\boldsymbol{A}$ 为**正交矩阵**.

**定义 1.22** 称矩阵 $\boldsymbol{P}_{ij}=\boldsymbol{E}-(\boldsymbol{e}_i-\boldsymbol{e}_j)(\boldsymbol{e}_i-\boldsymbol{e}_j)^{\mathrm{T}}$ 为**初等置换阵**, 其中 $\boldsymbol{E}$ 为 $n$ 阶单位矩阵, $\boldsymbol{e}_i,\boldsymbol{e}_j$ 依次为 $\boldsymbol{E}$ 的第 $i, j$ 列. 有限个初等置换阵的乘积称为排列阵.

显然 $\boldsymbol{P}_{ij}$ 是由单位矩阵的第 $i$ 行 (列) 与第 $j$ 行 (列) 互换得到的, 是第一类初等矩阵. 初等置换阵是对称正交矩阵, 即

$$\boldsymbol{P}_{ij}^{\mathrm{T}}=\boldsymbol{P}_{ij}, \quad \boldsymbol{P}_{ij}^{\mathrm{T}}\boldsymbol{P}_{ij}=\boldsymbol{P}_{ij}\boldsymbol{P}_{ij}^{\mathrm{T}}=\boldsymbol{E}, \quad \text{且} \quad |\boldsymbol{P}_{ij}|=-1, P_{ij}^{-1}=\boldsymbol{P}_{ij}.$$

### 1.8.3 矩阵的特征值和谱半径

**定义 1.23** 设 $\boldsymbol{A}$ 是 $n$ 阶方阵, 若在数 $\lambda$ 和非零 $n$ 维列向量 $\boldsymbol{x}$, 使得 $\boldsymbol{A}\boldsymbol{x}=\lambda\boldsymbol{x}$ 成立, 则称 $\lambda$ 是 $\boldsymbol{A}$ 的一个**特征值**或**本征值**. 非零 $n$ 维列向量 $\boldsymbol{x}$ 称为矩阵 $\boldsymbol{A}$ 的属于 (对应于) 特征值 $\lambda$ 的**特征向量**或**本征向量**, 简称 $\boldsymbol{A}$ 的特征向量或 $\boldsymbol{A}$ 的本征向量. $f(\lambda)=|\boldsymbol{A}-\lambda\boldsymbol{E}|$ 称为矩阵 $\boldsymbol{A}$ 的**特征多项式**, $|\boldsymbol{A}-\lambda\boldsymbol{E}|=0$ 称为**特征方程**.

数 $\lambda$ 为矩阵 $\boldsymbol{A}$ 的特征值的充分必要条件是 $\lambda$ 为矩阵 $\boldsymbol{A}$ 的特征多项式的零点, 也即特征方程的根.

设 $\lambda_1,\lambda_2,\cdots,\lambda_n$ 是矩阵 $\boldsymbol{A}$ 的 $n$ 个特征值, 则有

$$\det\boldsymbol{A}=\prod_{i=1}^{n}\lambda_i, \quad \mathrm{tr}\boldsymbol{A}=\sum_{i=1}^{n}\lambda_i$$

这里 $\mathrm{tr}\boldsymbol{A}=\sum_{i=1}^{n}a_{ii}$ 为矩阵 $\boldsymbol{A}$ 的**迹**.

**定义 1.24** 设 $\boldsymbol{A}$ 是 $n$ 阶方阵, $\lambda_1,\lambda_2,\cdots,\lambda_n$ 是其特征值, 称 $\rho(\boldsymbol{A})=\max\limits_{1\leqslant i\leqslant n}|\lambda_i|$ 为矩阵 $\boldsymbol{A}$ 的**谱半径**.

**定理 1.16** 设 $\boldsymbol{B}\in R^{n\times n}$, 则 $\lim\limits_{k\to\infty}\boldsymbol{B}^k=\boldsymbol{O}$ 的充分必要条件是矩阵 $\boldsymbol{B}$ 的谱半径 $\rho(\boldsymbol{B})<1$.

矩阵 $\boldsymbol{A}$ 的特征值 $\lambda$ 和特征向量 $\boldsymbol{x}$ 有如下性质.

(1) $\lambda$ 也是 $\boldsymbol{A}^{\mathrm{T}}$ 的特征值;

(2) 若 $\boldsymbol{A}$ 可逆, 则 $\lambda^{-1}$ 为 $\boldsymbol{A}^{-1}$ 的特征值, 相应的特征向量仍然为 $\boldsymbol{x}$;

(3) 相似矩阵有相同的特征多项式, 从而有相同的特征值和相同的迹;

(4) $\boldsymbol{AB}$ 和 $\boldsymbol{BA}$ 有相同的特征值;

(5) $\lambda^m$ 为 $\boldsymbol{A}^m$ 的一个特征值 ($m$ 为正整数), 相应的特征向量仍然为 $\boldsymbol{x}$;

(6) 设矩阵 $\boldsymbol{A}$ 的多项式 $\varphi(\boldsymbol{A}) = a_0\boldsymbol{E} + a_1\boldsymbol{A} + \cdots + a_m\boldsymbol{A}^m$, 则其特征值为

$$\varphi(\lambda) = a_0 + a_1\lambda + \cdots + a_m\lambda^m$$

相应的特征向量仍然为 $\boldsymbol{x}$.

### 1.8.4　对角占优阵

**定义 1.25**　设 $\boldsymbol{A} \in \mathbf{R}^{n\times n}$, 若存在一个排列阵 $\boldsymbol{P}$, 使得

$$\boldsymbol{P}^{\mathrm{T}}\boldsymbol{AP} = \begin{pmatrix} \boldsymbol{A}_{11} & \boldsymbol{A}_{12} \\ & \boldsymbol{A}_{22} \end{pmatrix}$$

其中, $\boldsymbol{A}_{11} \in \mathbf{R}^{r\times r}, \boldsymbol{A}_{22} \in \mathbf{R}^{(n-r)\times(n-r)}\,(1 \leqslant r < n)$, 则称 $\boldsymbol{A}$ 为**可约的**, 否则称 $\boldsymbol{A}$ 是**不可约的**.

**定义 1.26**　设 $\boldsymbol{A} \in \mathbf{R}^{n\times n}$, 若方阵 $\boldsymbol{A}$ 的每一行中不在主对角线上的所有元素的绝对值之和小于同一行中主对角线元素之绝对值, 即

$$|a_{ii}| > \sum_{j=1,j\neq i}^{n} |a_{ij}| \qquad (i = 1, 2, \cdots, n)$$

则称方阵 $\boldsymbol{A}$(按行)**严格对角占优矩阵**.

**定义 1.27**　设 $\boldsymbol{A} \in \mathbf{R}^{n\times n}$ 是不可约的, 若

$$|a_{ii}| \geqslant \sum_{j=1,j\neq i}^{n} |a_{ij}| \qquad (i = 1, 2, \cdots, n)$$

且至少有一个不等式严格成立, 则称方阵 $\boldsymbol{A}$ 为**不可约对角占优矩阵**.

**定理 1.17**　设 $\boldsymbol{A} \in \mathbf{R}^{n\times n}$ 为严格对角占优矩阵, 则 $\boldsymbol{A}$ 为可逆矩阵且 $a_{ii} \neq 0\ (i = 1, 2, \cdots, n)$.

**定理 1.18**　设 $\boldsymbol{A} \in \mathbf{R}^{n\times n}$ 为不可约对角占优矩阵, 则 $\boldsymbol{A}$ 为可逆矩阵且 $a_{ii} \neq 0\,(i = 1, 2, \cdots, n)$.

### 1.8.5　对称正定阵

**定义 1.28**　设 $\boldsymbol{A} \in \mathbf{R}^{n\times n}$, 若 $\boldsymbol{A}^{\mathrm{T}} = \boldsymbol{A}$, 即 $a_{ij} = a_{ji}(i, j = 1, 2, \cdots, n)$, 则称 $\boldsymbol{A}$ 为**实对称矩阵**, 简称**实对称阵**.

实对称阵 $\boldsymbol{A}$ 有如下性质.

(1) $\boldsymbol{A}$ 的特征值都是实数;

(2) $\boldsymbol{A}$ 有 $n$ 个线性无关的特征向量;

(3) 对应于不同特征值的特征向量正交;

(4) 存在正交阵 $\boldsymbol{Q}$, 使得 $\boldsymbol{Q}^{\mathrm{T}}\boldsymbol{A}\boldsymbol{Q}$ 为对角阵.

**定义 1.29**　设 $\boldsymbol{A} \in \mathbf{R}^{n\times n}, \boldsymbol{A}^{\mathrm{T}} = \boldsymbol{A}$ 且满足 $(\boldsymbol{A}x, \boldsymbol{x}) > 0, \forall x \neq 0$, 则称 $\boldsymbol{A}$ 为**正定矩阵**. 若满足 $(\boldsymbol{A}\boldsymbol{x}, \boldsymbol{x}) \geqslant 0, \forall \boldsymbol{x} \neq 0$, 则称 $\boldsymbol{A}$ 为**半正定矩阵**.

**定理 1.19**　对称正定阵 $\boldsymbol{A}$ 的对角线元素都是正数, 即 $a_{ii} > 0 (i = 1, 2, \cdots, n)$.

**定理 1.20**　实对称 $\boldsymbol{A}$ 为正定阵的充分必要条件是 $\boldsymbol{A}$ 的所有特征值都是正数.

**推论 1.1**　半正定矩阵 $\boldsymbol{A}$ 的特征值 $\lambda_i \geqslant 0 (i = 1, 2, \cdots, n)$.

**定理 1.21**　实对称 $\boldsymbol{A}$ 为正定阵的充分必要条件是 $\boldsymbol{A}$ 的所有顺序主子式都是正数.

**推论 1.2**　正定矩阵的各阶顺序主子阵都是正定的.

**定理 1.22**　设 $\boldsymbol{A} \in \mathbf{R}^{n\times n}, \boldsymbol{A}^{\mathrm{T}} = \boldsymbol{A}$ 为严格对角占优的或不可约对角占优的矩阵, 且 $a_{ii} > 0 (i = 1, 2, \cdots, n)$, 则 $\boldsymbol{A}$ 为正定矩阵.

### 1.8.6　向量和连续函数的内积

**定义 1.30**　设 $\boldsymbol{x}, \boldsymbol{y} \in \mathbf{R}^n$, 称 $x_1y_1 + x_2y_2 + \cdots + x_ny_n$ 为向量 $\boldsymbol{x}$ 与 $\boldsymbol{y}$ 的**内积**, 并记作

$$(x, y) = \sum_{i=1}^{n} x_i y_i = x^{\mathrm{T}} y$$

称 $\sqrt{(\boldsymbol{x}, \boldsymbol{x})}$ 为向量 $\boldsymbol{x}$ 的**范数(或长度)**, 记作 $\|\boldsymbol{x}\|$, 当 $\|\boldsymbol{x}\| = 1$ 时称向量 $\boldsymbol{x}$ 为**单位向量**. 当 $\boldsymbol{x}$, $\boldsymbol{y}$ 均为非零向量时, 称 $\theta = \arccos \dfrac{(\boldsymbol{x}, \boldsymbol{y})}{\|\boldsymbol{x}\|\,\|\boldsymbol{y}\|}$ **为向量$\boldsymbol{x}$ 与 $\boldsymbol{y}$的夹角**. 当 $(\boldsymbol{x}, \boldsymbol{y}) = 0$ 时称向量 $\boldsymbol{x}$ 与 $\boldsymbol{y}$**正交**.

实向量内积满足如下性质.

(1) 对称性　$(\boldsymbol{x}, \boldsymbol{y}) = (\boldsymbol{y}, \boldsymbol{x})$;

(2) 齐次性　$(\lambda \boldsymbol{x}, \boldsymbol{y}) = \lambda(\boldsymbol{x}, \boldsymbol{y}), \quad (\lambda \in \mathbf{R})$;

(3) 可加性　$(\boldsymbol{x} + \boldsymbol{y}, \boldsymbol{z}) = (\boldsymbol{x}, \boldsymbol{z}) + (\boldsymbol{y}, \boldsymbol{z}), \quad (\boldsymbol{x}, \boldsymbol{y}, \boldsymbol{z} \in \mathbf{R}^n)$;

(4) 正定性　$(\boldsymbol{x}, \boldsymbol{x}) \geqslant 0$, 当且仅当 $\boldsymbol{x} = \mathbf{0}$ 时, $(\boldsymbol{x}, \boldsymbol{x}) = 0$.

**定义 1.31**　设 $\boldsymbol{x}, \boldsymbol{y} \in \mathbf{R}^n$, 称 $(\boldsymbol{x}, \boldsymbol{y}) = \sum\limits_{i=1}^{n} \rho_i x_i y_i$ 为向量 $\boldsymbol{x}$ 与 $\boldsymbol{y}$ 的**带权**$\rho_1, \rho_2, \cdots, \rho_n$**的内积**, 其中 $\rho_1, \rho_2, \cdots, \rho_n$ 为已知常数.

**定义 1.32**　设在区间 $(a, b)$ 上非负函数 $\rho(x)$ 满足条件:

(1) 可积性 $\displaystyle\int_a^b |x^n|\,\rho(x)\mathrm{d}x\,(n = 1, 2, \cdots)$ 存在;

(2) 正定性　对非负的连续函数 $g(x)$, 若 $\displaystyle\int_a^b \rho(x)g(x)\mathrm{d}x = 0$, 则在 $(a, b)$ 上 $g(x) \equiv 0$, 称 $\rho(x)$ 为区间 $(a, b)$ 上的**权函数**.

**定义 1.33**　设 $f, g \in C[a, b]$, 称

$$(f, g) = \int_a^b \rho(x) f(x) g(x) \mathrm{d}x$$

为函数 $f, g$ 在 $[a, b]$**带权$\boldsymbol{\rho(x)}$的内积**. 其中 $\rho(x)$ 为权函数, 通常取 $\rho(x) = 1$, 这时

$$(f, g) = \int_a^b f(x) g(x) \mathrm{d}x$$

连续函数的内积满足如下性质.

(1) 对称性　$(f,g)=(g,f)$;

(2) 齐次性　$(\lambda f,g)=\lambda(g,f)$,　$(\lambda\in R)$;

(3) 可加性　$(f+g,h)=(f,h)+(g,h)$,　$f,g,h\in C[a,b]$;

(4) 正定性　$(f,f)\geqslant 0$, 当且仅当 $f(x)=0$ 时 $(f,f)=0$.

**定理 1.23**　设 $\boldsymbol{x},\boldsymbol{y}\in\mathbf{R}^n$(或 $x(t),y(t)\in C[a,b]$), 则

$$|(\boldsymbol{x},\boldsymbol{y})|^2\leqslant(\boldsymbol{x},\boldsymbol{x})(\boldsymbol{y},\boldsymbol{y})$$

称为柯西–施瓦茨 (Cauchy-Schwarz) 不等式.

**证明**　引入参数 $\lambda$, 而

$$(\boldsymbol{x}+\lambda\boldsymbol{y},\boldsymbol{x}+\lambda\boldsymbol{y})=(\boldsymbol{x},\boldsymbol{x})+2\lambda(\boldsymbol{x},\boldsymbol{y})+\lambda^2(\boldsymbol{y},\boldsymbol{y})\geqslant 0$$

上式为关于 $\lambda$ 的二次三项式, 由非负性知其判别式小于零, 有

$$|(\boldsymbol{x},\boldsymbol{y})|^2\leqslant(\boldsymbol{x},\boldsymbol{x})(\boldsymbol{y},\boldsymbol{y})$$

**定义 1.34**　若函数族 $\varphi_0(x),\varphi_1(x),\cdots,\varphi_n(x),\cdots$ 满足

$$(\varphi_j,\varphi_k)=\int_a^b\rho(x)\varphi_j(x)\varphi_k(x)\mathrm{d}x=\begin{cases}0 & (j\neq k)\\ A_k & (j=k)\end{cases}$$

其中, $A_k\neq 0$ 为常数, 则称函数族 $\{\varphi_j\}$ 为 $[a,b]$ 带权 $\rho(x)$ 的正交函数族.

### 1.8.7　向量范数、矩阵范数和连续函数的范数

**定义 1.35**　若向量 $\boldsymbol{x}\in\mathbf{R}^n$ 的某个实值函数 $f(\boldsymbol{x})=\|x\|$ 满足:

(1) 正定性　$\|\boldsymbol{x}\|\geqslant 0$, 当且仅当 $\boldsymbol{x}=0$ 时, $\|\boldsymbol{x}\|=0$;

(2) 齐次性　$\|\lambda\boldsymbol{x}\|=|\lambda|\ \|\boldsymbol{x}\|$,　$\forall\lambda\in\mathbf{R}$;

(3) 三角不等式　$\|\boldsymbol{x}+\boldsymbol{y}\|\leqslant\|\boldsymbol{x}\|+\|\boldsymbol{y}\|$,　$\forall\boldsymbol{x},\boldsymbol{y}\in\mathbf{R}^n$.

则称 $f(\boldsymbol{x})=\|\boldsymbol{x}\|$ 为 $x\in R^n$ 上的一个**向量范数**.

常用的向量范数:

$$\|\boldsymbol{x}\|_\infty=\max_{1\leqslant i\leqslant n}|x_i|,$$　称为$\infty$-范数或**最大范数**, 也称**行和范数**

$$\|x\|_1=\sum_{i=1}^n|x_i|,$$　称为 1-范数, 也称**列和范数**

$$\|x\|_2=\left(\sum_{i=1}^n|x_i|^2\right)^{\frac{1}{2}},$$　称为2-范数, 也称**欧氏范数**.

这三种范数可以统一表示为

$$\|\boldsymbol{x}\|_p=\left(\sum_{i=1}^n|x_i|^p\right)^{\frac{1}{p}}\quad(p=\infty,1,2)$$

类似地, 对连续函数空间 $C[a,b]$, 若 $f\in C[a,b]$ 可定义三种常见的范数如下:

$$\|f\|_\infty=\max_{a\leqslant x\leqslant b}|f(x)|,\qquad \text{称为}\infty\text{-范数或最大范数}$$

$$\|f\|_1=\int_a^b|f(x)|\,\mathrm{d}x,\qquad \text{称为 1-范数}$$

$$\|f\|_2=\left(\int_a^b f^2(x)\mathrm{d}x\right)^{\frac{1}{2}},\qquad \text{称为2-范数.}$$

**例 1.8**　计算向量 $\boldsymbol{x}=(1,2,-3)^{\mathrm{T}}$ 的各种范数.

**解**　$\|\boldsymbol{x}\|_\infty=\max\limits_{1\leqslant i\leqslant 3}|x_i|=3, \|\boldsymbol{x}\|_1=\sum\limits_{i=1}^{3}|x_i|=6,\ \|\boldsymbol{x}\|_2=\left(\sum\limits_{i=1}^{3}|x_i|^2\right)^{\frac{1}{2}}=\sqrt{14}$

**定义 1.36**　若向量序列 $\left\{\boldsymbol{x}^{(k)}\right\}_{k=1}^{\infty}\in\mathbf{R}^n$, 若存在 $\boldsymbol{x}^*\in\mathbf{R}^n$, 使得

$$\lim_{k\to\infty}\left\|\boldsymbol{x}^{(k)}-\boldsymbol{x}^*\right\|=0$$

则称序列 $\left\{\boldsymbol{x}^{(k)}\right\}$ 按范数 $\|\cdot\|$ 收敛于 $x^*$, 记为

$$\lim_{k\to\infty}\boldsymbol{x}^{(k)}=\boldsymbol{x}^*$$

可以证明, 若 $\lim\limits_{k\to\infty}\boldsymbol{x}^{(k)}=\boldsymbol{x}^*$, 则 $\left\{\boldsymbol{x}^{(k)}\right\}$ 的每一个向量的分量当 $k\to\infty$ 时都趋向于 $x^*$ 的对应分量.

**定义 1.37**　设 $\|\boldsymbol{x}\|_s,\|\boldsymbol{x}\|_t$ 为 $\mathbf{R}^n$上向量$\boldsymbol{x}$的任意两种范数, 若存在正的常数 $c_1,c_2$, 使得对一切非零向量 $\boldsymbol{x}$, 有

$$c_1\|\boldsymbol{x}\|_s\leqslant\|\boldsymbol{x}\|_t\leqslant c_2\|\boldsymbol{x}\|_s$$

则称范数 $\|\boldsymbol{x}\|_s$ 与范数 $\|\boldsymbol{x}\|_t$ 等价.

**定理 1.24**　设 $\boldsymbol{x}\in\mathbf{R}^n$, 则 $\boldsymbol{x}$ 的 3 种范数满足:

(1) $\|\boldsymbol{x}\|_2\leqslant\|\boldsymbol{x}\|_1\leqslant\sqrt{n}\|\boldsymbol{x}\|_2$　　(2) $\|\boldsymbol{x}\|_\infty\leqslant\|\boldsymbol{x}\|_2\leqslant\sqrt{n}\|\boldsymbol{x}\|_\infty$

(3) $\|\boldsymbol{x}\|_\infty\leqslant\|\boldsymbol{x}\|_1\leqslant n\|\boldsymbol{x}\|_\infty$

**证明**　在此仅证 (2), 其余 (1) 与 (3) 留做习题. 设 $\boldsymbol{x}_j$ 是满足 $\|\boldsymbol{x}\|_\infty=\max\limits_{1\leqslant i\leqslant n}|\boldsymbol{x}_i|=|\boldsymbol{x}_j|$ 的 $\boldsymbol{x}$ 的分量, 则

$$(\|\boldsymbol{x}\|_\infty)^2=|\boldsymbol{x}_j|^2\leqslant\sum_{i=1}^{n}|\boldsymbol{x}_i|^2\leqslant n|\boldsymbol{x}_j|^2=n(\|\boldsymbol{x}\|_\infty)^2$$

于是, 由上式推出 $\|\boldsymbol{x}\|_\infty\leqslant\|\boldsymbol{x}\|_2\leqslant\sqrt{n}\|\boldsymbol{x}\|_\infty$.

定理 1.24 说明了 $\mathbf{R}^n$ 中的 3 种范数是等价的, 因此, 以后只需就一种范数进行讨论, 其余范数也都有相同的结论.

**定义 1.38**　若矩阵 $\boldsymbol{A}\in\mathbf{R}^{n\times n}$ 的某个非负的实值函数 $N(\boldsymbol{A})=\|\boldsymbol{A}\|$ 满足

(1) 正定性　　$\|\boldsymbol{A}\|\geqslant 0$, 当且仅当 $\boldsymbol{A}=\boldsymbol{O}$ 时 $\|\boldsymbol{A}\|=0$;

(2) 齐次性　　$\|\lambda\boldsymbol{A}\|=|\lambda|\ \|\boldsymbol{A}\|,\quad\forall\lambda\in\mathbf{R}$;

(3) 三角不等式　$\|\boldsymbol{A}+\boldsymbol{B}\|\leqslant\|\boldsymbol{A}\|+\|\boldsymbol{B}\|,\quad\forall\boldsymbol{A},\boldsymbol{B}\in\mathbf{R}^{n\times n}$;

(4) 相容性　　$\|\boldsymbol{AB}\| \leqslant \|\boldsymbol{A}\|\ \|\boldsymbol{B}\|, \quad \forall \boldsymbol{A},\boldsymbol{B} \in \mathbf{R}^{n\times n}$.

则称 $\|\boldsymbol{A}\|$ 为 $\mathbf{R}^{n\times n}$ 上的一个**矩阵范数**.

不难验证 $\|\boldsymbol{A}\|_F = \left(\sum_{i=1}^{n}\sum_{j=1}^{n} a_{ij}^2\right)^{\frac{1}{2}}$ 是一种矩阵范数, 称为 Frobenious 范数, 简称 F-范数.

下面通过向量范数再引进一种矩阵的范数.

**定义 1.39**　设 $\boldsymbol{x} \in R^n, \boldsymbol{A} \in \mathbf{R}^{n\times n}$, 给出一种向量范数 $\|\boldsymbol{x}\|_v$(如 $v$ =1,2 或 $\infty$), 相应地定义一个矩阵的非负函数

$$\|A\|_v = \max_{x\neq 0} \frac{\|A\boldsymbol{x}\|_v}{\|\boldsymbol{x}\|_v} \tag{1.14}$$

可以验证 $\|\boldsymbol{A}\|_v$ 满足定义 1.38, 所以 $\|\boldsymbol{A}\|_v$ 是 $\mathbf{R}^{n\times n}$ 上矩阵的一个范数, 称为 $\boldsymbol{A}$ 的**算子范数**, 也叫**从属范数**.

**定理 1.25**　设 $\|\boldsymbol{x}\|_v$ 是 $\mathbf{R}^n$ 上的一个向量范数, 则 $\|\boldsymbol{A}\|_v$ 是 $\mathbf{R}^{n\times n}$ 上矩阵的范数, 且满足相容性条件

$$\|\boldsymbol{Ax}\|_v \leqslant \|A\|_v \|\boldsymbol{x}\|_v \tag{1.15}$$

**证明**　由式 (1.14) 知相容性条件式 (1.15) 是显然的. 下面只验证定义 1. 38 中的条件 (4).

由相容性条件式 (1.15), 有

$$\|\boldsymbol{ABx}\|_v \leqslant \|\boldsymbol{A}\|_v \|\boldsymbol{Bx}\|_v \leqslant \|\boldsymbol{A}\|_v \|\boldsymbol{B}\|_v \|\boldsymbol{x}\|_v$$

当 $\boldsymbol{x} \neq \boldsymbol{0}$ 时, 有

$$\frac{\|\boldsymbol{ABx}\|_v}{\|\boldsymbol{x}\|_v} \leqslant \|\boldsymbol{A}\|_v \|\boldsymbol{B}\|_v$$

故

$$\|\boldsymbol{AB}\|_v = \max_{x\neq 0} \frac{\|\boldsymbol{ABx}\|_v}{\|\boldsymbol{x}\|_v} \leqslant \|\boldsymbol{A}\|_v \|\boldsymbol{B}\|_v$$

显然矩阵 $\boldsymbol{A}$ 的算子范数也可以定义为 $\|\boldsymbol{A}\|_v = \max\limits_{\|x\|=1} \|\boldsymbol{Ax}\|_v$.

由向量的 3 种基本范数, 可以得到 3 种常用的矩阵范数.

**定理 1.26**　设 $\boldsymbol{x} \in \mathbf{R}^n, \boldsymbol{A} \in \mathbf{R}^{n\times n}$, 则

(1) $\|\boldsymbol{A}\|_\infty = \max\limits_{1\leqslant i\leqslant n} \sum\limits_{j=1}^{n} |a_{ij}|$, 称为 $\boldsymbol{A}$ 的 $\infty$-范数或**行和范数**;

(2) $\|\boldsymbol{A}\|_1 = \max\limits_{1\leqslant j\leqslant n} \sum\limits_{i=1}^{n} |a_{ij}|$, 称为 $\boldsymbol{A}$ 的 1-范数, 也称**列和范数**;

(3) $\|\boldsymbol{A}\|_2 = \sqrt{\rho(\boldsymbol{A}^{\mathrm{T}}\boldsymbol{A})}$, 称为 2-范数, 也称**谱范数**. 其中 $\rho(\boldsymbol{A}^{\mathrm{T}}\boldsymbol{A})$ 表示矩阵的谱半径, 也是 $\boldsymbol{A}^{\mathrm{T}}\boldsymbol{A}$ 的最大特征值.

**证明**　只就 (1)、(3) 给出证明, (2) 同理可证.

(1) 设 $\boldsymbol{x}=(x_1,x_2,\cdots,x_n)^{\mathrm{T}}\neq 0$, 不妨设 $\boldsymbol{A}\neq\boldsymbol{O}$, 记

$$t=\|\boldsymbol{x}\|_\infty=\max_{1\leqslant i\leqslant n}|x_i|,\quad \boldsymbol{s}=\|A\|_\infty=\max_{1\leqslant i\leqslant n}\sum_{j=1}^n|a_{ij}|$$

则

$$\|\boldsymbol{Ax}\|_\infty=\max_{1\leqslant i\leqslant n}\left|\sum_{j=1}^n a_{ij}x_j\right|\leqslant\max_{1\leqslant i\leqslant n}\sum_{j=1}^n|a_{ij}|\,|x_j|\leqslant t\max_{1\leqslant i\leqslant n}\sum_{j=1}^n|a_{ij}|$$

这说明对任何非零 $x\in\mathbf{R}^n$, 有

$$\frac{\|\boldsymbol{Ax}\|_\infty}{\|\boldsymbol{x}\|_\infty}\leqslant s$$

下面说明有非零向量 $\boldsymbol{x}_0\in\mathbf{R}^n$, 使得 $\dfrac{\|\boldsymbol{Ax}_0\|_\infty}{\|\boldsymbol{x}_0\|_\infty}=s$. 实际上, 设

$$s=\max_{1\leqslant i\leqslant n}\sum_{j=1}^n|a_{ij}|=\sum_{j=1}^n|a_{i_0j}|$$

取向量 $\boldsymbol{x}_0=(x_1,x_2,\cdots,x_n)^{\mathrm{T}}$, 其中 $\boldsymbol{x}_j=\mathrm{sgn}(a_{i_0j})\,(j=1,2,\cdots,n)$. 显然 $\|\boldsymbol{x}_0\|_\infty=1$, 且 $\boldsymbol{Ax}_0$ 的第 $i_0$ 个分量为 $\sum\limits_{j=1}^n a_{i_0j}x_j=\sum\limits_{j=1}^n|a_{i_0j}|$, 这说明

$$\|\boldsymbol{Ax}\|_\infty=\max_{1\leqslant i\leqslant n}\left|\sum_{j=1}^n a_{ij}x_j\right|=\sum_{j=1}^n|a_{i_0j}|=s$$

(3) 由于对一切 $\boldsymbol{x}\in\mathbf{R}^n$

$$(\|\boldsymbol{Ax}\|_2)^2=(\boldsymbol{Ax},\boldsymbol{Ax})=(\boldsymbol{A}^{\mathrm{T}}\boldsymbol{Ax},\boldsymbol{x})\geqslant 0$$

从而 $\boldsymbol{A}^{\mathrm{T}}\boldsymbol{A}$ 的特征值为非负实数, 设为

$$\lambda_1\geqslant\lambda_2\geqslant\cdots\geqslant\lambda_n\geqslant 0$$

设 $\boldsymbol{u}_1,\boldsymbol{u}_2,\cdots,\boldsymbol{u}_n$ 为 $\boldsymbol{A}^{\mathrm{T}}\boldsymbol{A}$ 的相应于特征值序列 $\lambda_1,\lambda_2,\cdots,\lambda_n$ 的特征向量. 由于 $\boldsymbol{A}^{\mathrm{T}}\boldsymbol{A}$ 为对称阵, 从而 $\boldsymbol{u}_1,\boldsymbol{u}_2,\cdots,\boldsymbol{u}_n$ 两两正交. 又设 $\boldsymbol{x}\in\mathbf{R}^n$ 为任一非零向量, 于是有 $\boldsymbol{x}=\sum\limits_{i=1}^n c_i\boldsymbol{u}_i$, 其中 $c_i$ 为组合系数, 则

$$\frac{\|\boldsymbol{Ax}\|_2^2}{\|\boldsymbol{x}\|_2^2}=\frac{(\boldsymbol{A}^{\mathrm{T}}\boldsymbol{Ax},\boldsymbol{x})}{(\boldsymbol{x},\boldsymbol{x})}=\frac{\sum\limits_{i=1}^n c_i^2\lambda_i}{\sum\limits_{i=1}^n c_i^2}\leqslant\lambda_1$$

另一方面, 取 $\boldsymbol{x}=\boldsymbol{u}_1$, 则上式等式成立, 故

$$\|\boldsymbol{A}\|_2=\max_{x\neq 0}\frac{\|\boldsymbol{Ax}\|_2}{\|\boldsymbol{x}\|_2}=\sqrt{\lambda_1}=\sqrt{\rho(\boldsymbol{A}^{\mathrm{T}}\boldsymbol{A})}$$

由定理 1.26 可以看出, 计算一个矩阵的 $\|\boldsymbol{A}\|_\infty, \|\boldsymbol{A}\|_1$ 比较容易, 而 $\|\boldsymbol{A}\|_2$ 在计算上不方便. 但是矩阵的 2-范数具有许多良好的性质, 它在理论上非常有用.

**例 1.9**　设 $\boldsymbol{A} = \begin{pmatrix} 1 & -2 \\ -3 & 4 \end{pmatrix}$, 计算 $\boldsymbol{A}$ 的各种范数.

**解**

$$\|\boldsymbol{A}\|_\infty = 7, \quad \|\boldsymbol{A}\|_1 = 6, \quad \|\boldsymbol{A}\|_{\mathrm{F}} = \sqrt{30} \approx 5.477$$

$$\|\boldsymbol{A}\|_2 = \sqrt{15 + \sqrt{221}} \approx 5.46$$

**定理 1.27**　对任何 $\boldsymbol{A} \in \mathbf{R}^{n\times n}$, $\|\cdot\|$ 为任一种算子范数, 则

$$\rho(\boldsymbol{A}) \leqslant \|\boldsymbol{A}\|$$

反之, 对任意正数 $\varepsilon > 0$, 至少存在一种算子范数 $\|\cdot\|$, 使得

$$\|\boldsymbol{A}\|_\varepsilon \leqslant \rho(\boldsymbol{A}) + \varepsilon$$

**证明**　设 $\lambda$ 为 $\boldsymbol{A}$ 的任一特征值, $x$ 为相应的特征向量, 即 $\boldsymbol{Ax} = \lambda\boldsymbol{x}$. 由相容性条件, 有

$$|\lambda| \ \|\boldsymbol{x}\| = \|\lambda\boldsymbol{x}\| = \|\boldsymbol{Ax}\| \leqslant \|\boldsymbol{A}\| \ \|\boldsymbol{x}\|$$

注意到 $\|\boldsymbol{x}\| \neq 0$, 则得 $|\lambda| \leqslant \|\boldsymbol{A}\|$, 即 $\rho(\boldsymbol{A}) \leqslant \|\boldsymbol{A}\|$.

定理的后半部分证明较烦琐, 此处略.

**定理 1.28**　若 $\boldsymbol{A} \in \mathbf{R}^{n\times n}$ 为对称矩阵, 则 $\|\boldsymbol{A}\|_2 = \rho(\boldsymbol{A})$.

证明留作习题.

**定理 1.29**　若 $\|\boldsymbol{A}\| < 1$, 则 $\boldsymbol{E} \pm \boldsymbol{A}$ 为可逆矩阵, 且

$$\|\boldsymbol{E} \pm \boldsymbol{A}\|^{-1} \leqslant \frac{1}{1 - \|\boldsymbol{A}\|}$$

**证明**　用反证法. 设 $\boldsymbol{E} \pm \boldsymbol{A}$ 为奇异矩阵, 则存在非零向量 $\boldsymbol{x}$, 使

$$(\boldsymbol{E} \pm \boldsymbol{A})\boldsymbol{x} = \boldsymbol{0}$$

由上式及矩阵范数和向量范数的相容性条件, 得

$$\|\boldsymbol{x}\| = \|\boldsymbol{Ax}\| \leqslant \|\boldsymbol{A}\| \ \|\boldsymbol{x}\|$$

因为 $\boldsymbol{x} \neq 0$, 故 $\|\boldsymbol{A}\| \geqslant 1$, 与题设条件矛盾, 所以 $\boldsymbol{E} \pm \boldsymbol{A}$ 可逆. 又由于

$$(\boldsymbol{E} \pm \boldsymbol{A})^{-1}(\boldsymbol{E} \pm \boldsymbol{A}) = \boldsymbol{E}$$

得

$$(\boldsymbol{E} \pm \boldsymbol{A})^{-1} = \boldsymbol{E} \mp (\boldsymbol{E} \pm \boldsymbol{A})^{-1}\boldsymbol{A}$$

于是, 由范数的三角不等式性质, 有

$$\left\|(\boldsymbol{E} \pm \boldsymbol{A})^{-1}\right\| \leqslant 1 + \left\|(\boldsymbol{E} \pm \boldsymbol{A})^{-1}\right\| \ \|\boldsymbol{A}\|$$

而 $1 - \|\boldsymbol{A}\| > 0$, 得

$$\left\|(\boldsymbol{E} \pm \boldsymbol{A})^{-1}\right\| \leqslant \frac{1}{1 - \|\boldsymbol{A}\|}$$

## 1.9 数学软件

本书主要介绍计算科学中一些最常用的数值计算方法, 对具体算法没有作详细描述, 对算法的具体实现可以有两种方法: 一种方法是选用计算机编程语言来实现; 另一种方法是借助数学软件来实现, 当然, 也可以选择计算机编程语言与数学软件相结合来实现. 学习数值计算方法的目的是要能利用一些算法进行一些数值实验, 为此需要对计算机编程语言和数学软件作一个简单介绍.

进行科学计算传统的计算机编程语言是 FORTRAN 语言, 而 C(C++) 语言是一种比 FORTRAN 语言使用起来更灵活的计算机编程语言, 在目前数值计算方法的教学中被普遍使用, 但很多数值计算的算法软件包是用 FORTRAN 语言编写的, 例如, EISPACK 第一个大型的数值计算软件包, LINPACK 是求解线性方程组和最小二乘问题的 FORTRAN 子程序包, 而在 1992 年问世的 LAPACK 是将 EISPACK 软件包和 LINPACK 软件包整合成一个统一软件包, 这些软件包是高效、准确和可靠的, 并且易于维护和移植, 可以直接从相关网站或文献中查阅.

商业软件包代表了数值计算方法当前的技术水平, 较有名的是 IMSL(International Mathematical and Statistical Libraries, 国际数学与统计学库) 和 NAG(Numerical Algorithms Group, 数值算法集). IMSL 由数值数学、统计学和特殊函数的 MATH、STAT、SFUN 程序库组成, 包含 900 多个子程序, 解决了大部分常见的数值分析问题. NAG 是一个综合数学软件库, 含 1000 多个由 FORTRAN 编写的子程序, 约 400 个 C 子程序和 200 多个 FORTRAN90 子程序, 包含了大部分数值分析标准算法的子程序.

数学软件就是专门用来进行数学运算、数学规划、统计运算、工程运算、绘制数学图形或制作数学动画的软件. 常用的数学软件有: MATLAB, Mathematica, Maple, MathCAD, Scilab, SAGE 等; 而 SAS、SPSS、Minitab 等数学软件的统计功能很强; Lingo, Lindo 等数学软件专门用来求解数学规划. Ansys(有限元软件) 等数学软件擅长进行有限元计算; MathType, Latex 等软件适宜进行数学公式及文章排版.

值得一提的是 MATLAB, 它既是一个数学软件, 也可以作为一门计算机编程语言. MATLAB 语言易学易用, 不要求用户有高深的数学和程序语言知识, 不需要用户深刻了解算法及编程技巧. MATLAB 既是一种编程环境, 又是一种程序设计语言. 这种语言与 C, FORTRAN 等语言一样, 有其内定的规则, 但 MATLAB 的规则更接近数学表示. 使用更为简便, 可使用户大大节约设计时间, 提高设计质量. 相比其他计算机编程语言, 用 MATLAB 进行数值实验更加简单方便, 但绝不能取代其他计算机编程语言. 本书就是利用 MATLAB 语言来进行数值实验的.

## 1.10 数值实验 1

**实验要求**

1. 掌握一门数学软件或计算机编程语言, 熟悉其编程环境. 推荐使用 MATLAB 软件完成本书的所有数值实验;

2. 同学相互合作输入本书各章数值实验的所有内容 (推荐用 Word 输入), 并保证每个同学手中有一套完整的电子档;

3. 班长做一个上机实验报告的模板, 发给班级每个同学, 供完成本课程的实验报告使用.

建议本课程实验报告每个同学需要完成 7 个, 并做在一个文档中, 课程结束后由学习委员收齐电子档后交给任课教师.

# 习　题　1

1. 设 $x>0$, 且 $x$ 的相对误差为 $\delta$, 求 $f(x)=\ln x$ 的误差.

2. 设 $x$ 的相对误差为 2%, 求 $f(x)=x^n$ 的相对误差.

3. 设 $x>0$, $x^*$ 的相对误差限为 $\delta$, 求 $\ln x$ 相对误差限.

4. 计算球体积 $V=\dfrac{4}{3}\pi r^3$ 时, 为了使 $V$ 的相对误差不超过 0.3%, 向半径 $r$ 的相对误差允许是多少?

5. 将 $\dfrac{22}{7}$ 作为 $\pi$ 的近似值, 它有几位有效数学? 绝对误差限、相对误差限各为多少?

6. 下列各数都是经过四舍五入得到的近似值, 试指出它们有几位有效数字, 并给出其误差限与相对误差限.

$$x_1^*=1.1021,\quad x_2^*=0.032,\quad x_3^*=340.50,\quad x_4^*=2\times 0.5$$

7. 已知近似数 $x^*$ 的相对误差限为 0.3%, 问 $x^*$ 至少有几位有效数字?

8. 真空中自由落体运动距离 $s$ 和时间 $t$ 的关系是 $s=\dfrac{1}{2}gt^2$, 并设重力加速度 $g$ 是准确的, 而对 $t$ 的测量有 $\pm 1\,\mathrm{s}$ 的误差. 证明: 当 $t$ 增加时, 距离 $s$ 的绝对误差增加, 而相对误差则减少.

9. 利用 $\sqrt{783}\approx 27.982$(有 5 位有效数字), 求方程 $x^2-56x+1=0$ 的两个根, 使其至少具有 4 位有效数字.

10. 下列公式如何算才比较准确?

(1) $\displaystyle\int_N^{N+1}\frac{1}{1+x^2}\mathrm{d}x\quad (N>1)$　　(2) $\sqrt{x+\dfrac{1}{x}}-\sqrt{x-\dfrac{1}{x}}\quad (|x|\geqslant 1)$

11. 计算 $f=(\sqrt{2}-1)^6$, 取 $\sqrt{2}\approx 1.4$, 利用下列等式计算, 哪一个计算误差最小?

$$\frac{1}{(\sqrt{2}+1)^6},\quad (3-2\sqrt{2})^3,\quad \frac{1}{(3+2\sqrt{2})^3},\quad 99-70\sqrt{2}$$

12. 数列 $\{x_n\}$ 满足递推公式

$$x_n=10x_{n-1}-1\quad (n=1,2,\cdots)$$

若取 $\sqrt{2}\approx 1.41$(三位有效数字), 问按上述递推公式从 $x_0$ 计算到 $x_{10}$ 时误差有多大? 这个计算过程稳定吗?

13. 已知 $f(x)=2x^4-3x^3+x^2-7x+2$, 用秦九韶算法计算 $f(4)$.

14. 试证明: (1) 上 (下) 三角阵的乘积仍然为上 (下) 三角阵;

(2) 可逆的上 (下) 三角阵的逆仍然为上 (下) 三角阵.

15. 计算下列矩阵的特征值、特征向量、谱半径、行列式和迹.

(1) $\begin{pmatrix} 0 & 1\\ -1 & 0\end{pmatrix}$　　(2) $\begin{pmatrix} 0 & 0 & 1\\ 0 & 1 & 0\\ 1 & 0 & 0\end{pmatrix}$　　(3) $\begin{pmatrix} 2 & 1 & 1\\ 2 & 3 & 2\\ 1 & 1 & 2\end{pmatrix}$

16. 设 $\boldsymbol{A}$ 与 $\boldsymbol{B}$ 是严格对角占优的 $n$ 阶矩阵, 试问 $-\boldsymbol{A},\boldsymbol{A}^{\mathrm{T}},\boldsymbol{A}+\boldsymbol{B},\boldsymbol{A}^2,\boldsymbol{A}-\boldsymbol{B}$ 是否严格对角占优? 若不是, 请说明理由.

17. 设 $\boldsymbol{A}$ 与 $\boldsymbol{B}$ 是对称正定的 $n$ 阶矩阵, 试问 $-\boldsymbol{A},\boldsymbol{A}^{\mathrm{T}},\boldsymbol{A}+\boldsymbol{B},\boldsymbol{A}^2,\boldsymbol{A}-\boldsymbol{B}$ 是否正定?

18. 设 $\boldsymbol{A}=\begin{pmatrix} 2 & -t & -t \\ -t & 2 & -t \\ -t & -t & 2 \end{pmatrix}$, 试求使 $\boldsymbol{A}$ 为正定的 $t$ 的取值范围.

19. 设 $\boldsymbol{A}=\begin{pmatrix} 3 & -a & -b \\ -a & 3 & -a \\ -b & -a & 3 \end{pmatrix}$, 试求使 $\boldsymbol{A}$ 为严格对角占优的 $a$ 与 $b$ 的取值范围并画出图.

20. 设 $f,g\in C^1[a,b]$, 定义:

(1) $(f,g)=\int_a^b f'(x)g'(x)\mathrm{d}x$　　(2)$(f,g)=\int_a^b f'(x)g'(x)\mathrm{d}x+f(a)g(a)$

问它们是否构成内积?

21. 计算下列矩阵的 $\infty$-范数, 1-范数和 2-范数.

(1) $\begin{pmatrix} 4 & -1 \\ -1 & 4 \end{pmatrix}$　　(2) $\begin{pmatrix} 1 & 0 & 0 \\ 2 & -1 & 0 \\ 0 & -2 & \sqrt{5} \end{pmatrix}$　　(3) $\begin{pmatrix} 0 & a \\ -a & 0 \end{pmatrix}$

22. 证明:

(1) $\|x\|_\infty \leqslant \|x\|_2 \leqslant \sqrt{n}\,\|x\|_\infty$

(2) $\|x\|_\infty \leqslant \|x\|_1 \leqslant n\,\|x\|_\infty$

23. 设 $\boldsymbol{A}$,$\boldsymbol{B}$ 为非奇异阵, 证明:

(1) $\|\boldsymbol{A}\|\cdot\left\|\boldsymbol{A}^{-1}\right\|\geqslant 1$　　(2) $\left\|\boldsymbol{A}^{-1}-\boldsymbol{B}^{-1}\right\|\leqslant\left\|\boldsymbol{A}^{-1}\right\|\cdot\left\|\boldsymbol{B}^{-1}\right\|\cdot\|\boldsymbol{A}-\boldsymbol{B}\|$

24. 设 $\boldsymbol{A}=\begin{pmatrix} 3\lambda & \lambda \\ 2 & 2 \end{pmatrix}$, $\lambda\in R$, 证明: 当 $|\lambda|<1$ 时, $\|\boldsymbol{A}\|_\infty$ 有最小值.

25. 对下列函数 $f\in C[0,1]$, 试分别计算它们的 $\|f\|_\infty,\|f\|_1$ 和 $\|f\|_2$.

(1) $f(x)=(x-1)^3$　　(2) $f(x)=\cos x+\mathrm{ch}x$　$\left(\mathrm{ch}x=\dfrac{\mathrm{e}^x+\mathrm{e}^{-x}}{2}\right)$

# 第2章 插 值 法

在实际问题中所遇到的大量函数, 有相当一部分是通过观测或实验得到, 虽然其函数关系在某个区间上可能是存在的, 但其具体的解析表达式往往难以求出. 因此希望对这样的函数用一个简单的解析表达式来近似地给出整体上的描述. 反映在数学上, 即已知函数在一些点上的值, 来求它的近似解析表达式.

解决这种问题的方法有两类: 一类方法是给出函数 $f(x)$ 的一些点处的值, 选定一个简单的、便于计算的函数形式, 如多项式或三角多项式等, 要求这个函数通过已知点, 由此确定的简单函数 $\varphi(x)$ 作为函数 $f(x)$ 的近似, 这类方法称为插值法; 另一类方法是在选定近似函数的形式后, 不要求近似函数过已知点, 只要求在某种意义下它在这些点上的总偏差最小, 这类方法称为曲线拟合法 (或数据拟合法).

本章主要讨论构造插值多项式的几种常用方法.

## 2.1 插值问题介绍

### 2.1.1 插值问题与插值多项式

设函数 $y=f(x)$ 在区间 $[a,b]$ 上有定义, 且已知在点 $a\leqslant x_0<x_1<\cdots<x_n\leqslant b$ 上的值 $y_0,y_1,\cdots,y_n$, 如果存在一个简单函数 $P(x)$, 使

$$P(x_i)=y_i \quad (i=0,1,\cdots,n) \tag{2.1}$$

成立, 就称 $P(x)$ 为 $f(x)$ 的**插值函数**, 点 $x_0,x_1,\cdots,x_n$ 称为**插值节点**, 包含插值节点的区间 $[a,b]$ 称为**插值区间**, 求插值函数 $P(x)$ 的方法称为**插值法**.

如果 $P(x)$ 是次数不超过 $n$ 次的多项式, 即

$$P_n(x)=a_0+a_1x+\cdots+a_nx^n \tag{2.2}$$

其中, $a_0,a_1,\cdots,a_n$ 为实数, 就称 $P(x)$ 为插值多项式, 相应的插值法称为**多项式插值**. 如果 $P(x)$ 为分段的多项式, 称为**分段插值**. 如果 $P(x)$ 为三角多项式, 称为**三角插值**. 本章着重讨论多项式插值及分段多项式插值, 其他插值问题不讨论.

从几何上看, 插值问题就是求过 $n+1$ 个点 $(x_i,y_i)\,(i=0,1,\cdots,n)$ 的曲线 $y=P(x)$, 使它近似于已给函数 $y=f(x)$, 如图 2.1 所示.

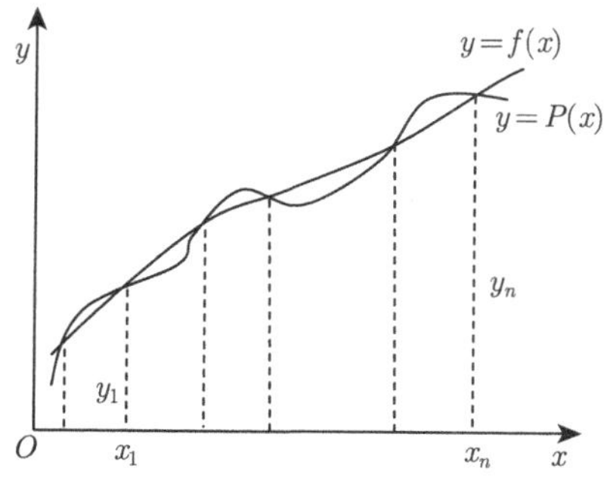


图 2.1 插值问题中的曲线及其近似曲线示意图

插值法是一种古老的数学方法, 它来自生产实践. 早在一千多年前, 我国古代科学家在研究历法时就应用了线性插值与二次插值, 但它的基本理论却是在微积分产生以后才逐步完善的, 其应用也日益广泛. 特别是由于计算机的使用和航空、造船、精密机械加工等实际问题的需要, 使插值法在理论上和实践上得到进一步发展. 尤其是近几十年发展起来的样条插值, 获得了极为广泛的应用, 并成为计算机图形学的基础.

### 2.1.2 插值多项式的存在唯一性

**定理 2.1** 设插值节点 $a \leqslant x_0 < x_1 < \cdots < x_n \leqslant b$, 则满足插值条件 (2.1) 的插值多项式 $P(x)$ 存在且唯一.

**证明** 设所要求的多项式为 $P_n(x)=a_0+a_1x+a_2x^2+\cdots+a_nx^n$, 代入式 (2.1), 得

$$\begin{cases} a_0+a_1x_0+a_2x_0^2+\cdots+a_nx_0^n=y_0 \\ a_0+a_1x_1+a_2x_1^2+\cdots+a_nx_1^n=y_1 \\ \cdots\cdots \\ a_0+a_1x_n+a_2x_n^2+\cdots+a_nx_n^n=y_n \end{cases} \tag{2.3}$$

这是一个关于 $a_0, a_1, \cdots, a_n$ 的 $n+1$ 元线性方程组, 其系数行列式为范德蒙德 (Vandermonde) 行列式

$$D=\begin{vmatrix} 1 & x_0 & \cdots & x_0^n \\ 1 & x_1 & \cdots & x_1^n \\ \vdots & \vdots & & \vdots \\ 1 & x_n & \cdots & x_n^n \end{vmatrix}=\prod_{0\leqslant j<i\leqslant n}(x_i-x_j)$$

由于 $x_i$ $(i=0,1,\cdots,n)$ 是互异的插值节点, 故上式系数行列式的值不为 0. 由克拉默法则可知, 线性方程组 (2.3) 有解且唯一. 即满足插值条件 (2.1) 的插值多项式 $P(x)$ 存在且唯一.

显然直接求解方程组 (2.1) 就可得到插值多项式 $P(x)$, 但这样直接求解较复杂, 也得不到统一的表达式. 所以通常求插值多项式不用这种方法, 下面两节将给出构造插值多项式更为简单的方法.

## 2.2 拉格朗日插值

### 2.2.1 线性插值

下面先考虑插值多项式为 $n=1$ 的简单情形, 设在 $[a,b]$ 上有两个插值节点 $x_0, x_1$, 且已知 $f(x)$ 在节点上的函数值 $y_0, y_1$, 现在要求一个多项式 $L_1(x)$, 使得

$$L_1(x_i)=y_i \quad (i=0,1)$$

$y=L_1(x)$ 的几何意义就是通过两点 $(x_0,y_0),(x_1,y_1)$ 的直线 (图 2.2). $y=L_1(x)$ 的

表达式可由几何意义直接给出

$$L_1(x) = y_0 + \frac{y_1 - y_0}{x_1 - x_0}(x - x_0) \quad (点斜式)$$

或

$$L_1(x) = \frac{x_1 - x}{x_1 - x_0}y_0 + \frac{x - x_0}{x_1 - x_0}y_1 \quad (两点式)$$

由两点式可以看出, $y = L_1(x)$ 是由两个线性函数

$$l_0(x) = \frac{x - x_1}{x_0 - x_1}, \quad l_1(x) = \frac{x - x_0}{x_1 - x_0}$$

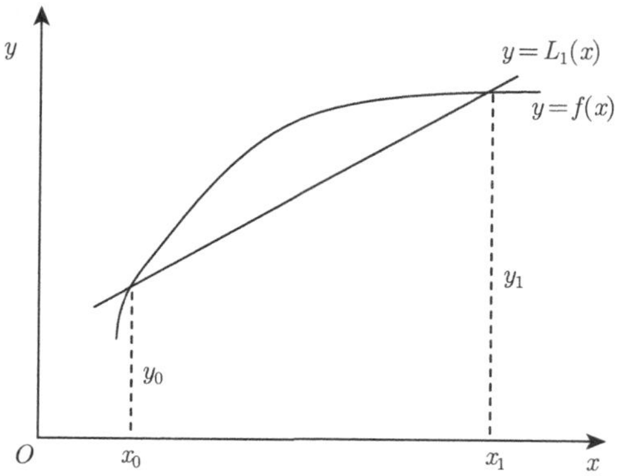


图 2.2　两点插值的示意图

线性组合得到的, 其系数分别是 $y_0, y_1$, 即

$$L_1(x) = y_0 l_0(x) + y_1 l_1(x)$$

显然, $l_0(x)$ 及 $l_1(x)$ 也是线性插值多项式, 在两节点 $x_0, x_1$ 上满足

$$l_0(x_0) = 1, \quad l_0(x_1) = 0$$
$$l_1(x_0) = 0, \quad l_1(x_1) = 1$$

我们称函数 $l_0(x)$ 及 $l_1(x)$ 为**线性插值基函数**.

**例 2.1**　求过 (1,1),(2,3) 两点的一次插值多项式.

**解　方法 1** (待定系数法)　设所求一次插值多项式为 $P_1(x) = a_0 + a_1 x$, 将两点坐标代入, 得

$$\begin{cases} a_0 + \ \ a_1 = 1 \\ a_0 + 2a_1 = 3 \end{cases}$$

解得 $a_0 = -1, a_1 = 2$, 故所求一次插值多项式为 $P_1(x) = -1 + 2x$.

**方法 2** (基函数法)　显然 $x_0 = 1, y_0 = 1; x_1 = 2, y_1 = 3$.

$$l_0(x) = \frac{x - x_1}{x_0 - x_1} = \frac{x - 2}{1 - 2} = 2 - x, \quad l_1(x) = \frac{x - x_0}{x_1 - x_0} = \frac{x - 1}{2 - 1} = x - 1$$

所以

$$L_1(x) = y_0 l_0(x) + y_1 l_1(x) = 2 - x + 3(x - 1) = -1 + 2x$$

### 2.2.2　抛物线插值

再考虑插值多项式为 $n$ =2 的情形. 设在 $[a, b]$ 上有 3 个插值节点 $x_0, x_1, x_2$, 且已知 $f(x)$ 在节点上的函数值 $y_0, y_1, y_2$, 现在要求一个多项式 $L_2(x)$, 使得

$$L_2(x_i) = y_i \quad (i = 0, 1, 2)$$

$y = L_2(x)$ 的几何意义就是通过三点 $(x_0, y_0), (x_1, y_1), (x_2, y_2)$ 的抛物线. 为了简便地求出 $L_2(x)$ 的表达式, 下面采用基函数法, 此时 $l_0(x)$, $l_1(x)$ 及 $l_2(x)$ 是二次函数, 且在节

点处满足条件

$$l_i(x_j)=\begin{cases}1, & (i=j)\\ 0, & (i\neq j)\end{cases}\qquad (i,j=0,1,2)$$

下面求 $l_0(x)$, $l_1(x)$ 及 $l_2(x)$. 不妨先求 $l_0(x)$, 考虑 $l_0(x)$ 在 $x_1,x_2$ 处函数值为 0, 且它的次数不能超过 2, 显然应包括 $(x-x_1)(x-x_2)$ 这个因子, 则 $l_0(x)$ 可表示为

$$l_0(x)=A(x-x_1)(x-x_2)$$

又由 $l_0(x)$ 在 $x_0$ 处函数值为 1 定出

$$A=\frac{1}{(x_0-x_1)(x_0-x_2)}$$

于是

$$l_0(x)=\frac{(x-x_1)(x-x_2)}{(x_0-x_1)(x_0-x_2)}$$

同理可求出

$$l_1(x)=\frac{(x-x_0)(x-x_2)}{(x_1-x_0)(x_1-x_2)}$$

$$l_2(x)=\frac{(x-x_0)(x-x_1)}{(x_2-x_0)(x_2-x_1)}$$

利用二次插值基函数 $l_0(x)$, $l_1(x)$ 及 $l_2(x)$, 得到二次插值多项式

$$L_2(x)=y_0l_0(x)+y_1l_1(x)+y_2l_2(x) \tag{2.4}$$

称为**抛物插值多项式**.

**例 2.2** 求过 $A(0,1),B(1,2),C(2,3)$ 三点的插值多项式.

**解** **方法 1** (待定系数法) 设所求二次插值多项式为 $P_2(x)=a_0+a_1x+a_2x^2$, 将 3 点坐标代入得

$$\begin{cases}a_0 & & & & & = & 1\\ a_0 & + & a_1 & + & a_2 & = & 2\\ a_0 & + & 2a_1 & + & 4a_2 & = & 3\end{cases}$$

解得

$$a_0=1,\quad a_1=1,\quad a_2=0$$

故所求插值多项式为 $P_2(x)=1+x$(这说明 3 个点在一条直线上).

**方法 2** (基函数法) 显然 $x_0=0,\ y_0=1;\quad x_1=1,\ y_1=2;\quad x_2=2,\ y_2=3.$

$$l_0(x)=\frac{(x-x_1)(x-x_2)}{(x_0-x_1)(x_0-x_2)}=\frac{(x-1)(x-2)}{(0-1)(0-2)}$$

$$l_1(x)=\frac{(x-x_0)(x-x_2)}{(x_1-x_0)(x_1-x_2)}=\frac{(x-0)(x-2)}{(1-0)(1-2)}$$

$$l_2(x) = \frac{(x-x_0)(x-x_1)}{(x_2-x_0)(x_2-x_1)} = \frac{(x-0)(x-1)}{(2-0)(2-1)}$$

所以

$$L_2(x) = y_0 l_0(x) + y_1 l_1(x) + y_2 l_2(x) = 1 + x$$

### 2.2.3 拉格朗日插值多项式

将 $n=1$ 及 $n=2$ 的插值推广到一般情形, 考虑通过 $n+1$ 个节点 $a \leqslant x_0 < x_1 < \cdots < x_n \leqslant b$ 的 $n$ 次的插值多项式 $L_n(x)$, 它满足条件

$$L_n(x_i) = y_i \quad (i=0,1,\cdots,n) \tag{2.5}$$

为了构造 $L_n(x)$, 先定义 $n$ 次插值基函数.

**定义 2.1** 若 $n$ 次多项式 $l_j(x)$ $(j=0,1,\cdots,n)$ 在 $n+1$ 个节点 $a \leqslant x_0 < x_1 < \cdots < x_n \leqslant b$ 上满足条件

$$l_j(x_k) = \begin{cases} 1 & (k=j) \\ 0 & (k \neq j) \end{cases} \qquad (j,k=0,1,\cdots,n) \tag{2.6}$$

则称这 $n+1$ 个 $n$ 次多项式 $l_j(x)$ $(j=0,1,\cdots,n)$ 为节点 $x_0, x_1, \cdots, x_n$ 上的 $n$ 次插值基函数.

用推导抛物线插值多项式类似的推导方法, 可得到 $n$ 次插值基函数为

$$l_k(x) = \frac{(x-x_0)\cdots(x-x_{k-1})(x-x_{k+1})\cdots(x-x_n)}{(x_k-x_0)\cdots(x_k-x_{k-1})(x_k-x_{k+1})\cdots(x_k-x_n)} = \prod_{\substack{j=0\\ j\neq i}}^{n} \frac{x-x_j}{x_i-x_j} \tag{2.7}$$

其中 $k=0,1,\cdots,n$, 显然它满足插值条件 (2.5). 于是, 满足条件 (2.5) 的插值多项式 $L_n(x)$ 为

$$L_n(x) = \sum_{k=0}^{n} y_k l_k(x) \tag{2.8}$$

形如式 (2.8) 的插值多项式 $L_n(x)$ 称为拉格朗日插值多项式. 前面所述的线性插值和抛物线插值是当 $n=1$ 和 $n=2$ 时的特殊情形.

引入记号

$$\omega_{n+1}(x) = \prod_{i=0}^{n} (x-x_i) \tag{2.9}$$

则

$$\omega'_{n+1}(x_k) = (x_k-x_0)\cdots(x_k-x_{k-1})(x_k-x_{k+1})\cdots(x_k-x_n) \tag{2.10}$$

于是由式 (2.7) 得到的 $l_k(x)$ 可改写为

$$l_k(x) = \frac{\omega_{n+1}(x)}{(x-x_k)\omega'_{n+1}(x_k)} \tag{2.11}$$

从而式 (2.8) 中的 $L_n(x)$ 可改为

$$L_n(x) = \sum_{k=0}^{n} y_k \frac{\omega_{n+1}(x)}{(x-x_k)\omega'_{n+1}(x_k)} \tag{2.12}$$

### 2.2.4　插值余项

若在 $[a,b]$ 上用插值多项式 $L_n(x)$ 近似函数 $f(x)$, 则其截断误差为 $R_n(x)=f(x)-L_n(x)$, 也称为插值多项式的**插值余项**, 简称**余项**, 关于插值余项估计有以下定理.

**定理 2.2**　设 $f^{(n)}(x)$ 在 $[a,b]$ 上连续, $f^{(n+1)}(x)$ 在 $(a,b)$ 内存在, 且节点 $a\leqslant x_0<x_1<\cdots<x_n\leqslant b$, 则满足条件 (2.5) 的插值多项式 $L_n(x)$ 对任何 $x\in[a,b]$, 插值余项

$$R_n(x)=f(x)-L_n(x)=\frac{f^{(n+1)}(\xi)}{(n+1)!}\omega_{n+1}(x) \tag{2.13}$$

这里 $\xi\in(a,b)$ 且依赖于 $x$.

**证明**　由插值条件 (2.5) 可知 $R_n(x_k)=0(k=0,1,\cdots,n)$, 故对任何 $x\in[a,b]$ 有

$$R_n(x)=K(x)(x-x_0)(x-x_1)\cdots(x-x_n)=K(x)\omega_{n+1}(x) \tag{2.14}$$

其中, $K(x)$ 是依赖于 $x$ 的待定函数.

将 $x$ 看做区间 $[a,b]$ 上的一个固定点, 作函数

$$\varphi(t)=f(t)-L_n(t)-K(x)(t-x_0)(t-x_1)\cdots(t-x_n)$$

显然 $\varphi(x_k)=0\ (k=0,1,\cdots,n)$, 且 $\varphi(x)=0$, 这表明 $\varphi(t)$ 在 $[a,b]$ 上有 $n+2$ 个零点 $x_0,x_1,\cdots,x_n,x$, 且 $\varphi^{(n)}(t)$ 在 $[a,b]$ 上连续, $\varphi^{(n+1)}(t)$ 在 $(a,b)$ 内存在, 由罗尔 (Rolle) 定理可知 $\varphi'(t)$ 在 $\varphi(t)$ 的两个零点间至少有 1 个零点, 从而 $\varphi'(t)$ 在 $[a,b]$ 上至少有 $n+1$ 个零点. 反复应用罗尔定理, 可得 $\varphi^{(n+1)}(t)$ 在 $(a,b)$ 内至少有 1 个零点 $\xi\in(a,b)$, 使

$$\varphi^{(n+1)}(\xi)=f^{(n+1)}(\xi)-(n+1)!K(x)=0$$

即

$$K(x)=\frac{f^{(n+1)}(\xi)}{(n+1)!},\xi\in(a,b)\text{且依赖于}x$$

代入式 (2.14) 则得余项表达式 (2.13).

注意, 定理 2.2 中 $\xi\in(a,b)$ 且依赖于 $x$ 及点 $x_0,x_1,\cdots,x_n$, 定理 2.2 只在理论上说明 $\xi$ 存在, 实际上 $\xi$ 在 $(a,b)$ 内的具体位置通常不可能给出, 因此, 余项表达式 (2.13) 的准确值是算不出的, 只能利用式 (2.13) 作截断误差估计, 如果 $\max\limits_{a\leqslant x\leqslant b}\left|f^{(n+1)}(x)\right|\leqslant M_{n+1}$, 可得误差估计

$$|R_n(x)|\leqslant\frac{M_{n+1}}{(n+1)!}\left|\omega_{n+1}(x)\right| \tag{2.15}$$

当 $n=1$ 时, 线性插值的余项及误差估计为

$$R_1(x)=\frac{f''(\xi)}{2}\omega_2(x)=\frac{1}{2}f''(\xi)(x-x_0)(x-x_1)\quad(\xi\in[x_0,x_1]) \tag{2.16}$$

$$|R_1(x)|\leqslant\frac{M_2}{(n+1)!}\left|(x-x_0)(x-x_1)\right| \tag{2.17}$$

当 $n=2$ 时, 抛物线插值的余项及误差估计为

$$R_2(x)=\frac{1}{6}f'''(\xi)(x-x_0)(x-x_1)(x-x_2)\quad(\xi\in[x_0,x_2]) \tag{2.18}$$

$$|R_2(x)| \leqslant \frac{M_3}{(n+1)!}|(x-x_0)(x-x_1)(x-x_2)| \tag{2.19}$$

利用余项表达式 (2.13), 当 $f(x)=x^k$ $(k \leqslant n)$ 时, 由于 $f^{(n+1)}(x) = 0$, 于是有

$$R_n(x)=f(x)-L_n(x)=x^k-\sum_{i=0}^{n} x_i^k l_i(x)=0$$

由此得

$$\sum_{i=0}^{n} x_i^k l_i(x)=x^k \quad (k=0,1,\cdots,n) \tag{2.20}$$

它表明当 $f(x) \in H_n$ ($H_n$ 代表次数小于 $n$ 的多项式集合) 时, 插值多项式 $L_n(x)$ 就是它自身. 特别当 $k=0$ 时, 有

$$\sum_{i=0}^{n} l_i(x)=1 \tag{2.21}$$

**例 2.3** 给定 $\sin 0.32=0.314\ 567, \sin 0.34=0.333\ 487, \sin 0.36=0.352\ 274$, 用线性插值及抛物线插值计算 $\sin 0.336\ 7$ 的近似值并估计误差.

**解** 由题意知被插函数为 $y=f(x)=\sin x$, 给定插值点为

$$x_0=0.32, y_0=0.314\,567; \quad x_1=0.34, y_1=0.333\,487; \quad x_2=0.34, y_2=0.352\,274$$

用线性插值计算, 由于 0.336 7 介于 $x_0, x_1$ 之间, 故

$$L_1(x)=\frac{x-x_1}{x_0-x_1}y_0+\frac{x-x_0}{x_1-x_0}y_1$$

$$\begin{aligned}\sin 0.336\,7 \approx L_1(0.336\,7) &= \frac{0.336\,7-0.34}{-0.02}\times 0.314\,567+\frac{0.336\,7-0.32}{0.02}\times 0.333\,487\\ &=0.330\,365\end{aligned}$$

其截断误差由式 (2.17), 得

$$|R_1(x)| \leqslant \frac{M_2}{(n+1)!}|(x-x_0)(x-x_1)|$$

其中, $M_2=\max\limits_{x_0 \leqslant x \leqslant x_1}|f''(x)|$.

因 $f(x)=\sin x, f''(x)=-\sin x$, 可取

$$M_2=\max_{x_0 \leqslant x \leqslant x_1}|f''(x)|=\sin x_1 \leqslant 0.333\,5$$

于是

$$\begin{aligned}|R_1(0.336\,7)| &= |\sin 0.336\,7-L_1(0.336\,7)|\\ &\leqslant \frac{1}{2}\times 0.333\,5\times 0.016\,7\times 0.003\,3 \leqslant 0.92\times 10^{-5}\end{aligned}$$

用抛物线插值计算, 由式 (2.4), 得

$$L_2(x)=y_0\frac{(x-x_1)(x-x_2)}{(x_0-x_1)(x_0-x_2)}+y_1\frac{(x-x_0)(x-x_2)}{(x_1-x_0)(x_1-x_2)}+y_2\frac{(x-x_0)(x-x_1)}{(x_2-x_0)(x_2-x_1)}$$

$$
\begin{aligned}
\sin 0.3367 \approx & L_2(0.3367) \\
& =\frac{0.7689\times 10^{-4}}{0.0008}\times 0.314567+\frac{3.89\times 10^{-4}}{0.0004}\times 0.333487 \\
& \quad +\frac{-0.5511\times 10^{-4}}{0.0008}\times 0.352274 \\
& =0.330374
\end{aligned}
$$

这个结果与 6 位有效数字的正弦函数表完全一样. 其截断误差由式 (2.19), 得

$$
|R_2(x)|\leqslant \frac{M_3}{(n+1)!}|(x-x_0)(x-x_1)(x-x_2)|
$$

其中

$$
M_3=\max_{x_0\leqslant x\leqslant x_2}|f'''(x)|=\cos x_0<0.9493
$$

于是

$$
\begin{aligned}
|R_2(0.3367)| &= |\sin 0.3367-L_2(0.3367)| \\
&\leqslant \frac{1}{6}\times 0.9493\times 0.0167\times 0.0033\times 0.0233\leqslant 2.0132\times 10^{-6}
\end{aligned}
$$

**例 2.4**　证明: $\sum\limits_{i=0}^{5}(x_i-x)^2 l_i(x)=0$, 其中 $l_i(x)$ 是关于点 $x_0,x_1,\cdots,x_5$ 的插值基函数.

**证明**　利用式 (2.20), 得

$$
\begin{aligned}
\sum_{i=0}^{5}(x_i-x)^2 l_i(x) &= \sum_{i=0}^{5}(x_i^2-2x_i x+x^2)l_i(x) \\
&= \sum_{i=0}^{5}x_i^2 l_i(x)-2x\sum_{i=0}^{5}x_i l_i(x)+x^2\sum_{i=0}^{5}l_i(x) \\
&= x^2-2x^2+x^2=0
\end{aligned}
$$

## 2.3　均差与牛顿插值

### 2.3.1　均差及其性质

利用插值基函数求出拉格朗日插值多项式, 公式结构紧凑, 在理论上是很重要的, 但用 $L_n(x)$ 计算 $f(x)$ 的近似值却不大方便, 特别当精度不够, 需增加插值节点时, 计算要全部重新进行. 为此我们可以给出另一种便于计算的插值多项式 $N_n(x)$, 它表示为

$$
N_n(x)=a_0+a_1(x-x_0)+a_2(x-x_0)(x-x_1)+\cdots+a_n(x-x_0)\cdots(x-x_{n-1}) \tag{2.22}
$$

其中, $a_0,a_1,\cdots,a_n$ 为待定常数. 显然, 如果能定出这些待定常数, 那么当增加插值节点时, 计算只增加最后一项, 计算将简便得多. 为了给出 $a_0,a_1,\cdots,a_n$ 的表达式, 需要引进均差 (也称为差商) 的定义.

**定义 2.2** 称

$$f[x_i\,,\,x_j]=\frac{f(x_i)-f(x_j)}{x_i-x_j}\quad(i\neq j,\ \ x_i\neq x_j)$$

为函数 $f(x)$ 关于点 $x_i$ , $x_j$ 的**一阶均差**,

$$f[x_i\,,\,x_j\,,\,x_k]=\frac{f[x_i\,,\,x_j]-f[x_j\,,\,x_k]}{x_i-x_k}\quad(i\neq k)$$

称为函数 $f(x)$ 的**二阶均差**. 一般地, 称

$$f[x_0\,,\,x_1\,,\,\cdots,x_k]=\frac{f[x_0\,,\,\cdots,\,x_{k-2}\,,x_k]-f[x_0\,,\,x_1\,,\,\cdots,x_{k-1}]}{x_k-x_{k-1}}\tag{2.23}$$

为 $f(x)$ 关于点 $x_0$ , $x_1$ , $\cdots,x_k$ 的 ***k*阶均差**.

规定 $f(x)$ 关于 $x_i$ 的零阶均差为函数值本身, 即 $f[x_i]=f(x_i)$.

均差有以下重要性质.

(1) $k$ 阶均差可表示为函数值 $f(x_0)$ , $f(x_1)$ , $\cdots,f(x_k)$ 的线性组合, 即

$$f[x_0,x_1,\cdots,x_k]=\sum_{i=0}^{k}\frac{f(x_i)}{(x_i-x_0)\cdots(x_i-x_{i-1})(x_i-x_{i+1})\cdots(x_i-x_k)}=\sum_{i=0}^{k}\frac{f(x_i)}{\omega'_{k+1}(x_i)}\tag{2.24}$$

其中, $\omega_{k+1}(x)=\prod\limits_{j=0}^{k}(x-x_j)$.

这个性质可用归纳法证明. 这个性质表明均差 $f[x_0,x_1\,,\,\cdots,x_k]$ 与节点排列次序无关, 称为均差的对称性, 即

$$f[x_0,\ x_1,\ \cdots,x_k]=f[x_1,x_0,\ x_2,\cdots,x_k]=\cdots=f[x_1,\cdots,x_k,x_0]$$

(2) 由均差的对称性及式 (2.23), 可得

$$f[x_0\,,\,x_1\,,\,\cdots,x_k]=\frac{f[x_1\,,\,x_2\,,\cdots,\,x_k]-f[x_0\,,\,x_1\,,\,\cdots,x_{k-1}]}{x_k-x_0}\tag{2.25}$$

(3) 若 $f(x)$ 在 $[a,b]$ 上存在 $n$ 阶导数, 且节点 $x_i\in[a,b]$ $(i=0,1,\cdots,n)$ 互异, 则 $n$ 阶均差与导数的关系为

$$f[x_0,x_1,\cdots,x_n]=\frac{f^{(n)}(\xi)}{n!}\quad(\xi\in[a,b])\tag{2.26}$$

这公式可直接由罗尔定理证明.

其他均差性质读者可作为习题自己证明. 均差的计算可列均差表 (表 2.1).

**表 2.1 均差表**

| $x_k$ | $f(x_k)$ | 一阶均差 | 二阶均差 | 三阶均差 | 四阶差商 |
|---|---|---|---|---|---|
| $x_0$ | $\underline{f(x_0)}$ | | | | |
| $x_1$ | $f(x_1)$ | $\underline{f[x_0,x_1]}$ | | | |
| $x_2$ | $f(x_2)$ | $f[x_1,x_2]$ | $\underline{f[x_0,x_1,x_2]}$ | | |
| $x_3$ | $f(x_3)$ | $f[x_2,x_3]$ | $f[x_1,x_2,x_3]$ | $\underline{f[x_0,x_1,x_2,x_3]}$ | |
| $x_4$ | $f(x_4)$ | $f[x_3,x_4]$ | $f[x_2,x_3,x_4]$ | $f[x_1,x_2,x_3,x_4]$ | $\underline{f[x_0,x_1,x_2,x_3,x_4]}$ |
| ⋮ | ⋮ | ⋮ | ⋮ | ⋮ | ⋮ |

### 2.3.2　牛顿插值公式

根据均差定义, 把 $x$ 看成 $[a,b]$ 上的一点, 可得

$$f(x)=f(x_0)+f[x,x_0](x-x_0)$$

$$f[x,x_0]=f[x_0,x_1]+f[x,x_0,x_1](x-x_1)$$

$$\cdots\cdots$$

$$f[x,x_0,\ \cdots,x_{n-1}]=f[x_0,\ \cdots,x_n]+f[x,x_0,\ \cdots,x_n](x-x_n)$$

只要把后一式代入前一式, 就得到

$$\begin{aligned}f(x)=&f(x_0)+f[x_0,x_1](x-x_0)+f[x_0,x_1,x_2](x-x_0)(x-x_1)+\cdots\\&+f[x_0,\ \cdots,x_n](x-x_0)\cdots(x-x_{n-1})\\&+f[x,x_0,\ \cdots,x_n](x-x_0)\cdots(x-x_{n-1})(x-x_n)\\=&N_n(x)+R_n(x)\end{aligned}$$

其中

$$\begin{aligned}N_n(x)=&f(x_0)+f[x_0,x_1](x-x_0)+f[x_0,x_1,x_2](x-x_0)(x-x_1)+\cdots\\&+f[x_0,\ \cdots,x_n](x-x_0)\cdots(x-x_{n-1})\end{aligned}\tag{2.27}$$

$$\begin{aligned}R_n(x)&=f[x,x_0,\ \ldots,x_n](x-x_0)\ldots(x-x_{n-1})(x-x_n)\\&=f[x,x_0,\ \ldots,x_n]\omega_{n+1}(x)\end{aligned}\tag{2.28}$$

由式 (2.27) 确定的多项式 $N_n(x)$ 显然满足插值条件, 且次数不超过 $n$, 它就是形如式 (2.22) 的多项式, 其系数为

$$a_k=f[x,x_0,\ \cdots,x_k]\quad(k=0,1,\cdots,n)$$

称 $N_n(x)$ 为**牛顿均差插值多项式**. 系数 $a_k$ 就是均差表 2.1 中加横线的各阶均差, 它比拉格朗日插值的计算量少, 且便于程序设计.

式 (2.28) 为插值余项, 由插值多项式的唯一性可知, 它与式 (2.13) 是等价的. 事实上, 利用均差与导数关系式 (2.26), 可由式 (2.28) 推出式 (2.13). 但式 (2.28) 更有一般性, 它对 $f$ 是由离散点给出的情形或 $f$ 导数不存在时均适用.

**例 2.5**　给出 $f(x)$ 的函数表 (表 2.2), 求一个 3 次牛顿插值多项式 $N_3(x)$, 并由此计算 $\sqrt{3}$ 的近似值.

**表 2.2　函数数据表**

| $x$ | 0 | 1 | 2 | 3 |
|---|---|---|---|---|
| $f(x)$ | 1 | 3 | 9 | 27 |

**解**　首先根据给定函数表构造出均差表 (表 2.3).

表 2.3 均差表

| $x_k$ | $f(x_k)$ | 一阶均差 | 二阶均差 | 三阶均差 |
|---|---|---|---|---|
| 0 | 1 | | | |
| 1 | 3 | 2 | | |
| 2 | 9 | 6 | 2 | |
| 3 | 27 | 18 | 6 | $\frac{4}{3}$ |

所以

$$\begin{aligned}N_3(x) &= 1+2(x-0)+2(x-0)(x-1)+\frac{4}{3}(x-0)(x-1)(x-2)\\ &= \frac{4}{3}x^3-2x^2+\frac{8}{3}x+1\end{aligned}$$

从函数数据表可知 $f(x)=3^x$, 而 $\sqrt{3}=3^{\frac{1}{2}}=f\left(\frac{1}{2}\right)$, 所以

$$\sqrt{3}\approx N_3\left(\frac{1}{2}\right)=\frac{4}{3}\times\left(\frac{1}{2}\right)^3-2\times\left(\frac{1}{2}\right)^2+\frac{8}{3}\times\frac{1}{2}+1=2$$

### 2.3.3 等距节点的牛顿插值公式

当插值节点为等距节点 $x_k=x_0+kh\ (k=0,1,2,\cdots)$ 时, $h$ 称为步长, 此时均差及牛顿均差插值多项式均可简化.

**定义 2.3** 设函数 $f(x)$ 在等距节点 $x_k=x_0+kh\ (k=0,1,2,\cdots)$ 的函数值为 $f_k=f(x_k)$, 其中 $h$ 为步长, 称

$$\Delta f_k=f_{k+1}-f_k$$

为函数 $f(x)$ 在 $x_k$ 处以 $h$ 为步长的**一阶(向前)差分**. 类似地, 称

$$\Delta^2 f_k=\Delta f_{k+1}-\Delta f_k$$

为 $x_k$ 处的**二阶差分**. 一般地, 称

$$\Delta^n f_k=\Delta^{n-1}f_{k+1}-\Delta^{n-1}f_k \tag{2.29}$$

为 $x_k$ 处的 ***n*阶差分**. 符号 $\Delta$ 称为**一阶差分算子**, 为了表示方便, 再引入两个算子符号

$$I f_k=f_k,\quad E f_k=f_{k+1}$$

其中, $I$ 称为**不变算子**, $E$ 称为步长为 $h$ 时的**位移算子**. 由此可推出

$$\Delta f_k=f_{k+1}-f_k=Ef_k-If_k=(E-I)f_k$$

故有 $\Delta=E-I$.

由差分定义并应用算子符号运算可得下列基本性质.

**性质 2.1** (线性性质) 设 $a,b$ 为常数, 则

$$\Delta(a\,f(x)+b\,g(x))=a\,\Delta f+b\,\Delta g \tag{2.30}$$

**性质 2.2**　差分与函数值可相互表示.

实际上

$$\Delta^n f_k=(E-I)^n f_k=\sum_{j=0}^{n}(-1)^j\begin{pmatrix}n\\j\end{pmatrix}E^{n-j}f_k=\sum_{j=0}^{n}(-1)^j\begin{pmatrix}n\\j\end{pmatrix}f_{n+k-j} \tag{2.31}$$

说明各阶差分可用函数值表示. 反过来

$$f_{n+k}=E^n f_k=(I+\Delta)^n f_k=\sum_{j=0}^{n}\begin{pmatrix}n\\j\end{pmatrix}\Delta^j f_k \tag{2.32}$$

说明函数值也可用差分表示.

**性质 2.3**　均差与差分有如下关系

$$f[x_k,x_{k+1},\cdots,x_{k+m}]=\frac{1}{m!}\frac{1}{h^m}\Delta^m f_k\quad(m=1,2,\cdots,n) \tag{2.33}$$

由于

$$f[x_k,x_{k+1}]=\frac{f_{k+1}-f_k}{x_{k+1}-x_k}=\frac{1}{h}\Delta f_k$$

$$f[x_k,x_{k+1},x_{k+2}]=\frac{f[x_{k+1},x_{k+2}]-f[x_k,x_{k+1}]}{x_{k+2}-x_k}=\frac{1}{2h^2}\Delta^2 f_k$$

由归纳法可得到式 (2.33).

**性质 2.4**　差分与导数有如下关系

$$\Delta^n f_k=h^n f^{(n)}(\xi)\quad(\xi\in(x_k,x_{k+n})) \tag{2.34}$$

利用式 (2.33) 及式 (2.26) 可得到. 差分的其他性质从略.

计算差分可列差分表, 如表 2.4 所示.

**表 2.4　差分表**

| $x_k$ | $f(x_k)$ | $\Delta f$ | $\Delta^2 f$ | $\Delta^3 f$ | $\Delta^4 f$ |
|---|---|---|---|---|---|
| $x_0$ | $f_0$ | $\Delta f_0$ | $\Delta^2 f_0$ | $\Delta^3 f_0$ | $\Delta^4 f_0$ |
| $x_1$ | $f_1$ | $\Delta f_1$ | $\Delta^2 f_1$ | $\Delta^3 f_1$ | |
| $x_2$ | $f_2$ | $\Delta f_2$ | $\Delta^2 f_2$ | | |
| $x_3$ | $f_3$ | $\Delta f_3$ | | | |
| $x_4$ | $f_4$ | | | | |
| $\vdots$ | $\vdots$ | | | | |

将牛顿均差插值多项式 (2.27) 中各阶均差用相应差分代替, 可得到各种形式的等距节点插值公式.

若有节点 $x_k=x_0+kh\ (k=0,1,\cdots,n)$, 令 $x=x_0+th$, 于是

$$\omega_{k+1}(x)=\prod_{j=0}^{k}(x-x_j)=t(t-1)\cdots(t-k)h^{k+1}$$

将此式及式 (2.33) 代入式 (2.27), 则得

$$\begin{aligned} N_n(x) &= N_n(x_0+th) \\ &= f_0 + t\Delta f_0 + \frac{t(t-1)}{2!}\Delta^2 f_0 + \cdots + \frac{t(t-1)\cdots(t-n+1)}{n!}\Delta^n f_0 \end{aligned} \tag{2.35}$$

称为**牛顿前插公式**, 其余项由式 (2.28), 得

$$R_n(x) = \frac{t(t-1)\cdots(t-n)}{(n+1)!}h^{n+1}f^{(n+1)}(\xi) \quad (\xi \in (x_0, x_n)) \tag{2.36}$$

**例 2.6**　设 $x_0 = 1.0, h = 0.05$, 给出 $f(x) = \sqrt{x}$ 在 $x_k = x_0 + kh\ (k = 0,1,2,3)$ 的值. 试用 3 次等距节点插值公式求 $f(1.01)$ 的近似值.

**解**　本题只要构造出 $f$ 的差分表, 再按牛顿前插公式计算即可. $f(x) = \sqrt{x}$ 的差分表如表 2.5 所示.

**表 2.5　$f(x) = \sqrt{x}$ 的差分表**

| $x_k$ | $f(x_k)$ | $\Delta f$ | $\Delta^2 f$ | $\Delta^3 f$ |
|---|---|---|---|---|
| 1.00 | 1.000 00 | 0.024 70 | −0.000 59 | 0.000 05 |
| 1.05 | 1.024 70 | 0.024 11 | −0.000 54 | |
| 1.10 | 1.048 81 | 0.02357 | | |
| 1.15 | 1.072 38 | | | |

取 $x = 1.01, h = 0.05, t = \dfrac{x-1}{h} = 0.2$, 由牛顿前插公式 (2.35), 得

$$\begin{aligned} f(1.01) \approx& N_3(1.01) = N_3(1.00 + 0.2h) \\ =& 1.000\,00 + 0.2 \times 0.024\,70 + \frac{1}{2} \times 0.2 \times (0.2-1) \times (-0.000\,59) \\ &+ \frac{1}{6} \times 0.2 \times (0.2-1) \times (0.2-2) \times 0.000\,05 \\ =& 1.004\,99 \end{aligned}$$

由式 (2.36) 可得误差估计为

$$|R_3(1.01)| \leqslant \frac{M_3}{4!}\,|t(t-1)(t-2)(t-3)|\,h^4 \leqslant 1.332\,6 \times 10^{-6}$$

其中, $M_3 = \max\limits_{1 \leqslant x \leqslant 1.15} |f'''(x)| \leqslant 0.2644$.

实际上, $f(1.01) = \sqrt{1.01} \approx 1.004\,988$, 可见计算结果已相当精确.

## 2.4　埃尔米特插值

不少问题不但要求在插值节点上函数值相等, 而且还要求节点上导数值相等, 有的甚至要求高阶导数值也相等, 满足这种要求的插值多项式称为**埃尔米特 (Hermite) 插值多项式**.

### 2.4.1　埃尔米特插值的提法

如果函数在节点 $a \leqslant x_0 < x_1 < \cdots < x_n \leqslant b$ 处的函数值及导数值已知, 设为

$$f(x_i) = y_i\ ,\quad f'(x_i) = m_i \quad (i = 0, 1, \cdots, n)$$

要求不超过 $2n+1$ 次的多项式 $H_{2n+1}(x)$ 满足插值条件

$$H_{2n+1}(x_i) = y_i\ ,\quad H'_{2n+1}(x_i) = m_i \quad (i = 0, 1, \cdots, n)$$

这就是**埃尔米特插值**.

### 2.4.2　3 次埃尔米特插值多项式及其构造

当 $n$ =1 时的埃尔米特插值多项式称为 3 次埃尔米特插值多项式. 下面用基函数方法给出其构造.

设插值节点为 $x_k$, $x_{k+1}$, 则 $H_3(x)$ 满足

$$\begin{cases} H_3(x_k) = y_k, & H_3(x_{k+1}) = y_{k+1} \\ H_3'(x_k) = m_k, & H_3'(x_{k+1}) = m_{k+1} \end{cases} \tag{2.37}$$

令

$$H_3(x) = \alpha_k(x)y_k + \alpha_{k+1}(x)y_{k+1} + \beta_k(x)m_k + \beta_{k+1}(x)m_{k+1} \tag{2.38}$$

其中, $\alpha_k(x), \alpha_{k+1}(x), \beta_k(x), \beta_{k+1}(x)$ 是关于节点 $x_k$, $x_{k+1}$ 的 3 次埃尔米特插值基函数, 它们满足条件

$$\begin{array}{lll} \alpha_k(x_k) = 1, & \alpha_k(x_{k+1}) = 0, & \alpha_k'(x_k) = \alpha_k'(x_{k+1}) = 0 \\ \alpha_{k+1}(x_k) = 0, & \alpha_{k+1}(x_{k+1}) = 1, & \alpha_{k+1}'(x_k) = \alpha_{k+1}'(x_{k+1}) = 0 \\ \beta_k(x_k) = \beta_k(x_{k+1}) = 0, & \beta_k'(x_k) = 1, & \beta_k'(x_{k+1}) = 0 \\ \beta_{k+1}(x_k) = \beta_{k+1}(x_{k+1}) = 0, & \beta_{k+1}'(x_k) = 0, & \beta_{k+1}'(x_{k+1}) = 1 \end{array}$$

根据给出条件可令

$$\alpha_k(x_k) = (ax + b)\left(\frac{x - x_{k+1}}{x_k - x_{k+1}}\right)^2$$

显然

$$\alpha_k(x_{k+1}) = \alpha_k'(x_{k+1}) = 0$$

再由

$$\alpha_k(x_k) = ax_k + b = 1$$

及

$$\alpha_k'(x_k) = 2\frac{ax_k + b}{x_k - x_{k+1}} + a = 0$$

解得

$$a = -\frac{2}{x_k - x_{k+1}},\quad b = 1 + \frac{2x_k}{x_k - x_{k+1}}$$

于是可得

$$\alpha_k(x)=\left(1+2\frac{x-x_k}{x_{k+1}-x_k}\right)\left(\frac{x-x_{k+1}}{x_k-x_{k+1}}\right)^2 \tag{2.39}$$

同理, 类似可求得

$$\alpha_{k+1}(x)=\left(1+2\frac{x-x_{k+1}}{x_{k+1}-x_k}\right)\left(\frac{x-x_k}{x_{k+1}-x_k}\right)^2 \tag{2.40}$$

为求 $\beta_k(x)$, 由给定条件可令

$$\beta_k(x)=a\,(x-x_k)\left(\frac{x-x_{k+1}}{x_k-x_{k+1}}\right)^2$$

直接由 $\beta_k'(x_k)=1=a$ 得到

$$\beta_k(x)=(x-x_k)\left(\frac{x-x_{k+1}}{x_k-x_{k+1}}\right)^2 \tag{2.41}$$

同理有

$$\beta_{k+1}(x)=(x-x_{k+1})\left(\frac{x-x_k}{x_{k+1}-x_k}\right)^2 \tag{2.42}$$

将式 (2.39)~ 式 (2.42) 的结果代入式 (2.38), 即得满足条件式 (2.37) 的埃尔米特插值多项式, 它的插值余项为

$$R_3(x)=f(x)-H_3(x)=\frac{1}{4!}f^{(4)}(\xi)(x-x_k)^2(x-x_{k+1})^2\quad(\xi\in(x_k,x_{k+1})) \tag{2.43}$$

## 2.5 分段低次插值

### 2.5.1 高次多项式插值的龙格现象

前面按照插值条件构造出的拉格朗日插值多项式 $L_n(x)$ 近似函数 $f(x)$, 一般总认为 $L_n(x)$ 的次数 $n$ 越高, 逼近 $f(x)$ 的精度越好, 但实际上并非如此. 这是因为对任意的插值节点, 当 $n\to\infty$ 时, $L_n(x)$ 不一定收敛于 $f(x)$. 20 世纪初龙格 (Runge) 就给出了一个等距节点插值多项式 $L_n(x)$ 不收敛于 $f(x)$ 的例子 (例 2.7).

**例 2.7** 设 $f(x)=\dfrac{1}{1+x^2}$ 在 $[-5,5]$ 上取 $n+1$ 个等距节点 $x_k=x_0+kh\quad(k=0,1,\cdots,n)$, $\quad h=\dfrac{10}{n}$, 可构造拉格朗日插值多项式

$$L_n(x)=\sum_{j=0}^{n}\frac{1}{1+x_j^2}\,\frac{\omega_{n+1}(x)}{(x-x_j)\omega_{n+1}'(x_j)}$$

考察 $L_n(x)$ 与 $f(x)$ 的逼近情况.

**解** 记 $x_{n-1/2}=\dfrac{1}{2}(x_{n-1}+x_n)$, 则 $x_{n-1/2}=5-\dfrac{5}{n}$, 表 2.6 列出了当 $n=2,4,\cdots,20$ 的 $L_n(x_{n-1/2})$ 的计算结果及在 $x_{n-1/2}$ 处的误差

$$R(x_{n-1/2})=f(x_{n-1/2})-L_n(x_{n-1/2})$$

表 2.6 计算结果及误差

| $n$ | $f(x_{1/2})$ | $L_n(x_{1/2})$ | $R_n(x_{1/2})$ |
|---|---|---|---|
| 2 | 0.137 931 | 0.759 615 | −0.621 648 |
| 4 | 0.066 390 | −0.356 826 | 0.423 216 |
| 6 | 0.054 463 | 0.607 879 | −0.553 416 |
| 8 | 0.049 651 | −0.831 017 | 0.880 668 |
| 10 | 0.047 059 | 1.578 721 | −1.531 662 |
| 12 | 0.045 440 | −2.755 000 | 2.800 440 |
| 14 | 0.044 334 | 5.332 743 | −5.288 409 |
| 16 | 0.043 530 | −10.173 867 | 10.217 397 |
| 18 | 0.042 920 | 20.123 671 | −20.080 751 |
| 20 | 0.042 440 | −39.952 449 | 39.994 889 |

从表 2.6 中可以看出, 随着 $n$ 的增加, $R(x_{n-1/2})$ 的绝对值几乎成倍地增加. 这说明当 $n\to\infty$ 时, $L_n(x)$ 在 $[-5,5]$ 上不收敛于 $f(x)$.

下面取 $n=5$ 及 $n=10$, 根据计算画出 $L_5(x), L_{10}(x)$ 及 $f(x)=\dfrac{1}{1+x^2}$ 在 $[-5,5]$ 上的图形, 如图 2.3 所示.

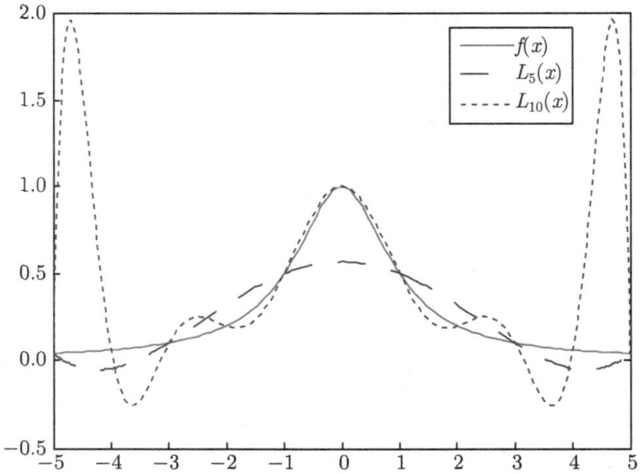


图 2.3 高次插值的龙格现象

从图 2.3 看到, 在 $x=\pm5$ 附近, $L_{10}(x)$ 与 $f(x)=\dfrac{1}{1+x^2}$ 偏离很远. 这说明用高次插值多项式 $L_n(x)$ 近似 $f(x)$ 的效果并不好, 因此通常不用高次插值, 而用分段低次插值.

### 2.5.2 分段线性插值

分段线性插值是将插值区间分成若干个子区间, 在每个子区间内连接相邻节点处函数值得到一直线段, 用这些直线段构成的折线段来逼近函数 $f(x)$. 设已知节点 $a\leqslant x_0<x_1<\cdots<x_n\leqslant b$ 上的函数值为 $f_0,f_1,\cdots,f_n$, 记 $h_k=x_{k+1}-x_k, h=\max\limits_{0\leqslant k<n} h_k$, 若一折线函数 $I_h(x)$ 满足条件:

(1) $I_h(x)\in C[a,b]$;

(2) $I_h(x_k)=f_k\ (k=0,1,\cdots,n)$;

(3) $I_h(x)$ 在每个小区间 $[x_k, x_{k+1}]$ 上为线性函数.

则称 $I_h(x)$ 为**分段线性插值函数**.

显然, $I_h(x)$ 在每个小区间上表示为

$$I_h(x)=\frac{x-x_{k+1}}{x_k-x_{k+1}}f_k+\frac{x-x_k}{x_{k+1}-x_k}f_{k+1},\quad x_k\leqslant x\leqslant x_{k+1}\quad (k=0,1,\cdots,n-1)\tag{2.44}$$

分段线性插值有如下收敛定理.

**定理 2.3**　若 $f(x)\in C[a,b]$, 则当 $h\to 0$ 时 $I_h(x)$ 一致收敛于 $f(x)$. 若 $f(x)\in C^2[a,b]$, 则余项 $R(x)=f(x)-I_h(x)$ 有估计式

$$|R(x)|\leqslant\frac{M_2}{8}h^2\tag{2.45}$$

其中, $M_2=\max\limits_{a\leqslant x\leqslant b}|f''(x)|$.

### 2.5.3　分段三次埃尔米特插值

设函数 $f(x)$ 在节点 $a\leqslant x_0<x_1<\cdots<x_n\leqslant b$ 上的函数值为 $f_0,f_1,\cdots,f_n$, 一阶导数值为 $f_0',f_1',\cdots,f_n'$, 若 $I_h(x)$ 满足条件:

(1) $I_h(x)\in C^1[a,b]$;

(2) $I_h(x_k)=f_k$, $I_h'(x_k)=f_k$ $(k=0,1,\cdots,n)$;

(3) $I_h(x)$ 在每个子区间 $[x_k,x_{k+1}]$ 上是次数不大于 3 的多项式.

则称 $I_h(x)$ 是 $f(x)$ 的分段三次埃尔米特插值函数. 根据式 (2.38) 可知 $I_h(x)$ 在每个子区间 $[x_k,x_{k+1}]$ 上的表达式为

$$\begin{aligned}I_h(x)=&\left(1+2\frac{x-x_k}{x_{k+1}-x_k}\right)\left(\frac{x-x_{k+1}}{x_k-x_{k+1}}\right)^2f_k+\left(1+2\frac{x-x_{k+1}}{x_{k+1}-x_k}\right)\left(\frac{x-x_k}{x_{k+1}-x_k}\right)^2f_{k+1}\\&+(x-x_k)\left(\frac{x-x_{k+1}}{x_k-x_{k+1}}\right)^2f_k'+(x-x_{k+1})\left(\frac{x-x_k}{x_{k+1}-x_k}\right)^2f_{k+1}'\end{aligned}\tag{2.46}$$

分段三次埃尔米特插值有如下收敛定理:

**定理 2.4**　若 $f(x)\in C^4[a,b]$, $I_h(x)$ 为 $f(x)$ 在节点 $a\leqslant x_0<x_1<\cdots<x_n\leqslant b$ 上的分段三次埃尔米特插值多项式, 则余项 $R(x)=f(x)-I_h(x)$ 有估计式

$$\max_{a\leqslant x\leqslant b}|f(x)-I_h(x)|\leqslant\frac{h^4}{384}\max_{a\leqslant x\leqslant b}\left|f^{(4)}(x)\right|\tag{2.47}$$

其中, $h=\max\limits_{0\leqslant k<n}(x_{k+1}-x_k)$.

## 2.6　样 条 插 值

分段低次插值的优点是具有收敛性与稳定性, 缺点是光滑性较差, 不能满足实际需要. 例如, 高速飞机的机翼形线、船体放样形值线、精密机械加工等都要求有二阶光滑度, 即二阶导数连续, 通常三次样条函数即可满足要求.

### 2.6.1 三次样条函数

**定义 2.4** 设 $[a,b]$ 上给出一组节点 $a \leqslant x_0 < x_1 < \cdots < x_n \leqslant b$, 若函数 $S(x)$ 满足条件:

(1) $S(x) \in C^2[a,b]$;

(2) $S(x)$ 在每个小区间 $[x_i, x_{i+1}]$ $(i=0,1,\cdots n-1)$ 上是三次多项式,

则称 $S(x)$ 是节点 $x_0, x_1, \cdots, x_n$ 上的**三次样条函数**.

若 $S(x)$ 在节点上还满足插值条件:

(3) $S(x_i) = f_i \quad (i=0,1,\cdots,n)$,

则称 $S(x)$ 为 $[a,b]$ 上的**三次样条插值函数**.

由定义 2.4 可知 $S(x)$ 在每个小区间 $[x_i, x_{i+1}]$ 上是三次多项式, 它有 4 个待定系数, 共有 $n$ 个小区间, 故应确定的 $4n$ 个参数, 而由定义给出的条件 $S(x) \in C^2[a,b]$, 在节点 $x_i$ $(i=1,\cdots,n-1)$ 上应满足

$$S(x_i - 0) = S(x_i + 0), \quad S'(x_i - 0) = S'(x_i + 0), \quad S''(x_i - 0) = S''(x_i + 0) \tag{2.48}$$

它给出了 $3(n\text{-}1)$ 个条件, 此外由插值条件 (2.1) 给出了 $n+1$ 个条件, 共有 $4n-2$ 个条件, 求三次样条插值函数 $S(x)$ 还缺两个条件. 通常可在区间 $[a,b]$ 的端点 $a=x_0, b=x_n$ 上各加一个条件 (称为边界条件), 边界条件可根据实际问题要求补充, 常见的有以下 3 种:

(1) (**三转角边界条件**) 已知两端点处的一阶导数值, 即

$$S'(x_0) = f'_0, \quad S'(x_n) = f'_n \tag{2.49}$$

(2) (**三弯矩边界条件**) 已知两端点处的二阶导数值, 即

$$S''(x_0) = f''_0, \quad S''(x_n) = f''_n \tag{2.50}$$

特殊情况下的边界条件

$$S''(x_0) = S''(x_n) = 0 \tag{2.51}$$

称为**自然边界条件**.

(3) 当 $f(x)$ 是以 $x_n - x_0$ 为周期的周期函数时, 则要求 $S(x)$ 也是周期函数, 这时边界条件应满足

$$\begin{cases} S(x_0+0) = S(x_n-0) \\ S'(x_0+0) = S'(x_n-0) \\ S''(x_0+0) = S''(x_n-0) \end{cases} \tag{2.52}$$

这样确定的样条函数 $S(x)$ 称为**周期样条函数**.

由此看到针对不同类型问题, 补充相应边界条件后完全可以求得三次样条插值函数 $S(x)$.

### 2.6.2　样条插值函数的建立

构造满足插值及相应边界条件的三次样条插值函数 $S(x)$ 的表达式可以有多种方法, 下面我们介绍利用 $S(x)$ 的二阶导数值来表达 $S(x)$ 的方法.

设 $S(x)$ 在节点 $a \leqslant x_0 < x_1 < \cdots < x_n \leqslant b$ 上的二阶导数值 $S''(x_i) = M_i\ (i = 0,1,\cdots,n)$, 记 $h_i = x_{i+1} - x_i$, 由于 $S(x)$ 在 $[x_i, x_{i+1}]$ 上是三次多项式, 故 $S''(x)$ 在 $[x_i, x_{i+1}]$ 上是一次函数, 可表示为

$$S''(x) = M_i \frac{x_{i+1} - x}{h_i} + M_{i+1} \frac{x - x_i}{h_i}$$

对此式积分两次, 并利用 $S(x_i) = f_i, S(x_{i+1}) = f_{i+1}$ 可确定积分常数, 从而得到

$$\begin{aligned} S(x) =& M_i \frac{(x_{i+1} - x)^3}{6h_i} + M_{i+1} \frac{(x - x_i)^3}{6h_i} + \left(f_i - \frac{M_i h_i^2}{6}\right) \frac{x_{i+1} - x}{h_i} \\ &+ \left(f_{i+1} - \frac{M_{i+1} h_i^2}{6}\right) \frac{x - x_i}{h_i} \quad (i = 0,1,\cdots,n-1) \end{aligned} \tag{2.53}$$

这里 $M_i\,(i = 0,1,\cdots,n)$ 是未知量, 为了确定 $M_i\,(i = 0,1,\cdots,n)$, 对 $S(x)$ 求导得

$$S'(x) = -M_i \frac{(x_{i+1} - x)^2}{2h_i} + M_{i+1} \frac{(x - x_i)^2}{2h_i} + \frac{f_{i+1} - f_i}{h_i} - \frac{M_{i+1} - M_i}{6} h_i$$

由此可得

$$S'(x_i + 0) = -\frac{h_i}{3} M_i - \frac{h_i}{6} M_{i+1} + \frac{f_{i+1} - f_i}{h_i}$$

类似可求出 $S(x)$ 在区间 $[x_{i-1}, x_i]$ 上的表达式, 进而得

$$S'(x_i - 0) = \frac{h_{i-1}}{6} M_{i-1} + \frac{h_{i-1}}{3} M_i + \frac{f_i - f_{i-1}}{h_{i-1}}$$

由 $S'(x_i + 0) = S'(x_i - 0)$, 可得

$$\mu_i M_{i-1} + 2M_i + \lambda_i M_{i+1} = d_i \quad (i = 1,2,\cdots,n-1) \tag{2.54}$$

其中

$$\begin{aligned} &\mu_i = \frac{h_{i-1}}{h_{i-1} + h_i}, \quad \lambda_i = \frac{h_i}{h_{i-1} + h_i} \\ &d_i = 6\frac{f[x_i, x_{i+1}] - f[x_{i-1}, x_i]}{h_{i-1} + h_i} = 6f[x_{i-1}, x_i, x_{i+1}] \quad (i = 1,2,\cdots,n-1) \end{aligned}$$

式 (2.54) 是关于 $M_0, M_1, \cdots, M_n$ 的 $n-1$ 个方程, 对第一种边界条件, 可导出两个方程

$$\begin{cases} 2M_0 + M_1 = \dfrac{6}{h_0}[f(x_0, x_1) - f_0'] \\ M_{n-1} + 2M_n = \dfrac{6}{h_{n-1}}[f_n' - f(x_{n-1}, x_n)] \end{cases} \tag{2.55}$$

如果令

$$\lambda_0 = 1, \quad d_0 = \frac{6}{h_0}[f(x_0, x_1) - f_0'], \quad \mu_n = 1, \quad d_n = \frac{6}{h_{n-1}}[f_n' - f(x_{n-1}, x_n)]$$

将式 (2.54) 与式 (2.55) 联立则得到关于 $M_0, M_1, \cdots, M_n$ 的线性方程组, 用矩阵形式表示为

$$\begin{pmatrix} 2 & \lambda_0 & & & \\ \mu_1 & 2 & \lambda_1 & & \\ & \ddots & \ddots & \ddots & \\ & & \mu_{n-1} & 2 & \lambda_{n-1} \\ & & & \mu_n & 2 \end{pmatrix} \begin{pmatrix} M_0 \\ M_1 \\ \vdots \\ M_{n-1} \\ M_n \end{pmatrix} = \begin{pmatrix} d_0 \\ d_1 \\ \vdots \\ d_{n-1} \\ d_n \end{pmatrix} \tag{2.56}$$

对第二种边界条件, 可直接由边界条件得到端点方程

$$M_0 = f_0'', \quad M_n = f_n'' \tag{2.57}$$

如果令 $\lambda_0 = \mu_n = 0, d_0 = 2f_0'', d_n = 2f_n''$, 则式 (2.54) 与式 (2.57) 联立也可以写成式 (2.56) 的形式.

对第三种边界条件, 由边界条件, 得

$$M_0 = M_n, \quad \lambda_n M_1 + \mu_n M_{n-1} + 2M_n = d_n \tag{2.58}$$

其中

$$\lambda_n = \frac{h_0}{h_{n-1} + h_0}, \quad \mu_n = 1 - \lambda_n = \frac{h_{n-1}}{h_{n-1} + h_0}$$

$$d_n = 6\frac{f(x_0, x_1) - f(x_{n-1}, x_n)}{h_0 + h_{n-1}}$$

将式 (2.54) 与式 (2.58) 联立则得到关于 $M_1, M_2, \cdots, M_n$ 的线性方程组, 用矩阵形式表示为

$$\begin{pmatrix} 2 & \lambda_1 & & & \mu_1 \\ \mu_2 & 2 & \lambda_2 & & \\ & \ddots & \ddots & \ddots & \\ & & \mu_{n-1} & 2 & \lambda_{n-1} \\ \lambda_n & & & \mu_n & 2 \end{pmatrix} \begin{pmatrix} M_1 \\ M_2 \\ \vdots \\ M_{n-1} \\ M_n \end{pmatrix} = \begin{pmatrix} d_1 \\ d_2 \\ \vdots \\ d_{n-1} \\ d_n \end{pmatrix} \tag{2.59}$$

线性方程组 (2.56) 与式 (2.59) 都是关于 $M_0, M_1, \cdots, M_n$ 的三对角方程组, $M_i$ 在力学上解释为细梁在 $x_i$ 截面上的截面弯矩, 故称线性方程组 (2.56) 与式 (2.59) 为**三弯矩方程**. 方程组 (2.56) 与式 (2.59) 的系数矩阵都是严格对角占优矩阵, 它们可用追赶法求解. 得到 $M_0, M_1, \cdots, M_n$ 后, 代入式 (2.53), 则得到 $[a, b]$ 上的三次样条插值函数 $S(x)$.

根据前面的分析可以得到在计算机上求样条函数 $S(x)$ 的算法步骤.

**步骤 1** 输入初始数据 $x_i, y_i$ $(i = 0, 1, \cdots, n)$ 及边界条件;

**步骤 2** 计算 $h_i = x_{i+1} - x_i$ , $f[x_i, x_{i+1}]$ $(i = 0, 1, \cdots, n-1)$;

**步骤 3** 计算 $\lambda_i, \mu_i, d_i$ $(i = 1, \cdots, n-1)$;

**步骤 4** 依边界条件用追赶法求解线性方程组 (2.56) 或者式 (2.59), 求出 $M_0, M_1, \cdots, M_n$;

**步骤 5** 计算 $S(x)$ 的系数或计算 $S(x)$ 在若干点上的值, 并打印出结果.

### 2.6.3　三次样条插值收敛性

三次样条函数的收敛性与误差估计比较复杂, 这里不加证明地给出一个主要结果.

**定理 2.5**　设 $f(x) \in C^4[a,b], S(x)$ 为满足第一种或第二种边界条件式 (2.49) 或式 (2.50) 的三次样条函数, 令 $h = \max\limits_{0\leqslant i\leqslant n-1} h_i, h_i = x_{i+1} - x_i\,(i = 0, 1, \cdots, n-1)$, 则有估计式

$$\max_{a\leqslant x\leqslant b}\left|f^{(k)}(x) - S^{(k)}(x)\right| \leqslant C_k \max_{a\leqslant x\leqslant b}\left|f^{(4)}(x)\right| h^{4-k} \quad (k = 0, 1, 2) \tag{2.60}$$

其中, $C_0 = \dfrac{5}{384}, C_1 = \dfrac{1}{24}, C_2 = \dfrac{3}{8}$.

定理 2.5 表明当 $h \to 0 (n \to \infty)$ 时, $S(x), S'(x), S''(x)$ 均分别一致收敛于 $f(x), f'(x), f''(x)$.

## 2.7　数值实验 2

**实验要求**

1. 调试拉格朗日插值、牛顿插值、等距节点牛顿插值的程序;
2. 直接使用 MATLAB 命令求解同样的例题;
3. 比较使用各种方法的运行效率;
4. 完成上机实验报告.

### 2.7.1　拉格朗日插值的 MATLAB 程序

```
function y=lagrange(xi,yi,x)
%函数功能:拉格朗日插值法的MATLAB实现
%参数说明:xi,节点向量; yi,  节点处的函数值
%          x, 插值点;    y,  计算出的插值
%调用示例: %  xi=[100 121];yi=[10 11]; x=115;
%  y=lagrange(xi,yi,x)
%输出结果  10.7143
m=length(xi);n=length(yi);p=length(x);
if m~=n error('数据输入有误, 请重新输入! '); end
s=0;
for k=1:n
t=ones(1,p);
for j=1:n
   if j~=k
       t=t.*(x-xi(j))/(xi(k)-xi(j));
   end
 end
 s=s+t*yi(k);
end
```

```
y=s;
```

### 2.7.2 牛顿插值的MATLAB程序

```
function y=newtonint(xi,yi,x)
%函数功能:牛顿插值法的MATLAB实现
%参数说明:xi,节点向量; yi,  节点处的函数值
%          x, 插值点;     y,  计算出的插值
%调用示例:
%  xi=[100 121];yi=[10 11]; x=115;
%  y=newtonint(xi,yi,x)
%输出结果  10.7143
m=length(xi);n=length(yi);
if m~=n error('数据输入有误, 请重新输入! '); end
f=zeros(n,n);
for i=1:n
    f(i,1)=yi(i);
end
%构造均差表
for j=2:n
    for i=j:n
        f(i,j)=(f(i,j-1)-f(i-1,j-1))/(xi(i)-xi(i-j+1));
    end
end
%计算Newton插值
s=f(1,1);
w=x-xi(1);
for j=2:n
    s=s+f(j,j)*w;
    w=w*(x-xi(j));
end
y=s;
```

### 2.7.3 等距节点牛顿插值的 MATLAB 程序

```
function y=newtonint1(xi,yi,x)
%函数功能:等距节点牛顿插值法的MATLAB实现
%参数说明:xi,等距节点向量; yi,  节点处的函数值
%          x, 插值点;          y,  计算出的插值
%调用示例:
%  xi=0:0.1:0.5;yi=cos(xi); x=0.048;
```

```
%  y=newtonint(xi,yi,x)
%输出结果  0.9989
m=length(xi);n=length(yi);
if m~=n error('数据输入有误, 请重新输入! '); end
f=zeros(n,n);
for i=1:n
    f(i,1)=yi(i);
end
h=xi(2)-xi(1);t=(x-xi(1))/h;
%构造差分表
for j=2:n
    for i=j:n
        f(i,j)=(f(i,j-1)-f(i-1,j-1));
    end
end
%向前差分计算Newton插值
s=f(1,1);
w=1;
z=t;
for j=2:n
    s=s+z*f(j,j)/w;
    z=z*(z-j+1);
    w=w*j;
end
y=s;
```

### 2.7.4 MATLAB 中插值及拟合相关函数介绍

**表 2.7 MATLAB有关插值及拟合的部分函数**

| 函数 | 功能 | 用法 | 解释 |
|---|---|---|---|
| interp1 | 一维数据插值 | y = interp1(xi,yi,x) | xi,yi, 为数据点, x 为待插入点 |
| | | y = interp1(xi,yi,x,method) | method 为所采用插入方法 |
| pchip | 分段埃尔米特插值 | y = pchip(xi,yi,x) | xi,yi, 为数据点, x 为待插入点 |
| spline | 分段样条插值 | yy = spline(xi,yi,x) | xi,yi, 为数据点, x 为待插入点 |
| csapi | 三次样条插值函数 | pp=csapi(x,y) | |
| spapi | 样条插值 | spline = spapi(knots,x,y) | |
| polyval | 多项式求值 | y = polyval(p,x) | 计算多项式 p 在点 x 处的值 |
| polyfit | 多项式拟合 | p = polyfit(xi,yi,n) | 对数据点 xi,yi 用 n 次多项式拟合 |

### 2.7.5 MATLAB直接求解插值及拟合问题

**例 2.8** 已给 $\sin 0.32 = 0.314\,567, \sin 0.34 = 0.333\,487, \sin 0.36 = 0.352\,274$, 用插值

方法计算 sin 0.336 7 的近似值.

**解** 在 MATLAB 命令窗口依次输入:

```
x=[0.32 0.34 0.36]
y=sin(x)
yi=interp1(x,y,0.3367)
最后yi的输出即为所求近似值
yi =
    0.3304
```

**例 2.9** 给定 $y=f(x)$ 的函数表 (表 2.8), 用一次多项式拟合函数.

**表 2.8 函数表**

| $x$ | 1 | 1 | 2 | 3 | 3 | 3 | 4 | 5 |
|---|---|---|---|---|---|---|---|---|
| $y$ | 4 | 4 | 4.5 | 6 | 6 | 6 | 8 | 8.5 |

**解** 在 MATLAB 命令窗口依次输入:

```
xi=[1 1 2 3 3 3 4 5];
yi=[4 4 4.5 6 6 6 8 8.5];
p=polyfit(xi,yi,1)
```

最后 p 的输出即为所求拟合多项式的系数 (按次数从高到低排列)

```
p =
    1.2037    2.5648
```

继续以下输入还可以画出数据点及拟合多项式的图形

```
x=0.5:0.5:5.5;
y=p(2)+p(1)*x;
plot(xi,yi,'+',x,y)
```

# 习 题 2

1. 设 $x_0=0, x_1=1$, 求出 $f(x)=\mathrm{e}^{-x}$ 的插值多项式 $L_1(x)$, 并估计插值误差.

2. 当 $x=-1,1,2$ 时, $f(x)=-3,0,4$ 时, 求 $f(x)$ 的二次插值多项式.

(1) 用多项式基底;

(2) 用拉格朗日插值基底;

(3) 用牛顿插值基底.

3. 给定 $f(x)=\ln x$ 的数值表 (表 2.9), 用线性插值与二次插值计算 ln0.54 的近似值并估计误差限.

**表 2.9 数值表**

| $x$ | 0.4 | 0.5 | 0.6 | 0.7 | 0.8 |
|---|---|---|---|---|---|
| $\ln x$ | −0.916 291 | −0.693 147 | −0.510 826 | −0.356 675 | −0.223 144 |

4. 设 $f(x)$ 在 $[a,b]$ 内具有二阶连续导数, 且 $f(a)=f(b)=0$, 求证

$$\max_{a\leqslant x\leqslant b}|f(x)|\leqslant\frac{1}{8}(b-a)^2\max_{a\leqslant x\leqslant b}|f''(x)|$$

5. 给定函数的数据表 (表 2.10), 求 4 次牛顿插值多项式, 并写出插值余项.

**表 2.10 数据表**

| $x_i$ | 1 | 2 | 4 | 6 | 7 |
|---|---|---|---|---|---|
| $f\ (x_i)$ | 4 | 1 | 0 | 1 | 1 |

6. 在 $-4\leqslant x\leqslant 4$ 上给出 $f(x)=\mathrm{e}^x$ 的等距节点函数表, 若用二次插值求 $f(x)=\mathrm{e}^x$ 的近似值, 要使误差不超过 $10^{-6}$, 函数表的步长 $h$ 应取多少?

7. 若 $f(x)=x^7+x^5+3x+1$, 求均差 $f[2^0,2^1]$, $f[2^0,2^1,2^2]$, $f[2^0,2^1,\cdots,2^7]$ 和 $f[2^0,2^1,\cdots,2^8]$.

8. 若 $f(x)=\omega_{n+1}(x)=(x-x_0)(x-x_1)\cdots(x-x_n)$ 互异, 求 $f[x_0,x_1,\cdots,x_p]$ 的值, 这里 $p\leqslant n+1$.

9. 求证 $\sum\limits_{j=0}^{n-1}\Delta^2 y_j=\Delta y_n-\Delta y_0$.

10. 已知 $f(x)=\mathrm{sh}x=\dfrac{\mathrm{e}^x-\mathrm{e}^{-x}}{2}$ 的函数表 (表 2.11), 求出 3 次牛顿均差插值多项式, 计算 $f(0.23)$ 的近似值并用均差的余项表达式估计误差.

**表 2.11 函数表**

| $x$ | 0 | 0.2 | 0.3 | 0.5 |
|---|---|---|---|---|
| sh $x$ | 0 | 0.201 34 | 0.304 52 | 0.521 10 |

11. 给定 $f\ (x)=\cos x$ 的函数表 (表 2.12), 用牛顿等距插值公式计算 cos 0.048 的近似值并估计误差.

**表 2.12 函数表**

| $x$ | 0 | 0.1 | 0.2 | 0.3 | 0.4 | 0.5 | 0.6 |
|---|---|---|---|---|---|---|---|
| cos $x$ | 1.000 00 | 0.995 00 | 0.980 07 | 0.955 34 | 0.921 06 | 0.877 58 | 0.825 34 |

12. 求次数小于等于 3 的多项式 $P(x)$, 使满足条件

$$P(0)=0,\quad P'(0)=1,\quad P(1)=1,\quad P'(1)=2$$

13. 求一个次数不高于 4 次的多项式 $P(x)$, 使它满足

$$P(0)=P'(0)=0,\quad P(1)=P'(1)=1,\quad P(1)=1$$

14. 求次数小于等于 3 的多项式 $P(x)$, 使满足条件

$$P(x_0)=f(x_0),\quad P'(x_0)=f'(x_0),\quad P''(x_0)=f''(x_0),\quad P(x_1)=f(x_1)$$

# 第 3 章　函数逼近与曲线拟合

函数逼近是数学中一个重要的课题, 本章首先介绍函数逼近最基本的概念及理论, 并从函数计算角度介绍用正交多项式逼近函数的主要方法, 然后对曲线拟合做简要的介绍.

## 3.1　函数逼近的基本概念

### 3.1.1　函数逼近与函数空间

在数值计算中经常要计算函数值, 如计算机中计算基本初等函数及其他特殊函数; 当函数只在有限点集上给定函数值, 要在包含该点集的区间上用公式给出函数的简单表达式, 这些都涉及在区间 $[a,b]$ 上用简单函数逼近已知复杂函数的问题, 这就是函数逼近问题, 在第 2 章中讨论的插值法就是函数逼近问题的一种. 本章讨论的函数逼近, 是指 "对函数类 $A$ 中给定的函数 $f(x)$, 记作 $f(x) \in A$, 要求在另一类简单的便于计算的函数类 $B$ 中求函数 $p(x) \in B$, 使 $p(x)$ 与 $f(x)$ 的误差在某种度量意义下最小". 函数类 $A$ 通常是区间 $[a,b]$ 上的连续函数, 记作 $C[a,b]$, 称为连续函数空间, 而函数类 $B$ 通常为 $n$ 次多项式、有理函数或分段低次多项式等. 函数逼近是数值分析的基础, 为了在数学上描述更精确, 先介绍代数和分析中一些基本概念及预备知识.

数学上常把在各种集合中引入某些不同的确定关系称为赋予集合以某种空间结构, 并将这样的集合称为空间. 例如将所有实 $n$ 维向量组成的集合, 按向量加法及向量与数的乘法构成实数域上的线性空间, 记作 $R^n$, 称为 $n$ 维向量空间. 类似地, 对次数不超过 $n$($n$ 为正整数) 的实系数多项式全体, 按通常多项式与多项式加法及数与多项式乘法也构成数域 $R$ 上的一个线性空间, 用 $H_n$ 表示, 称为多项式空间, 所有定义在 $[a,b]$ 上的连续函数集合, 按函数加法和数与函数乘法构成数域 $R$ 上的线性空间, 记作 $C[a,b]$. 类似地, 记 $C^p[a,b]$ 为具有 $p$ 阶连续导数的函数空间.

**定义 3.1**　设集合 $S$ 是数域 $P$ 上的线性空间, 元素 $x_1, x_2, \cdots, x_n \in S$, 如果存在不全为零的数 $a_1, a_2, \cdots, a_n \in P$, 使得

$$a_1x_1 + a_2x_2 + \cdots + a_nx_n = 0 \tag{3.1}$$

则称 $x_1, x_2, \cdots, x_n$ 线性相关, 否则, 若式 (3.1) 只对 $a_1 = a_2 = \cdots = a_n = 0$ 成立, 则称 $x_1, x_2, \cdots, x_n$**线性无关**.

若线性空间 $S$ 是由 $n$ 个线性无关元素 $x_1, x_2, \cdots, x_n$ 生成的, 即对 $\forall x \in S$ 都有

$$x = a_1x_1 + a_2x_2 + \cdots + a_nx_n$$

则称 $x_1, x_2, \cdots, x_n$ 为空间 $S$ 的一组**基**, 记为 $S = \mathrm{span}\{x_1, x_2, \cdots, x_n\}$, 并称空间 $S$ 为 **$n$维空间**, 系数 $a_1, a_2, \cdots, a_n$ 称为 $x$ 在 $x_1, x_2, \cdots, x_n$ 基下的坐标, 记作 $(a_1, a_2, \cdots, a_n)$, 如果 $S$ 中有无限个线性无关元素 $x_1, x_2, \cdots, x_n, \cdots$, 则称 $S$ 为**无限维线性空间**.

下面考察次数不超过 $n$ 次的多项式 $H_n$, 其元素 $P(x) \in H_n$ 可表示为

$$P(x) = a_0 + a_1x + a_2x^2 + \cdots + a_nx^n \tag{3.2}$$

它由 $n+1$ 个系数 $a_0, a_1, a_2, \cdots, a_n$ 唯一确定. 且 $1, x, x^2, \cdots, x^n$ 线性无关, 从而它是 $H_n$ 的一组基, 故 $H_n = \text{span}\{1, x, x^2, \cdots, x^n\}$ 是 $n+1$ 维的, 且 $(a_0, a_1, a_2, \cdots, a_n)$ 是 $P(x)$ 的坐标向量.

对连续函数 $f(x) \in C[a,b]$, 它不能用有限个线性无关的函数表示, 故 $C[a,b]$ 是无限维的, 但它的任一元素 $f(x) \in C[a,b]$, 均可用有限维的 $p(x) \in H_n$ 逼近, 使误差 $\max\limits_{a\leqslant x\leqslant b}|f(x)-p(x)| < \varepsilon$($\varepsilon$ 为任给的小正数). 这就是著名的魏尔斯特拉斯 (Weierstrass) 定理.

**定理 3.1**　设 $f(x) \in C[a,b]$, 则对任何 $\varepsilon > 0$, 总存在一个代数多项式 $p(x)$, 使

$$\max_{a\leqslant x\leqslant b}|f(x)-p(x)| < \varepsilon$$

在 $[a,b]$ 上一致成立.

更一般地, 可用一组在 $C[a,b]$ 上线性无关的函数集合 $\{\varphi_i(x)\}^n i=0$ 来逼近 $f(x) \in C[a,b]$, 元素 $\varphi(x) \in \varPhi = \text{span}\{\varphi_0(x), \varphi_1(x), \cdots, \varphi_n(x)\} \subseteq C[a,b]$, 表示为

$$\varphi(x) = a_0\varphi_0(x) + a_1\varphi_1(x) + \cdots + a_n\varphi_n(x) \tag{3.3}$$

函数逼近问题就是对任何 $f \in C[a,b]$, 在子空间 $\varPhi$ 中找一个元素 $\varphi^*(x) \in \varPhi$, 使 $f(x) - \varphi^*(x)$ 在某种意义下最小.

### 3.1.2　最佳逼近

函数逼近主要讨论给定 $f(x) \in C[a,b]$, 求它的最佳逼近多项式. 若 $P^*(x) \in H_n$ 使误差

$$\|f(x) - P^*(x)\| = \min_{P\in H_n}\|f(x) - P(x)\|$$

则称 $P^*(x)$ 是 $f(x)$ 在 $[a,b]$ 上的**最佳逼近多项式**.

若 $P(x) \in \varPhi = \text{span}\{\varphi_0, \varphi_1, \cdots, \varphi_n\}$, 则称相应的 $P^*(x)$ 为**最佳逼近函数**.

通常范数 $\|\cdot\|$ 取为 $\|\cdot\|_\infty$ 或 $\|\cdot\|_2$. 若取 $\|\cdot\|_\infty$, 即

$$\|f(x) - P^*(x)\|_\infty = \min_{P\in H_n}\|f(x) - P(x)\|_\infty = \min_{P\in H_n}\max_{a\leqslant x\leqslant b}|f(x) - P(x)| \tag{3.4}$$

则称 $P^*(x)$ 为 $f(x)$ 在 $[a,b]$ 上的**最佳一致逼近多项式**. 这时求 $P^*(x)$ 就是求 $[a,b]$ 上使最大误差 $\max\limits_{a\leqslant x\leqslant b}|f(x) - P(x)|$ 最小的多项式.

若范数 $\|\cdot\|$ 取为 $\|\cdot\|_2$, 即

$$\|f(x) - P^*(x)\|_2^2 = \min_{P\in H_n}\|f(x) - P(x)\|_2^2 = \min_{P\in H_n}\int_a^b [f(x) - P(x)]^2\,\mathrm{d}x \tag{3.5}$$

则称 $P^*(x)$ 为 $f(x)$ 在 $[a,b]$ 上的**最佳平方逼近多项式**.

若 $f(x)$ 是 $[a,b]$ 上的一个列表函数, 在 $a \leqslant x_0 < x_1 < \cdots < x_m \leqslant b$ 上给出 $f(x_i)\,(i=0,1,\cdots,m)$, 要求 $P^* \in \Phi$ 使

$$\|f-P^*\|_2 = \min_{P\in\Phi}\|f-P\|_2 = \min_{P\in\Phi}\sum_{i=0}^{m}[f(x_i)-P(x_i)]^2 \tag{3.6}$$

则称 $P^*(x)$ 为 $f(x)$ 的**最小二乘拟合**.

本章将着重讨论实际应用多且便于计算的最佳平方逼近与最小二乘拟合.

## 3.2　正交多项式

### 3.2.1　正交函数族

**定义 3.2**　(1) 设 $f(x),g(x)\in C[a,b]$, 若

$$(f,g)=\int_a^b \omega(x)f(x)g(x)\mathrm{d}x=0$$

则称 $f(x)$ 和 $g(x)$ 在 $[a,b]$ 上带权 $\omega(x)$**正交**.

(2) 设有函数组 $\{\varphi_0(x),\varphi_1(x),\cdots,\varphi_n(x)\}$, 其中 $\varphi_i(x)\in C[a,b]\,(i=0,\cdots,n)$. 若

$$(\varphi_i,\varphi_j)=\int_a^b \omega(x)\varphi_i(x)\varphi_j(x)dx=\begin{cases}0 & (i\neq j)\\ A_i>0 & (i=j)\end{cases}$$

则称 $\{\varphi_i(x)\}$ 为 $[a,b]$ 上带权 $\omega(x)$ 的**正交函数族**.

(3) 若 $(\varphi_i,\varphi_j)=\begin{cases}0 & (i\neq j)\\ 1 & (i=j)\end{cases}$, 则称 $\{\varphi_i\}$ 为 $[a,b]$ 上带权 $\omega(x)$**标准正交函数族**.

**例 3.1**　三角函数组 $\{1,\cos x,\sin x,\cdots,\cos nx,\sin nx\}$ 于 $[-\pi,\pi]$ 上组成一组权 $\omega(x)=1$ 的正交函数族.

**解**　显然有

(1) $(\cos ix,\cos jx)=\int_{-\pi}^{\pi}\cos ix\cos jx\mathrm{d}x=0$ (当 $i\neq j$, 且 $i,j\geqslant 1$)

(2) $(\sin ix,\sin jx)=\begin{cases}0, & (i\neq j)\\ \pi, & (i=j\neq 0)\end{cases}$

(3) $(\cos ix,\cos ix)=\pi$

(4) $(1,1)=\int_{-\pi}^{\pi}\mathrm{d}x=2\pi(1,\sin ix)=0,(1,\cos ix)=0\quad(i=1,\cdots,n)$

故 $\{1,\cos x,\sin x,\cdots,\cos nx,\sin nx\}$ 为 $[-\pi,\pi]$ 上带权 $\omega(x)=1$ 的正交函数族.

### 3.2.2　正交多项式的性质

**定义 3.3**　设 $\{\varphi_0(x),\varphi_1(x),\cdots,\varphi_n(x)\}$ 为 $C[a,b]$ 中线性无关函数组, 称集合

$$H_n=\mathrm{span}\{\varphi_0,\cdots,\varphi_n\}=\left\{S(x)\,\middle|\,S(x)=\sum_{i=0}^{n}a_i\varphi_i(x)\right\}\quad(a_i\text{为实数})$$

为由 $\{\varphi_0, \cdots, \varphi_n\}$ 生成的集合.

显然, $\mathrm{span}\{\varphi_0, \cdots, \varphi_n\}$ 为 $C[a,b]$ 的一个子空间.

下面讨论对于给定 $[a,b]$ 上权函数 $\omega(x)$, 如何由 $H_n$ 的基 $\{1, x, \cdots, x^n\}$ 构造 $H_n$ 的正交基 $\{\varphi_0(x), \varphi_1(x), \cdots, \varphi_n(x)\}$.

**定理 3.2**(格拉姆–施密特 (Gram-Schmidt) 正交化)

(1) 设 $H_n = \mathrm{span}\{1, x, \cdots, x^n\}$;

(2) $\omega(x) \geqslant 0$ 为给定的权函数 (在 $[a,b]$ 任何一个子区间不恒为零的可积函数), 则由基 $\{1, x, \cdots, x^n\}$ 可构造在 $[a,b]$ 以 $\omega(x)$ 为权函数的正交多项式组 $\{\varphi_0(x), \varphi_1(x), \cdots, \varphi_n(x)\}$

$$\begin{cases} \varphi_0(x) = 1 \\ \varphi_k(x) = x^k - \displaystyle\sum_{j=0}^{k-1} \frac{(x^k, \varphi_j)}{(\varphi_j, \varphi_j)} \varphi_j(x) \quad (k = 1, 2, \cdots, n) \end{cases}$$

其中, $\omega_k(x)$ 为首项 (即 $x^k$ 项) 系数为 1 的 $k$ 次多项式, $\varphi_k(x) \in H_n (k = 0, 1, \cdots, n)$.

**推论 3.1**　(1) 定理 3.2 得到的 $\{\varphi_0(x), \varphi_1(x), \cdots, \varphi_n(x)\}$ 为 $[a,b]$ 上带权 $\omega(x)$ 的正交多项式组, 其中 $\varphi_i(x)$ 首项系数为 1 的 $i$ 次多项式.

(2) 设 $P(x) \in H_n$ 为任一次数不超过 $n$ 次的多项式, 则

① $\{\varphi_0, \varphi_1, \cdots, \varphi_n\}$ 在 $[a,b]$ 上线性无关;

② $P(x) = \displaystyle\sum_{i=0}^{n} c_i \varphi_i(x)$, 其中 $c_i = \dfrac{(P, \varphi_i)}{(\varphi_i, \varphi_i)} (i = 0, 1, \cdots, n)$.

推论 3.1 说明 $\{\varphi_0(x), \varphi_1(x), \cdots, \varphi_n(x)\}$ 为 $H_n$ 中一个正交基, 且在 $[a,b]$ 上带权函数 $\omega(x)$ 正交, 这样的正交多项式组 $\{\varphi_k(x)\}_{k=0}^{n}$ ($\varphi_k(x)$ 为首项系数为 1 的 $k$ 次多项式) 是唯一的.

**定理 3.3** (正交多项式的递推公式)　设 $\{\varphi_0(x), \varphi_1(x), \cdots, \varphi_n(x)\}$ 为 $[a,b]$ 上带权 $\omega(x)$ 的正交多项式组, 其中 $\varphi_i(x)$ 首项系数为 1 的 $i$ 次多项式, 则 $\{\varphi_k(x)\}$ 满足递推公式

$$\varphi_{k+1}(x) = (x - \alpha_k)\varphi_k(x) - \beta_k \varphi_{k-1}(x) \quad (k = 0, 1, \cdots)$$

其中

$$\begin{aligned} &\varphi_0(x) = 1, \ \varphi_{-1}(x) = 0 \\ &\alpha_{k+1} = \frac{(x\varphi_k, \varphi_k)}{(\varphi_k, \varphi_k)}, \quad \beta_k = \frac{(\varphi_k, \varphi_k)}{(\varphi_{k-1}, \varphi_{k-1})} \quad (k = 1, 2, \cdots) \end{aligned}$$

这里 $(x\varphi_k, \varphi_k) = \displaystyle\int_a^b x\omega(x)\varphi_k^2(x)\mathrm{d}x$.

**定理 3.4**　设 $\{\varphi_k\}$ 是 $[a,b]$ 上带权 $\omega(x)$ 的正交多项式序列, 则 $n$ 次多项式 $\varphi_n(x)$ 在 $(a,b)$ 内恰好有 $n$ 个不同的实根.

**证明**　假定 $\varphi_n(x)$ 在 $(a,b)$ 内的零点都是偶数重的, 则 $\varphi_n(x)$ 在 $[a,b]$ 上符号保持不变, 这与

$$(\varphi_n, \varphi_0) = \int_a^b w(x)\varphi_n(x)\varphi_0(x)\mathrm{d}x = 0$$

矛盾, 故 $\varphi_n(x)$ 在 $(a,b)$ 内的零点不可能全是偶数重的. 现设 $\varphi_n(x)$ 在 $(a,b)$ 内有奇数重的根 $x_j\,(j=1,2,\cdots,m)$, 如果 $m<n$ 将推出矛盾, 即设 $a<x_1<x_2<\cdots<x_m<b$, 而 $\varphi_n(x)$ 可设为

$$\varphi_n(x)=(x-x_1)^{r_1}(x-x_2)^{r_2}\cdots(x-x_m)^{r_m}h(x)$$

其中, $r_1,r_2,\cdots,r_m$ 为奇数, $h(x)$ 在 $(a,b)$ 内不变号. 令

$$g(x)=(x-x_1)(x-x_2)\cdots(x-x_m)$$

于是

$$\varphi_n(x)g(x)=(x-x_1)^{r_1+1}\cdots(x-x_m)^{r_m+1}h(x)$$

在 $(a,b)$ 内不变号, 则

$$(\varphi_n,g)=\int_a^b\omega(x)\varphi_n(x)g(x)\mathrm{d}x\neq 0$$

另一方面, 如果 $m<n$, 则由 $\{\varphi_k\}$ 的正交性可知

$$(\varphi_n,g)=\int_a^b\omega(x)\varphi_n(x)g(x)\mathrm{d}x=0$$

这与 $(\varphi_n,g)\neq 0$ 矛盾, 故 $m\geqslant n$. 而 $\varphi_n(x)$ 只有几个零点, 故 $m=n$, 即 $n$ 个零点都是单重的. 证毕.

### 3.2.3 勒让德多项式

取 $[a,b]=[-1,1]$, 权函数 $\omega(x)\equiv 1$, 则由定理 3.3 可得在 $[-1,1]$ 上具有权函数 $\omega(x)\equiv 1$ 的正交多项式组

$$\begin{cases}\tilde{P}_0(x)=1\\ \tilde{P}_1(x)=x\\ \tilde{P}_2(x)=x^2-\dfrac{1}{3}\\ \tilde{P}_3(x)=x^3-\dfrac{3}{5}x\\ \cdots\cdots\end{cases}$$

且有 $(\tilde{P}_i,\tilde{P}_j)=0(i\neq j)$. 这里 $\tilde{P}_k(x)$ 为首项系数为 1 的 $k$ 次多项式.

**定义 3.4** $n$ 次多项式

$$P_n(x)=\frac{1}{2^n n!}\frac{\mathrm{d}^n}{\mathrm{d}x^n}(x^2-1)^n\quad(n=0,1,2,\cdots)$$

称为勒让德 (Legendre) 多项式.

显然有

$$\begin{cases}P_0(x)=1=\tilde{P}_0(x)\\ P_1(x)=x=\tilde{P}_1(x)\\ P_2(x)=\dfrac{3}{2}x^2-\dfrac{1}{2}=\dfrac{3}{2}\tilde{P}_2(x)\\ P_3(x)=\dfrac{5}{2}x^3-\dfrac{3}{2}x=\dfrac{5}{2}\tilde{P}_3(x)\\ \cdots\cdots\end{cases}$$

下面讨论 $P_n(x)$ 的特点:

(1) 求 $P_n(x)$ 的首项系数, 即求 $\dfrac{\mathrm{d}^n}{\mathrm{d}x^n}(x^2-1)^n$ 首项系数. 令 $\varphi(x)=(x^2-1)^n$, 由于 $\varphi(x)$ 是 $2n$ 次多项式, $P_n(x)$ 的首项系数即为求 $x^{2n}$ 的 $n$ 阶导数后的系数. 而

$$\varphi'(x)=2nx^{2n-1}+\cdots$$
$$\varphi''(x)=2n(2n-1)x^{2n-2}+\cdots$$
$$\cdots\cdots$$

$$\begin{aligned}\varphi^{(n)}(x)&=2n(2n-1)\cdots(2n-(n-1))x^{2n-n}+\cdots\\&=\frac{2n(2n-1)\cdots(n+1)n\cdots2\cdot1}{n\,!}x^n+\cdots\\&=\frac{(2n)!}{n\,!}x^n+\cdots\end{aligned}$$

从而, $P_n(x)$ 首项系数为

$$a_n=\frac{1}{2^n n}\frac{(2n)!}{n!}$$

且

$$\frac{\mathrm{d}^{2n}}{\mathrm{d}x^{2n}}\varphi(x)=(2n)!$$

(2) $P_n(x)$ 具有下列简单性质.

① $P_n(1)=1, P_n(-1)=(-1)^n$.

② 令 $\varphi(x)=(x^2-1)^n=(x-1)^n(x+1)^n$, 则当

$$\left[\frac{\mathrm{d}^k}{\mathrm{d}x^k}\varphi(x)\right]_{x=\pm1}=0\quad(k<n)$$

另外, 勒让德多式还有下述一个重要性质.

**性质 3.1** (正交性)　勒让德多项式 $\{P_i\}_{i=0}^n$ 为 $[-1,1]$ 上具有权函数 $\omega(x)\equiv1$ 的正交多项式, 即

$$(P_n,P_m)=\int_{-1}^1P_n(x)P_m(x)\mathrm{d}x=\begin{cases}0 & (m\neq n)\\ \dfrac{2}{2n+1} & (m=n)\end{cases}$$

**证明**　先证 $m\neq n$ 的情形, 不妨设 $k<n$, 且记 $\varphi(x)=(x^2-1)^n$ 及

$$P_n(x)=\frac{1}{2^n n!}\varphi^{(n)}(x)$$

于是

$$\begin{aligned}(P_k,P_n)&=\frac{1}{2^n n!}\int_{-1}^1P_k(x)\varphi^{(n)}(x)\mathrm{d}x=\frac{1}{2^n n!}\int_{-1}^1P_k(x)\mathrm{d}\varphi^{(n-1)}\\&=-\frac{1}{2^n n!}\int_{-1}^1\varphi^{(n-1)}(x)P_k'(x)\mathrm{d}x\\&=\frac{1}{2^n n!}\int_{-1}^1\varphi^{(n-2)}(x)P_k''(x)\mathrm{d}x\\&=(-1)^{k+1}\frac{1}{2^n n!}\int_{-1}^1\varphi^{(n-k-1)}(x)P_k^{(k+1)}(x)\mathrm{d}x=0\end{aligned}$$

再证 $m=n$ 的情形, 当 $k=n$ 时, 记 $a=\dfrac{1}{(2^n n\,!)^2}$

$$\begin{aligned}(P_n,P_n)&=a\int_{-1}^{1}\varphi^{(n)}(x)\varphi^{(n)}(x)\mathrm{d}x=a\int_{-1}^{1}\varphi^{(n)}(x)\mathrm{d}\varphi^{(n-1)}\\&=-a\int_{-1}^{1}\varphi^{(n-1)}(x)\varphi^{(n+1)}(x)\mathrm{d}x=a\int_{-1}^{1}\varphi^{(n+1)}(x)\mathrm{d}\varphi^{(n-2)}\\&=a\int_{-1}^{1}\varphi^{(n-2)}(x)\varphi^{(n+2)}(x)\mathrm{d}x\\&=\cdots=(-1)^n a\int_{-1}^{1}\varphi(x)\varphi^{(2n)}\mathrm{d}x\\&=(-1)^n a(2n)!\int_{-1}^{1}(1-x^2)^n\mathrm{d}x\\&=a(2n)!\int_{-1}^{1}(1-x^2)^n\mathrm{d}x\\&=2a(2n)!\int_{0}^{\frac{\pi}{2}}\cos^{2n+1}\theta\mathrm{d}\theta=\frac{2}{2n+1}\end{aligned}$$

其中积分是令 $x=\sin\theta$, 且利用 $\displaystyle\int_0^{\frac{\pi}{2}}\cos^{2n+1}\theta\mathrm{d}\theta=\frac{(2^n n!)^2}{(2n+1)!}$ 得到.

又由 $\tilde{P}_n(x)$ 唯一性, 于是有

$$\tilde{P}_n(x)=\frac{2^n(n!)^2}{(2n)!}P_n(x)$$

**性质 3.2** (奇偶性)

$$P_n(-x)=(-1)^nP_n(x)=\begin{cases}P_n(x) & (n\text{为偶数})\\-P_n(x) & (n\text{为奇数})\end{cases}$$

**性质 3.3** (递推关系)　由定理 3.1 有

$$\tilde{P}_{k+1}(x)=(x-\alpha_{k+1})\tilde{P}_k(x)-\beta_{k+1}\tilde{P}_{k-1}(x)$$

其中

$$\alpha_{k+1}=\frac{(x\tilde{P}_k,\tilde{P}_k)}{(\tilde{P}_k,\tilde{P}_k)}=\frac{\displaystyle\int_{-1}^{1}x\tilde{P}_k^2(x)\mathrm{d}x}{\displaystyle\int_{-1}^{1}\tilde{P}_k^2(x)\mathrm{d}x}=0$$

$$\beta_{k+1}=\frac{(\tilde{P}_k,\tilde{P}_k)}{(\tilde{P}_{k-1},\tilde{P}_{k-1})}=\frac{k^2}{(2k+1)(2k-1)}$$

所以有递推关系

$$\begin{cases}\tilde{P}_0(x)=1\\\tilde{P}_1(x)=x\\\tilde{P}_{k+1}(x)=x\tilde{P}_k(x)-\dfrac{k^2}{4k^2-1}\tilde{P}_{k-1}(x)\quad(k=1,2,\cdots)\end{cases}$$

利用 $\tilde{P}_k(x)$ 与 $P_k(x)$ 关系式, 则有勒让德多项式的递推公式

$$\begin{cases} \tilde{P}_0(x) = 1 \\ \tilde{P}_1(x) = x \\ (k+1)P_{k+1}(x) = (2k+1)xP_k(x) - kP_{k-1}(x) \quad (k = 1, 2, \cdots) \end{cases}$$

**性质 3.4**　$P_n(x)$ 在区间 $[-1,1]$ 内有 $n$ 个不同的零点.

### 3.2.4　切比雪夫多项式

取 $[a,b] = [-1,1]$, 权函数 $\omega(x) = \dfrac{1}{\sqrt{1-x^2}}$, 则由定理 3.3 可得在 $[-1,1]$ 上具有权函数 $\omega(x) = \dfrac{1}{\sqrt{1-x^2}}$ 的正交多项式组

$$\begin{cases} \tilde{T}_0(x) = 1 \\ \tilde{T}_1(x) = x \\ \tilde{T}_2(x) = x^2 - \dfrac{1}{2} \\ \tilde{T}_3(x) = x^3 - \dfrac{3}{4}x \\ \cdots\cdots \end{cases}$$

且有 $(\tilde{T}_i, \tilde{T}_j) = 0$, 当 $i \neq j$, $\tilde{T}_k(x)$ 为首项系数为 1 的 $k$ 次多项式.

**定义 3.5**　$n$ 次多项式 $T_n(x) = \cos(n \arccos x)$ 称为 $n$ 次**切比雪夫 (Chebyshev) 多项式**,

显然有

$$\begin{cases} T_0(x) = 1 = \tilde{T}_0(x) \\ T_1(x) = x = \tilde{T}_1(x) \\ T_2(x) = 2x^2 - 1 = 2\tilde{T}_2(x) \\ T_3(x) = 4x^3 - 3x = 4\tilde{T}_3(x) \\ T_4(x) = 8x^4 - 8x^2 + 1 \\ T_5(x) = 16x^5 - 20x^3 + 5x \\ \cdots\cdots \end{cases}$$

其中, $T_n(x)$ 首项系数为 $2^{k-1}$.

### 3.2.5　拉盖尔多项式

取 $[a,b] = [0,\infty]$, 权函数 $\omega(x) = \mathrm{e}^{-x}$, 多项式 $L_n(x) = \mathrm{e}^x \dfrac{\mathrm{d}^n}{\mathrm{d}x^n}(x^n \mathrm{e}^{-x})$ 称为**拉盖尔 (Laguerre) 多项式**. 它也具有正交性质

$$(L_n, L_m) = \int_0^\infty \mathrm{e}^{-x} L_n(x) L_m(x) \mathrm{d}x = \begin{cases} 0 & (m \neq n) \\ (n!)^2 & (m = n) \end{cases}$$

和递推公式

$$\begin{cases} L_0(x)=1 \\ L_1(x)=1-x \\ L_{n+1}(x)=(1+2n-x)L_n(x)-n^2L_{n-1}(x) \quad (n=1,2,\cdots) \end{cases}$$

且 $L_n(x)$ 首项系数为 $(-1)^n$.

### 3.2.6 埃尔米特多项式

取 $(a,b)=(-\infty,\infty)$, 权函数 $\omega(x)=\mathrm{e}^{-x^2}$ 的正交多项式称为**埃尔米特 (Hermite) 多项式**, 其表达式为

$$H_n(x)=(-1)^n\mathrm{e}^{x^2}\frac{\mathrm{d}^n}{\mathrm{d}x^n}(\mathrm{e}^{-x^2})$$

它满足正交关系

$$(H_n,H_m)=\int_{-\infty}^{\infty}\mathrm{e}^{-x^2}H_n(x)H_m(x)\mathrm{d}x=\begin{cases} 0 & (m\neq n) \\ 2^n n!\sqrt{\pi} & (m=n) \end{cases}$$

及递推公式

$$\begin{cases} H_0(x)=1 \\ H_1(x)=2x \\ H_{n+1}(x)=2xH_n(x)-2nH_{n-1}(x) \quad (n=1,2,\cdots) \end{cases}$$

且 $H_n(x)$ 首项系数为 $2^n$.

## 3.3 最佳平方逼近

### 3.3.1 最佳平方逼近及其误差分析

设已知 $f(x)\in C[a,b]$, 且选择一函数类 $S=\mathrm{span}\{\varphi_0(x),\varphi_1(x),\cdots,\varphi_n(x)\}$, 其中 $\varphi_i(x)\in C[a,b]$, 且设 $\{\varphi_0(x),\cdots,\varphi_n(x)\}$ 在 $[a,b]$ 上线性无关 (例如取 $S=H_n$ 或 $S=\{1,\sin x,\cos x,\cdots,\sin nx,\cos nx\}$ 等). 现在研究最佳平方逼近问题, 即寻求 $P_n^*(x)\in S$, 使得

$$\min_{P(x)\in S}\int_a^b\omega(x)[f(x)-P(x)]^2\mathrm{d}x=\int_a^b\omega(x)[f(x)-P_n^*(x)]^2\mathrm{d}x \tag{3.7}$$

或写为

$$\min_{P\in S}\|f-P\|_2^2=\|f-P_n^*(x)\|_2^2$$

首先研究 $f(x)\in C[a,b]$ 最佳平方逼近函数 $P_n^*(x)$ 的存在性、唯一性, 再考虑如何计算等问题.

设有 $P_n^*(x)\in S$, 即 $P_n^*(x)=\sum\limits_{j=0}^{n}a_j^*\varphi_j(x)$ 使式 (3.7) 成立, 考查 $\{a_j^*\}$ 应满足什么条件.

对于任一 $P(x) \in S$, 可设 $P(x) = \sum_{j=0}^{n} a_j \varphi_j(x)$, 于是

$$
\begin{aligned}
\|f - P\|_2^2 &= \int_a^b \omega(x)[f(x) - P(x)]^2 \mathrm{d}x \\
&= \int_a^b \omega(x)[f(x) - \sum_{j=0}^{n} a_j \varphi_j(x)]^2 \mathrm{d}x \\
&= I(a_0, a_1, \cdots, a_n) \qquad (3.8) \\
\|f - P_n^*\|_2^2 &= \int_a^b \omega(x)[f(x) - P_n^*(x)]^2 \mathrm{d}x \\
&= \int_a^b \omega(x)[f(x) - \sum_{j=0}^{n} a_j^* \varphi_j(x)]^2 \mathrm{d}x \\
&= I(a_0^*, a_1^*, \cdots, a_n^*)
\end{aligned}
$$

式 (3.8) 说明均方误差 $I(a_0, a_1, \cdots a_n)$ 是多元函数 (为二次函数), 从而存在 $P_n^*(x)$ 是极值问题 (3.7) 的解, 即说明存在 $(a_0^*, a_1^*, \cdots a_n^*)$, 使

$$\min_{a_i \in R} I(a_0, a_1, \cdots, a_n) = I(a_0^*, a_1^*, \cdots, a_n^*)$$

由多元函数取极值的必要条件, 则有

$$\frac{\partial I}{\partial a_k} = 0 \quad (k = 0, 1, \cdots, n)$$

而

$$
\begin{aligned}
\frac{\partial I}{\partial a_k} &= \frac{\partial}{\partial a_k} \left\{ \int_a^b \omega(x) \left[ f(x) - \sum_{j=0}^{n} a_j \varphi_j(x) \right]^2 \mathrm{d}x \right\} \\
&= 2 \left\{ \int_a^b \omega(x) \left[ f(x) - \sum_{j=0}^{n} a_j \varphi_j(x) \right] \cdot [-\varphi_k(x)] \mathrm{d}x \right\}
\end{aligned}
$$

即 $(a_0^*, a_1^*, \cdots, a_n^*)$ 应满足方程组

$$\int_a^b \omega(x) \sum_{j=0}^{n} a_j \varphi_j(x) \varphi_k(x) \mathrm{d}x = \int_a^b \omega(x) f(x) \varphi_k(x) \mathrm{d}x \quad (k = 0, 1, \cdots, n)$$

或

$$\sum_{j=0}^{n} (\varphi_k, \varphi_j) a_j = (f, \varphi_k) \quad (k = 0, 1, \cdots, n) \qquad (3.9)$$

总结上述讨论有如下结论:

(1) 如果 $P_n^*(x) = \sum_{j=0}^{n} a_j^* \varphi_j(x) \in S$ 是 $f(x) \in C[a, b]$ 最佳平方逼近函数, 则

① 系数 $(a_0^*, \cdots, a_n^*)$ 满足方程组

$$\begin{pmatrix} (\varphi_0,\varphi_0) & (\varphi_0,\varphi_1) & \cdots & (\varphi_0,\varphi_n) \\ (\varphi_1,\varphi_0) & (\varphi_1,\varphi_1) & \cdots & (\varphi_1,\varphi_n) \\ \vdots & \vdots & & \vdots \\ (\varphi_n,\varphi_0) & (\varphi_n,\varphi_1) & \cdots & (\varphi_n,\varphi_n) \end{pmatrix} \begin{pmatrix} a_0 \\ a_1 \\ \vdots \\ a_n \end{pmatrix} = \begin{pmatrix} (\varphi_0, f) \\ (\varphi_1, f) \\ \vdots \\ (\varphi_n, f) \end{pmatrix} \quad \text{或} \quad \boldsymbol{Ga} = \boldsymbol{d}$$

其中, 系数矩阵 $\boldsymbol{G}$ 是由基函数作内积构成, 方程组 $\boldsymbol{Ga} = \boldsymbol{d}$ 称为**法方程组**.

② 误差函数与基函数正交, 即 $(f - P_n^*, \varphi_k) = 0\ (k = 0, 1, \cdots, n)$.

事实上, 由式 (3-9), 有

$$\left(\varphi_k, \sum_{j=0}^{n} a_j^* \varphi_j(x)\right) = (f, \varphi_k)$$

即

$$(P_n^*, \varphi_k) - (f, \varphi_k) = 0$$

所以

$$(f - P_n^*, \varphi_k) = 0 \quad (k = 0, 1, \cdots, n)$$

(2) 若 $\{\varphi_0(x), \varphi_1(x), \cdots, \varphi_n(x)\}$ 在 $[a,b]$ 上线性无关, 则法方程组 $\boldsymbol{Ga} = \boldsymbol{d}$ 有唯一解, 而 $P_n^*(x) = \sum\limits_{j=0}^{n} a_j^* \varphi_j(x) \in S$ 就是 $f(x) \in C[a, b]$ 在 $S$ 中的最佳平方逼近函数.

事实上, 由

$$\sum_{j=0}^{n} (\varphi_k, \varphi_j) a_j^* = (f, \varphi_k) \quad (k = 0, 1, \cdots, n)$$

即有

$$(f - P_n^*, \varphi_k) = 0 \quad (k = 0, 1, \cdots, n) \tag{3.10}$$

若能证明, 对任何 $P(x) = \sum\limits_{j=0}^{n} a_j \varphi_j(x) \in S$, 则有

$$\|f - P\|_2^2 \geqslant \|f - P_n^*\|_2^2$$

那么, $P_n^*(x) \in S$ 满足

$$\min_{P \in S} \|f - P\|_2^2 = \|f - P_n^*\|_2^2$$

记 $P_n^*(x) = P^*(x)$, 考查 $\|f - P\|_2^2$, 即

$$\begin{aligned} \|f - P\|_2^2 &= (f - P, f - P) \\ &= (f - P^* + P^* - P, f - P^* + P^* - P) \\ &= (f - P^*, f - P^*) + (P^* - P, P^* - P) + 2(f - P^*, P^* - P) \\ &= \|f - P^*\|_2^2 + \|P^* - P\|_2^2 \end{aligned}$$

$$\geqslant \|f-P^*\|_2^2, \forall P(x)\in S$$

(因为 $P^*-P=\sum_{i=0}^{n}(a_i^*-a_i)\varphi_i(x)$, 及式 (3.10) 有 $(f-P^*,P^*-P)=0$).

总结上述讨论有如下结论.

**定理 3.5** (最佳平方逼近)

(1) 设 $f(x)\in C[a,b]$;

(2) 选择函数类 $S=\operatorname{span}\{\varphi_0(x),\varphi_1(x),\cdots,\varphi_n(x)\}$, 其中 $\varphi_i(x)\in C[a,b](i=0,1,\cdots,n)$ 且 $\{\varphi_0(x),\cdots,\varphi_n(x)\}$ 在 $[a,b]$ 上线性无关. 则:

① $f(x)\in C[a,b]$ 在 $S$ 中的最佳平方逼近函数 $P_n^*(x)\in S$ 存在且唯一, 即存在 $P_n^*(x)\in S$, 使

$$\min_{P\in S}\int_a^b \omega(x)[f(x)-P(x)]^2\mathrm{d}x=\int_a^b \omega(x)[f(x)-P_n^*(x)]^2\mathrm{d}x$$

② 可由解法方程组

$$\sum_{j=0}^{n}(\varphi_k,\varphi_j)a_j=(f,\varphi_k)\quad(k=0,1,\cdots,n)$$

求得 $a_0^*,\cdots,a_n^*$, 于是 $f(x)\in C[a,b]$ 的最佳平方逼近函数的均方误差为

$$\begin{aligned}\|f-P^*\|_2^2&=\int_a^b \omega(x)[f(x)-P^*(x)]^2\mathrm{d}x\\&=(f-P^*,f-P^*)\\&=(f,f)+(P^*,P^*)-2(f,P^*)\\&=\|f\|_2^2-(f,P^*)\end{aligned}$$

其中, $(P^*,P^*)-(f,P^*)=(P^*-f,P^*)=0$.

### 3.3.2　用正交多项式作最佳平方逼近

**定理 3.6** (用正交多项式作最佳平方逼近)

(1) 设 $f(x)\in C[a,b]$;

(2) 选取 $H_n$ 中正交基 $\{\varphi_0(x),\varphi_1(x),\cdots,\varphi_n(x)\}$, 即

$$(\varphi_i,\varphi_j)=\int_a^b \omega(x)\varphi_i(x)\varphi_j(x)\mathrm{d}x=0\quad(i\neq j)$$

其中: $\omega(x)$ 为权函数, 则

① $f(x)\in C[a,b]$ 在 $H_n$ 中的最佳平方逼近多项式为

$$P_n^*(x)=\sum_{j=0}^{n}a_j^*\varphi_j(x)$$

其中

$$a_j^*=\frac{(f,\varphi_j)}{(\varphi_j,\varphi_j)}=\frac{\displaystyle\int_a^b \omega(x)f(x)\varphi_j(x)\mathrm{d}x}{\displaystyle\int_a^b \omega(x)\varphi_j^2(x)\mathrm{d}x}\quad(j=0,1,\cdots,n)$$

② 均方误差为

$$\|f-P_n^*\|_2^2=\|f\|_2^2-(f,P_n^*)=\|f\|_2^2-\sum_{j=0}^{n}(\varphi_j,\varphi_j)a_j^{*2}$$

由此, 用正交多项式可求得最佳平方逼近多项式, 避免解法方程组.

**例 3.2** 求 $f(x)=\mathrm{e}^x$ 在 $[-1,1]$ 上 3 次最佳平方逼近多项式.

**解** 取 $H_3$ 中正交基 $\{P_0,P_1,P_2,P_3\}$, 其中 $\{P_i\}_{i=0}^3$ 为勒让德多项式.$\omega(x)\equiv 1, f(x)=\mathrm{e}^x$ 于 $[-1,1]$ 在 $H_3$ 中 3 次最佳逼近多项式为

$$P_3^*(x)=a_0^*P_0(x)+a_1^*P_1(x)+a_2^*P_2(x)+a_3^*P_3(x)$$

其中

$$a_j^*=\frac{(f,P_j)}{(P_j,P_j)}=\frac{\displaystyle\int_{-1}^{1}\mathrm{e}^xP_j(x)\mathrm{d}x}{\displaystyle\int_{-1}^{1}P_j^2(x)\mathrm{d}x}$$

且

$$(P_j,P_j)=\frac{2}{2j+1}\quad(j=0,1,2,3)$$

经过计算得到表 3.1 的数据.

**表 3.1 求 $f(x)=\mathrm{e}^x$ 的最佳平方逼近多项式计算表**

| $j$ | 0 | 1 | 2 | 3 |
|---|---|---|---|---|
| $a_j^*$ | 1.175 2 | 1.103 6 | 0.357 8 | 0.070 46 |

所以由表 3.1, 再代入到上面 $P_3^*(x)$ 的表达式, 得到

$$P_3^*(x)=1.175\,2+1.103\,6x+0.357\,8\left(\frac{3}{2}x^2-\frac{1}{2}\right)+0.070\,46\left(\frac{5}{2}x^2-\frac{3}{2}x\right)$$

即

$$P_3^*(x)=0.996\,3+0.997\,9x+0.536\,7x^2+0.176\,1x^3\quad(x\in[-1,1])$$

## 3.4 曲线拟合的最小二乘法

### 3.4.1 最小二乘拟合问题

设已知 $x=f(x)$ 的实验数据

| $x$ | $x_1$ | $x_2$ | $\cdots$ | $x_m$ |
|---|---|---|---|---|
| $f(x)$ | $f(x_1)$ | $f(x_2)$ | $\cdots$ | $f(x_m)$ |

其中, $x_1<x_2<\cdots<x_m, a=x_1, b=x_m$. 且选取 $C[a,b]$ 中一函数类

$$S=\mathrm{span}\{\varphi_0(x),\varphi_1(x),\cdots,\varphi_n(x)\}$$

记 $X=\{x_1,\cdots,x_m\}$, 且 $m>n$.

最小二乘逼近问题可表述为: 在 $S$ 中寻求函数 $P(x)=\sum_{j=0}^{n}a_j\varphi_j(x)$, 使

$$\min_{P(x)\in S}\sum_{i=1}^{m}\omega_i[f(x_i)-P(x_i)]^2 \tag{3.11}$$

其中, $\omega_i>0$ 为权系数.

**定理 3.7** (最小二乘逼近)

(1) 设已知 $y=f(x)$ 实验数据 $(x_i,f(x_i))\,(i=1,\cdots,m)(a=x_1<x_2<\cdots x_m=b)$.

(2) 设 $H_n$ 中函数组 $\{\varphi_j(x)\}=(j=0,1,\cdots,n)$ 关于点集 $X=\{x_1,x_2,\cdots,x_m\}$ 线性无关 $(m>n)$, 则有:

① $y=f(x)$ 在 $S$ 中最小二乘逼近函数 $P(x)=\sum_{j=0}^{n}a_j\varphi_j(x)\in S$ 存在且唯一. 即存在 $P^*(x)=\sum_{j=0}^{n}a_j^*\varphi_j(x)\in S$, 使

$$\min_{P_n(x)\in S}\sum_{i=1}^{m}\omega_i[f(x_i)-P(x_i)]^2=\sum_{i=1}^{m}\omega_i[f(x_i)-P^*(x_i)]^2$$

② 最小二乘逼近多项式 $P_j^*(x)=\sum_{j=0}^{n}a_j^*\varphi_j(x)$ 的系数 $\{a_j^*\}\,(j=0,\cdots,n)$ 可由解法方程组求得

$$\begin{pmatrix}\varphi_0,\varphi_0 & \varphi_0,\varphi_1 & \cdots & \varphi_0,\varphi_n\\ \varphi_1,\varphi_0 & \varphi_1,\varphi_1 & \cdots & \varphi_1,\varphi_n\\ \vdots & \vdots & & \vdots\\ \varphi_n,\varphi_0 & \varphi_n,\varphi_1 & \cdots & \varphi_n,\varphi_n\end{pmatrix}\begin{pmatrix}a_0\\ a_1\\ \vdots\\ a_n\end{pmatrix}=\begin{pmatrix}(f,\varphi_0)\\ (f,\varphi_1)\\ \vdots\\ (f,\varphi_n)\end{pmatrix}\quad 或\quad \boldsymbol{Ga}=\boldsymbol{d}$$

其中

$$(\varphi_k,\varphi_j)=\sum_{i=1}^{m}\omega(x_i)\varphi_k(x_i)\varphi_j(x_i)$$

(3) 最小平方误差为

$$\delta_1=||f-P_n^*||_2=\left(\sum_{i=1}^{m}\omega_i[f(x_i)-P^*(x_i)]^2\right)^{1/2}$$

最大偏差为

$$\delta_2=\max_{1\leqslant i\leqslant m}|f(x_i)-P^*(x_i)|$$

实际计算时要注意下列问题.

(1) 权系数 $\omega_i$ 的选取: 特别可取权系数 $\omega_i=1(i=1,\cdots,m)$;

(2) 设已知 $y=f(x)$ 的实验数据 $(a=x_1<x_2<\cdots<x_m=b,m>n)$.

| $x$ | $x_1$ | $x_2$ | $\cdots$ | $x_m$ |
|---|---|---|---|---|
| $f(x)$ | $f(x_1)$ | $f(x_2)$ | $\cdots$ | $f(x_m)$ |

选取 $S$ 中基 $\{1, x, \cdots, x^n\}$, 权系数 $\omega_i = 1\,(i = 1, \cdots, m)$, $\varphi_j(x) = x^j\ (j = 0, 1, \cdots, n)$, 计算

$$(\varphi_k, \varphi_j) = \sum_{i=1}^{m} x_i^{k+j} \quad (k = 0, 1, \cdots, n)$$

通过求解法方程 (正规方程组)

$$\begin{pmatrix} \sum\limits_{i=1}^{m} 1 & \sum\limits_{i=1}^{m} x_i & \cdots & \sum\limits_{i=1}^{m} x_i^n \\ \sum\limits_{i=1}^{m} x_i & \sum\limits_{i=1}^{m} x_i^2 & \cdots & \sum\limits_{i=1}^{m} x_i^{n+1} \\ \vdots & \vdots & & \vdots \\ \sum\limits_{i=1}^{m} x_i^n & \sum\limits_{i=1}^{m} x_i^{n+1} & \cdots & \sum\limits_{i=1}^{m} x_i^{2n} \end{pmatrix} \begin{pmatrix} a_0 \\ a_1 \\ \vdots \\ a_n \end{pmatrix} = \begin{pmatrix} \sum\limits_{i=1}^{m} f(x_i) \\ \sum\limits_{i=1}^{m} x_i f(x_i) \\ \vdots \\ \sum\limits_{i=1}^{m} x_i f(x_i) \end{pmatrix} \tag{3.12}$$

得到 $y = f(x)$ 的最小二乘拟合多项式

$$P_n^*(x) = \sum_{j=0}^{n} a_j^* x^j$$

### 3.4.2 用正交多项式作最小二乘拟合

设已知 $y = f(x)$ 的实验数据 (其中 $x_1 < x_2 < \cdots < x_m$)

| $x$ | $x_1$ | $x_2$ | $\cdots$ | $x_m$ |
|---|---|---|---|---|
| $f(x)$ | $f(x_1)$ | $f(x_2)$ | $\cdots$ | $f(x_m)$ |

记 $X = \{x_1, x_2, \cdots, x_m\}$.

(1) 选取 $H_n$ 中关于点集 $X$ 及权系数 $\{\omega_i\}\,(i = 1, \cdots, m)$ 为正交多项式组 $\{\varphi_0(x), \varphi_1(x), \cdots, \varphi_n(x)\}(m > n)$, 即

$$(\varphi_i, \varphi_j) = \sum_{k=1}^{m} \omega_k \varphi_i(x_k)\varphi_j(x_k) = \begin{cases} (\varphi_i, \varphi_i) \neq 0 & (i = j) \\ 0 & (i \neq j) \end{cases}$$

则有唯一 $P_n^*(x) \in H_n$, 使

$$\min_{P_n(x) \in H_n} \sum_{i=1}^{m} \omega_i [f(x_i) - P_n(x_i)]^2 = \sum_{i=1}^{m} \omega_i [f(x_i) - P_n^*(x_i)]^2$$

(2) 最小二乘逼近多项式为

$$P_n^*(x) = \sum_{k=0}^{n} a_k^* \varphi_k(x)$$

其中

$$a_k^* = \frac{(f,\varphi_k)}{(\varphi_k,\varphi_k)} = \frac{\sum\limits_{i=1}^{m}\omega_i f(x_i)\varphi_k(x_i)}{\sum\limits_{i=1}^{m}\omega_i \varphi_k^2(x_i)} \quad (k=0,1,\cdots,n) \tag{3.13}$$

计算 $a_k^*$ 需要计算 $\varphi_k(x_i)\,(i=1,2,\cdots,m)$ 的值.

(3) 当增加 $n$ 时, 可用递推公式计算最小平方误差.

记 $\sigma_n^2 = \sum\limits_{i=1}^{m}\omega_i[P_n^*(x_i)-f(x_i)]^2$, 则有

$$\sigma_{n+1}^2 = \sigma_n^2 - \frac{(f,\varphi_{n+1})^2}{(\varphi_{n+1},\varphi_{n+1})} = \sigma_n^2 - a_{n+1}^*(f,\varphi_{n+1}) < \sigma_n^2$$

**定理 3.8**　设已知点集 $X=\{x_1,x_2,\cdots,x_m\}$ 及权系数 $\{\omega_1,\omega_2,\cdots,\omega_m\}$, 则有关于 $X$ 带权 $\{\omega_i\}$ 正交多项式组 $\{P_0(x),P_1(x),\cdots,P_n(x)\}\,(m>n)$ 且可由下述三项递推公式产生

$$\begin{cases} P_0(x)=1 \\ P_1(x)=x-\alpha_1 \\ P_{k+1}(x)=(x-\alpha_{k+1})P_k(x)-\beta_{k+1}P_{k-1}(x) \\ \alpha_{k+1}=\dfrac{(xP_k,P_k)}{(P_k,P_k)}=\dfrac{\sum\limits_{i=1}^{m}\omega_i x_i P_k^2(x_i)}{\sum\limits_{i=1}^{m}\omega_i P_k^2(x_i)} \qquad (k=0,1,\cdots,n-1) \\ \beta_{k+1}=\dfrac{(P_k,P_k)}{(P_{k-1},P_{k-1})}=\dfrac{\sum\limits_{i=1}^{m}\omega_i P_k^2(x_i)}{\sum\limits_{i=1}^{m}\omega_i P_{k-1}^2(x_i)} \qquad (k=1,\cdots,n-1) \\ \quad (\text{令}\beta_1=0) \end{cases} \tag{3.14}$$

其中, $P_k(x)$ 首项系数为 1 的 $k$ 次多项式, 且满足

$$(P_i,P_j)=\sum_{k=1}^{m}\omega_k P_i(x_k)P_j(x_k)=\begin{cases} A_i>0 & (i=j) \\ 0 & (i\neq j) \end{cases}$$

利用正交多项式 (关于点集及权系数为正交) 作曲线拟合, 其优点是不用解法方程组, 且关于 $\{\alpha_k\}\{\beta_k\},\{a_j^*\}$ 计算公式中与 $n$ 无关. 如要增加 $n$, 只需再计算系数 $a_{n+1}^*$ 即可, 已经计算的 $\{a_0^*,\cdots,a_n^*\}$ 不变, 只要计算三组系数 $\{\alpha_k\}\{\beta_k\},\{a_j^*\}$ 即可, 这种方法是目前用多项式作曲线拟合的最好的计算方法.

**例 3.3**　已知 $y=f(x)$ 数据 (取 $\omega_i=1(i=1,\cdots,5)$)

| $x$ | $-2$ | $-1$ | $0$ | $1$ | $2$ |
|---|---|---|---|---|---|
| $f(x)$ | $-1$ | $-1$ | $0$ | $1$ | $1$ |

试利用正交多项式构造一、二和三次最小二乘拟合多项式.

**解**　此题中 $m=5$, 已知离散数据

$$
\begin{aligned}
\boldsymbol{x} &= (-2,-1,0,1,2) \\
\boldsymbol{y} &= (-1,-1,0,1,1) \\
\boldsymbol{\omega} &= (1,1,1,1,1)
\end{aligned}
$$

依式 (3.14), 有

$$P_0(x)=1$$

$$\alpha_1=\frac{(xP_0,P_0)}{(P_0,P_0)}=0,\quad \beta_0=0,\quad a_0^*=\frac{(y,P_0)}{(P_0,P_0)}=0$$

$$P_1(x)=x-\alpha_1=x$$

$$\alpha_2=\frac{(xP_1,P_1)}{(P_1,P_1)}=0,\quad \beta_1=\frac{(P_1,P_1)}{(P_0,P_0)}=\frac{10}{5}=2,\quad a_1^*=\frac{(y,P_1)}{(P_1,P_1)}=\frac{6}{10}=0.6$$

$$P_2(x)=(x-\alpha_2)P_1(x)-\beta_1P_0(x)=x^2-2$$

$$\alpha_3=\frac{(xP_2,P_2)}{(P_2,P_2)}=0,\quad \beta_2=\frac{(P_2,P_2)}{(P_1,P_1)}=1.4,\quad a_2^*=\frac{(y,P_2)}{(P_2,P_2)}=0,$$

$$P_3(x)=(x-\alpha_3)P_2(x)-\beta_2P_1(x)=x^3-3.4x$$

$\alpha_4,\beta_4$ 已经不需计算, $a_3^*=\dfrac{(y,P_3)}{(P_3,P_3)}=-\dfrac{1}{6}=-0.166\,7$, 于是得到数据的拟合多项式

$$
\begin{aligned}
&S_1(x)=a_0^*P_0(x)+a_1^*P_1(x)=0.6x \\
&S_2(x)=a_0^*P_0(x)+a_1^*P_1(x)+a_2^*P_2(x)=0.6x \\
&S_3(x)=a_0^*P_0(x)+a_1^*P_1(x)+a_2^*P_2(x)+a_3^*P_3(x)=-0.166\,7x^3+1.167x
\end{aligned}
$$

### 3.4.3　非线性最小二乘拟合的线性化

设已知 $y=f(x)$ 实验数据 $(x_i,f(x_i))$ $(i=1,2,\cdots,m)$, 在前面讨论了建立实验数据的多项式模型, 即设 $\{\varphi_0(x),\varphi_1(x),\cdots,\varphi_n(x)\}$ $(m>n)$ 为 $H_n$ 中一个基, 用多项式来拟合实验数据, 即求

$$\left\{a_j^*\right\},P_n^*(x)=\sum_{j=0}^{n}a_j^*\varphi_j(x)\in H_n$$

使

$$\min_{P_n\in H_n}\sum_{i=1}^{m}\omega_i[f(x_i)-P_n(x_i)]^2=\sum_{i=0}^{m}\omega_i[f(x_i)-P_n^*(x_i)]^2 \tag{3.15}$$

且 $\{a_j^*\}$ 由求解法方程组 $\boldsymbol{Ga}=\boldsymbol{d}$ 得到. 所得数学模型 $P_n^*(x)=\sum\limits_{j=0}^{n}a_j\varphi_j(x)$ 关于参数 $\{a_j\}$ 是线性模型.

对于给定 $y=f(x)$ 实验数据 $(x_i, f(x_i))$ $(i=1,\cdots,m)$, 不一定是线性模型, 应根据数据的走向、趋势选择合适的数学模型. 例如, 当实验数据 $(x_i, f(x_i))$ $(i=1,\cdots,m)$, 具有单调性凸性 (凹向上或凹向下) 时, 可选择下述适当的数学模型 $y=f(x)$ 来拟合实验数据

$$g_1(x)=ae^{bx},\quad g_2(x)=ae^{b/x},\quad g_3(x)=ax^b,\quad g_4(x)=a+\frac{b}{x}$$

其中: $a$, $b$ 为参数, 如图 3.1 所示.

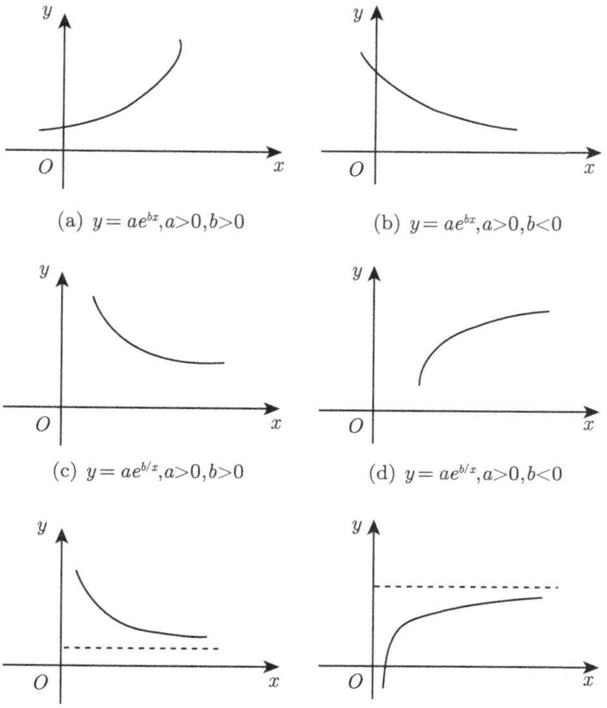


(a) $y=ae^{bx}, a>0, b>0$　(b) $y=ae^{bx}, a>0, b<0$

(c) $y=ae^{b/x}, a>0, b>0$　(d) $y=ae^{b/x}, a>0, b<0$

(e) $y=a+b/x, a>0, b>0$　(f) $y=a+b/x, a>0, b<0$

图 3.1　几种常见的非线性模型

**例 3.4**　在某化学反应里, 根据实验所得生成物的浓度与时间关系如表 3.2 所示, 求浓度 $y$ 与时间 $t$ 的拟合曲线 $y=f(t)$.

**表 3.2　浓度与时间关系表**

| t/min | 1 | 2 | 3 | 4 | 5 | 6 | 7 | 8 | 9 | 10 | 11 | 12 | 13 | 14 | 15 | 16 |
|---|---|---|---|---|---|---|---|---|---|---|---|---|---|---|---|---|
| $f(t)\cdot 10^{-3}$ | 4.00 | 6.40 | 8.00 | 8.80 | 9.22 | 9.50 | 9.70 | 9.86 | 10.00 | 10.20 | 10.32 | 10.42 | 10.50 | 10.55 | 10.58 | 10.60 |

**解**　从数据表略可看出, 浓度随 $t$ 增加而增加, 开始浓度增加快, 后来逐渐减弱, 到一定时间就基本稳定在一个数值上, 即当 $t\to\infty$ 时, $y$ 趋向于某个常数, 故有一水平渐近线.

(1) 选取数学模型 $y=ae^{b/t}$, 作变换, 将此模型转化为线性模型求解较简单.

取对数

$$\ln y=\ln a+\frac{b}{t} \tag{3.16}$$

作变换

$$\begin{cases} \hat{y} = \ln y, A = \ln a \\ t = \dfrac{1}{t}, B = b \end{cases} \tag{3.17}$$

则式 (3.16) 变为 $\hat{y} = A + B\hat{t}$.

于是, 问题化为已知数据 (由 $(t_i, f(t_i))$ 及式 (3.17) 求得):

| $\hat{t}$ | $\hat{t}_1$ | $\hat{t}_2$ | $\cdots$ | $\hat{t}_m$ |
|---|---|---|---|---|
| $\hat{y}$ | $\hat{y}_1$ | $\hat{y}_2$ | $\cdots$ | $\hat{y}_m$ |

求参数 $A$, $B$, 使

$$\min \sum_{i=1}^{m} (\hat{y}_i - (A + B\hat{t}_i))^2 \tag{3.18}$$

其中, 模型 $\hat{y} = A + B\hat{t}$ 为线性模型, 可求得

$$A^* = -4.480\,72, \quad B^* = -1.056\,7$$

从而

$$a = 11.325\,3 \times 10^{-3}, \quad b = -1.056\,7$$

于是得到模型

$$y = \hat{g}_1(t) = 11.325\,3 \times 10^{-3} \mathrm{e}^{-1.056\,7/t}$$

且最大偏差为

$$\delta^{(1)} = \max_i \left|\delta_i^{(1)}\right| \approx 0.277 \times 10^{-3}, \quad 其中 \quad \delta_i^{(1)} = f(t_i) - \hat{g}_1(t_i)$$

最小平方误差为

$$S^{(1)} = \left(\sum_{i=1}^{16} (\delta_i^{(1)})^2\right)^{1/2} = 3.4 \times 10^{-4}$$

(2) 选取数学模型为双曲函数

$$y = g_3(x) = \frac{t}{at + b}$$

其中, $a, b$ 待定参数. 显然

$$\frac{1}{y} = a + \frac{b}{t}$$

作变换, 令

$$\hat{y} = \frac{1}{y}, \quad \hat{t} = \frac{1}{t}, \quad \hat{y} = a + b\hat{t}$$

于是问题化为, 已知数据 $(\hat{t}_i, \hat{y}_i)$ $(i = 1, \cdots, m)$(由数据 $(t_i, f(t_i))$ $(i = 1, \cdots, m)$ 及变换求得), 寻求 $a, b$, 使

$$\min \sum_{i=1}^{m} (\hat{y}_i - (a + b\hat{t}_i))^2$$

其中, $\hat{y}=a+b\hat{t}$ 为线性模型, 取 $H_1$ 基 $\{1,\hat{t}\}$.

求解法方程

$$\begin{pmatrix} 16 & \sum_{i=1}^{16}\hat{t}_i \\ \sum_{i=1}^{16}\hat{t}_i & \sum_{i=1}^{16}\hat{t}_i^2 \end{pmatrix}\begin{pmatrix} a \\ b \end{pmatrix}=\begin{pmatrix} \sum_{i=1}^{16}\hat{y}_i \\ \sum_{i=1}^{16}\hat{t}_i\hat{y}_i \end{pmatrix}$$

得到

$$a=80.6621,\quad b=161.6822$$

得到数学模型

$$y=\hat{g}_2(t)=\frac{t}{80.6621t+161.6822}$$

最大偏差为

$$\delta^{(2)}=\max_i\left|\delta_i^{(2)}\right|\approx 0.568\times 10^{-3},\quad \text{其中}\quad \delta_i^{(2)}=f(t_i)-\hat{g}_2(t_i)$$

最小平方误差为

$$S^{(2)}=\left(\sum_{i=1}^{16}(\delta_i^{(2)})^2\right)^{1/2}=1.19\times 10^{-3}$$

由此可知, 选取指数模型 $y=\hat{g}_1(x)$ 时 $\delta^{(1)}$、$S^{(1)}$ 都比较小, 所以用 $\hat{g}_1(x)$ 作拟合曲线比双曲模型 $\hat{g}_2(x)$ 要好.

## 3.5　数值实验 3

**实验要求**

1. 调试拟合的程序;
2. 直接使用 MATLAB 命令求解同样的例题;
3. 比较使用各种方法的运行效率;
4. 完成上机实验报告.

### 3.5.1　本章重要方法的 MATLAB 实现

**例 3.5**　对表 3.3 所示的一组数据作二次多项式拟合

**表 3.3　例 3.5 数据**

| $x_i$ | 0.1 | 0.2 | 0.4 | 0.5 | 0.6 | 0.7 | 0.8 | 0.9 | 1 |
|---|---|---|---|---|---|---|---|---|---|
| $y_i$ | 1.978 | 3.28 | 6.16 | 7.34 | 7.66 | 9.58 | 9.48 | 9.30 | 11.2 |

**分析**　要求出二次多项式:$f(x)=a_1x^2+a_2x+a_3$ 中的 $A=(a_1,a_2,a_3)$, 使得 $\sum_{i=1}^{11}[f(x_i)-y_i]^2$ 最小.

**解法 1**　用解超定方程的方法. 此时

$$\boldsymbol{R}=\begin{pmatrix} x_1^2 & x_1 & 1 \\ \vdots & \vdots & \vdots \\ x_{11}^2 & x_{11} & 1 \end{pmatrix}$$

(1) 输入以下命令:

```
x=0:0.1:1;
y=[-0.447 1.978 3.28 6.16 7.08 7.34 7.66 9.56 9.48 9.30 11.2];
R=[(x.^2)' x' ones(11,1)];
A=R\y'
```

(2) 计算结果:

```
A = -9.810 8     20.129 3     -0.031 7
```

即有 $f(x)=-9.810\,8x^2+20.129\,3x-0.031\,7$.

**解法 2**　用多项式拟合的命令

(1) 输入以下命令:

```
x=0:0.1:1;
y=[-0.447 1.978 3.28 6.16 7.08 7.34 7.66 9.56 9.48 9.30 11.2];
A=polyfit(x,y,2)
z=polyval(A,x);
plot(x,y,'k+',x,z,'r')        %作出数据点和拟合曲线的图形
```

(2) 计算结果:

```
A= -9.810 8     20.129 3     -0.031 7
```

即 $f(x)=-9.810\,8x^2+20.129\,3x-0.031\,7$, 拟合情况如图 3.2 所示.

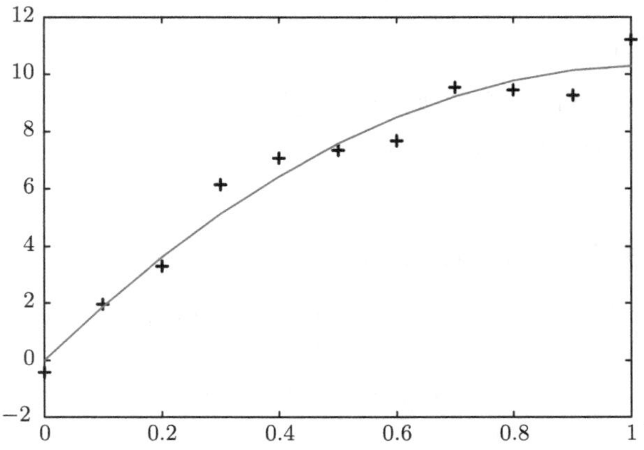


图 3.2　拟合曲线图

**例 3.6**　用表 3.4 所示的数据拟合 $c(t)=a+be^{0.02kt}$ 中的参数 $a,b,k$.

表 3.4　例 3.6 数据

| $t_j$ | 100 | 200 | 300 | 400 | 500 | 600 | 700 | 800 | 900 | 1000 |
|---|---|---|---|---|---|---|---|---|---|---|
| $c_j \times 10^3$ | 4.54 | 4.99 | 5.35 | 5.65 | 5.90 | 6.10 | 6.26 | 6.39 | 6.50 | 6.59 |

**分析**　该问题即解最优化问题

$$\min F(a,b,k)=\sum_{j=1}^{10}\left[a+be^{0.02kt_j}-c_j\right]^2$$

**解法 1**　用命令lsqcurvefit

(1) 编写 M- 文件curvefun1.m:

```
sfunction f=curvefun1(x,tdata)
f=x(1)+x(2)*exp(-0.02*x(3)*tdata) %其中 x(1)=a; x(2)=b; x(3)=k;
```

(2) 输入命令:

```
tdata=100:100:1000
cdata=1e-03*[4.54,4.99,5.35,5.65,5.90,6.10,6.26,6.39,6.50,6.59];
x0=[0.2,0.05,0.05];
x=lsqcurvefit ('curvefun1',x0,tdata,cdata)
f= curvefun1(x,tdata)
```

(3) 运算结果:

```
f=0.0043    0.0051    0.0056    0.0059    0.0061
    0.0062    0.0062    0.0063    0.0063    0.0063
x= 0.0063    -0.0034    0.2542
```

(4) 结论:

```
a=0.0063, b=-0.0034, k=0.2542
```

**解法 2**　用命令lsqnonlin

(1) 编写 M- 文件curvefun2.m:

```
function f=curvefun2(x)
tdata=100:100:1000;
cdata=1e-03*[4.54,4.99,5.35,5.65,5.90,6.10,6.26,6.39,6.50,6.59];
f=x(1)+x(2)*exp(-0.02*x(3)*tdata)- cdata
```

(2) 输入命令:

```
x0=[0.2,0.05,0.05];
x=lsqnonlin('curvefun2',x0)
f=curvefun2(x)
```

(3) 运算结果:

```
f=1.0e-003 *(0.2322    -0.1243    -0.2495    -0.2413
   -0.1668    -0.0724    0.0241    0.1159    0.2030  0.2792
x=0.0063    -0.0034    0.2542
```

(4) 结论：即拟合得

```
a=0.0063  b=-0.0034  k=0.2542
```

可以看出, 两个命令的计算结果是相同的.

### 3.5.2　MATLAB 中拟合与优化的相关函数简介

**表 3.5　MATLAB 有关拟合与优化的部分函数**

| 函数 | 功能 | 用法 | 解释 |
|---|---|---|---|
| polyfit | 多项式拟合 | p = polyfit(xi,yi,n) | 对数据点 xi,yi 用 $n$ 次多项式拟合 |
| lsqcurvefit | 非线性最小二乘拟合的函数 | x=lsqcurvefit ('fun',x0,xdata,ydata,options) | 用以求含参量 x(向量) 的向量值函数 |
| lsqnonlin | 非线性最小二乘拟合的函数 | x= lsqnonlin('fun', x0, options) | 用以求含参量 x(向量) 的向量值函数 |
| cftool | 曲线拟合工具箱 | 参看帮助 | 推荐使用 |
| optimtool | 优化工具箱 | 参看帮助 | 推荐使用 |

## 习　题　3

1. 判定函数 $1, x, x^2-\dfrac{1}{3}$ 在 $[-1,1]$ 上两两正交, 并求一个三次多项式, 使其在 $[-1,1]$ 上与上述函数两两正交.

2. 利用正交化法求 [0,1] 上带权 $\rho(x)=\ln\dfrac{1}{x}$ 的前三个正交多项式 $P_0(x), P_1(x), P_2(x)$.

3. 在 $\left[\dfrac{1}{4},1\right]$ 上的所有连续函数的集合 $C\left[\dfrac{1}{4},1\right]$ 中, 给定 $f(x)=\sqrt{x}$, 子集 $\varPhi=\mathrm{span}\{1,x\}$ 对于 $f_1(x), f_2(x)\in C\left[\dfrac{1}{4},1\right]$, 定义内积 $(f_1,f_2)=\displaystyle\int_{\frac{1}{4}}^{1} f_1(x), f_2(x)\mathrm{d}x$, 试在 $\varPhi$ 中寻找一线性函数 $a_0^*+a_1^*x$, 使它为 $\sqrt{x}$ 的最佳平方逼近函数.

4. 试用勒让德多项式构造 $f(x)=x^4$ 在 $[-1,1]$ 上的二次最佳平方逼近多项式, 并估计平方逼近误差 $\|\delta\|_2^2$.

5. 求函数 $y=\arctan x$ 在 [0,1] 上的一次最佳平方逼近多项式.

6. 观测物体的直线运动, 得表 3.6 所示数据, 求物体的运动方程.

**表 3.6　习题 6 数据**

| 时间 $x$/s | 0 | 0.9 | 1.9 | 3.0 | 3.9 | 5.0 |
|---|---|---|---|---|---|---|
| 距离 $s$/m | 0 | 10 | 30 | 50 | 80 | 110 |

7. 用最小二乘法求一个形如 $y=a+bx^2$ 的经验公式, 使它拟合如表 3.7 所示数据, 并计算均方误差.

**表 3.7　习题 7 数据**

| $x$ | 19 | 25 | 31 | 38 | 44 |
|---|---|---|---|---|---|
| $y$ | 19.0 | 32.3 | 49.0 | 73.3 | 97.8 |

8. 求形如 $y = a + bx(a, b$ 为常数且 $a > 0)$ 的经验公式, 使它能和表 3.8 所示数据相拟合:

**表 3.8　习题 8 数据**

| $x_i$ | 1.00 | 1.25 | 1.50 | 1.75 | 2.00 |
|---|---|---|---|---|---|
| $y_i$ | 5.10 | 5.79 | 6.53 | 7.45 | 8.46 |

# 第 4 章　数值积分与数值微分

微分与积分在工程中有着广泛的应用, 如何用数值方法计算定积分 (或重积分) 和导数 (或微分) 成为非常重要的问题. 本章讨论数值计算积分和微分的方法. 首先基于插值原理推导出数值积分公式, 然后介绍复化求积公式、龙贝格求积公式、高斯求积公式, 最后介绍数值微分的原理与方法.

## 4.1　数值积分的基本概念

### 4.1.1　数值积分的基本思想

微积分在各个领域都有广泛的应用, 很多问题都可以归结为定积分 $\int_a^b f(x)\mathrm{d}x$ 的计算问题. 在微积分中, 计算定积分通常可用牛顿–莱布尼茨 (Newton-Leibniz) 公式 (简称 N-L 公式)

$$\int_a^b f(x)\mathrm{d}x = F(b) - F(a)$$

这种方法虽然在理论研究和实际应用中, 都具有很重要的作用, 但是也存在很大的局限性. 因为有很多被积函数不存在解析式表达的原函数, 例如 $\mathrm{e}^{-x^2}, \dfrac{1}{\ln x}, \dfrac{\sin x}{x}$ 等, 表面看它们并不复杂, 但却无法求得原函数. 此外, 有的积分即使能找到 $F(x)$ 表达式, 但式子非常复杂, 计算也很困难. 还有的被积函数是列表函数, 没有具体的解析表达式, 也无法用 N-L 公式计算.

N-L 公式的这些局限性, 促使我们在实际应用中, 需要研究积分的数值计算问题.

根据微积分中的积分中值定理, $\exists\xi \in [a,b]$, 使得

$$\int_a^b f(x)\,\mathrm{d}x = (b-a)\,f(\xi)$$

这也说明, 底为 $b-a$ 而高为 $f(\xi)$ 的矩形面积恰等于所求曲边梯形的面积, 问题在于点 $\xi$ 的具体位置一般是不知道的, 因而难以准确算出 $f(\xi)$ 的值. 我们将 $f(\xi)$ 称为区间 $[a,b]$ 上的平均高度, 这样, 只要对平均高度 $f(\xi)$ 提供一种算法, 相应地便获得一种数值求积方法.

进一步, 如果我们用两端点高度 $f(a)$ 与 $f(b)$ 的算术平均值作为平均高度 $f(\xi)$ 的近似值, 就可以导出下面的求积公式

$$\int_a^b f(x)\,\mathrm{d}x \approx \frac{b-a}{2}[f(a)+f(b)] \tag{4.1}$$

称为**梯形公式**. 而如果改用区间中点 $c=\dfrac{a+b}{2}$ 的高度 $f(c)$ 作为平均高度 $f(\xi)$ 的近似值, 则又可以导出所谓的**中矩形公式**(或简称**矩形公式**)

$$\int_a^b f(x)\,\mathrm{d}x \approx (b-a)\,f\left(\frac{a+b}{2}\right) \tag{4.2}$$

更一般地, 可以在区间 $[a,b]$ 上取若干节点 $x_k$ 处的高度 $f(x_k)$, 通过加权求和的方法得到积分近似值, 这样构造出的求积公式具有下列形式:

$$\int_a^b f(x)\,\mathrm{d}x \approx \sum_{k=0}^{n} A_k f(x_k) \tag{4.3}$$

其中, $x_k$ 称为**求积节点**, $A_k$ 称为**求积系数**(节点 $x_k$ 的权). 权 $A_k$ 仅仅与节点有关, 而不依赖于被积函数, 从而避免求原函数.

这类数值积分方法通常称为**机械求积**, 构造出的形如式 (4.3) 的近似公式称为**数值求积公式**(或**机械求积公式**), 其特点是将积分求值问题转化为被积函数值的计算, 这样就避开了牛顿–莱布尼茨公式需要寻求原函数的困难, 比较适合在计算机上使用.

称

$$R[f] = \int_a^b f(x)\,\mathrm{d}x - \sum_{k=0}^{n} A_k f(x_k) \tag{4.4}$$

为求积公式的**截断误差或余项**.

### 4.1.2　求积公式的代数精度

数值求积法是近似方法, 为了提高精确度, 一个很自然的想法是数值求积公式要对低次多项式精确成立, 这就导出了求积公式代数精度的概念.

**定义 4.1**　若求积公式 $\int_a^b f(x)\mathrm{d}x \approx \sum_{k=0}^{n} A_k f(x_k)$ 对任意不高于 $m$ 次的代数多项式都精确成立, 而对 $x^{m+1}$ 不能精确成立, 则称该求积公式具有 $m$ 次**代数精度**.

一般来说, 一个求积公式的代数精度越高, 就会对越多的代数多项式精确成立. 显然, 梯形公式和中矩形公式都具有一次代数精度.

一般来说, 要使求积公式 $\int_a^b f(x)\mathrm{d}x \approx \sum_{k=0}^{n} A_k f(x_k)$ 具有 $m$ 次代数精度, 只要依次令 $f(x) = 1, x, \ldots, x^m$ 都能准确成立, 即要求

$$\begin{cases} f(x)=1, & \displaystyle\sum_{k=0}^{n} A_k = b-a \\ f(x)=x, & \displaystyle\sum_{k=0}^{n} A_k x_k = \frac{1}{2}(b^2-a^2) \\ & \cdots\cdots \\ f(x)=x^m, & \displaystyle\sum_{k=0}^{n} A_k x_k^m = \frac{1}{m+1}(b^{m+1}-a^{m+1}) \end{cases} \tag{4.5}$$

如果事先选定求积节点 $x_k$, 例如以区间 $[a,b]$ 的等距分点作为节点, 这时取 $m=n$ 求解线性方程组 (4.5) 即可确定求积系数 $A_k$, 从而使求积公式 (4.4) 至少具有 $n$ 次代数精度.

为了构造出形如 (4.5) 的求积公式, 原则上是一个确定参数 $x_k$ 和 $A_k$ 的代数问题.

**定理 4.1** 对于给定的 $n+1$ 个节点 $x_k(k=0,1,\cdots,n)$ 总存在求积系数 $A_k(k=0,1,\cdots,n)$, 使求积公式 $\int_a^b f(x)\mathrm{d}x \approx \sum_{k=0}^{n} A_k f(x_k)$ 至少有 $n$ 次的代数精度.

**例 4.1** 确定求积公式

$$\int_{-1}^{1} f(x)\mathrm{d}x \approx \frac{1}{3}[f(-1)+4f(0)+f(1)]$$

的代数精度.

**解** 注意到 $I_k = \int_{-1}^{1} x^k \mathrm{d}x = \frac{1-(-1)^{k+1}}{k+1}$, 依次令 $f(x)=1, x, \ldots$, 得

$$f(x)=1, \quad \frac{1}{3}(1+4\times1+1)=2=I_0$$

$$f(x)=x, \quad \frac{1}{3}(-1+4\times0+1)=0=I_1$$

$$f(x)=x^2, \quad \frac{1}{3}(1+0+1)=\frac{2}{3}=I_2$$

$$f(x)=x^3, \quad \frac{1}{3}(-1+0+1)=0=I_3$$

$$f(x)=x^4, \quad \frac{1}{3}(1+0+1)=\frac{2}{3}\neq\frac{2}{5}=I_4$$

从而该求积公式具有 3 次代数精度.

### 4.1.3 插值型求积公式

对给定节点, 如何选择求积系数来构造求积公式? 下面介绍一种简单方法.

给定求积节点 $a \leqslant x_0 < \cdots < x_n \leqslant b$, 可以利用插值多项式的积分来作为数值积分值, 从而构造求积公式.

设 $L_n(x)$ 是 $f(x)$ 关于 $x_0, x_1, \cdots x_n$ 的拉格朗日插值多项式

$$L_n(x) = \sum_{k=0}^{n} f(x_k) l_k(x)$$

其中

$$l_k(x) = \prod_{\substack{i=0 \\ i\neq k}}^{n} \frac{x-x_i}{x_k-x_i} \quad (k=0,1,\cdots,n)$$

为拉格朗日基函数. 取

$$\int_a^b f(x)\mathrm{d}x \approx \int_a^b L_n(x)\mathrm{d}x = \sum_{k=0}^{n} f(x_k)\int_a^b l_k(x)\mathrm{d}x = \sum_{i=0}^{n} A_k f(x_k)$$

其中

$$A_k = \int_a^b l_k(x)\mathrm{d}x \quad (k=0,1,\cdots,n)$$

**定义 4.2**　对给定互异求积节点 $a \leqslant x_0 < \cdots < x_n \leqslant b$, 若求积公式

$$\int_a^b f(x)\,\mathrm{d}x \approx \sum_{k=0}^{n} A_k f(x_k) \tag{4.6}$$

的系数

$$A_k = \int_a^b l_k(x)\mathrm{d}x \quad (k = 0, 1, \cdots, n)$$

则称该求积公式是**插值型**的. 求积公式的余项

$$R[f] = \int_a^b [f(x) - L_n(x)]\,\mathrm{d}x = \int_a^b R_n(x)\,\mathrm{d}x \tag{4.7}$$

其中

$$R_n(x) = \frac{f^{(n+1)}(\xi)}{(n+1)!}\omega_{n+1}(x)$$

$\xi$ 依赖于 $x$

$$\omega_{n+1}(x) = (x - x_0)(x - x_1)\cdots(x - x_n)$$

如果求积公式 (4.6) 是插值型的, 按式 (4.7) 对于次数不超过 $n$ 的多项式 $f(x)$, 其余项 $R[f]$ 等于零, 因而这时求积公式至少具有 $n$ 次代数精度.

反过来, 若求积公式 (4.6) 至少具有 $n$ 次代数精度, 则它一定是插值型的. 事实上, 这时公式 (4.6) 对于特殊的多项式 —— 插值基函数 $l_k(x)$ 准确成立, 即

$$\int_a^b l_k(x)\,\mathrm{d}x = \sum_{j=0}^{n} A_j l_k(x_j)$$

注意到 $l_k(x_j) = \delta_{kj}$, 上式右端实际上即等于 $A_k$, 因而式 (4.6) 成立.

综上所述, 得到下面的结论.

**定理 4.2**　$n+1$ 个节点的求积公式 $\int_a^b f(x)\mathrm{d}x \approx \sum_{k=0}^{n} A_k f(x_k)$ 至少具有 $n$ 次代数精度的充要条件是该公式是插值型求积公式.

**推论 4.1**　对给定求积节点 $a \leqslant x_0 < \cdots < x_n \leqslant b$, 代数精度最高的求积公式是插值型求积公式.

**例 4.2**　求插值型求积公式

$$\int_{-1}^{1} f(x)\mathrm{d}x \approx A_0 f\left(-\frac{1}{2}\right) + A_1 f\left(\frac{1}{2}\right)$$

并确定其代数精度.

**解**　$x_0 = -\dfrac{1}{2}, x_1 = \dfrac{1}{2}, l_0(x) = -x + \dfrac{1}{2}, l_1 = x + \dfrac{1}{2}$

$$A_0 = \int_{-1}^{1}\left(-x + \frac{1}{2}\right)\mathrm{d}x = 1, \quad A_1 = \int_{-1}^{1}\left(x + \frac{1}{2}\right)\mathrm{d}x = 1$$

故求积公式为

$$\int_{-1}^{1} f(x)\mathrm{d}x \approx f\left(-\frac{1}{2}\right) + f\left(\frac{1}{2}\right)$$

且代数精度 $m \geqslant 1$.

对 $f(x) = x^2$

$$f\left(-\frac{1}{2}\right) + f\left(\frac{1}{2}\right) = \frac{1}{2} \neq \int_{-1}^{1} x^2\mathrm{d}x = \frac{2}{3}$$

从而代数精度 $m = 1$.

### 4.1.4 求积公式的余项

若求积公式 (4.3) 的代数精度为 $m$, 则由求积公式余项的表达式 (4.7) 可以证明余项形如

$$R[f] = \int_{a}^{b} f(x)\,\mathrm{d}x - \sum_{k=0}^{n} A_k f(x_k) = K f^{(m+1)}(\eta) \tag{4.8}$$

其中, $K$ 为不依赖于 $f(x)$ 的待定参数, $\eta\in(a,b)$. 这个结果表明当 $f(x)$ 是次数不超过 $m$ 的多项式时, 由于 $f^{(m+1)}(x) = 0$, 这时 $R[f] = 0$, 即求积公式 (4.3) 精确成立, 而当 $f(x) = x^{m+1}$ 时, 代入式 (4.8), 得

$$\int_{a}^{b} x^{m+1}\mathrm{d}x - \sum_{k=0}^{n} A_k x_k^{m+1} = K\cdot(m+1)!$$

于是

$$K = \frac{1}{(m+1)!}\left[\frac{1}{m+2}\left(b^{m+2} - a^{m+2}\right) - \sum_{k=0}^{n} A_k x_k^{m+1}\right] \tag{4.9}$$

代入余项式 (4.8) 中就可以得到余项表达式.

上述是估计求积余项的一般方法, 但若求积公式余项的表达式 (4.7) 中的 $\omega_{\mathrm{n}+1}(x)$ 在区间 $[a,b]$ 上不变号, 也可以按下列方法估计余项. 由积分中值定理有

$$R[f] = \frac{f^{(n+1)}(\eta)}{(\mathrm{n}+1)!}\int_{a}^{b} \omega_{n+1}(x)\,\mathrm{d}x \quad (\eta\in(a,b)) \tag{4.10}$$

**例 4.3** 求例 4.2 中求积公式

$$\int_{-1}^{1} f(x)\mathrm{d}x \approx f\left(-\frac{1}{2}\right) + f\left(\frac{1}{2}\right)$$

的余项.

**解** 由于求积公式的代数精度为 1, 故余项表达式为 $R[f]=Kf''(\eta)$, 令 $f(x)=x^2$, 代入式 (4.8), 得

$$\int_{-1}^{1} x^2\mathrm{d}x - \left[\left(-\frac{1}{2}\right)^2 + \left(-\frac{1}{2}\right)^2\right] = K\cdot 2!$$

即

$$K = \frac{1}{12}$$

于是 $R[f] = \frac{1}{12} f''(\eta)$.

### 4.1.5　求积公式的收敛性与稳定性

**定义 4.3**　求积公式 (4.3) 中, 若

$$\lim_{\substack{n \to \infty \\ h \to 0}} \sum_{k=0}^{n} A_k f(x_k) = \int_a^b f(x) \mathrm{d}x$$

其中, $h = \max\limits_{1 \leqslant i \leqslant n} \{x_i - x_{i-1}\}$, 则称求积公式 (4.3) 是**收敛的**.

在求积公式 (4.3) 中, 由于计算 $f(x_k)$ 可能产生误差 $\delta_k$, 实际得到 $\tilde{f}_k$, 即 $f(x_k) = \tilde{f} + \delta_k$. 记

$$I_n(f) = \sum_{k=0}^{n} A_k f(x_k), \quad I_n(\tilde{f}) = \sum_{k=0}^{n} A_k \tilde{f}_k$$

如果对任给小正数 $\varepsilon > 0$, 只要误差 $|\delta_k|$ 充分小就有

$$\left| I_n(f) - I_n\left(\hat{f}\right) \right| = \left| \sum_{k=0}^{n} A_k [f(x_k) - \tilde{f}_k] \right| \leqslant \varepsilon \tag{4.11}$$

它表明求积公式 (4.3) 计算是稳定的, 由此给出下面定义.

**定义 4.4**　对任给 $\varepsilon > 0$, 若 $\exists \delta > 0$, 只要 $\left| f(x_k) - \tilde{f}_k \right| \leqslant \delta \ (k = 0, 1, 2, \cdots, n)$ 就有式 (4.11) 成立, 则称求积公式 (4.3) 是**稳定的**.

**定理 4.3**　若求积公式 (4.3) 中系数 $A_k > 0 \ (k = 0, 1, \cdots n)$, 则此求积公式是稳定的.

**证明**　对任给 $\varepsilon > 0$, 若取 $\delta = \frac{\varepsilon}{b-a}$, 对 $k = 0, 1, \cdots, n$ 都要求 $\left| f(x_k) - \tilde{f}_k \right| \leqslant \delta$, 则有

$$\begin{aligned} \left| I_n(f) - I_n(\tilde{f}) \right| &= \left| \sum_{k=0}^{n} A_k [f(x_k) - \tilde{f}_k] \right| \leqslant \sum_{k=0}^{n} |A_k| \left| f(x_k) - \tilde{f}_k \right| \\ &\leqslant \delta \sum_{k=0}^{n} A_k = \delta(b-a) = \varepsilon \end{aligned}$$

由定义 4.4 可知求积公式 (4.3) 是稳定的.

定理 4.3 表明只要求积系数 $A_k > 0$, 就能保证计算的稳定性.

## 4.2　牛顿–科茨求积公式

牛顿–科茨 (Newton-Cotes) 公式是等距节点的插值型求积公式, 是应用最方便、最广泛的求积公式.

### 4.2.1　牛顿–科茨公式

等距节点的插值型求积公式, 称为**牛顿–科茨求积公式**.

设 $h=\dfrac{b-a}{n}$, 令 $x=a+th$, 并取 $x_i=a+ih$, 则求积系数为

$$A_k=\int_a^b l_k(x)\mathrm{d}x=h\int_0^n\left(\prod_{\substack{i=0\\ i\neq k}}^n\frac{t-i}{k-i}\right)\mathrm{d}t=(b-a)C_k^{(n)}$$

其中

$$C_k^{(n)}=\frac{1}{n}\times\frac{(-1)^{n-k}}{k!(n-k)!}\int_0^n\left(\prod_{\substack{i=0\\ i\neq k}}^n(t-i)\right)\mathrm{d}t\quad(k=0,1,\cdots,n)$$

因此, 牛顿–科茨公式为

$$\int_a^b f(x)\mathrm{d}x\approx(b-a)\sum_{k=0}^n C_k^{(n)}f(x_k)$$

其中

$$x_k=a+k\frac{b-a}{n}\quad(k=0,1,\cdots,n)$$

求积系数 $C_k^{(n)}$ 独立于区间 [a,b], 也与被积函数无关, 称为科茨系数. 科茨系数可以用上面的公式计算或查表 (表 4.1) 得到.

**表 4.1　科茨系数**

| $n$ | $C_k^{(n)}$ | | | | | | | | |
|---|---|---|---|---|---|---|---|---|---|
| 1 | $\frac{1}{2}$ | $\frac{1}{2}$ | | | | | | | |
| 2 | $\frac{1}{6}$ | $\frac{2}{3}$ | $\frac{1}{6}$ | | | | | | |
| 3 | $\frac{1}{8}$ | $\frac{3}{8}$ | $\frac{3}{8}$ | $\frac{1}{8}$ | | | | | |
| 4 | $\frac{7}{90}$ | $\frac{16}{45}$ | $\frac{2}{15}$ | $\frac{16}{45}$ | $\frac{7}{90}$ | | | | |
| 5 | $\frac{19}{288}$ | $\frac{25}{96}$ | $\frac{25}{144}$ | $\frac{25}{144}$ | $\frac{25}{96}$ | $\frac{19}{288}$ | | | |
| 6 | $\frac{41}{840}$ | $\frac{9}{35}$ | $\frac{9}{280}$ | $\frac{34}{105}$ | $\frac{9}{280}$ | $\frac{9}{35}$ | $\frac{41}{840}$ | | |
| 7 | $\frac{751}{17\,280}$ | $\frac{3\,577}{17\,280}$ | $\frac{1\,323}{17\,280}$ | $\frac{2\,989}{17\,280}$ | $\frac{2\,989}{17\,280}$ | $\frac{1\,323}{17\,280}$ | $\frac{3\,577}{17\,280}$ | $\frac{751}{17\,280}$ | |
| 8 | $\frac{989}{28\,350}$ | $\frac{5\,888}{28\,350}$ | $\frac{-928}{28\,350}$ | $\frac{10\,496}{28\,350}$ | $\frac{-4540}{28\,350}$ | $\frac{10\,496}{28\,350}$ | $\frac{-928}{28\,350}$ | $\frac{5\,888}{28\,350}$ | $\frac{989}{28\,350}$ |

从表 4.1 中看到当 $n\geqslant 8$ 时, 科茨系数出现负值, 计算不稳定. 从而当 $n\geqslant 8$ 时的牛顿–科茨公式是不用的.

### 4.2.2　几种常用的牛顿–科茨求积公式

$n=1$ 时, 称为**梯形公式**

$$T=\int_a^b f(x)\mathrm{d}x\approx\frac{b-a}{2}[f(a)+f(b)]$$

$n=2$ 时, 称为**辛普森公式**

$$S=\int_a^b f(x)dx\approx\frac{b-a}{6}\left[f(a)+4f\left(\frac{a+b}{2}\right)+f(b)\right]$$

$n=4$ 时, 称为**科茨公式**

$$C=\int_a^b f(x)\,\mathrm{d}x\approx(b-a)\left[\frac{7}{90}f(x_0)+\frac{16}{45}f(x_1)+\frac{2}{15}f(x_2)+\frac{16}{45}f(x_3)+\frac{7}{90}f(x_4)\right]$$

**例 4.4**　分别用梯形公式、辛普森公式和科茨公式求积分 $\int_0^1 \mathrm{e}^x\mathrm{d}x$, 并与精确值比较.

**解**　用梯形公式计算

$$\int_0^1 \mathrm{e}^x\mathrm{d}x\approx\frac{1-0}{2}\left(\mathrm{e}^1+\mathrm{e}^0\right)\approx\frac{1}{2}\times 3.718=1.859$$

用辛普森公式计算

$$\int_0^1 \mathrm{e}^x\mathrm{d}x\approx\frac{1-0}{6}(\mathrm{e}^0+4\times\mathrm{e}^{\frac{1}{2}}+\mathrm{e}^1)\approx\frac{1}{6}\times 10.313\,17\approx 1.718\,86$$

用科茨公式计算

$$x_k=a+kh\quad(k=0,1,2,3,4),\quad h=\frac{b-a}{4}$$

$$x_0=0,\quad x_1=\frac{1}{4},\quad x_2=\frac{1}{2},\quad x_3=\frac{3}{4},\quad x_4=1$$

$$\begin{aligned}\int_0^1 \mathrm{e}^x\mathrm{d}x&\approx\frac{1-0}{90}\left(7\times\mathrm{e}^0+32\times\mathrm{e}^{\frac{1}{4}}+12\times\mathrm{e}^{\frac{1}{2}}+32\times\mathrm{e}^{\frac{3}{4}}+7\times\mathrm{e}^1\right)\\&\approx\frac{1}{90}\times 154.645\,44=1.718\,28\end{aligned}$$

和精确值 $\int_0^1 \mathrm{e}^x\mathrm{d}x=\mathrm{e}^x|_0^1=1.718\,281\,8\cdots$ 比较, 梯形公式有 1 位有效数字, 辛普森公式有 4 位有效数字, 科茨公式有 6 位有效数字.

牛顿–科茨公式是把积分区间分成 $n$ 等分, 用 $n+1$ 个节点构造的插值型求积公式. 因此, 牛顿–科茨公式至少具有 $n$ 次代数精度, 但当 $n$ 为偶数时, 则具有 $n+1$ 次代数精度.

**定理 4.4**　当 $n$ 为偶数时, 牛顿-科茨求积公式具有 $n+1$ 次代数精确度.

梯形公式, $n=1$ (2 个节点), 有 1 次代数精度, 应用梯形公式计算不是因为其代数精度高, 而是因为其简单.

辛普森公式, $n=2$ (3 个节点), 有 3 次代数精度. 科茨公式, $n=4$ (5 个节点), 有 5 次代数精度. 因为其代数精度高, 所以常采用.

当 $n=3$ (4 个节点), 因为 $n=3$ 不是偶数, 只有 3 次代数精度, 所以该公式不采用.

**定理 4.5**　若 $f(x)\in C^2[a,b]$, 则梯形公式的余项为

$$R[f]=-\frac{(b-a)^3}{12}f''(\eta)\quad(\eta\in[a,b])$$

**证明**　由插值型求积公式的余项得

$$R[f]=\int_a^b\frac{f''(\xi(x))}{2!}(x-a)(x-b)\mathrm{d}x$$

利用 $\omega_2(x)=(x-a)(x-b)$ 在区间 $(a,b)$ 上不变号, 由积分中值定理得

$$R[f]=\frac{f''(\eta)}{2!}\int_a^b(x-a)(x-b)\mathrm{d}x=-\frac{(b-a)^3}{12}f''(\eta)\quad(a<\eta<b)$$

**定理 4.6**　若 $f(x)\in C^4[a,b]$, 则辛普森公式的余项为

$$R[f]=-\frac{1}{90}\left(\frac{b-a}{2}\right)^5f^{(4)}(\eta)\quad(a<\eta<b)$$

证明略.

**定理 4.7**　若 $f(x)\in C^6[a,b]$, 则科茨公式的余项为

$$R(f)=-\frac{8}{945}\left(\frac{b-a}{4}\right)^7f^{(6)}(\eta)\quad(\eta\in(a,b))$$

可以证明, 对一般的, 只要 $f(x)$ 充分光滑, 牛顿–科茨公式的余项为

$$R[f]=\begin{cases}\dfrac{f^{(n+1)}(\eta)}{(n+1)!}\displaystyle\int_a^b\omega_{n+1}(x)\mathrm{d}x & (n\text{ 为奇数})\\[2ex]\dfrac{f^{(n+2)}(\eta)}{(n+2)!}\displaystyle\int_a^b\left(x-\frac{a+b}{2}\right)\omega_{n+1}(x)\mathrm{d}x & (n\text{ 为偶数})\end{cases}$$

其中

$$\omega_{n+1}(x)=(x-x_0)(x-x_1)\cdots(x-x_n)\quad(\eta\in(a,b))$$

## 4.3　复化求积公式

前面介绍的梯形公式、辛普森公式和科茨公式在区间不大时, 用来计算定积分是简单实用的. 但当区间比较大时, 由余项可以看出精度较差 (梯形公式、辛普森公式和科茨公式的余项分别和区间长度的 3, 5, 7 次方成正比). 提高数值积分精度的一个途径是增加求积节点数目. 但是当 $n$ 增大时, 牛顿–科茨公式的数值稳定性变差, 也不能保证能提高精度. 而提高数值积分精度的另一个途径是利用如下所述**复化求积方法**, 即为了减小因区

间过大造成的误差过大, 将积分区间等分成 $n$ 等份, 对每等份 (每个小区间) 分别用低阶的牛顿–科茨公式 (如梯形公式、辛普森公式或科茨公式) 求积, 然后将其结果加起来, 得到积分的近似值.

具体来说, 就是把求积区间 $[a,b]$ 进行等距细分

$$x_i = a + i\frac{b-a}{n} \quad (i = 0,1,\cdots,n)$$

在每个小区间 $[x_{i-1},x_i]$ 上用相同的 "基本" 求积公式计算出 $\int_{x_{i-1}}^{x_i} f(x)$ 的近似值 $S_i(i = 1,2,\cdots,n)$, 并取

$$\int_a^b f(x)\mathrm{d}x \approx S_1 + S_2 + \cdots S_n$$

### 4.3.1　复化梯形求积公式

记 $h = \dfrac{b-a}{n}$, 在区间 $[x_{i-1},x_i]$ 上采用梯形公式

$$\int_{x_{i-1}}^{x_i} f(x)\mathrm{d}x \approx \frac{h}{2}[f(x_{i-1}) + f(x_i)]$$

得

$$\begin{aligned}\int_a^b f(x)\mathrm{d}x &= \sum_{i=1}^n \int_{x_{i-1}}^{x_i} f(x)\mathrm{d}x \approx \sum_{i=1}^n \frac{h}{2}[f(x_{i-1}) + f(x_i)] \\ &= h\left[\frac{1}{2}f(a) + \sum_{i=1}^{n-1} f(x_i) + \frac{1}{2}f(b)\right]\end{aligned}$$

即复化梯形求积公式为

$$\int_a^b f(x)\mathrm{d}x \approx T_n = \frac{b-a}{2n}\left[f(a) + 2\sum_{i=1}^{n-1} f\left(a + i\frac{b-a}{n}\right) + f(b)\right] \tag{4.12}$$

设 $f(x) \in C^2[a,b]$, 由

$$\int_{x_{i-1}}^{x_i} f(x)\mathrm{d}x = \frac{h}{2}[f(x_{i-1}) + f(x_i)] = -\frac{h^3}{12}f''(\xi_i) \quad (x_{i-1} < \xi_i < x_i)$$

得

$$\int_a^b f(x)\mathrm{d}x - T_n = -\frac{h^3}{12}\sum_{i=1}^n f''(\xi_i)$$

由于 $f(x) \in C^2[a,b]$, 且

$$\min_{1\leqslant i\leqslant n} f''(\xi_i) \leqslant \frac{1}{n}\sum_{i=1}^n f''(\xi_i) \leqslant \max_{1\leqslant i\leqslant n} f''(\xi_i)$$

所以存在 $\eta \in (a,b)$, 使得

$$f''(\eta) = \frac{1}{n}\sum_{i=1}^n f''(\xi_i)$$

于是得到如下定理.

**定理 4.8** 若 $f(x)\in C^2[a,b]$, 则复化梯形公式的余项为

$$R_T=\int_a^b f(x)\mathrm{d}x-T_n=-\frac{b-a}{12}h^2f''(\eta)\quad(a<\eta<b)\tag{4.13}$$

由式 (4.13) 立即得到, 当 $f(x)\in C^2[a,b]$ 时,

$$\lim_{n\to\infty}T_n=\lim_{n\to\infty}\left[\int_a^b f(x)\mathrm{d}x-R_T\right]=\int_a^b f(x)\mathrm{d}x.$$

即复化梯形公式是收敛的. 事实上, 只要 $f(x)\in C[a,b]$, 则可得到收敛性, 因为只要把 $T_n$ 改写为

$$T_n=\frac{1}{2}\left[\frac{b-a}{n}\sum_{i=0}^{n-1}f(x_k)+\frac{b-a}{n}\sum_{i=1}^{n}f(x_k)\right]$$

当 $n\to\infty$ 时, 上式右端括号内的两个和式均收敛到 $\int_a^b f(x)\mathrm{d}x$, 所以复化梯形公式收敛. 此外, 由于 $T_n$ 的求积系数为正, 由定理 4.3 知复化梯形公式是稳定的.

### 4.3.2 复化辛普森求积公式

在每个小区间 $[x_{i-1},x_i]$ 上采用辛普森公式, 得到复化辛普森求积公式

$$\int_a^b f(x)\mathrm{d}x\approx S_n=\frac{h}{6}\left[f(a)+4\sum_{k=1}^{n}f(x_{k-\frac{1}{2}})+2\sum_{k=1}^{n-1}f(x_k)+f(b)\right]\tag{4.14}$$

对应于复化辛普森公式有如下余项定理.

**定理 4.9** 当 $f(x)\in C^4[a,b]$ 时, 复化辛普森公式的余项有表达式

$$R_{S_n}=\int_a^b f(x)\mathrm{d}x-S_n=-\frac{b-a}{2880}h^4f^{(4)}(\eta)\quad(a<\eta<b)\tag{4.15}$$

### 4.3.3 复化科茨求积公式

在每个小区间 $[x_{i-1},x_i]$ 上采用科茨公式, 得复化科茨求积公式

$$\begin{aligned}C_n=\frac{h}{90}\Bigg[&7f(a)+32\sum_{k=0}^{n-1}f(x_{k+\frac{1}{4}})+12\sum_{k=0}^{n-1}f(x_{k+\frac{1}{2}})\\&+32\sum_{k=0}^{n-1}f(x_{k+\frac{3}{4}})+14\sum_{k=1}^{n-1}f(x_k)+7f(b)\Bigg]\end{aligned}\tag{4.16}$$

其余项为

$$R_c=-\frac{2(b-a)}{945}\left(\frac{h}{4}\right)^6f^{(6)}(\eta)\quad(\eta\in[a,b])\tag{4.17}$$

**例 4.5** 分别用复化梯形法和复化辛普森法计算下列积分

$$\int_0^1 \frac{x}{4+x^2}\mathrm{d}x, \quad n=8$$

**解**　复化梯形法. 用 9 个点上的函数值计算时, $n=8$, 所以 $h=\dfrac{1}{8}$.

$$\begin{aligned}
T_8 &= \frac{h}{2}\left[f(0)+2\sum_{k=1}^{7} f(x_k)+f(1)\right] \\
&= \frac{1}{2\times 8}\left\{f(0)+2\times\left[f\left(\frac{1}{8}\right)+f\left(\frac{2}{8}\right)+f\left(\frac{3}{8}\right)+f\left(\frac{4}{8}\right)\right.\right. \\
&\quad \left.\left.+f\left(\frac{5}{8}\right)+f\left(\frac{6}{8}\right)+f\left(\frac{7}{8}\right)\right]+f(1)\right\} \\
&= \frac{1}{16}\left[0+2\left(\frac{8}{257}+\frac{16}{260}+\frac{24}{265}+\frac{32}{272}+\frac{40}{281}+\frac{48}{292}+\frac{56}{305}\right)+\frac{1}{5}\right] \\
&= 0.111\,402\,354
\end{aligned}$$

复化辛普森法.

$$\begin{aligned}
S_3 &= \frac{h}{6}\left[f(a)+4\sum_{k=0}^{3} f(x_{k+\frac{1}{2}})+2\sum_{k=1}^{3} f(x_k)+f(b)\right] \\
&= \frac{1}{6\times 4}\left\{f(0)+4\left[f\left(\frac{1}{8}\right)+f\left(\frac{3}{8}\right)+f\left(\frac{5}{8}\right)+f\left(\frac{7}{8}\right)\right]\right. \\
&\quad \left.+2\left[f\left(\frac{1}{4}\right)+f\left(\frac{1}{2}\right)+f\left(\frac{3}{4}\right)\right]+f(1)\right\} \\
&= \frac{1}{24}\left[0+4\left(\frac{8}{257}+\frac{24}{265}+\frac{40}{281}+\frac{56}{305}+\frac{144}{1105}\right)+2\left(\frac{16}{260}+\frac{32}{272}+\frac{48}{292}\right)+\frac{1}{5}\right] \\
&= 0.111\,571\,813
\end{aligned}$$

对区间 $[a,b]$ 上的任何连续函数, 都有

$$\lim_{n\to\infty} T_n = \int_a^b f(x)\mathrm{d}x$$

但对代数多项式 $f(x)=x^2$, 有

$$\int_a^b f(x)\mathrm{d}x - T_n \neq 0 \quad (n=1,2,\cdots)$$

因此复化求积公式不能用代数精度来决定其优劣. 对复化求积公式我们用收敛阶来刻划其收敛性.

**定义 4.5**　设 $I_n$ 是将区间 $[a,b]$ $n$ 等份 $\left(h=\dfrac{b-a}{n}\right)$, 用某一基本求积公式生成复化求积公式, 称该复化求积公式具有收敛阶 $p$, 若对充分光滑的被积函数 $f(x)$, 有

$$\frac{\displaystyle\int_a^b f(x)\mathrm{d}x - I_n}{h^p} \to C_p \quad (|C_p|<\infty), \quad h\to 0$$

其中, $C_p$ 独立于 $n$, 依赖于 $f(x)$.

根据定义 4.5, 复化梯形公式的收敛阶是 2(当 $f'(a)=f'(b)$ 时收敛阶大于 2); 复化辛普森公式的收敛阶是 4(当 $f'''(a)=f'''(b)$ 时大于 4); 复化科茨公式的收敛阶为 6.

收敛阶越高, 当区间划分加密时, 积分近似值就越精确.

## 4.4 龙贝格积分方法

复化求积公式虽然能提高计算精确度, 但要给出步长. 步长太大, 精度低; 步长太小, 计算量大. 在实际计算中, 常采用变步长计算, 在步长逐次二分的过程中, 反复利用复化求积公式进行计算, 直到所求积分值满足精度要求为止.

### 4.4.1 后验误差估计

在近似计算中, 有时只要前后两步的计算值相当接近, 就可以保证计算结果的误差很小, 这种直接用计算结果来估计误差的方法称为后验误差估计, 或称误差的事后估计法.

### 4.4.2 变步长梯形公式

在复化梯形公式中, 当区间细分节点加密 1 倍时, 得

$$T_{2n}=\frac{b-a}{2n}\left[\frac{1}{2}f(a)+\frac{1}{2}f(b)+\sum_{i=1}^{2n-1}f\left(a+i\frac{b-a}{2n}\right)\right]=\frac{1}{2}(T_n+H_n)$$

其中

$$H_n=\frac{b-a}{n}\sum_{i=1}^{n}f\left(a+\left(i-\frac{1}{2}\right)\frac{b-a}{n}\right)$$

即为了计算二分后的积分值, 原来节点的函数值并不需要重新计算, 只需要计算新增加的节点的函数值即可, 这样的公式称为**变步长梯形公式**.

对于复化梯形积分法, 由误差公式

$$I(f)-T_n=-\frac{b-a}{12}\left(\frac{b-a}{n}\right)^2f''(\eta_1)$$

$$I(f)-T_{2n}=-\frac{b-a}{12}\left(\frac{b-a}{2n}\right)^2f''(\eta_2)$$

设 $f''(x)$ 在区间 $[\,a,\,b\,]$ 上变化不大, 即 $f''(\eta_1)\approx f''(\eta_2)$, 将以上两式相除, 即得

$$\frac{I(f)-T_n}{I(f)-T_{2n}}\approx 4$$

由此, 得到梯形积分公式的误差估计

$$I(f)-T_{2n}\approx\frac{1}{3}(T_{2n}-T_n)$$

从而, 由可计算的值 $\left|\dfrac{1}{3}(T_{2n}-T_n)\right|\leqslant\varepsilon$ 估计 $|\,I(f)-T_{2n}|\leqslant\varepsilon$.

由于这是由近似等式导出的, 通常取 $|T_{2n}-T_n|\leqslant\varepsilon$ 估计数值积分是否达到误差要求.

### 4.4.3　理查森外推法

由梯形积分公式的误差估计：$I(f)-T_{2n}\approx\frac{1}{3}(T_{2n}-T_n)$，设想将误差部分"归还"给梯形积分，应该可以得到积分的一个更精确的近似值. 通过计算，有：

$$
\begin{aligned}
I(f)&\approx\frac{4T_{2n}-T_n}{3}\\
&=\frac{1}{3}\left\{4\times\frac{h/2}{2}\left[f(a)+f(b)+2\sum_{k=1}^{n-1}f(x_k)+2\sum_{k=1}^{n}f\left(\frac{x_{k-1}+x_k}{2}\right)\right]\right.\\
&\quad\left.-\frac{h}{2}\left[f(a)+f(b)+2\sum_{k=1}^{n-1}f(x_k)\right]\right\}\\
&=\frac{h}{6}\left[f(a)+f(b)+2\sum_{k=1}^{n-1}f(x_k)+4\sum_{k=1}^{n}f\left(\frac{x_{k-1}+x_k}{2}\right)\right]=S_n
\end{aligned}
$$

注意，梯形积分公式 $T_n$ 的精度是 $O(h^2)$，而通过适当的组合，可得到辛普森公式 $S_n$，它的精度是 $O(h^4)$，精度得到很大的提高，同时代数精度也得到提高. 这种方法并没有增加函数计算量，仅增加了极少的代数运算，就能大大地提高计算精度，这类方法通常被称为理查森 (Richardson) 外推法. 简单地说，外推法是一种利用一个 (或若干个) 公式的不同步长的计算结果，进行适当的组合，获得比原公式精度更高的一种方法. 理查森外推法是在 20 世纪前期由英国数学家、物理学家、气象学家 L. F. Richardson 提出的，它能利用低阶公式产生高精度收敛效果进而改善序列收敛效率. 在数值分析领域，理查森外推法有很多实际应用，如下面的龙贝格 (Romberg) 算法.

### 4.4.4　龙贝格算法

龙贝格算法又称数值积分逐次分半加速收敛法，它是在复化梯形公式误差估计的基础上，应用理查森外推法的方法构造出的一种加速算法.

用类似的方法，将辛普森公式适当地组合，可得到精度为 $O(h^6)$，代数精度为 5 的科茨公式；再将科茨公式适当地组合，可得到精度为 $O(h^8)$，代数精度为 7 次的龙贝格公式

$$
C_n=\frac{4^2S_{2n}-S_n}{4^2-1},\quad R_n=\frac{4^3C_{2n}-C_n}{4^3-1}
$$

在计算时，可列出如表 4.2 进行计算：

**表 4.2　龙贝格算法计算表格**

| | | | |
|---|---|---|---|
| $T_1$ | | | |
| $T_2$ | $S_1$ | | |
| $T_4$ | $S_2$ | $C_1$ | |
| $T_8$ | $S_4$ | $C_2$ | $R_1$ |
| $T_{16}$ | $S_8$ | $C_4$ | $R_2$ |
| $\vdots$ | $\vdots$ | $\vdots$ | $\vdots$ |

龙贝格方法一般用到 $R_n$ 为止，尽管理论上还可以继续计算 $\frac{4^4R_{2n}-R_n}{4^4-1}$ 以取得精度更高的公式. 但我们可以从两方面衡量该公式的实际意义.

① 将此公式改为 $\dfrac{4^4R_{2n}}{255}-\dfrac{R_n}{255}$, 由于 $\dfrac{4^4R_{2n}}{255}\approx R_{2n}$, 可将此式认作是对 $R_{2n}$ 的修正, 而修正值是 $\dfrac{R_n}{255}$; 当 $n$ 较大时, $R_{2n}$ 与 $R_n$ 已是积分的比较准确的近似值, 因此这部分的修正对 $R_{2n}$ 的进一步改进影响一般比较小.

② 注意到 $T_n$ 公式的误差 $\alpha_T h^2 f''(\eta)$, $S_n$ 公式的误差 $\alpha_S h^4 f^{(4)}(\eta)$, $C_n$ 公式的误差 $\alpha_C h^6 f^{(6)}(\eta)$, $R_n$ 公式的误差 $\alpha_R h^8 f^{(8)}(\eta)$. 依次类推, 可知 $\dfrac{4^4R_{2n}-R_n}{4^4-1}$ 获得的值的误差应是 $\alpha h^{10} f^{(10)}(\eta)$, 而 $f^{(10)}(x)$ 的性态是很难确定的 (如同插值多项式余项估计), 因此, 一般不再继续进行. 此类外推 (龙贝格) 方法, 仅用到 $R_n$ 为止.

龙贝格算法按下面的步骤进行:

**步骤 1** 输入外推次数 $k_0$(一般取为 3), 控制精度 $\varepsilon(>0)$;

**步骤 2** 设置 $i:=1, jj:=1, h:=b-a$, 计算 $T_0=\dfrac{h}{2}[f(a)+f(b)]$, 取 $T:=T_0$;

**步骤 3** 计算 $\tilde{T}_0=\dfrac{1}{2}\left[T_0+h\displaystyle\sum_{j=1}^{jj}f\left(a+\left(j-\frac{1}{2}\right)h\right)\right]$;

**步骤 4** 对 $k=1,2,\cdots,i$ 进行外推计算 $\tilde{T}_k=(4^k\tilde{T}_{k-1}-T_{k-1})/(4^k-1)$;

**步骤 5** 若 $\left|\tilde{T}_i-T\right|<\varepsilon$, 输出数值积分值 $\tilde{T}_i$, 停机;

**步骤 6** 设置 $h:=\dfrac{h}{2}, jj=jj+jj, T_k:=\tilde{T}_k\ (k=0,1,\cdots,i)$,

$$i:=\min(k_0,i+1),\quad T:=T_i$$

**步骤 7** 转步骤 3.

在龙贝格算法中, 第 1 列对应于复化梯形序列, 第 2 列对应于复化辛普森序列, 第 3 列对应于科茨序列, 第 4 列称为龙贝格序列. 在实际使用中常常只计算到第 4 列 (即取 $k_0=3$), 更高的列较少用. 龙贝格算法中止准则, 一般取同列或同行相邻两项的误差绝对值小于事先给定的精度要求.

龙贝格算法是数值稳定的, 且对任意连续函数, 都能保证数值积分收敛到准确值. 龙贝格算法程序简单, 当 $f(x)$ 函数值不太复杂时, 龙贝格算法是常用的实用方法.

**例 4.6** 用龙贝格求积方法计算积分 $\dfrac{2}{\sqrt{\pi}}\displaystyle\int_0^1 \mathrm{e}^{-x}\mathrm{d}x$, 使误差不超过 $10^{-5}$.

**解** $T_1=0.771\,743\,3$

$T_2=0.728\,069\,9\quad S_1=0.713\,512\,1$

$T_4=0.716\,982\,8\quad S_2=0.713\,287\,0\quad C_1=0.713\,272\,0$

$T_8=0.714\,200\,2\quad S_4=0.713\,272\,6\quad C_2=0.713\,271\,7\quad R_1=0.713\,271\,7$

也可以用表 4.3 表示.

**表 4.3　用龙贝格求积方法计算积分 $\frac{2}{\sqrt{\pi}}\int_0^1 e^{-x}dx$**

| $k$ | $T_0^{(k)}$ | $T_1^{(k)}$ | $T_2^{(k)}$ | $T_3^{(k)}$ |
|---|---|---|---|---|
| 0 | 0.771 743 3 | | | |
| 1 | 0.728 069 9 | 0.713 512 1 | | |
| 2 | 0.716 982 8 | 0.713 287 0 | 0.713 272 0 | |
| 3 | 0.714 200 2 | 0.713 272 6 | 0.713 271 7 | 0.713 271 7 |

因此 $I = R_1 = 0.713\ 271\ 7$.

## 4.5　高斯求积公式

前面讨论的牛顿–科茨公式的节点是等距分布的, 当节点个数为 $n+1$ 则代数精度至少为 $n$, 那么这个精度是否还能提高呢? 如果节点分布可以选择, 那么精度是可以提高的. 插值求积公式中有 $n+1$ 个节点, $n+1$ 个求积系数, 共有 $2n+2$ 个未知参数, 适当选取这些参数可使求积公式具有 $2n+1$ 次代数精度, 这时就构成了高斯型求积公式. 高斯型求积公式是具有最高次代数精度的求积公式.

### 4.5.1　高斯型求积公式的建立

首先, 我们看看有两个节点的情形.

**例 4.7**　求节点 $x_0, x_1$ 使插值型求积公式

$$\int_{-1}^{1} f(x)\mathrm{d}x \approx A_0 f(x_0) + A_1 f(x_1)$$

具有尽可能高的代数精度.

**解**　首先有

$$A_0 = \int_{-1}^{1} \frac{x - x_1}{x_0 - x_1}\mathrm{d}x = \frac{2x_1}{x_1 - x_0}$$

$$A_1 = \int_{-1}^{1} \frac{x - x_0}{x_1 - x_0}\mathrm{d}x = \frac{2x_0}{x_1 - x_0}$$

由于是插值型的, 其代数精度 $m \geqslant 1$.

令 $f(x) = x^2$, 有 $\int_{-1}^{1} x^2 \mathrm{d}x = \frac{2}{3}$, 及

$$A_0 x_0^2 + A_1 x_1^2 = -2x_1 x_0$$

故只要有 $x_0 x_1 = -\frac{1}{3}$, 就有 $m \geqslant 1$.

进一步取 $f(x) = x^3$, 有

$$\int_{-1}^{1} x^3 \mathrm{d}x = 0 \quad 及 \quad A_0 x_0^3 + A_1 x_1^3 = -2x_0 x_1 (x_0 + x_1) = \frac{2}{3}(x_0 + x_1)$$

$$\begin{cases} x_0 x_1 = -\dfrac{1}{3} \\ x_0 + x_1 = 0 \end{cases}$$

故有 $m \geqslant 3$. 上述方程的解为 $x_0 = -\frac{\sqrt{3}}{3}, x_1 = \frac{\sqrt{3}}{3}$, 对应的求积公式为

$$\int_{-1}^{1} f(x)\mathrm{d}x \approx f\left(-\frac{\sqrt{3}}{3}\right) + f\left(\frac{\sqrt{3}}{3}\right)$$

对于 $f(x) = x^4$, 有

$$f\left(-\frac{\sqrt{3}}{3}\right) + f\left(\frac{\sqrt{3}}{3}\right) = \frac{2}{9} \neq \int_{-1}^{1} x^4\mathrm{d}x = \frac{2}{5}$$

因此, 两个节点的求积公式, 代数精度最高为 $m = 3$.

对于任意求积节点 $a \leqslant x_0 < x_1 < \cdots < x_n \leqslant b$, 任意求积系数, 求积公式

$$\int_a^b f(x)\mathrm{d}x \approx \sum_{k=0}^{n} A_k f(x_k)$$

的代数精度 $m$ 必小于 $2n+2$. 这是因为若取 $2n+2$ 次多项式

$$p(x) = \omega^2(x) = (x-x_0)^2(x-x_1)^2\cdots(x-x_n)^2$$

则由于 $p(x)$ 非负, 且不恒为 0, 积分

$$I(p(x)) = \int_a^b \omega^2(x)\mathrm{d}x > 0$$

而与求积公式

$$Q(p(x)) = \sum_{i=0}^{n} A_i p(x_i) \equiv 0$$

矛盾. 因此, 任何求积公式的代数精度最高就是 $2n+1$, 从而得到下面的定义.

**定义 4.6** 使插值型求积公式

$$\int_a^b f(x)\rho(x)\mathrm{d}x \approx \sum_{k=0}^{n} A_k f(x_k) \tag{4.18}$$

有 $2n+1$ 次代数精度的节点 $x_k\ (k=0,1,\cdots,n)$ 称为**高斯点**, 该插值型求积公式称为带权 $\rho(x)$ 的**高斯型求积公式**, 其中 $\rho(x)$ 为权函数.

**定理 4.10** 节点 $x_k\ (k=0,1,\cdots,n)$ 是高斯点的充要条件是以这些点为零点的多项式 $\omega_{n+1}(x) = \prod_{k=0}^{n}(x-x_k)$, 与任意次数不超过 $n$ 的多项式 $P(x)$ 均正交, 即

$$\int_a^b P(x)\omega_{n+1}(x)\rho(x)\mathrm{d}x = 0 \tag{4.19}$$

**证明** 先证必要性. 设 $P(x) \in H_n$, 则 $P(x)\omega_{n+1}(x) \in H_{2n+1}$, 因此, 如果 $x_0, x_1, \cdots, x_n$ 是高斯点, 则求积公式 (4.18) 对于 $f(x) = P(x)\omega_{n+1}(x)$ 精确成立, 即有

$$\int_a^b P(x)\omega_{n+1}(x)\rho(x)\mathrm{d}x = \sum_{k=0}^{n} A_k P(x_k)\omega_{n+1}(x_k)$$

因 $\omega_{n+1}(x_k)=0\ (k=0,1,\cdots,n)$, 故式 (4.19) 成立.

再证充分性. 对于 $\forall f(x)\in H_{2n+1}$, 用 $\omega_{n+1}(x)$ 除 $f(x)$, 记商为 $p(x)$, 余式为 $q(x)$, 即 $f(x)=p(x)\omega_{n+1}(x)+q(x)$, 其中 $p(x),q(x)\in H_n$, 由式 (4.19) 可得

$$\int_a^b f(x)\rho(x)\mathrm{d}x=\int_a^b q(x)\rho(x)\mathrm{d}x \tag{4.20}$$

由于所给求积公式 (4.18) 是插值型的, 它对于 $q(x)\in H_n$ 是精确的, 即

$$\int_a^b q(x)\rho(x)\mathrm{d}x=\sum_{k=0}^{n}A_k q(x_k)$$

再由 $\omega_{n+1}\ (x_k)=0\ (k=0,1,\cdots,n)$ 知, $q(x_k)=f(x_k)(k=0,1,\cdots,n)$, 从而由式 (4.20) 有

$$\int_a^b f(x)\rho(x)\mathrm{d}x=\int_a^b q(x)\rho(x)\mathrm{d}x=\sum_{k=0}^{n}A_k f(x_k)$$

可见求积公式 (4.18) 对一切次数不超过 $2n+1$ 的多项式均精确成立. 因此 $x_k\ (k=0,1,\cdots,n)$ 为高斯点.

定理 4.10 表明在 $[a,b]$ 上的 $n+1$ 次正交多项式的零点就是求积公式 (4.18) 的高斯点, 节点确定之后, 再利用式 (4.18) 对 $m=0,1,\cdots,n$ 精确成立, 得到一组关于求积系数 $A_k\ (k=0,1,\cdots,n)$ 的方程组, 解此方程组即可求得求积系数 $A_k\ (k=0,1,\cdots,n)$. 也可以直接由 $x_k\ (k=0,1,\cdots,n)$ 的插值多项式求出求积系数 $A_k\ (k=0,1,\cdots,n)$.

$$A_k=\int_a^b l_k(x)\rho(x)\mathrm{d}x=\int_a^b \frac{\omega_{n+1}(x)\rho(x)}{(x-x_k)\omega_{n+1}'(x_k)}\mathrm{d}x \tag{4.21}$$

下面讨论高斯求积公式的余项. 利用 $f(x)$ 在节点 $x_k\ (k=0,1,\cdots,n)$ 的埃尔米特插值多项式 $H_{2n+1}(x)$, 即

$$H_{2n+1}(x_k)=f(x_k),\quad H_{2n+1}'(x)=f'(x)\quad (k=0,1,\cdots,n)$$

于是

$$f(x)=H_{2n+1}(x)+\frac{f^{(2n+2)}(\xi)}{(2n+2)!}\omega_{n+1}^2(x)$$

得

$$\int_a^b f(x)\rho(x)\mathrm{d}x=\int_a^b H_{(2n+1)}(x)\rho(x)\mathrm{d}x+R[f]$$

其中

$$R[f]=\int_a^b \frac{f^{(2n+2)}(\xi)}{(2n+2)!}\omega_{n+1}^2(x)\rho(x)\mathrm{d}x$$

由于 $\omega_{n+1}^2(x)\geqslant 0$, 由积分中值定理得高斯求积公式的余项为

$$R_n[f]=\frac{f^{(2n+2)}(\eta)}{(2n+2)!}\int_a^b \omega_{n+1}^2(x)\rho(x)\mathrm{d}x \tag{4.22}$$

下面讨论高斯求积公式的稳定性与收敛性.

**定理 4.11** 高斯求积公式的求积系数 $A_k$ $(k=0,1,\cdots n)$ 全为正数.

**证明** 考察拉格朗日插值基函数

$$l_k(x)=\prod_{\substack{j=0\\j\neq k}}^{n}\frac{x=x_k}{x_j-x_k}$$

它是 $n$ 次多项式, 因而 $l_k^2(x)$ 是 $2n$ 次多项式, 故高斯求积公式对于它精确成立, 即有

$$0<\int_a^b l_k^2(x)\,\rho(x)\mathrm{d}x=\sum_{i=0}^{n}A_i l_k^2(x_i)$$

注意到 $l_k(x_i)=\delta_{ki}$, 上式右端实际上就等于 $A_k$, 从而有

$$A_k=\int_a^b l_k^2(x)\rho(x)\mathrm{d}x>0$$

定理得证.

由本定理及定理 4.3 可得如下推论.

**推论 4.2** 高斯求积公式 (4.18) 是稳定的.

**定理 4.12** 设 $f(x)\in C[a,b]$, 则高斯求积公式 (4.18) 是收敛的, 即

$$\lim_{n\to\infty}\sum_{k=0}^{n}A_k f(x_k)=\int_a^b f(x)\,\rho(x)\mathrm{d}x$$

证明略.

当权函数 $\rho(x)=1$ 时, 常用高斯型求积公式有高斯–勒让德求积公式; 当权函数 $\rho(x)\neq 1$ 时, 常用高斯–切比雪夫求积公式.

### 4.5.2 高斯–勒让德求积公式

在高斯求积公式 (4.18) 中, 若取权函数 $\rho(x)\equiv 1$, 区间为 $[-1,1]$, 则得公式

$$\int_{-1}^{1}f(x)\,\mathrm{d}x\approx\sum_{k=0}^{n}A_k f(x_k) \tag{4.23}$$

称为**高斯–勒让德求积公式**.

当积分区间不是 $[-1,1]$ 时, 而是一般的区间 $[a,b]$ 时, 对求积区间 $[a,b]$ 作变换 $x=\dfrac{b-a}{2}t+\dfrac{a+b}{2}$ 就可以转换到区间 $[-1,1]$ 上, 这时

$$\int_a^b f(x)\mathrm{d}x=\int_a^b f\left(\frac{b-a}{2}t+\frac{a+b}{2}\right)\mathrm{d}\left(\frac{b-a}{2}t+\frac{a+b}{2}\right)=\frac{b-a}{2}\int_{-1}^{1}f\left(\frac{b-a}{2}t+\frac{a+b}{2}\right)\mathrm{d}t$$

即有

$$\int_a^b f(x)\mathrm{d}x=\frac{b-a}{2}\int_{-1}^{1}f\left(\frac{b-a}{2}t+\frac{a+b}{2}\right)\mathrm{d}t$$

对等式右端的积分即可使用高斯–勒让德求积公式.

我们知道勒让德多项式 (见第 3.2.3 节) 是区间 [-1,1] 上的正交多项式, 因此勒让德多项式的零点就是求积公式 (4.23) 的高斯点, 从而有下列定理.

**定理 4.13**　若节点 $x_k$ $(k=0,1,\cdots,n)$ 是高斯点, 则以这些点为根的多项式

$$\omega_{n+1}(x)=\sum_{k=0}^{n}(x-x_k)$$

是最高次幂系数为 1 的勒让德多项式, 即

$$\widetilde{L}_{n+1}=\frac{(n+1)!}{(2n+2)!}\frac{\mathrm{d}^{n+1}(x^2-1)^{n+1}}{\mathrm{d}x^{n+1}}$$

从定理可以看出, 当 $n$ 给定, 节点 $x_k$ 就确定了. 进一步可以求出高斯–勒让德求积公式的节点 $x_k$ 对应的系数 $A_k$.

利用前面的系数公式可以求得相应的系数. 表 4.4 列出常用的高斯–勒让德求积公式的节点和系数.

**表 4.4　部分高斯–勒让德求积公式的节点和系数**

| $n$ | 1 | 2 | | 3 | | 4 | | |
|---|---|---|---|---|---|---|---|---|
| $x_k$ | ±0.577 350 3 | ±0.774 596 7 | 0 | ±0.861 136 3 | ±0.339 981 | ±0.906 179 8 | ±0.538 469 3 | 0 |
| $A_k$ | 1 | 0.555 555 6 | 0.888 888 9 | 0.347 854 8 | 0.652 145 2 | 0.236 923 9 | 0.478 628 6 | 0.568 888 9 |
| $n$ | 5 | | | 6 | | | | |
| $x_k$ | ±0.932 469 5 | ±0.661 209 4 | ±0.238 619 8 | ±0.949 107 9 | ±0.741 531 2 | ±0.405 845 5 | 0 | |
| $A_k$ | 0.171 324 5 | 0.360 761 6 | 0.467 913 9 | 0.129 485 0 | 0.2797 054 | 0.381 830 1 | 0.417 959 2 | |
| $n$ | 7 | | | | | | | |
| $x_k$ | ±0.960 289 9 | ±0.796 666 5 | ±0.525 532 4 | ±0.183 434 6 | | | | |
| $A_k$ | 0.101 228 5 | 0.222 381 | 0.313 706 6 | 0.362 683 8 | | | | |

**例 4.8**　用 $n=2,3$ 的高斯–勒让德公式计算积分 $\int_1^3 \mathrm{e}^x\sin x\mathrm{d}x$.

**解**　$I=\int_1^3 \mathrm{e}^x\sin x\mathrm{d}x$.

因 $x\in[1,3]$, 令 $t=x-2$, 则 $t\in[-1,1]$.

用 $n=2$ 的高斯–勒让德公式计算积分

$$I\approx 0.5555556\times[f(-0.774\ 596\ 7)+f(0.774\ 596\ 7)]+0.888\ 888\ 9\times f(0)\approx 10.948\ 4$$

用 $n=3$ 的高斯–勒让德公式计算积分

$$\begin{aligned}I\approx&\,0.347\ 854\ 8\times[f(-0.861\ 136\ 3)+f(0.861\ 136\ 3)]\\&+0.652\ 145\ 2\times[f(-0.339\ 981\ 0)+f(0.339\ 981\ 0)]\\\approx&\,10.950\ 14\end{aligned}$$

### 4.5.3 高斯–切比雪夫求积公式

**定义 4.7**　在带权高斯求积公式中, 若取权函数 $\rho(x)=\dfrac{1}{\sqrt{1-x^2}}$, 积分区间 $[-1,1]$, 节点数为 $n+1$, 得

$$\int_{-1}^{1}\frac{1}{\sqrt{1-x^2}}f(x)\,\mathrm{d}x\approx\sum_{k=0}^{n}A_kf(x_k) \tag{4.24}$$

称为高斯–切比雪夫求积公式. 由于区间 $[-1,1]$ 上关于权函数的正交多项式是切比雪夫多项式 (见第 3.2.4 节), 求积公式 (4.24) 的高斯点是 $n+1$ 次切比雪夫多项式的零点, 即为

$$x_k=\left(\frac{2k+1}{2n+2}\pi\right)\quad(k=0,1,2,\cdots n)$$

通过计算可知求积系数 $A_k=\dfrac{\pi}{n+1}$, 使用时将 $n+1$ 个节点公式改为 $n$ 个节点, 于是高斯–切比雪夫求积公式写成

$$\int_{-1}^{1}\frac{1}{\sqrt{1-x^2}}f(x)\,\mathrm{d}x\approx\frac{\pi}{n}\sum_{k=1}^{n}A_kf(x_k) \tag{4.25}$$

其中, $x_k=\cos\dfrac{2k-1}{2n}\pi$.

公式余项由式 (4.22) 可计算得到, 即

$$R[f]=\frac{2\pi}{2^{2n}(2n)!}f^{(2n)}(\eta),\quad \eta\in(-1,1) \tag{4.26}$$

利用高斯–切比雪夫正交多项式的零点构造高斯型求积公式, 这种方法主要针对某些特殊的区间和特殊的权函数才有效, 但可用于计算奇异积分.

**例 4.9**　用 5 点 $(n=5)$ 的高斯–切比雪夫求积公式计算积分 $I=\displaystyle\int_{-1}^{1}\frac{\mathrm{e}^x}{\sqrt{1-x^2}}\mathrm{d}x$.

**解**　令 $f(x)=\mathrm{e}^x$, $f^{(2n)}(x)=\mathrm{e}^x$, 当 $n=5$ 时, 可得

$$I\approx\frac{\pi}{5}\sum_{k=1}^{5}\mathrm{e}^{\cos\frac{2k-1}{10}\pi}=3.977\,463$$

误差为

$$|R_5(f)|\leqslant\frac{\pi}{2^9\cdot 10!}\mathrm{e}\leqslant 4.6\times10^{-9}$$

## 4.6 数值微分

在微分学中, 函数的导数是通过导数定义或求导法则求得的. 当函数是表格形式给出时, 就不能用上述方法求导数, 因此有必要研究用数值方法求函数的导数.

列表函数的数值微分多取插值函数微分; 非列表函数的数值微分多取差分近似. 数值微分的数值稳定性差, 经常利用外推法来提高精度. 当同时计算等距节点上的导数, 隐式方法具有较高的精度.

### 4.6.1　均差公式及误差分析

由导数定义, 导数 $f'(x_0)$ 是均差 $\dfrac{f(x_0+h)-f(x_0)}{h}$ 当 $h\to 0$ 时的极限. 如果精度要求不高, 可取均差作为导数的近似值, 这样便建立起一种数值微分方法

$$f'(x_0)\approx\frac{f(x_0+h)-f(x_0)}{h}$$

类似地, 若用向后均差作近似计算, 有

$$f'(x_0)\approx\frac{f(x_0)-f(x_0-h)}{h}$$

若用中心均差作近似计算, 有

$$f'(x_0)\approx\frac{f(x_0+h)-f(x_0-h)}{2h}$$

称后一种数值微分方法为中点方法, 相应的计算式称为中点公式, 它其实是前两种方法的算术平均.

分别将 $f(x_0\pm h)$ 在 $x=x_0$ 处作泰勒展开

$$f(x_0\pm h)=f(x_0)\pm f'(x_0)h+\frac{h^2}{2!}f''(x_0)\pm\frac{h^3}{3!}f'''(x_0)+\frac{h^4}{4!}f^{(4)}(x_0)\pm\cdots$$

于是

$$\frac{f(x_0\pm h)-f(x_0)}{\pm h}=f'(x_0)\pm\frac{h}{2!}f''(x_0)+\frac{h^2}{3!}f'''(x_0)+\cdots$$

$$\frac{f(x_0+h)-f(x_0-h)}{2h}=f'(x_0)\pm\frac{h^2}{3!}f'''(x_0)+\frac{h^4}{5!}f^{(5)}(x_0)\cdots$$

所以, 前两个公式的截断误差是 $O(h)$ 而中点公式的截断误差是 $O(h^2)$.

用中点公式计算导数的近似值, 必须选取合适的步长 $h$. 因为, 从中点公式的截断误差看, 步长 $h$ 越小, 计算结果就越准确, 但从舍入误差的角度看, 当 $h$ 很小时, $f(x_0+h)$ 与 $f(x_0-h)$ 很接近, 两相近数直接相减会造成有效数字的严重损失, 所以, 步长 $h$ 不易取得太小.

### 4.6.2　插值型求导公式

给定节点及函数 $y=f(x)$ 在节点上的值, 建立插值多项式 $y=P_n(x)$, 取 $P_n'(x)$ 的值作为 $f'(x)$ 的近似值, 即建立的数值公式

$$f'(x)\approx {P_n}'(x)\tag{4.27}$$

这种公式统称为插值型求导公式.

在此必须指出, 即使 $f(x)$ 和 $P_n(x)$ 的值相差不大, 导数的近似值 $P'{}_n(x)$ 与导数的真值 $f'(x)$ 可能差别很大, 因而在使用求导公式 (4.27) 时要特别注意误差的分析.

依据拉格朗日插值定理, 求导公式 (4.27) 的余项为

$$f^{'}(x)-P_n'(x)=\frac{f^{(n+1)}(\xi)}{(n+1)!}\omega_{n+1}'(x)+\frac{\omega_{n+1}(x)}{(n+1)!}\frac{\mathrm{d}}{\mathrm{d}x}f^{(n+1)}(\xi)$$

其中, $\omega_{n+1}(x)=\prod\limits_{k=0}^{n}(x-x_k)$.

在这一余项公式中, 由于 $\xi$ 是 $x$ 的未知函数, 我们无法对第二项 $\dfrac{\omega_{n+1}(x)}{(n+1)!}\dfrac{\mathrm{d}}{\mathrm{d}x}f^{(n+1)}(\xi)$ 做出估计, 对于随意给出的 $x$, 误差 $f'(x)-P_n'(x)$ 是无法预估的. 但是, 如果仅限定求某个节点 $x_k$ 上的导数值, 那么上面的第二项因式 $\omega_{n+1}(x_k)$ 为零, 这时有余项公式

$$f'(x_k)-P_n'(x_k)=\frac{f^{(n+1)}(\xi)}{(n+1)!}\omega_{n+1}'(x_k) \tag{4.28}$$

下面的讨论仅仅考察节点处的导数值, 且假定所给的节点都是等距的.

**1. 两点公式**

过两个节点 $x_0,x_1$ 作线性插值多项式 $P_1(x)$, 并记 $h=x_1-x_0$, 则

$$P_1(x)=\frac{x-x_1}{-h}f(x_0)+\frac{x-x_0}{h}f(x_1)$$

两边求导数, 得

$$P_1'(x)=\frac{1}{h}[f(x_1)-f(x_0)]$$

于是得两点公式

$$\begin{cases} f'(x_0)\approx \dfrac{1}{h}[f(x_1)-f(x_0)] \\ f'(x_1)\approx \dfrac{1}{h}[f(x_1)-f(x_0)] \end{cases}$$

而利用余项公式 (4.28), 得其截断误差为

$$\begin{cases} R_1(x_0)=-\dfrac{h}{2}f''(\xi_1) \\ R_1(x_1)=\dfrac{h}{2}f''(\xi_2) \end{cases}$$

**2. 三点公式**

过等距节点 $x_0,x_1,x_2$ 作二次插值多项式 $P_1(x)$, 并记步长为 $h$, 则

$$P_2(x)=\frac{(x-x_1)(x-x_2)}{2h^2}f(x_0)-\frac{(x-x_0)(x-x_2)}{h^2}f(x_1)+\frac{(x-x_0)(x-x_1)}{2h^2}f(x_2)$$

两边求导数, 得

$$P_2'(x)=\frac{2x-x_1-x_2}{2h^2}f(x_0)-\frac{2x-x_0-x_2}{h^2}f(x_1)+\frac{2x-x_0-x_1}{2h^2}f(x_2)$$

于是得三点公式

$$\begin{cases} f'(x_0)\approx \dfrac{1}{2h}[-3f(x_0)+4f(x_1)-f(x_2)] \\ f'(x_1)\approx \dfrac{1}{2h}[-f(x_0)+f(x_2)] \\ f'(x_2)\approx \dfrac{1}{2h}[f(x_0)-4f(x_1)+3f(x_2)] \end{cases}$$

同样利用余项公式 (4.28), 得其截断误差为

$$\begin{cases} R_2(x_0) = \dfrac{1}{3}h^2 f'''(\xi_1) \\ R_2(x_1) = -\dfrac{1}{6}h^2 f'''(\xi_2) \\ R_2(x_2) = \dfrac{1}{3}h^2 f'''(\xi_3) \end{cases}$$

如果要求 $f(x)$ 的二阶导数, 可用 $P_2''(x)$ 作为 $f''(x)$ 的近似值, 于是有

$$f''(x_1) \approx P_2''(x_1) = \frac{1}{h^2}[f(x_0) - 2f(x_1) + f(x_2)]$$

其截断误差为

$$f''(x_1) - P_2''(x_1) = -\frac{h^2}{12}f^{(4)}(\xi) = O(h^2)$$

**3. 五点公式**

过 5 个节点 $x_i = x_0 + ih, i = 0, 1, 2, 3, 4$ 上的函数值, 重复同样的手续, 不难导出下列五点公式:

$$\begin{cases} f'(x_0) \approx \dfrac{1}{12h}[-25f(x_0) + 48f(x_1) - 36f(x_2) + 16f(x_3) - 3f(x_4)] \\ f'(x_1) \approx \dfrac{1}{12h}[-3f(x_0) - 10f(x_1) + 18f(x_2) - 6f(x_3) + f(x_4)] \\ f'(x_2) \approx \dfrac{1}{12h}[f(x_0) - 8f(x_1) + 8f(x_3) - f(x_4)] \\ f'(x_3) \approx \dfrac{1}{12h}[-f(x_0) + 6f(x_1) - 18f(x_2) + 10f(x_3) + 3f(x_4)] \\ f'(x_4) \approx \dfrac{1}{12h}[3f(x_0) - 16f(x_1) + 36f(x_2) - 16f(x_3) + 3f(x_4)] \end{cases}$$

与

$$\begin{cases} f''(x_0) \approx \dfrac{1}{12h^2}[35f(x_0) - 104f(x_1) + 114f(x_2) - 56f(x_3) + 11f(x_4)] \\ f''(x_1) \approx \dfrac{1}{12h^2}[11f(x_0) - 20f(x_1) + 6f(x_2) + 4f(x_3) - f(x_4)] \\ f''(x_2) \approx \dfrac{1}{12h^2}[-f(x_0) + 16f(x_1) - 30f(x_2) + 16f(x_3) - f(x_4)] \\ f''(x_3) \approx \dfrac{1}{12h^2}[-f(x_0) + 4f(x_1) + 6f(x_2) - 20f(x_3) + 11f(x_4)] \\ f''(x_4) \approx \dfrac{1}{12h^2}[11f(x_0) - 56f(x_1) + 11f(x_2) - 104f(x_3) + 35f(x_4)] \end{cases}$$

读者不难导出这些求导公式的余项, 并由此可知, 用五点公式求节点上的导数值往往可以获得满意的结果.

### 4.6.3　三次样条求导

若三次样条插值函数 $S(x)$ 收敛于函数 $f(x)$, 则其导数 $S'(x)$ 收敛于 $f'(x)$. 因此, 用样条插值函数 $S(x)$ 作为函数 $f(x)$ 的近似函数, 不但函数值非常接近, 而且导数值也很接近. 与前面插值型求导公式不同, 三次样条求导公式可以用来计算插值范围内任何一点(不仅是节点) 上的导数值.

用三次样条插值函数建立的数值微分公式为

$$f'(x) \approx S'(x)$$

求导, 得

$$f'(x) \approx S'(x) = -\frac{(x_i - x)^2}{2h_i} M_{i-1} + \frac{(x - x_{i-1})^2}{2h_i} M_i + \frac{y_i - y_{i-1}}{h_i} - \frac{h_i}{6}(M_i - M_{i-1})$$

$$f''(x) \approx S''(x) = \frac{(x_i - x)}{h_i} M_{i-1} + \frac{(x - x_{i-1})}{h_i} M_i$$

其中, $i = 1, 2, \cdots, n; x \in [x_{i-1}, x_i]$.

其他步骤同第 2 章三次样条插值.

### 4.6.4　利用外推方法求数值微分

利用中点公式计算导数时

$$f'(a) \approx G(h) = \frac{f(a+h) - f(a-h)}{2h}$$

对 $f(x)$ 在点 $a$ 处作泰勒展开得

$$G(h) = f'(a) + \alpha_1 h^2 + \alpha_2 h^4 + \cdots + \alpha_i h^{2i} + \cdots$$

其中, 系数 $a_i$ $(i = 1, 2, \cdots)$ 与 $h$ 无关, 利用理查森外推法 (见 4.4.3 节) 对 $h$ 逐次分半, 若记 $G_0(h) = G(h)$, 则有

$$G_1(h) \triangleq \frac{4G\left(\frac{h}{2}\right) - G(h)}{3} = I + \beta_1 h^4 + \beta_2 h^6 + \cdots$$

$$\cdots\cdots$$

$$G_m(h) \triangleq \frac{4^m G_{m-1}\left(\frac{h}{2}\right) - G_{m-1}(h)}{4^m - 1} \quad (m = 1, 2, \cdots) \tag{4.29}$$

式 (4.29) 的计算过程见表 4.5 所示.

**表 4.5　数值微分外推计算过程**

| 中心均差 $G(h)$ | 一次外推 | 二次外推 | 三次外推 | 四次外推 |
|---|---|---|---|---|
| $G(h)$ | | | | |
| $G\left(\frac{h}{2}\right)$ | $G_1(h)$ | | | |
| $G\left(\frac{h}{2^2}\right)$ | $G_1\left(\frac{h}{2}\right)$ | $G_2(h)$ | | |
| $G\left(\frac{h}{2^3}\right)$ | $G_1\left(\frac{h}{2^2}\right)$ | $G_2\left(\frac{h}{2}\right)$ | $G_3(h)$ | |
| $\vdots$ | $\vdots$ | $\vdots$ | $\vdots$ | $\vdots$ |

根据理查森外推法, 式 (4.29) 的误差为

$$G_m(h) - f'(a) = O(h^{2(m+1)})$$

由此看出当 $m$ 较大时, 计算是相当准确的, 但考虑到舍入误差, 一般 $m$ 不能取太大.

**例 4.10**　用外推法计算 $f(x)=x^2\mathrm{e}^{-x}$ 在 $x=0.5$ 处的导数.

**解**　令 $G(h)=\dfrac{1}{2h}\left[\left(\dfrac{1}{2}+h\right)^2\mathrm{e}^{-\left(\frac{1}{2}+h\right)}-\left(\dfrac{1}{2}-h\right)^2\mathrm{e}^{-\left(\frac{1}{2}-h\right)}\right]$, 依次取 $h=0.1, 0.05, 0.025$ 时, 按表 4.6 可算得 $f'(0.5)$ 的精确值为 0.454 897 994, 可见当 $h$=0.025 时用中点公式只有 3 位有效数字, 外推一次达到 5 位有效数字, 外推两次达到 9 位有效数字, 效果是很不错的.

**表 4.6　外推法计算导数的外推表**

| $h$ | $G(h)$ | 第一次外推 | 第二次外推 |
|---|---|---|---|
| 0.1 | 0.451 604 908 1 | | |
| 0.05 | 0.454 076 169 3 | 0.454 899 923 1 | |
| 0.025 | 0.454 692 628 8 | 0.454 898 115 2 | 0.454 897 994 |

# 4.7　数值试验 4

**实验要求**

1. 调试复化梯形公式、复化辛普森公式、龙贝格求积公式的程序;
2. 直接使用 MATLAB 命令求解数值积分与数值微分;
3. 比较使用各种方法的运行效率;
4. 完成上机实验报告.

### 4.7.1　本章重要方法的 MATLAB 实现

**例 4.11**　分别利用梯形公式和复化辛普森公式计算 $\int_0^1 \sqrt{1+x^2}\mathrm{d}x$, 并与其精确值比较.

**解**　先对积分作符号运算, 然后将其计算结果转换为数值型, 从而得到精确值, 再将其与这两种方法求得的数值解比较. 命令如下:

```
syms xx
z0=simple(int('sqrt(1+xx^2)',0,1))
z=double(z0);z=vpa(z,8)
x=0:0.01:1;y=sqrt(1+x.^2);
z1=trapz(y)*0.01;z1=vpa(z1,8),err1=z-z1;err1=vpa(err1,8)
z2=quad('sqrt(1+x.^2)',0,1);z2=vpa(z2,8),err2=z-z2;err2=vpa(err2,8)
```

运行后, 得精确值为 $\dfrac{1}{2}[\sqrt{2}-\ln(\sqrt{2}-1)]$=1.147 793 6, 两种公式计算得数值积分值分别为 1.147 799 5 和 1.147 793 5, 其相应误差分别为 $-0.59\times10^{-5}$ 和 $0.1\times10^{-6}$. 由两者误差可见, 复化辛普森公式精确度较高, 梯形公式较差, 但它也能精确到小数点后 5 位数.

**例 4.12**　用龙贝格积分法, 计算 $I=\int_0^1 \frac{\sin x}{x}\mathrm{d}x$, 精度 $\varepsilon=10^{-6}$.

**解**　首先编写龙贝格积分法的函数 M 文件, 源程序如下 (romberg.m):

```
function [I,T]=romberg(fun,a,b,n,Eps)
%  龙贝格积分法计算积分
%  fun为积分函数
%  [a,b]为积分区间
%  n+1是积分近似值T数表的列数目
%  Eps为迭代精度
%  返回值中I为积分结果, T是积分表

if nargin<5
    Eps=1E-6;
end
m=1;
h=(b-a);
err=1;
j=0;
T=zeros(4,4);
T(1,1)=h*(limit(fun,a)+limit(fun,b))/2;
while ((err>Eps) & (j<n))| (j<4)
    j=j+1;
    h=h/2;
    s=0;
    for p=1:m
        x0=a+h*(2*p-1);
        s=s+limit(fun,x0);
    end
    T(j+1,1)=T(j,1)/2+h*s;
    m=2*m;
    for k=1:j
        T(j+1,k+1)=T(j+1,k)+(T(j+1,k)-T(j,k))/(4^k-1);
    end
    err=abs(T(j,j)-T(j+1,k+1));
end
I=T(j+1,j+1);
if nargout==1
    T=[];
end
```

将上述源程序另存为 romberg.m 后, 进入计算:

```
>>syms x;                          %  创建符号变量
>>f=sym('sin(x)/x')                %符号函数
f =
sin(x)/x
>>[I,T]=romberg(f,0,1,3,1E-6)  %积分计算
I =
    0.9461
T =
    0.9207       0         0          0          0
    0.9398    0.9461       0          0          0
    0.9445    0.9461    0.9461        0          0
    0.9457    0.9461    0.9461    0.9461         0
    0.9460    0.9461    0.9461    0.9461    0.9461
```

其中 T 为龙贝格积分表, 由输出结果可知计算结果为 $I=\int_0^1\frac{\sin x}{x}\mathrm{d}x=0.946\,1$.

在 MATLAB 中, 离散数据的三次样条求导分三个步骤.

**步骤 1**　对离散数据用 csapi 函数 (或 spline 函数) 得到其三次样条插值函数;

**步骤 2**　用 fnder 函数求三次样条插值函数的导数;

**步骤 3**　可用 fnval 函数求导函数在未知点处的导数值.

**例 4-13**　某种液体冷却时, 温度随时间的变化数据如表 4.4 所示. 试分别计算 $t$=2, 3, 4min 及 $t$=1.5, 2.5, 4.5min 时的降温速率.

注: 前者是计算节点处的一阶导数, 后者是计算非节点处的一阶导数

**表 4.4　冷却温度随时间的变化数据**

| $t$/min | 0 | 1 | 2 | 3 | 4 | 5 |
|---|---|---|---|---|---|---|
| $T$/°C | 92.0 | 85.3 | 79.5 | 74.5 | 70.2 | 67.0 |

**解**　程序如下:

```
t=[0:5];
T=[92,85.3,79.5,74.5,70.2,67];
cs=csapi(t,T);                      % 生成三次样条插值函数
pp=fnder(cs);                       % 生成三次样条插值函数的导函数
t1=[2,3,4,1.5,2.5,4.5];
dT=fnval(pp,t1);                    % 计算导函数在t1处的导数值
disp('相应时间的降温速率:')
disp([t1;dT])
```

执行结果:

相应时间的降温速率:

| | | | | | |
|---|---|---|---|---|---|
| 2.0000 | 3.0000 | 4.0000 | 1.5000 | 2.5000 | 4.5000 |
| −5.3722 | −4.6722 | −3.8389 | −5.7972 | −4.9889 | −3.2222 |

### 4.7.2 MATLAB 中数值积分与数值微分的部分函数简介

MATLAB 数值积分与数值微分的部分函数如表 4.5 所示.

**表 4.5 MATLAB 有关数值积分与数值微分的部分函数**

| 函数 | 功能 | 用法 | 解释 |
|---|---|---|---|
| diff | 向前差分或符号计算时计算导数 | DX=diff(X) | 计算向量 X 的向前差分, 如果 X 是向量, 返回向量 X 的差分; 如果 X 是矩阵, 则按各列作差分 |
| | | DX=diff(X,n) | 计算 X 的 n 阶向前差分 |
| int | 计算符号表达式的积分 | Q=int(expr, a, b) | 可计算不定积分, 也可计算定积分 |
| integral | 计算数值积分 | Q = integral(f, a, b) | MATLAB2012 上有此命令, 推荐 |
| trapz | 梯形法求积 | Q = trapz(X, Y) | X 和 Y 是同维向量或矩阵 |
| quad | 采用自适应步长的辛普森求积法 | [I,n]=quad(fun,a,b,tol,trace) | fun 是被积函数名, a, b 是积分的下限和上限, tol 为积分绝对误差, trace 控制是否展现积分过程 |
| quadl | 自适应递推步长复合Lobatto数值积分法 | I=quadl(fun,a,b,tol) | |
| dblquad | 求矩形区域上的二重积分 | I=dblquad(fun,a,b,c,d,tol) | fun 为二元函数, [a,b] 为变量 $x$ 的上下限, [c,d] 是变量 $y$ 的上下限, tol 为精度要求 |
| triplequad | 在立体区域上求三重积分 | I=triplequad(fun,a,b,c,d,e,f,tol) | fun 为三元函数, [a,b] 是变量 $x$ 的积分上下限, [c,d] 是变量 $y$ 的积分上下限, [e,f] 为变量 $z$ 的积分上下限, tol为积分精度 |
| polyder | 向量 $p$ 表示的多项式函数的导数 | q=polyder(p) | 结果用向量 q 表示 |
| gradient | 一元函数沿 $x$ 方向的导函数 | Fx=gradient(F,x) | 返回向量 F 表示的一元函数沿 x 方向的导函数 F'(x) |
| csapi | 求三次样条插值函数 | pp = csapi(x,y) | 返回值 pp 是得到的三次样条插值函数, x,y 分别为离散数据对的自变量和因变量数 |
| fnder | 求三次样条插值函数的导数 | fprime = fnder(f,dorder) | f 为三次样条插值函数, dorder 为三次样条插值函数的求导阶数,fprime 为得到的三次样条插值函数的导函数 |
| fnval | 求导函数在未知点处的导数值 | v = fnval(fprime,x) | fprime 为三次样条插值函数导函数, x 为未知点处自变量值, v 为未知点处的导数值 |

### 4.7.3 数值微积分数值试验题

分别用复化梯形公式、复化辛普森公式和龙贝格算法, 计算下列积分.

(1) $I=\int_0^{\frac{1}{4}}\sqrt{4-\sin^2 x}\mathrm{d}x$; (2) $I=\int_0^1 \dfrac{\mathrm{e}^x}{4+x^2}\mathrm{d}x$.

**要求**：编写 MATLAB 软件程序, 用三种方法计算积分, 并取不同的步长 $h$, 给出误差中关于 $h$ 的函数, 并与积分精确值比较精度.

## 习　题　4

1. 确定下列求积公式中的特定参数, 使其代数精度尽量高, 并指明所构造出的求积公式所具有的代数精度.

(1) $\int_{-2h}^{2h} f(x)\mathrm{d}x \approx A_{-1}f(-h)+A_0f(0)+A_1f(h)$

(2) $\int_0^h f(x)\mathrm{d}x \approx \frac{h}{2}[f(0)+f(h)]+ah^2[f'(0)-f'(h)]$

(3) $\int_{-1}^1 f(x)\mathrm{d}x \approx \frac{1}{3}[f(-1)+2f(x_1)+3f(x_2)]$

2. 推导下列三种矩形求积公式.

(1) $\int_a^b f(x)\mathrm{d}x=(b-a)f(a)+\frac{f'(\eta)}{2}(b-a)^2$

(2) $\int_a^b f(x)\mathrm{d}x=(b-a)f(b)-\frac{f'(\eta)}{2}(b-a)^2$

(3) $\int_a^b f(x)\mathrm{d}x=(b-a)f\left(\frac{a+b}{2}\right)+\frac{f''(\eta)}{24}(b-a)^3$

3. 用辛普森公式求积分 $\int_0^1 \mathrm{e}^{-x}\mathrm{d}x$, 并估计误差.

4. 验证牛顿–科茨公式具有 5 次代数精度.

5. 分别用复化梯形公式和辛普森公式计算下列积分.

(1) $\int_0^1 \frac{x}{4+x^2}\mathrm{d}x, n=8$

(2) $\int_0^1 \frac{(1-\mathrm{e}^{-x})^{\frac{1}{2}}}{x}\mathrm{d}x, n=10$

(3) $\int_1^9 \sqrt{x}\mathrm{d}x, n=4$

(4) $\int_0^{\frac{\pi}{6}} \sqrt{4-\sin^2\varphi}\mathrm{d}\varphi, n=6$

6. 若用复化梯形公式计算积分 $I=\int_0^1 \mathrm{e}^x\mathrm{d}x$, 试问区间 $[0,1]$ 应分多少等份才能使截断误差不超过 $\frac{1}{2}\times 10^{-5}$? 若改用复化辛普森公式, 要达到同样精度区间 $[0,1]$ 应分多少等份?

7. 如果 $f''(x)>0$, 证明: 用梯形公式计算积分 $I=\int_a^b f(x)\mathrm{d}x$ 所得结果比准确值 $I$ 大, 并说明其几何意义.

8. 用龙贝格求积方法计算下列积分, 使误差不超过 $10^{-5}$.

(1) $\int_0^3 x\sqrt{1+x^2}\mathrm{d}x$

(2) $\frac{2}{\sqrt{\pi}}\int_0^1 \mathrm{e}^{-x}\mathrm{d}x$

(3) $\int_0^{2\pi} x\sin x\mathrm{d}x$

9. 用 $n=2,3$ 的高斯–勒让德公式计算积分 $\int_1^3 \mathrm{e}^x \sin x \mathrm{d}x$.

10. 地球卫星轨道是一个椭圆, 椭圆周长的计算公式是

$$S=a\int_0^{\frac{\pi}{2}}\sqrt{1-\left(\frac{c}{a}\right)^2\sin^2\theta}\mathrm{d}\theta$$

这里 $a$ 是椭圆的半长轴, $c$ 是地球中心与轨道中心 (椭圆中心) 的距离, 记 $h$ 为近地点距离, $H$ 为远地点距离, $R=6\,371(\mathrm{km})$ 为地球半径, 则

$$a=(2R+H+h)/2, \quad c=(H-h)/2$$

我国第一颗地球卫星近地点距离 $h=439\mathrm{km}$, 远地点距离 $h=2\,384\mathrm{km}$. 试求卫星轨道的周长.

11. 证明: 等式

$$n\sin\frac{\pi}{n}=\pi-\frac{\pi^3}{3!n^2}+\frac{\pi^5}{5!n^4}-\cdots$$

试依据 $n\sin\left(\frac{\pi}{n}\right)$ $(n=3,6,12)$ 的值, 用外推算法求 $\pi$ 的近似值.

12. 用下列方法计算积分 $\int_1^3 \frac{\mathrm{d}y}{y}$, 并比较结果.

(1) 龙贝格方法;

(2) 三点及五点高斯公式;

(3) 将积分区间分为四等份, 用复化两点高斯公式.

13. 用三点公式和积分公式求 $f(x)=\frac{1}{(1+x)^2}$ 在 $x=1.0, 1.1,\ 1.2$ 处的导数值, 并估计误差. $f(x)$ 的值由下表给出:

| $x$ | 1.0 | 1.1 | 1.2 |
|---|---|---|---|
| $f(x)$ | 0.2500 | 0.2268 | 0.2066 |

# 第 5 章　解线性方程组的直接法

本章和第 6 章的问题是数值求解如下形式的线性方程组

$$\begin{cases} a_{11}x_1 + a_{12}x_2 + \cdots + a_{1n}x_n = b_1 \\ a_{21}x_1 + a_{22}x_2 + \cdots + a_{2n}x_n = b_2 \\ \qquad\cdots\cdots \\ a_{n1}x_1 + a_{n2}x_2 + \cdots + a_{nn}x_n = b_n \end{cases} \tag{5.1}$$

此线性方程组常常表示成如下的矩阵形式

$$\boldsymbol{Ax} = \boldsymbol{b}$$

其中

$$\boldsymbol{A} = \begin{pmatrix} a_{11} & a_{12} & \cdots & a_{1n} \\ a_{21} & a_{22} & \cdots & a_{2n} \\ \vdots & \vdots & & \vdots \\ a_{n1} & a_{n2} & \cdots & a_{nn} \end{pmatrix}, \quad \boldsymbol{x} = \begin{pmatrix} x_1 \\ x_2 \\ \vdots \\ x_n \end{pmatrix}, \quad \boldsymbol{b} = \begin{pmatrix} b_1 \\ b_2 \\ \vdots \\ b_n \end{pmatrix}$$

$\boldsymbol{A}$ 为线性方程组 (5.1) 的系数矩阵, $\boldsymbol{x}$ 为未知量, $\boldsymbol{b}$ 为常数项.

由线性代数知识可知, 当 $|\boldsymbol{A}| \neq 0$ 时, 方程组 (5.1) 可用克拉默 (Cramer) 法则求解, 但是当 $n$ 足够大时, 其计算量非常大, 而在实际问题中, 解含有上千个未知解的线性方程组已不足为奇. 利用计算机数值求解线性方程组是求解大型线性方程组的有效方法, 这类算法主要有直接法和迭代法两大类:

(1) **直接法.** 假定在没有原始数据误差和计算过程的舍入误差的情形下, 经过有限次运算, 求出方程组精确解的方法.

(2) **迭代法.** 从初始解出发, 用某种渐进过程去逐步逼近精确解的方法.

本章将介绍数值求解线性方程组的直接解法, 将在第 6 章介绍求解线性方程组的迭代法. 本章介绍的解线性方程组的直接解法主要有高斯消去法、矩阵三角分解法及针对有特殊系数矩阵的方程组的平方根法和追赶法. 然后讨论方程组的病态问题并介绍反应方程组病态问题的矩阵条件数.

## 5.1　高斯消去法

### 5.1.1　基本高斯消去法

**高斯 (Gauss) 消去法**又称简单消元法或顺序消元法, 其实质是中学代数中的加减消元法, 而消元法的可程序化的算法有两个步骤, 首先逐步消去未知量的系数, 将原方程组化为系数矩阵为上三角形的等价方程组, 这个过程称为消元过程; 然后求解上三角形方程组的解, 这个过程称为回代过程. 求解线性方程组的高斯消去法就是由消元过程和回代过程组成.

1. 消元过程

**步骤 1** 在式 (5.1) 中, 设 $a_{11}\neq 0$, 令 $l_{i1}=a_{i1}/a_{11}$, 将第一个方程的 $-l_{i1}$ 倍加到第 $i(2\leqslant i\leqslant n)$ 个方程上去, 得

$$\left\{\begin{aligned} a_{11}x_1+a_{12}x_2+\cdots+a_{1n}x_n&=b_1\\ a_{22}^{(1)}x_2+\cdots+a_{2n}^{(1)}x_n&=b_2^{(1)}\\ \cdots\cdots&\\ a_{n2}^{(1)}x_n+\cdots+a_{nn}^{(1)}x_n&=b_n^{(1)}\end{aligned}\right. \tag{5.2}$$

其中, $a_{ij}^{(1)}=a_{ij}-l_{i1}a_{1j}$, $b_i^{(1)}=b_i-l_{i1}b_1$ $(i=2,3,\cdots,n;j=2,3,\cdots,n)$.

**步骤 2** 在式 (5.2) 中, 设 $a_{22}^{(1)}\neq 0$, 令 $l_{i2}=a_{i2}^{(1)}/a_{22}^{(1)}$, 将第二个方程的 $-l_{i2}$ 倍加到第 $i(3\leqslant i\leqslant n)$ 个方程上去, 得

$$\left\{\begin{aligned} a_{11}x_1+a_{12}x_2+a_{13}x_3+\cdots+a_{1n}x_n&=b_1\\ a_{22}^{(1)}x_2+a_{23}^{(1)}x_3+\cdots+a_{2n}^{(1)}x_n&=b_2^{(1)}\\ a_{33}^{(2)}x_3+\cdots+a_{3n}^{(2)}x_n&=b_3^{(2)}\\ \cdots\cdots&\\ a_{n2}^{(2)}x_n+\cdots+a_{nn}^{(2)}x_n&=b_n^{(2)}\end{aligned}\right.$$

其中, $a_{ij}^{(2)}=a_{ij}^{(1)}-l_{i2}a_{2j}^{(1)}$, $b_i^{(2)}=b_i^{(1)}-l_{i2}b_2^{(1)}$ $(i=3,4,\cdots,n;j=3,4,\cdots,n)$.

重复上述过程, 一般地, 第 $k$ 步 $(1<k\leqslant n-1)$ 中, 设 $a_{kk}^{(k-1)}\neq 0$, 计算

$$\left\{\begin{aligned} &l_{ik}=a_{ik}^{(k-1)}/a_{kk}^{(k-1)}\\ &a_{ij}^{(k)}=a_{ij}^{(k-1)}-l_{ik}a_{kj}^{(k-1)},b_i^{(k)}=b_i^{(k-1)}-l_{ik}b_k^{(k-1)}\end{aligned}\right. \qquad (i=k+1,\cdots,n;j=k+1,\cdots,n)$$

最后, 就得到上三角形方程组

$$\left\{\begin{aligned} a_{11}x_1+a_{12}x_2+\cdots+a_{1n}x_n&=b_1\\ a_{22}^{(1)}x_2+\cdots+a_{2n}^{(1)}x_n&=b_2^{(1)}\\ \cdots\cdots&\\ a_{nn}^{(n-1)}x_n&=b_n^{(n-1)}\end{aligned}\right. \tag{5.3}$$

2. 回代过程

考虑线性方程组 (5.3), 只要 $a_{nn}^{(n-1)}\neq 0$, 就可以计算出 $x_n$ 的值, 再将 $x_n$ 的值代入第 $n-1$ 个方程, 得到 $x_{n-1}$ 的值, 依次类推, 求得 $x_i$ 的递推公式为

$$\left\{\begin{aligned} &x_n=\frac{b_n^{(n-1)}}{a_{nn}^{(n-1)}}\\ &x_i=\frac{1}{a_{ii}^{(i-1)}}\left(b_i^{(i-1)}-\sum_{j=i+1}^{n}a_{ij}^{(i-1)}x_j\right)\qquad (i=n-1,\cdots,1)\end{aligned}\right.$$

总结上述讨论即得到以下定理.

**定理 5.1**　设 $\boldsymbol{Ax}=\boldsymbol{b}$, 其中 $\boldsymbol{A}\in R^{n\times n}$.

(1) 若 $a_{kk}^{(k)}\neq 0\ (k=1,2,\cdots,n)$, 则可通过高斯消去法将 $\boldsymbol{Ax}=\boldsymbol{b}$ 约化为等价的三角形线性方程组 (5.3), 且计算公式为

第一阶段, 消元计算 $(k=1,2,\cdots,n-1)$

$$\begin{cases} m_{ik}=\dfrac{a_{ik}^{(k)}}{a_{kk}^{(k)}} & (i=k+1,\cdots,n) \\ a_{ij}^{(k+1)}=a_{ij}^{(k)}-m_{ik}a_{kj}^{(k)} & (i,j=k+1,\cdots,n) \\ b_i^{(k+1)}=b_i^{(k)}-m_{ik}b_k^{(k)} & (i=k+1,\cdots,n) \end{cases}$$

第二阶段, 回代计算

$$\begin{cases} x_n=\dfrac{b_n^{(n)}}{a_{nn}^{(n)}} \\ x_i=\dfrac{\left(b_i^{(i)}-\sum\limits_{j=i+1}^{n}a_{ij}^{(i)}x_j\right)}{a_{ii}^{(i)}} & (i=n-1,\cdots,2,1) \end{cases}$$

(2) 若 $\boldsymbol{A}$ 为非奇异矩阵, 则可通过高斯消去法 (及交换两行的初等变换) 将方程组 $\boldsymbol{Ax}=\boldsymbol{b}$ 约化为方程组 (5.3).

以上消元和回代过程总的乘除法次数为 $\dfrac{n^3}{3}+n^2-\dfrac{n}{3}\approx\dfrac{n^3}{3}$, 加减法次数为

$$\frac{n^3}{3}+\frac{n^2}{2}-\frac{5}{6}n\approx\frac{n^3}{3}$$

高斯消元法在消元过程中若出现主元素 (或称主元) 为零, 则消元会失败.

由此, 需要对前述中的算法进行修改, 首先研究原来矩阵 $\boldsymbol{A}$ 在什么条件下才能保证 $a_{kk}^{(k)}\neq 0\ (k=1,2,\cdots,n)$. 下面的定理给出了这个条件.

**定理 5.2**　约化的主元素 $a_{ii}^{(i)}\neq 0\ (i=1,2,\cdots k)$ 的充要条件是矩阵 $\boldsymbol{A}$ 的顺序主子式 $D\neq 0\ (i=1,2,\cdots,k)$, 即

$$D_1=a_{11}\neq 0,\quad D_i=\begin{vmatrix} a_{11} & \cdots & a_{1i} \\ \vdots & & \vdots \\ a_{i1} & \cdots & a_{ii} \end{vmatrix}\neq 0\quad (i=1,2,\cdots,k) \tag{5.4}$$

**证明**　首先利用归纳法证明定理 5.2 的充分性. 显然, 当 $k=1$ 时, 定理 5.2 成立, 先设定理 5.2 充分性对 $k-1$ 是成立的, 求证定理 5.2 充分性对 $k$ 亦成立. 设 $D_i\neq 0\ (i=1,2,\cdots,k)$, 于是由归纳法假设有 $a_{ii}^{(i)}\neq 0\ (i=1,2,\cdots k-1)$, 可用高斯消去法将 $\boldsymbol{A}^{(1)}$ 约化为 $\boldsymbol{A}^{(k)}$, 即

$$
\boldsymbol{A}^{(1)} \to \boldsymbol{A}^{(k)} = \begin{pmatrix} a_{11}^{(1)} & a_{12}^{(1)} & \cdots & a_{1k}^{(1)} & \cdots & a_{1n}^{(1)} \\ & a_{22}^{(2)} & \cdots & a_{2k}^{(2)} & \cdots & a_{2n}^{(2)} \\ & & \ddots & \vdots & & \vdots \\ & & & a_{kk}^{(k)} & \cdots & a_{kn}^{(k)} \\ & & & \vdots & & \vdots \\ & & & a_{nk}^{(k)} & \cdots & a_{nn}^{(k)} \end{pmatrix}
$$

且有

$$
\begin{cases} D_2 = \begin{vmatrix} a_{11}^{(1)} & a_{12}^{(1)} \\ 0 & a_{22}^{(2)} \end{vmatrix} = a_{11}^{(1)} a_{22}^{(2)} \\ \qquad\qquad \vdots \\ D_k = \begin{vmatrix} a_{11}^{(1)} & \cdots & a_{1k}^{(1)} \\ & \ddots & \vdots \\ & & a_{kk}^{(k)} \end{vmatrix} = a_{11}^{(1)} a_{22}^{(2)} \cdots a_{kk}^{(k)} \end{cases} \tag{5.5}
$$

由设 $D_i \neq 0\ (i = 1, 2, \cdots k)$, 利用式 (5.5), 则有 $a_{kk}^{(k)} \neq 0$, 定理 5.2 充分性对 $k$ 亦成立.

显然, 由假设 $a_{ii}^{(i)} \neq 0\ (i = 1, 2, \cdots, k)$, 利用式 (5.5) 亦可推出 $D_i \neq 0\ (i = 1, 2, \cdots, k)$, 从而必要性也成立.

**推论 5.1**　如果 $\boldsymbol{A}$ 的顺序主子式 $D_k \neq 0\ (k = 1, 2, \cdots, n-1)$, 则

$$
\begin{cases} a_{11}^{(1)} = D_1 \\ a_{kk}^{(k)} = D_k / D_{k-1} \quad (k = 2, 3, \cdots, n) \end{cases}
$$

高斯消去法的算法描述:

在这个过程中假设消元过程第 $k$ 步使 $a_{ij}^{(k)}$ 变为 $a_{ij}^{(k+1)}$ 和 $b_i^{(k)}$ 变为 $b_i^{(k+1)}$ 后, 仍存放在系数矩阵 $\boldsymbol{A}$ 和常数向量 $\boldsymbol{b}$ 的存储单元中, 分以下步骤.

**步骤 1**　输入 $\boldsymbol{A}, \boldsymbol{b}, n, eps$

**步骤 2**　(消元过程) 对 $k = 1, 2, \cdots, n-1$

**步骤 2.1**　若 $|a_{kk}| < eps$

**步骤 2.1.1**　打印 "$|a_{kk}| < eps$, 算法失败", 停止

**步骤 2.2**　对 $i = k+1, \cdots, n$

**步骤 2.2.1**　$l_{ik} = a_{ik} / a_{kk}$

**步骤 2.2.2**　$b_i \leftarrow b_i - l_{ik} b_k$

**步骤 2.2.3**　对 $j = k+1, \cdots, n$

**步骤 2.2.3.1**　$a_{ij} \leftarrow a_{ij} - l_{ik} a_{kj}$

**步骤 3**　(回代过程)

**步骤 3.1**　$x_n \leftarrow b_n / a_{nn}$

**步骤 3.2**　对 $i = n-1, \cdots, 1$

**步骤 3.2.1**　$x_i \leftarrow \left( b_i - \sum\limits_{j=i+1}^{n} a_{ij} x_j \right) \Big/ a_{ii}$

**步骤 4**　输出 $x$

### 5.1.2　列主元高斯消去法

在消元过程中出现的元素 $a_{kk}^{(k-1)}$ 起着重要的作用, 称为**主元素**, 简称**主元**. 从上述高斯消去法的消元过程可以看到, 在第 $k$ 步中一定要有 $a_{kk}^{(k-1)} \neq 0$, 否则消元法无法进行下去. 有时虽然 $a_{kk}^{(k-1)} \neq 0$, 但是 $|a_{kk}^{(k-1)}|$ 很小, 高斯消去法虽然可以顺利进行下去, 却会使计算过程中舍入误差增长过大, 以致结果不可靠.

**例 5.1**　用三位十进制漂浮点运算求解

$$\begin{cases} 1.00 \times 10^{-5} x_1 + 1.00 x_2 = 1.00 \\ 1.00 x_1 \qquad\qquad + 1.00 x_2 = 2.00 \end{cases} \tag{5.6}$$

**解**　这个方程组的准确解显然应接近 $(1.00, 1.00)^{\mathrm{T}}$. 但是系数 $a_{11} = 1.00 \times 10^{-5}$ 与其他系数相比是个小数, 若我们用顺序的高斯消去法求解, 则有

$$\begin{aligned} & l_{21} = a_{21}/a_{11} = 1.00 \times 10^5 \\ & a_{22}^{(1)} = a_{22} - l_{21} a_{12} = 1.00 - 1.00 \times 10^5 \\ & b_2^{(1)} = b_2 - l_{21} b_1 = 2.00 - 1.00 \times 10^5 \end{aligned}$$

在三位十进制运算的限制下, 得到

$$x_2 = b_2^{(1)} / a_{22}^{(1)} = 1.00$$

代回第一个方程得 $x_1 = 0$, 这显然不是正确的解. 产生这种现象的原因是用很小的数 $a_{11}$ 作除数, 使 $l_{21}$ 是个很大的数, 在 $a_{22}^{(1)}$ 计算中 $a_{22}$ 的值完全被掩盖了.

为了克服这个困难, 我们可以先将式 (5.6) 中两个方程交换位置, 即

$$\begin{cases} 1.00 x_1 \qquad\qquad + 1.00 x_2 = 2.00 \\ 1.00 \times 10^{-5} x_1 + 1.00 x_2 = 1.00 \end{cases}$$

再用高斯消去法, 可得 $x_1 = 1.00$, $x_2 = 1.00$, 这是方程的真解.

其实, 例 5.1 中后一种解法选用的是列主元消去法, 所谓列主元消去法就是在系数矩阵中按列选取绝对值最大的元素作为主元数, 交换它所在的行和原主元素所在行的位置, 再按高斯消去法的过程进行消元的方法.

**例 5.2**　用列主元消去法解线性方程组 $\begin{pmatrix} 3 & 1 & 6 \\ 2 & 1 & 3 \\ 1 & 1 & 1 \end{pmatrix} \begin{pmatrix} x_1 \\ x_2 \\ x_3 \end{pmatrix} = \begin{pmatrix} 2 \\ 7 \\ 4 \end{pmatrix}$.

**解**　用小圆圈标出每步选出的主元素, 用箭头表示消元的过程, 于是有如下消去过程

$$\left(\begin{array}{ccc|c} \textcircled{3} & 1 & 6 & 2 \\ 2 & 1 & 3 & 7 \\ 1 & 1 & 1 & 4 \end{array}\right) \to \begin{array}{c} \\ l_{21} \\ l_{31} \end{array} \left(\begin{array}{c:cc|c} 3 & 1 & 6 & 2 \\ \hdashline \frac{2}{3} & \frac{1}{3} & -1 & \frac{17}{3} \\ \textcircled{\frac{1}{3}} & \frac{2}{3} & -1 & \frac{10}{3} \end{array}\right) \to \left(\begin{array}{c:c:c|c} 3 & 1 & 6 & 2 \\ \hdashline \frac{1}{3} & \frac{2}{3} & -1 & \frac{10}{3} \\ \hdashline \frac{2}{3} & \frac{1}{2} & -\frac{1}{2} & 4 \end{array}\right) \tag{5.7}$$

消元后, 对应的上三角形方程组为

$$\begin{pmatrix} 3 & 1 & 6 \\ 0 & \frac{2}{3} & -1 \\ 0 & 0 & -\frac{1}{2} \end{pmatrix}\begin{pmatrix} x_1 \\ x_2 \\ x_3 \end{pmatrix}=\begin{pmatrix} 2 \\ \frac{10}{3} \\ 4 \end{pmatrix}$$

解得 $x_1=19, x_2=-7, x_3=-8.$

说明: 式 (5.7) 中第 2 个矩阵第 1 列虚线下的元素分别是 $l_{21}$ 和 $l_{31}$, 2、3 两行其他元素是由 $r_k-r_1l_{k1}(k=2,3)$ 计算得到; 第 3 个矩阵第 2 列第 3 行虚线下元素为 $l_{32}$, 第 3 行其他元素由 $r_3-r_2l_{32}$ 计算得到. 这样的表示方法在后文中也会用到.

由上述消元过程可以看到只要线性方程组 (5.1) 中 $\det(\boldsymbol{A})\neq 0$, 列主元法的消元过程就可以进行到底, 这个条件比用顺序高斯消去法进行到底的条件要弱.

对于列主元法的消元, 有以下定理.

**定理 5.3** (列主元素的三角分解定理)　若 $\boldsymbol{A}$ 为非奇异矩阵, 则存在排列矩阵 $\boldsymbol{P}$ 使

$$\boldsymbol{PA}=\boldsymbol{LU}$$

其中, $\boldsymbol{L}$ 为单位下三角矩阵, $\boldsymbol{U}$ 为上三角矩阵.

在编程实现过程中, $\boldsymbol{L}$ 元素存放在数组 $\boldsymbol{A}$ 的下三角部分, $\boldsymbol{U}$ 元素存放在 $\boldsymbol{A}$ 上三角部分, 由记录主行的整型数组 $Ip(n)$ 可知 $\boldsymbol{P}$ 的情况.

列主元高斯消元法的算法描述如下.

列主元高斯消元法只需在高斯消元法的每一次消元过程前插入搜索最大主元, 然后将它所在的行和原主元素所在行交换就可以了. 把这个过程单独给出如下.

**算法 (列主元素消去法)**　设 $\boldsymbol{Ax}=\boldsymbol{b}$. 本算法用 $\boldsymbol{A}$ 的具有行交换的列主元素消去法, 消元结果冲掉 $\boldsymbol{A}$, 乘数 $m_{ij}$ 冲掉 $a_{ij}$, 计算解 $\boldsymbol{x}$ 冲掉常数项 $\boldsymbol{b}$, 行列式存放在 det 中.

**步骤 1**　$\det \leftarrow 1$

**步骤 2**　对于 $k=1,2,\cdots,n-1$

**步骤 2.1**　按列选主元

$$|a_{ik},k|=\max_{k\leqslant i\leqslant n}|a_{ik}|$$

**步骤 2.2**　如果 $a_{ik}=0$, 则计算停止 ($\det(\boldsymbol{A})=0$)

**步骤 2.3**　如果 $i_k=k$ 则转 (4)

换行: $a_{kj}\leftrightarrow a_{i_k,j}(j=k,k+1,\cdots,n)$

$b_k\leftrightarrow b_{i_k}$

$\det\leftarrow -\det$

**步骤 2.4**　消元计算

对于 $i=k+1,\cdots,n$

**步骤 2.4.1**　$a_{ik}\leftarrow m_{ik}=a_{ik}/a_{kk}$

**步骤 2.4.2**　对于 $j=k+1,\cdots,n$

$a_{ij} \leftarrow a_{ij} - m_{ik} * a_{kj}$

**步骤 2.4.3**　$b_i \leftarrow b_i - m_{ik} * b_k$

**步骤 2.5**　$\det \leftarrow a_{kk} * \det$

**步骤 3**　如果 $a_{nn} = 0$, 则计算停止 $(\det(\boldsymbol{A}) = 0)$

**步骤 4**　回代求解

**步骤 4.1**　$b_n \leftarrow b_n / a_{nn}$

**步骤 4.2**　对于 $i = n-1, \cdots, 2, 1$

$$b_i \leftarrow \left(b_i - \sum_{j=i+1}^{n} a_{ij} * b_j\right) \Big/ a_{ii}$$

**步骤 5**　$\det \leftarrow a_{nn} * \det$

## 5.2　矩阵三角分解

### 5.2.1　*LU* 分解

由线性代数知识我们知道, 用高斯消去法解线性方程组的实质就是对线性方程组的增广矩阵作初等行变换 —— 将某行的倍数加到另一行上. 而对矩阵作初等行变换就相当于将矩阵左乘一个相应的初等矩阵, 用这样的方法可将矩阵分解成为上三角矩阵和下三角矩阵的乘积. 以三阶矩阵 $\boldsymbol{A}$ 为例, 先用高斯消去法的消元过程将 $\boldsymbol{A}$ 化为三角形矩阵

$$\boldsymbol{A} = \begin{pmatrix} a_{11} & a_{12} & a_{13} \\ a_{21} & a_{22} & a_{23} \\ a_{31} & a_{32} & a_{33} \end{pmatrix} \xrightarrow[r_3 - l_{31} r_1]{r_2 - l_{21} r_1} \begin{pmatrix} a_{11} & a_{12} & a_{13} \\ 0 & a_{22}^{(1)} & a_{23}^{(1)} \\ 0 & a_{32}^{(1)} & a_{33}^{(1)} \end{pmatrix}$$

$$\xrightarrow{r_3 - l_{32} r_2} \begin{pmatrix} a_{11} & a_{12} & a_{13} \\ 0 & a_{22}^{(1)} & a_{23}^{(1)} \\ 0 & 0 & a_{33}^{(2)} \end{pmatrix} = \boldsymbol{U} \tag{5.8}$$

其中，三次行初等变换分别对应的三个初等矩阵分别为

$$\begin{pmatrix} 1 & 0 & 0 \\ 0 & 1 & 0 \\ 0 & 0 & 1 \end{pmatrix} \xrightarrow{r_2 - l_{21} r_1} \begin{pmatrix} 1 & 0 & 0 \\ -l_{21} & 1 & 0 \\ 0 & 0 & 1 \end{pmatrix} = \boldsymbol{K}_1, \quad \boldsymbol{K}_1^{-1} = \begin{pmatrix} 1 & 0 & 0 \\ l_{21} & 1 & 0 \\ 0 & 0 & 1 \end{pmatrix}$$

$$\begin{pmatrix} 1 & 0 & 0 \\ 0 & 1 & 0 \\ 0 & 0 & 1 \end{pmatrix} \xrightarrow{r_3 - l_{31} r_1} \begin{pmatrix} 1 & 0 & 0 \\ 0 & 1 & 0 \\ -l_{31} & 0 & 1 \end{pmatrix} = \boldsymbol{K}_2, \quad \boldsymbol{K}_2^{-1} = \begin{pmatrix} 1 & 0 & 0 \\ 0 & 1 & 0 \\ l_{31} & 0 & 1 \end{pmatrix}$$

$$\begin{pmatrix} 1 & 0 & 0 \\ 0 & 1 & 0 \\ 0 & 0 & 1 \end{pmatrix} \xrightarrow{r_3 - l_{32} r_2} \begin{pmatrix} 1 & 0 & 0 \\ 0 & 1 & 0 \\ 0 & -l_{32} & 1 \end{pmatrix} = \boldsymbol{K}_3, \quad \boldsymbol{K}_3^{-1} = \begin{pmatrix} 1 & 0 & 0 \\ 0 & 1 & 0 \\ 0 & l_{32} & 1 \end{pmatrix}$$

则式 (5.8) 的变换过程可以写为 $\boldsymbol{K}_3\boldsymbol{K}_2\boldsymbol{K}_1\boldsymbol{A}=\boldsymbol{U}$, 即 $\boldsymbol{A}=\boldsymbol{K}_1^{-1}\boldsymbol{K}_2^{-1}\boldsymbol{K}_3^{-1}\boldsymbol{U}$. 令

$$\boldsymbol{L}=\boldsymbol{K}_1^{-1}\boldsymbol{K}_2^{-1}\boldsymbol{K}_3^{-1}=\begin{pmatrix}1&0&0\\l_{21}&1&0\\0&0&1\end{pmatrix}\begin{pmatrix}1&0&0\\0&1&0\\l_{31}&0&1\end{pmatrix}\begin{pmatrix}1&0&0\\0&1&0\\0&l_{32}&1\end{pmatrix}=\begin{pmatrix}1&0&0\\l_{21}&1&0\\l_{31}&l_{32}&1\end{pmatrix}$$

即 $\boldsymbol{A}=\boldsymbol{LU}$, 其中 $\boldsymbol{L}$ 是单位下三角形矩阵, 其特点是对角线上元素全为 1, 对角线以上的元素全为零, $\boldsymbol{U}$ 上三角形矩阵. $\boldsymbol{A}$ 分解成为一个单位下三角形矩阵和一个上三角形矩阵的乘积.

对于一般的 $n$ 阶方阵, 只要在消元过程中不出现 $a_{kk}^{(k-1)}=0$, 则也可以按以上方法分解为一个单位下三角形矩阵和一个上三角形矩阵的乘积, 且这种分解是唯一的.

事实上, 设

$$\boldsymbol{A}=\boldsymbol{LU}=\boldsymbol{L}_1\boldsymbol{U}_1$$

其中, $\boldsymbol{L}$, $\boldsymbol{L}_1$ 是单位下三角形矩阵, $\boldsymbol{U}$, $\boldsymbol{U}_1$ 是上三角形矩阵, 由 $\boldsymbol{A}$ 是非奇异的得到

$$\boldsymbol{L}_1^{-1}\boldsymbol{L}=\boldsymbol{U}_1\boldsymbol{U}^{-1}$$

上式中左边是单位下三角形矩阵, 右边是三角形矩阵, 又必须相等, 故只能都是单位矩阵, 因此

$$\boldsymbol{L}_1=\boldsymbol{L},\quad \boldsymbol{U}_1=\boldsymbol{U}$$

以上分析简单证明了下列定理.

**定理 5.4**　设 $\boldsymbol{A}$ 为 $n$ 阶方阵, 若 $\boldsymbol{A}$ 的顺序主子式 $D_i\neq 0\ (i=1,2,\cdots,n-1)$, 则 $\boldsymbol{A}$ 可以分解为一个单位下三角矩阵 $\boldsymbol{L}$ 和一个上三角矩阵 $\boldsymbol{U}$ 的乘积, 且这种分解是唯一解. 即

$$\boldsymbol{A}=\boldsymbol{LU}$$

这种分解称为矩阵 $\boldsymbol{A}$ 的 $\boldsymbol{LU}$ 分解或三角分解.

必须指出的是, 对于 $\boldsymbol{A}$ 的 $\boldsymbol{LU}$ 分解, 对其中的 $\boldsymbol{L}$ 和 $\boldsymbol{U}$ 的元素做等价变换, 可以得到一些其他常用的分解形式, 如

$$\boldsymbol{A}=\begin{pmatrix}1&&&\\l_{21}&1&&\\\vdots&\vdots&\ddots&\\l_{n1}&l_{n2}&\cdots&1\end{pmatrix}\begin{pmatrix}u_{11}&u_{12}&\cdots&u_{1n}\\&u_{21}&\cdots&u_{2n}\\&&\ddots&\vdots\\&&&u_{nn}\end{pmatrix}\tag{5.9}$$

$$=\begin{pmatrix}1&&&\\l_{21}&1&&\\\vdots&\vdots&\ddots&\\l_{n1}&l_{n2}&\cdots&1\end{pmatrix}\begin{pmatrix}u_{11}&&&\\&u_{22}&&\\&&\ddots&\\&&&u_{nn}\end{pmatrix}\begin{pmatrix}1&\dfrac{u_{12}}{u_{11}}&\cdots&\dfrac{u_{1n}}{u_{11}}\\&1&\cdots&\dfrac{u_{2n}}{u_{22}}\\&&\ddots&\vdots\\&&&1\end{pmatrix}\tag{5.10}$$

$$
=\begin{pmatrix} u_{11} & & & \\ u_{11}l_{21} & u_{22} & & \\ \vdots & \vdots & \ddots & \\ u_{11}l_{n1} & u_{22}l_{n2} & \cdots & u_{nn} \end{pmatrix}\begin{pmatrix} 1 & \dfrac{u_{12}}{u_{11}} & \cdots & \dfrac{u_{1n}}{u_{11}} \\ & 1 & \cdots & \dfrac{u_{2n}}{u_{22}} \\ & & \ddots & \vdots \\ & & & 1 \end{pmatrix} \tag{5.11}
$$

式 (5.9) 称为 $\boldsymbol{A}$ 的杜利特尔 (Doolittle) 分解, 记为 $\boldsymbol{A}=\boldsymbol{LU}$, 其中 $\boldsymbol{L}$ 是单位下三角形矩阵, $\boldsymbol{U}$ 是上三角形矩阵; 式 (5.10) 称为 $\boldsymbol{A}$ 的 $\boldsymbol{LDU}$ 分解, 记为 $\boldsymbol{A}=\boldsymbol{LDU}$, 其中 $\boldsymbol{L}$ 是单位下三角形矩阵, $\boldsymbol{D}$ 是对角矩阵, $\boldsymbol{U}$ 是单位上三角形矩阵; 式 (5.11) 称为 $\boldsymbol{A}$ 的克劳特 (Crout) 分解, 记为 $\boldsymbol{A}=\tilde{\boldsymbol{L}}\tilde{\boldsymbol{U}}$, 其中 $\tilde{\boldsymbol{L}}$ 是下三角形矩阵, $\tilde{\boldsymbol{U}}$ 是单位上三角形矩阵. 并且由式 (5.9), 即 $\boldsymbol{A}$ 的 $\boldsymbol{LU}$ 分解是唯一的, 由式 (5.10)、式 (5.11) 的推导可知, $\boldsymbol{A}$ 的 $\boldsymbol{LDU}$ 分解和克劳特分解都是唯一的.

**例 5.3**　求三阶方阵 $\boldsymbol{A}=\begin{pmatrix} 2 & -3 & -2 \\ -1 & 2 & -2 \\ 3 & -1 & 4 \end{pmatrix}$ 的 $\boldsymbol{LU}$ 分解、$\boldsymbol{LDU}$ 分解和克劳特分解.

**解**　我们用行初等变换对 $\boldsymbol{A}$ 进行分解

$$
\boldsymbol{A}=\begin{pmatrix} 2 & -3 & -2 \\ -1 & 2 & -2 \\ 3 & -1 & 4 \end{pmatrix} \xrightarrow[r_3-\frac{3}{2}r_1]{r_2+\frac{1}{2}r_1} \begin{pmatrix} 2 & -3 & -2 \\ -0.5 & 0.5 & -3 \\ 1.5 & 3.5 & 7 \end{pmatrix} \xrightarrow{r_3-7r_2} \begin{pmatrix} 2 & -3 & -2 \\ -0.5 & 0.5 & -3 \\ 1.5 & 7 & 28 \end{pmatrix}
$$

因此,

$$
\boldsymbol{A}=\begin{pmatrix} 1 & & \\ -0.5 & 1 & \\ 1.5 & 7 & 1 \end{pmatrix}\begin{pmatrix} 2 & -3 & -2 \\ & 0.5 & -3 \\ & & 28 \end{pmatrix} \tag{5.12}
$$

$$
=\begin{pmatrix} 1 & & \\ -0.5 & 1 & \\ 1.5 & 7 & 1 \end{pmatrix}\begin{pmatrix} 2 & & \\ & 0.5 & \\ & & 28 \end{pmatrix}\begin{pmatrix} 1 & -1.5 & -1 \\ & 1 & -6 \\ & & 1 \end{pmatrix} \tag{5.13}
$$

$$
=\begin{pmatrix} 2 & & \\ -1 & 0.5 & \\ 3 & 3.5 & 28 \end{pmatrix}\begin{pmatrix} 1 & -1.5 & -1 \\ & 1 & -6 \\ & & 1 \end{pmatrix} \tag{5.14}
$$

式 (5.12)、式 (5.13)、式 (5.14) 分别为 $\boldsymbol{A}$ 的 $\boldsymbol{LU}$ 分解、$\boldsymbol{LDU}$ 分解和克劳特分解.

### 5.2.2　三对角方程组的追赶法

在许多关于线性方程组的实际问题中, 我们所遇到系数矩阵往往是**稀疏矩阵**. 所谓稀疏矩阵是指非零元素很少而零元素占绝大多数的矩阵. 而追赶法主要适用于稀疏矩阵

中的一种特殊矩阵——三对角阵, 一般形如

$$\boldsymbol{A}=\begin{pmatrix} b_1 & c_1 & & & \\ a_2 & b_2 & c_2 & & \\ & \ddots & \ddots & \ddots & \\ & & a_{n-1} & b_{n-1} & c_{n-1} \\ & & & a_n & b_n \end{pmatrix} \tag{5.15}$$

对 $\boldsymbol{A}$ 进行 $\boldsymbol{LU}$ 分解, 容易验证 $\boldsymbol{L}$ 和 $\boldsymbol{U}$ 有以下形式

$$\boldsymbol{L}=\begin{pmatrix} 1 & & & & \\ l_2 & 1 & & & \\ & l_1 & 1 & & \\ & & \ddots & \ddots & \\ & & & l_n & 1 \end{pmatrix},\quad \boldsymbol{U}=\begin{pmatrix} u_1 & c_1 & & & \\ & u_2 & c_2 & & \\ & & \ddots & \ddots & \\ & & & u_{n-1} & c_{n-1} \\ & & & & u_n \end{pmatrix} \tag{5.16}$$

利用式 (5.15)、式 (5.16) 和矩阵乘法的运算法则, 得

$$\begin{cases} u_1=b_1 \\ l_i=a_i/u_{i-1} & (i=2,3,\cdots,n) \\ u_i=b_i-l_ic_{i-1} & (i=2,3,\cdots,n) \end{cases} \tag{5.17}$$

这样求得 $\boldsymbol{L}$ 和 $\boldsymbol{U}$ 的所有元素. 解原方程组 $\boldsymbol{Ax}=\boldsymbol{d}$ 可分为两步求解 $\boldsymbol{Ly}=\boldsymbol{d}$ 和 $\boldsymbol{Ux}=\boldsymbol{y}$, 计算公式是

$$\begin{cases} y_1=d_1 \\ y_i=d_i-l_iy_{i-1} & (i=2,3,\cdots,n) \end{cases} \tag{5.18}$$

$$\begin{cases} x_n=y_n/u_n \\ x_i=(y_i-c_ix_{i+1})/u_i & (i=n-1,n-2,\cdots,1) \end{cases} \tag{5.19}$$

式 (5.17) ~ 式 (5.19) 的计算过程称为解三对角方程组的追赶法, 也称为托马斯 (Thomas) 算法. 显然, 追赶法实现的条件是 $u_i\neq 0,(i=1,2,\cdots,n)$. 下面定理 5.5 给出另外一个充分条件.

**定理 5.5** 形如式 (5.15) 的三对角矩阵 $\boldsymbol{A}$, 若

$$|b_1|\geqslant|c_1|,\quad |b_n|\geqslant|a_n|,\quad |b_i|\geqslant|a_i|+|c_i|,\quad a_ic_i\neq 0\quad (i=2,3,\cdots,n-1)$$

中至少有一个不等号严格成立, 则 $\boldsymbol{A}$ 的全部顺序主子式不为零.

**证明** 用归纳法证明. 当 $n=2$ 时, 定理 5.5 显然成立.

设定理 5.5 对 $k-1$ 阶方阵成立. 对于 $k$ 阶三对角阵 $\boldsymbol{A}$, 用 $\boldsymbol{A}_s$ 表示 $\boldsymbol{A}$ 的 $s$ 阶顺序主子矩阵, 当 $s\leqslant k-1$ 时, $\boldsymbol{A}_s$ 也是三对角矩阵, 且满足定理 5.2 的条件, 故由归纳假设 $\det(\boldsymbol{A}_s)\neq 0$, 下面只用证明 $\det(\boldsymbol{A})\neq 0$.

由 $|b_1| \geqslant |a_1| + |c_1|$, $a_1c_1 \neq 0$, 得 $b_1 \neq 0$, 把矩阵 $\boldsymbol{A}$ 的第一行的 $-a_2/b_1$ 倍加到第 2 行上, 得到矩阵 $\tilde{\boldsymbol{A}}$, 并将 $\tilde{\boldsymbol{A}}$ 分块, 即

$$\boldsymbol{A} \to \begin{pmatrix} b_1 & c_1 & & & \\ 0 & b_2 - a_2c_1/b_1 & c_2 & & \\ & \ddots & \ddots & \ddots & \\ & & a_{n-1} & b_{n-1} & c_{n-1} \\ & & & a_n & b_n \end{pmatrix} \triangleq \tilde{\boldsymbol{A}} \triangleq \begin{pmatrix} b_1 & \boldsymbol{C} \\ \boldsymbol{0} & \boldsymbol{B} \end{pmatrix}$$

其中

$$\boldsymbol{C} = \begin{pmatrix} c \\ 0 \\ \vdots \\ 0 \end{pmatrix}^{\mathrm{T}}, \quad \boldsymbol{B} = \begin{pmatrix} b_2 - a_2c_1/b_1 & c_2 & & \\ a_3 & b_3 & \ddots & \\ & \ddots & \ddots & c_{n-1} \\ & & a_n & b_n \end{pmatrix}$$

由于

$$|b_2 - a_2c_1/b_1| \geqslant |b_2| - |a_2||c_1|/|b_1| \geqslant |b_2| - |a_2| \geqslant |c_2|$$

所以三对角阵 $\boldsymbol{B}$ 满足定理 5.5 的条件, 又由归纳假设 $\det(\boldsymbol{B}) \neq 0$, 故

$$\det(\boldsymbol{A}) = b_1 \det(\boldsymbol{B}) \neq 0$$

这就证明定理 5.5.

**例 5.4** 用追赶法求解三对角方程组 $\begin{cases} 4x_1 - x_2 = 2 \\ -x_1 + 4x_2 - x_3 = 4 \\ -x_2 + 4x_3 = 10 \end{cases}$

**解** $\boldsymbol{A} = \begin{pmatrix} 4 & -1 & \\ -1 & 4 & -1 \\ & -1 & 4 \end{pmatrix}, \boldsymbol{d} = \begin{pmatrix} 2 \\ 4 \\ 10 \end{pmatrix}$ 由式 (5.17) 和式 (5.18), 得

$$u_1 = b_1 = 4, \quad y_1 = d_1 = 2$$

$$l_2 = \frac{a_2}{u_1} = -\frac{1}{4}, \quad u_2 = b_2 - l_2c_1 = \frac{15}{4}, \quad y_2 = d_2 - l_2y_1 = \frac{9}{2}$$
$$l_3 = \frac{a_3}{u_2} = -\frac{4}{15}, \quad u_3 = b_3 - l_3c_2 = \frac{56}{15}, \quad y_3 = d_3 - l_3y_2 = \frac{56}{5}$$

再由式 (5.19) 得方程组解

$$x_3 = \frac{y_3}{u_3} = 3, \quad x_2 = \frac{y_2 - c_2x_3}{u_2} = 2, \quad x_1 = \frac{y_1 - c_1x_2}{u_2} = 1$$

### 5.2.3 平方根法

对于系数矩阵是对称正定的线性方程组 $\boldsymbol{Ax}=\boldsymbol{b}$, 可以用所谓的平方根法求解. 我们先了解正定矩阵的一些特殊性质.

**定理 5.6** 设 $\boldsymbol{A}$ 是对称正定矩阵, 则存在唯一的单位下三角方阵 $\boldsymbol{L}$ 和主对角元素都大于零的对角矩阵 $\boldsymbol{D}$, 使

$$\boldsymbol{A}=\boldsymbol{LDL}^{\mathrm{T}}$$

**证明** 设 $\boldsymbol{A}$ 的 $\boldsymbol{LDU}$ 解为

$$\boldsymbol{A}=\boldsymbol{LDU}$$

其中, $\boldsymbol{L}$ 是单位下三角方阵, $\boldsymbol{U}$ 是单位上三角方阵, $\boldsymbol{D}$ 是对角矩阵, 于是 $\boldsymbol{A}=\boldsymbol{U}^{\mathrm{T}}\boldsymbol{DL}^{\mathrm{T}}$. 由于 $\boldsymbol{A}=\boldsymbol{A}^{\mathrm{T}}$, 而 $\boldsymbol{LDU}$ 分解是唯一的, 故

$$\boldsymbol{L}=\boldsymbol{U}^{\mathrm{T}},\quad \boldsymbol{U}=\boldsymbol{L}^{\mathrm{T}}\quad \text{即}\quad \boldsymbol{A}=\boldsymbol{LDL}^{\mathrm{T}}$$

另一方面由线性代数知识知, $\boldsymbol{A}$ 的各阶顺序主子式的值与 $\boldsymbol{D}$ 的各阶顺序主子式的值对应相等. 即 $\boldsymbol{D}$ 正定, $\boldsymbol{D}$ 对角线上元素均大于零.

由定理 5.6, 可得到下列定理.

**定理 5.7** 设 $\boldsymbol{A}$ 是对称正定矩阵, 则存在唯一的下三角阵 $\boldsymbol{L}$, 使

$$\boldsymbol{A}=\boldsymbol{LL}^{\mathrm{T}} \tag{5.20}$$

式 (5.20) 称为 $\boldsymbol{A}$ 的楚列斯基 (Cholesky) 分解, 利用 $\boldsymbol{A}$ 的楚列斯基分解来求解 $\boldsymbol{Ax}=\boldsymbol{b}$ 的方法称为平方根法.

现在设

$$\boldsymbol{A}=\begin{pmatrix} a_{11} & a_{12} & \cdots & a_{1n} \\ a_{21} & a_{22} & \cdots & a_{2n} \\ \vdots & \vdots & & \vdots \\ a_{n1} & a_{n2} & \cdots & a_{nn} \end{pmatrix},\quad \boldsymbol{L}=\begin{pmatrix} l_{11} & & & \\ l_{21} & l_{22} & & \\ \vdots & \vdots & & \\ l_{n1} & l_{n2} & \cdots & l_{nn} \end{pmatrix}$$

由 $\boldsymbol{A}=\boldsymbol{LL}^{\mathrm{T}}$ 和矩阵乘法计算的计算法则, 可得

$$a_{ij}=\sum_{k=1}^{j} l_{ik}l_{jk}\quad (i\geqslant j)$$

而平方根法实际计算步骤是逐步计算 $\boldsymbol{L}$ 的元素, 设第 1 列至 $j-1$ 列已经计算好, 则有

$$l_{jj}=\left(a_{jj}-\sum_{k=1}^{j-1} l_{jk}^2\right)^{\frac{1}{2}} \tag{5.21}$$

$$l_{ij}=\left(a_{ij}-\sum_{k=1}^{j-1} l_{ik}l_{jk}\right)\Big/ l_{jj}\quad (i=j+1,\cdots,n) \tag{5.22}$$

这样逐行算出 $\boldsymbol{L}$ 的元素，再求解下三角方程组 $\boldsymbol{Ly}=\boldsymbol{b}$ 和上三角方程组 $\boldsymbol{L}^{\mathrm{T}}\boldsymbol{x}=\boldsymbol{y}$.

**例 5.5**　用平方根法求解

$$\begin{cases}4x_1-\quad x_2+\quad x_3=6\\-x_1+4.25x_2+2.75x_3=-0.5\\x_1+2.75x_2+\ 3.5x_3=1.25\end{cases}$$

**解**　不难验证系数矩阵是对称正定的，按照式 (5.21) 和式 (5.22)，依次按列计算 $l_{11}$, $l_{21}, l_{31}, l_{22}, l_{23}, l_{33}$，结果写成

$$\boldsymbol{L}=\begin{pmatrix}2&&\\-0.5&2&\\0.5&1.5&1\end{pmatrix}$$

因 $\boldsymbol{Ly}=(6,-0.5,1.25)^{\mathrm{T}}$，得 $\boldsymbol{y}=(3,0.5,-1)^{\mathrm{T}}$.

又 $\boldsymbol{L}^{\mathrm{T}}\boldsymbol{x}=\boldsymbol{y}$，得 $\boldsymbol{x}=(2,-1,-1)^{\mathrm{T}}$.

## 5.3　病态方程组与矩阵条件数

### 5.3.1　病态现象

理论上，直接法本身无误差问题. 但实际上，由于原始数据的偏差或计算过程中舍入误差的影响也会使方程的解产生误差，本节研究的是 $\boldsymbol{A},\boldsymbol{b}$ 的扰动对方程组 $\boldsymbol{Ax}=\boldsymbol{b}$ 解的影响的误差分析.

考虑二阶线性方程组 $\boldsymbol{Ax}=\boldsymbol{b}$

$$\begin{pmatrix}7&10\\5&7\end{pmatrix}\begin{pmatrix}x_1\\x_2\end{pmatrix}=\begin{pmatrix}1\\0.7\end{pmatrix}$$

其准确解为 $\boldsymbol{x}^*=(0,0.1)^{\mathrm{T}}$. 假如右端向量有微小的变化 $\delta\,\boldsymbol{b}=(0.01,-0.01)^{\mathrm{T}}$，矩阵 $\boldsymbol{A}$ 不变化，则扰动方程组 $\boldsymbol{Ax}=\boldsymbol{b}+\delta\boldsymbol{b}$ 为

$$\begin{pmatrix}7&10\\5&7\end{pmatrix}\begin{pmatrix}x_1\\x_2\end{pmatrix}=\begin{pmatrix}1.01\\0.69\end{pmatrix}$$

其准确解为 $\tilde{\boldsymbol{x}}=(-0.17,0.22)^{\mathrm{T}}$.

这时，$\delta\boldsymbol{x}=\tilde{\boldsymbol{x}}-\boldsymbol{x}^*=(-0.17,-0.12)^{\mathrm{T}}$. 如果选用向量无穷范数作为度量向量大小的尺度，那么

$$\|\tilde{\boldsymbol{x}}-\boldsymbol{x}^*\|_\infty=0.17,\|\tilde{\boldsymbol{x}}-\boldsymbol{x}^*\|_\infty/\|\boldsymbol{x}^*\|_\infty=1.7$$

这说明解的相对误差是右端向量的相对误差 $\|\delta\boldsymbol{b}\|_\infty/\|\boldsymbol{b}\|_\infty=0.01$ 的 170 倍.

像这种当系数矩阵 $\boldsymbol{A}$ 或常数向量 $\boldsymbol{b}$ 的微小变化时，引起方程组的解发生很大变化的方程组称为**病态方程组**，对应的矩阵称为**病态矩阵**；在相反情况下的方程组称为**良态方程组**，对应矩阵称为**良态矩阵**.

### 5.3.2　线性方程组的误差分析

考虑方程组

$$\boldsymbol{Ax}=\boldsymbol{b}\quad (\boldsymbol{A}\in\mathbf{R}^{n\times n}\ 非奇异,\ \boldsymbol{b}\in\mathbf{R}^{n}\ 且\ \boldsymbol{b}\neq 0) \tag{5.23}$$

设 $\boldsymbol{A}$ 有误差 $\delta\boldsymbol{A}$, $\boldsymbol{b}$ 有误差 $\delta\boldsymbol{b}$, 引起的方程组的解 $\boldsymbol{x}$ 有误差 $\delta\boldsymbol{x}$, 即有方程组

$$(\boldsymbol{A}+\delta\boldsymbol{A})(\boldsymbol{x}+\delta\boldsymbol{x})=\boldsymbol{b}+\delta\boldsymbol{b} \tag{5.24}$$

现在来研究 $\delta\boldsymbol{A}$ 和 $\delta\boldsymbol{b}$ 对 $\delta\boldsymbol{x}$ 的影响.

**定理 5.8**　设方程组 (5.23) 中 $\boldsymbol{A}$, $\boldsymbol{b}$ 分别有扰动 $\delta\boldsymbol{A}$, $\delta\boldsymbol{b}$, 且 $\|\boldsymbol{A}^{-1}\|\|\delta\boldsymbol{A}\|<1$, 则有误差估计式

$$\frac{\|\delta\boldsymbol{x}\|}{\|\boldsymbol{x}\|}\leqslant\frac{\|\boldsymbol{A}^{-1}\|\|\boldsymbol{A}\|}{1-\|\boldsymbol{A}^{-1}\|\|\delta\boldsymbol{A}\|}\left(\frac{\|\delta\boldsymbol{A}\|}{\|\boldsymbol{A}\|}+\frac{\|\delta\boldsymbol{b}\|}{\|\boldsymbol{b}\|}\right) \tag{5.25}$$

**证明**　在方程组 (5.24) 中消去 $\boldsymbol{Ax}=\boldsymbol{b}$, 有

$$\boldsymbol{A}\delta\boldsymbol{x}+\delta\boldsymbol{A}\boldsymbol{x}+\delta\boldsymbol{A}\delta\boldsymbol{x}=\delta\boldsymbol{b}$$

或

$$\delta\boldsymbol{x}=\boldsymbol{A}^{-1}\delta\boldsymbol{b}-\boldsymbol{A}^{-1}(\delta\boldsymbol{A})\boldsymbol{x}-\boldsymbol{A}^{-1}(\delta\boldsymbol{A})(\delta\boldsymbol{x})$$

两边取范数, 有

$$\|\delta\boldsymbol{x}\|\leqslant\|\boldsymbol{A}^{-1}\|\|\delta\boldsymbol{b}\|+\|\boldsymbol{A}^{-1}\|\|\delta\boldsymbol{A}\|\|\boldsymbol{x}\|+\|\boldsymbol{A}^{-1}\|\|\delta\boldsymbol{A}\|\|\delta\boldsymbol{x}\|$$

整理, 得

$$\|\delta\boldsymbol{x}\|-\|\boldsymbol{A}^{-1}\|\|\delta\boldsymbol{A}\|\|\delta\boldsymbol{x}\|\leqslant\|\boldsymbol{A}^{-1}\|\|\delta\boldsymbol{b}\|+\|\boldsymbol{A}^{-1}\|\|\delta\boldsymbol{A}\|\|\boldsymbol{x}\|$$

$$(1-\|\boldsymbol{A}^{-1}\|\|\delta\boldsymbol{A}\|)\|\delta\boldsymbol{x}\|\leqslant\|\boldsymbol{A}^{-1}\|(\|\delta\boldsymbol{A}\|\|\boldsymbol{x}\|+\|\delta\boldsymbol{b}\|)$$

注意到 $\|\boldsymbol{A}^{-1}\|\|\delta\boldsymbol{A}\|<1$, $1-\|\boldsymbol{A}^{-1}\|\|\delta\boldsymbol{A}\|>0$, 故

$$\|\delta\boldsymbol{x}\|\leqslant\frac{\|\boldsymbol{A}^{-1}\|}{1-\|\boldsymbol{A}^{-1}\|\|\delta\boldsymbol{A}\|}(\|\delta\boldsymbol{A}\|\|\boldsymbol{x}\|+\|\delta\boldsymbol{b}\|)$$

又注意到由 $\boldsymbol{Ax}=\boldsymbol{b}$ 有 $\|\boldsymbol{A}\|\|\boldsymbol{x}\|\geqslant\|\boldsymbol{b}\|$, 从而 $\dfrac{1}{\|\boldsymbol{x}\|}\leqslant\dfrac{\|\boldsymbol{A}\|}{\|\boldsymbol{b}\|}$, 故上述不等式左边乘以 $\dfrac{1}{\|\boldsymbol{x}\|}$, 右边圆括号第 1 项乘以 $\dfrac{1}{\|\boldsymbol{x}\|}$, 第 2 项乘以 $\dfrac{\|\boldsymbol{A}\|}{\|\boldsymbol{b}\|}$, 并从括号中提取 $\|\boldsymbol{A}\|$, 则得式 (5.25).

定理的结果实际包含两种特殊形式:

(1) $\boldsymbol{A}$ 精确, 即 $\delta\boldsymbol{A}=\boldsymbol{0}$, $\boldsymbol{b}$ 有扰动 $\delta\boldsymbol{b}$, 这时误差估计式 (5.25) 为

$$\frac{\|\delta\boldsymbol{x}\|}{\|\boldsymbol{x}\|}\leqslant\|\boldsymbol{A}^{-1}\|\|\boldsymbol{A}\|\frac{\|\delta\boldsymbol{b}\|}{\|\boldsymbol{b}\|} \tag{5.26}$$

(2) $\boldsymbol{A}$ 有扰动 $\delta\boldsymbol{A}$, $\boldsymbol{b}$ 精确, 即 $\delta\boldsymbol{b}=\boldsymbol{0}$, 这时误差估计式 (5.25) 为

$$\frac{\|\delta\boldsymbol{x}\|}{\|\boldsymbol{x}\|}\leqslant\frac{\|\boldsymbol{A}^{-1}\|\|\boldsymbol{A}\|}{1-\|\boldsymbol{A}^{-1}\|\|\delta\boldsymbol{A}\|}\frac{\|\delta\boldsymbol{A}\|}{\|\boldsymbol{A}\|}$$

当 $\|\boldsymbol{A}^{-1}\|\|\delta\boldsymbol{A}\|$ 比较小时, 近似地有

$$\frac{\|\delta\boldsymbol{x}\|}{\|\boldsymbol{x}\|}\leqslant\|\boldsymbol{A}^{-1}\|\|\boldsymbol{A}\|\frac{\|\delta\boldsymbol{A}\|}{\|\boldsymbol{A}\|} \tag{5.27}$$

### 5.3.3 条件数

**定义 5.1** 设 $\boldsymbol{A}$ 为非奇异方阵, 称数 $\|\boldsymbol{A}^{-1}\|\|\boldsymbol{A}\|$ 为方阵 $\boldsymbol{A}$ 的条件数, 记为 $\mathrm{cond}(\boldsymbol{A})$, 即

$$\mathrm{cond}(\boldsymbol{A}) = \|\boldsymbol{A}^{-1}\|\|\boldsymbol{A}\|$$

由估计式 (5.26) 和式 (5.27) 可以看出, 当系数矩阵 $\boldsymbol{A}$ 和常数项 $\boldsymbol{b}$ 有扰动时, 所引起的方程组解的相对误差上界和 $\boldsymbol{A}$ 的条件数 $\mathrm{cond}(\boldsymbol{A})$ 息息相关. 当 $\mathrm{cond}(\boldsymbol{A})$ 很大时, $\boldsymbol{A}$, $\boldsymbol{b}$ 的扰动引起方程组解的误差就有可能很大, 这时对应的方程组 $\boldsymbol{Ax} = \boldsymbol{b}$ 为病态方程组. 所以 $\mathrm{cond}(\boldsymbol{A})$ 实际上反映了方程组解对于原始数据变化的灵敏程度. 三种常见的矩阵范数推导出三种我们通常使用的条件数, 分别是 $\mathrm{cond}(\boldsymbol{A})_1$, $\mathrm{cond}(\boldsymbol{A})_2$, $\mathrm{cond}(\boldsymbol{A})_\infty$.

条件数有如下简单性质.

(1) $\mathrm{cond}(\boldsymbol{A}) = \mathrm{cond}(\boldsymbol{A}^{-1}) \geqslant 1$;

(2) $\mathrm{cond}(k\boldsymbol{A}) = \mathrm{cond}(\boldsymbol{A})$ $(\forall k \in \boldsymbol{R}, k \neq 0)$;

(3) 对于 $\boldsymbol{A}$ 的谱条件数, 有

$$\mathrm{cond}(\boldsymbol{A})_2 = \sqrt{\frac{\lambda_{\max}(\boldsymbol{A}^{\mathrm{T}}\boldsymbol{A})}{\lambda_{\min}(\boldsymbol{A}^{\mathrm{T}}\boldsymbol{A})}}$$

特别的, 当 $\boldsymbol{A}$ 为对称矩阵时

$$\mathrm{cond}(\boldsymbol{A})_2 = \frac{\lambda_{\max}}{\lambda_{\min}}$$

其中, $\lambda_{\max}$, $\lambda_{\min}$ 分别为 $\boldsymbol{A}$ 的绝对值最大与最小的特征值;

(4) 若 $\boldsymbol{T}$ 为正交阵, 则 $\mathrm{cond}(\boldsymbol{T})_2 = 1$;

(5) 若 $\boldsymbol{T}$ 为正交阵, $\boldsymbol{A}$ 非奇异, 则

$$\mathrm{cond}(\boldsymbol{TA})_2 = \mathrm{cond}(\boldsymbol{AT})_2 = \mathrm{cond}(\boldsymbol{A})_2$$

这说明正交变换不改变方程组的状态.

**例 5.6** 求矩阵 $\boldsymbol{A}$ 的条件数 (使用 $l_1$ 范数和 $l_\infty$ 范数), 其中 $\boldsymbol{A} = \begin{pmatrix} 10 & 7 & 8 & 7 \\ 7 & 5 & 6 & 5 \\ 8 & 6 & 10 & 9 \\ 7 & 5 & 9 & 10 \end{pmatrix}$.

**解**

$$\boldsymbol{A}^{-1} = \begin{pmatrix} 25 & -41 & 10 & -6 \\ -41 & 68 & -17 & 10 \\ 10 & -17 & 5 & -3 \\ -6 & 10 & -3 & 2 \end{pmatrix}$$

由于 $\boldsymbol{A}$ 与 $\boldsymbol{A}^{-1}$ 皆为对称矩阵, 所以 $\|\boldsymbol{A}\|_1 = \|\boldsymbol{A}\|_\infty$, $\|\boldsymbol{A}^{-1}\|_1 = \|\boldsymbol{A}^{-1}\|_\infty$, 从而

$$\mathrm{cond}_1(\boldsymbol{A}) = \mathrm{cond}_\infty(\boldsymbol{A}^{-1}) = \|\boldsymbol{A}\|_1\|\boldsymbol{A}^{-1}\|_1 = 33 \times 136 = 4\,488$$

**例 5.7**　已知希尔伯特 (Hilbert) 矩阵

$$H_n=\begin{pmatrix}1 & \frac{1}{2} & \cdots & \frac{1}{n}\\ \frac{1}{2} & \frac{1}{3} & \cdots & \frac{1}{n+1}\\ \vdots & \vdots & & \vdots\\ \frac{1}{n} & \frac{1}{n+1} & \cdots & \frac{1}{2n-1}\end{pmatrix}$$

计算 $\boldsymbol{H}_3, \boldsymbol{H}_6$ 的无穷条件数 $\mathrm{cond}_\infty(\boldsymbol{H}_3)$ 及 $\mathrm{cond}_\infty(\boldsymbol{H}_6)$.

**解**　由于

$$\boldsymbol{H}_3=\begin{pmatrix}1 & \frac{1}{2} & \frac{1}{3}\\ \frac{1}{2} & \frac{1}{3} & \frac{1}{4}\\ \frac{1}{3} & \frac{1}{4} & \frac{1}{5}\end{pmatrix},\quad \boldsymbol{H}_3^{-1}=\begin{pmatrix}1 & -36 & 30\\ -36 & 192 & -180\\ 30 & -180 & 180\end{pmatrix}$$

于是得到

$$\|\boldsymbol{H}_3\|_\infty=\frac{11}{6},\quad \|\boldsymbol{H}_3^{-1}\|=408,\quad \mathrm{cond}_\infty(\boldsymbol{H}_3)=748$$

可见, $\boldsymbol{A}$ 条件数很大, 是病态矩阵.

类似可计算 $\mathrm{cond}_\infty(\boldsymbol{H}_6)=2.9\times10^6$. 一般情况下, 当 $n$ 越大时 $\boldsymbol{H}_n$ “病态” 越严重.

## 5.4　数值实验 5

**实验要求**

1. 调试高斯消去法、列主元消元法的程序;
2. 直接使用 MATLAB 命令求解同样的例题;
3. 了解使用 MATLAB 命令进行 $\boldsymbol{LU}$ 分解、求范数、求条件数;
4. 完成上机实验报告.

### 5.4.1　高斯消去法 MATLAB 实现

高斯消去法由消元过程和回代过程两步组成, 具体见 5.1.1 节, 其 MATLAB 程序为:

```
%高斯消元法求解线下方程组Ax=b
function X=GaussElimination(A,b)
%Inpiut A 是系数矩阵, b是右端项
%Output x是解
n=length(b);%输入矩阵的阶数, 记为n
%消元过程
for i=1:n-1
    for k=i+1:n
```

```
            for j=i+1:n
                if abs(A(i,i))<1.0e-6
                fprintf('主元A(%d,%d)太小, 算法失败!',i,i);
                x=0;
                return;
                else
                    A(k,j)=A(k,j)-A(i,j)*A(k,i)/A(i,i);
                end
            end
            b(k)=b(k)-b(i)*A(k,i)/A(i,i);
            A(k,i)=0;
        end
    end
    %回代过程
    x(n)=b(n)/A(n,n);
    for i=n-1:-1:1
            sum = 0;
            for j=i+1:n
            sum=sum+A(i,j)*x(j);
            end
            x(i)=(b(i)-sum)/A(i,i);
    end
```

### 5.4.2 列主元消元法 MATLAB 实现

列主元消元法只比高斯消去法多一个步骤, 就是第 $k$ 次消元前, 在第 $k$ 列的第 $k$ 行到第 $n$ 行的 $n-k+1$ 个元素中, 选择绝对值最大的元素作为主元, 再进行消元过程. 其 MATLAB 程序为

```
%列选主元的高斯消去法
function [X]=gauss_pivot(A,b)
%Inpiut   A 是系数矩阵, b是右端项
%Output x是解
n=length(b);
%消元过程
for i=1:n-1
%寻找第i列的第i行到第n行的n-k+1个元素中绝对值最大的元素, 并将其行数记为m
    max=abs(A(i,i));
    m=i;
        for j=i+1:n
        if max<abs(A(i,j))
```

```
                max=abs(A(i,j));
                m=j;
            end
    end
    %交换第m行和第i行的元素
        if m~=i
            for k=1:n
                c(k)=A(i,k);
                A(i,k)=A(m,k);
                A(m,k)=c(k);
            end
            t=b(i);
            b(i)=b(m);
            b(m)=t;
        end
    %第i步消元
    for k=i+1:n
    for j=i+1:n
                A(k,j)=A(k,j)-A(i,j)*A(k,i)/A(i,i);
    end
            b(k)=b(k)-b(i)*A(k,i)/A(i,i);
            A(k,i)=0;
            end
    end
    %回代过程
    x(n)=b(n)/A(n,n);
    for i=n-1:-1:1
        sum = 0;
    for j=i+1:n
            sum=sum+A(i,j)*x(j);
            end
        x(i)=(b(i)-sum)/A(i,i);
    end
```

**例 5.8**　对于例 5.2 中的方程, 即

$$\begin{pmatrix} 3 & 1 & 6 \\ 2 & 1 & 3 \\ 1 & 1 & 1 \end{pmatrix}\begin{pmatrix} x_1 \\ x_2 \\ x_3 \end{pmatrix}=\begin{pmatrix} 2 \\ 7 \\ 4 \end{pmatrix}$$

分别用高斯消去法和列主元消去法解线性方程组.

高斯消去解法如下, 在命令窗口输入:

```
>> A=[3 1 6;2 1 3;1 1 1];
>> b=[2 7 4]';
>>GaussElimination(A,b)
```

回车, 运行结果为:

```
ans =
    19.0000    -7.0000    -8.0000
```

列主元消去法解法如下, 输入:

```
>> A=[3 1 6;2 1 3;1 1 1];
>> b=[2 7 4]';
>>gauss_pivot(A,b)
```

运行结果为:

```
ans =
     19     -7     -8
```

### 5.4.3 MATLAB 中矩阵运算的相关函数简介及使用方法

**表 5.1　MATLAB 有关矩阵运算的部分函数**

| 运算 | 符号 | 解释 |
|---|---|---|
| 转置 | A′ | 求矩阵 A 的转置 |
| 加与减 | A+B 与 A−B | 同数组运算 |
| 数乘矩阵 | k*A 或 A*k | 同数组运算 |
| 矩阵乘法 | A*B | 矩阵乘法, A 的列数必须等于 B 的行数 |
| 矩阵乘方 | A^k | 方阵 A 的 k 次幂 |
| 数与矩阵加减 | k+A 与 k−A | k+A 等价于 k*ones(size(A))+A |
| 矩阵除法 | 左除 A\B, 右除 B/A | 它们分别为矩阵方程 AX=B 和 XA=B 的解 |
| 矩阵的 *LU* 分解 | [L,U,P] = lu(A) | PA=LU, 其中 P 为排列矩阵 |
| 矩阵的条件数 | c = cond(X) | 求矩阵的各种条件数 |
| 范数 | n = norm(X) | 向量或矩阵的各种范数 |
| 秩 | k = rank(A) | 求矩阵的秩 |
| 行最简形 | R = rref(A) | 求矩阵的行最简形 |
| 求特征值 | lambda = eig(A) | 求矩阵 A 的特征值与特征向量 |

**例 5.9**　对于例 5.2 中的方程, 用 MATLAB 命令求解, 即

$$\begin{pmatrix} 3 & 1 & 6 \\ 2 & 1 & 3 \\ 1 & 1 & 1 \end{pmatrix}\begin{pmatrix} x_1 \\ x_2 \\ x_3 \end{pmatrix}=\begin{pmatrix} 2 \\ 7 \\ 4 \end{pmatrix}$$

在命令窗口输入:

```
>> A=[3 1 6;2 1 3;1 1 1];
>> b=[2 7 4]';
>> x=A\b
```

回车得方程解

```
x =
    19    -7    -8
```

# 习　题　5

1. 用顺序高斯消元法求下列方程组的解.

(1) $\begin{pmatrix} 2 & 3 & 5 \\ 3 & 4 & 7 \\ 1 & 3 & 3 \end{pmatrix}\begin{pmatrix} x_1 \\ x_2 \\ x_3 \end{pmatrix}=\begin{pmatrix} 5 \\ 6 \\ 5 \end{pmatrix}$　　(2) $\begin{pmatrix} 7 & 1 & 2 \\ -1 & 4 & -1 \\ 3 & 15 & 20 \end{pmatrix}\begin{pmatrix} x_1 \\ x_2 \\ x_3 \end{pmatrix}=\begin{pmatrix} 47 \\ 19 \\ 87 \end{pmatrix}$

2. 用列主元高斯消元法求下列方程组的解.

(1) $\begin{pmatrix} 1 & 2 & 3 \\ 5 & 4 & 10 \\ 3 & -0.1 & 1 \end{pmatrix}\begin{pmatrix} x_1 \\ x_2 \\ x_3 \end{pmatrix}=\begin{pmatrix} 1 \\ 0 \\ 2 \end{pmatrix}$

(2) $\begin{pmatrix} 2 & -4 & 2 & -4 \\ -4 & 10 & 2 & 5 \\ 2 & 2 & 12 & -5 \\ 4 & 5 & -5 & 12 \end{pmatrix}\begin{pmatrix} x_1 \\ x_2 \\ x_3 \\ x_4 \end{pmatrix}=\begin{pmatrix} 3 \\ -5 \\ -2 \\ -4 \end{pmatrix}$

3. 求下列矩阵的 $\boldsymbol{LU}$ 分解.

(1) $\begin{pmatrix} 2 & 2 & 3 \\ 4 & 7 & 7 \\ -2 & 4 & 5 \end{pmatrix}$　　(2) $\begin{pmatrix} 2 & -3 & -2 \\ -1 & 2 & -2 \\ 3 & -1 & 4 \end{pmatrix}$

4. 用矩阵 $\boldsymbol{LU}$ 分解法求下列方程组的解.

(1) $\begin{pmatrix} 1 & 2 & 3 \\ 2 & 5 & 2 \\ 3 & 1 & 5 \end{pmatrix}\begin{pmatrix} x_1 \\ x_2 \\ x_3 \end{pmatrix}=\begin{pmatrix} 14 \\ 18 \\ 20 \end{pmatrix}$　　(2) $\begin{pmatrix} 1 & 0 & 2 & 0 \\ 0 & 1 & 0 & 1 \\ 1 & 2 & 4 & 3 \\ 0 & 1 & 0 & 3 \end{pmatrix}\begin{pmatrix} x_1 \\ x_2 \\ x_3 \\ x_4 \end{pmatrix}=\begin{pmatrix} 5 \\ 3 \\ 17 \\ 7 \end{pmatrix}$

5. 用平方根法求下列方程组的解.

(1) $\begin{pmatrix} 16 & 4 & 8 \\ 4 & 5 & -4 \\ 8 & -4 & 22 \end{pmatrix}\begin{pmatrix} x_1 \\ x_2 \\ x_3 \end{pmatrix}=\begin{pmatrix} -4 \\ 3 \\ 10 \end{pmatrix}$

(2) $\begin{pmatrix} 1 & -1 & 2 & 1 \\ -1 & 3 & 0 & -3 \\ 2 & 0 & 9 & -6 \\ 1 & -3 & -6 & 19 \end{pmatrix}\begin{pmatrix} x_1 \\ x_2 \\ x_3 \\ x_4 \end{pmatrix}=\begin{pmatrix} 1 \\ 1 \\ 1 \\ 1 \end{pmatrix}$

6. 用追赶法求解下列方程组.

(1) $\begin{pmatrix} 2 & 1 & & & \\ 1 & 2 & 1 & & \\ & 1 & 2 & 1 & \\ & & 1 & 2 & 1 \\ & & & 1 & 2 \end{pmatrix}\begin{pmatrix} x_1 \\ x_2 \\ x_3 \\ x_4 \\ x_5 \end{pmatrix}=\begin{pmatrix} 1 \\ 0 \\ 0 \\ 0 \\ 1 \end{pmatrix}$

(2) $\begin{pmatrix} 4 & -1 & & & \\ -1 & 4 & -1 & & \\ & -1 & 4 & -1 & \\ & & -1 & 4 & -1 \\ & & & -1 & 4 \end{pmatrix}\begin{pmatrix} x_1 \\ x_2 \\ x_3 \\ x_4 \\ x_5 \end{pmatrix} = \begin{pmatrix} 100 \\ 200 \\ 400 \\ 200 \\ 100 \end{pmatrix}$

7. 已知 $\boldsymbol{A} = \begin{pmatrix} 1 & -6 \\ 2 & 3 \end{pmatrix}$, 计算 $\mathrm{cond}_\infty(\boldsymbol{A}), \mathrm{cond}_1(\boldsymbol{A}), \mathrm{cond}_2(\boldsymbol{A})$.

8. 证明:

(1) 对 $n$ 阶非奇异方阵 $\boldsymbol{A}$ 有 $\|\boldsymbol{A}^{-1}\| \geqslant \dfrac{1}{\|\boldsymbol{A}\|}$;

(2) 对 $n$ 阶方阵 $\boldsymbol{A}, \boldsymbol{B}$ 有 $\mathrm{cond}(\boldsymbol{AB}) = \mathrm{cond}(\boldsymbol{A})\mathrm{cond}(\boldsymbol{B})$;

(3) 对 $n$ 阶对称阵 $\boldsymbol{A}, \boldsymbol{B}$ 有 $\rho(\boldsymbol{A}+\boldsymbol{B}) = \rho(\boldsymbol{A}) + \rho(\boldsymbol{B})$;

(4) 对 $n$ 阶非奇异方阵 $\boldsymbol{A}$ 有 $\mathrm{cond}(\boldsymbol{A}^{\mathrm{T}}\boldsymbol{A})_2 = [\mathrm{cond}(\boldsymbol{A})_2]^2$.

9. 设方程组 $\boldsymbol{A}x = \boldsymbol{b}$ 和其扰动方程组 ( $\boldsymbol{A}+ \delta\boldsymbol{A})(\boldsymbol{x} + \delta) = \boldsymbol{b}$ 分别为

$$\begin{pmatrix} 240 & -319 \\ -179 & 240 \end{pmatrix}\begin{pmatrix} x_1 \\ x_2 \end{pmatrix} = \begin{pmatrix} 3 \\ 4 \end{pmatrix}$$

$$\begin{pmatrix} 240 & -319.5 \\ -179.5 & 240 \end{pmatrix}\begin{pmatrix} x_1 \\ x_2 \end{pmatrix} = \begin{pmatrix} 3 \\ 4 \end{pmatrix}$$

(1) 试分别解出 $\boldsymbol{x}$ 和 $\boldsymbol{x}+\delta\boldsymbol{x}$;

(2) 利用条件数估计 $\dfrac{\|\delta\boldsymbol{x}\|_\infty}{\|\boldsymbol{x}\|_\infty}$, 并将结果和实际求解结果比较.

# 第 6 章　解线性方程组的迭代法

和线性方程组的直接解法不同，线性方程组的迭代法是从初始解出发，用某种渐进过程去逐步逼近精确解的方法. 本章介绍常用的雅可比 (Jacobi) 迭代法、高斯–赛德尔 (Gauss-Seidel) 迭代法、逐次超松弛 (successive overrelaxation, SOR) 迭代法及针对特殊矩阵的最速下降法和共轭梯度法. 此外，还介绍了迭代法收敛性的判断方法.

## 6.1　迭代法的基本概念

### 6.1.1　问题的引入

迭代法是解线性方程组的一类重要方法，特别适用于解大型稀疏线性方程组. 其具体思想是将线性方程组

$$\boldsymbol{A}\boldsymbol{x}=\boldsymbol{b} \tag{6.1}$$

变形成等价的形式

$$\boldsymbol{x}=\boldsymbol{F}(\boldsymbol{x})+\boldsymbol{f} \tag{6.2}$$

特别的，我们这里仅研究式 (6.2) 为线性的形式，即

$$\boldsymbol{x}=\boldsymbol{B}\boldsymbol{x}+\boldsymbol{f} \tag{6.3}$$

构造相应的迭代公式

$$\boldsymbol{x}^{(k+1)}=\boldsymbol{B}\boldsymbol{x}^{(k)}+\boldsymbol{f}\quad (k=0,1,2,\cdots) \tag{6.4}$$

其中，$\boldsymbol{B}$ 称为迭代矩阵，$k$ 表迭代次数.

然后，从某个初始向量 $\boldsymbol{x}^{(0)}$ 出发，代入迭代格式 (6.4) 的右边，计算出 $\boldsymbol{x}^{(1)}$，再将 $\boldsymbol{x}^{(1)}$ 代入式 (6.4) 计算出 $\boldsymbol{x}^{(2)}$，以此类推，得到迭代序列

$$\boldsymbol{x}^{(0)},\boldsymbol{x}^{(1)},\boldsymbol{x}^{(2)},\cdots,\boldsymbol{x}^{(k)},\cdots \tag{6.5}$$

**定义 6.1**　(1) 对于给定的线性方程组 $\boldsymbol{x}=\boldsymbol{B}\boldsymbol{x}+\boldsymbol{f}$，用式 (6.4) 逐步代入求近似解的方法称为**迭代法**(或称为**一阶定常迭代法**，其中 $\boldsymbol{B}$ 与 $k$ 无关).

(2) 若 $\lim\limits_{k\to\infty}\boldsymbol{x}^{(k)}$ 存在 (记为 $\boldsymbol{x}^*$)，称此迭代法收敛，显然 $\boldsymbol{x}^*$ 就是此方程组的解，否则称此迭代法发散.

由上述讨论，需研究 $\{\boldsymbol{x}^{(k)}\}$ 的收敛性. 引进误差向量

$$\boldsymbol{\varepsilon}^{(k+1)}=\boldsymbol{x}^{(k+1)}-\boldsymbol{x}^*$$

其中 $\boldsymbol{x}^*$ 满足式 (6.3)，即 $\boldsymbol{x}^*=\boldsymbol{B}\boldsymbol{x}^*+\boldsymbol{f}$. 由式 (6.4) 减去式 (6.3)，得 $\boldsymbol{\varepsilon}^{(k+1)}=\boldsymbol{B}\boldsymbol{\varepsilon}^{(k)}$ $(k=0,1,2,\cdots)$，递推得

$$\boldsymbol{\varepsilon}^{(k)}=\boldsymbol{B}\boldsymbol{\varepsilon}^{(k-1)}=\cdots=\boldsymbol{B}^k\boldsymbol{\varepsilon}^{(0)}$$

要考察 $\{\boldsymbol{x}^{(k)}\}$ 的收敛性, 就要研究 $\boldsymbol{B}$ 在什么条件下有 $\lim\limits_{k\to\infty}\boldsymbol{\varepsilon}^{(k)}=\boldsymbol{O}$, 亦即要研究 $\boldsymbol{B}$ 满足什么条件时有 $\boldsymbol{B}^k\to\boldsymbol{O}$ (零矩阵) $(k\to\infty)$.

**定理 6.1**　$\lim\limits_{k\to\infty}\boldsymbol{A}_k=\boldsymbol{A}\Leftrightarrow\lim\limits_{k\to\infty}\|\boldsymbol{A}_k-\boldsymbol{A}\|=0$, 其中 $\|\cdot\|$ 为矩阵的任意一种子范数.

**证明**　显然有 $\lim\limits_{k\to\infty}\boldsymbol{A}_k=\boldsymbol{A}\Leftrightarrow\lim\limits_{k\to\infty}\|\boldsymbol{A}_k-\boldsymbol{A}\|_\infty=0$

再利用矩阵范数的等价性, 可证定理对其他算子范数也成立.

**定理 6.2**　$\lim\limits_{k\to\infty}\boldsymbol{A}_k=\boldsymbol{O}$ 的充分必要条件是

$$\lim_{k\to\infty}\boldsymbol{A}_k\boldsymbol{x}=\boldsymbol{0},\quad\forall x\in\mathbf{R}^n\tag{6.6}$$

其中两个极限右端分别指零矩阵与零向量.

**证明**　对任一种矩阵的从属范数有 $\|\boldsymbol{A}_k\boldsymbol{x}\|\leqslant\|\boldsymbol{A}_k\|\,\|\boldsymbol{x}\|$.

若 $\lim\limits_{k\to\infty}\boldsymbol{A}_k=\boldsymbol{O}$, 则 $\lim\limits_{k\to\infty}\|\boldsymbol{A}_k\|=0$, 故对一切 $\boldsymbol{x}\in\mathbf{R}^n$, 有 $\lim\limits_{k\to\infty}\|\boldsymbol{A}_k\boldsymbol{x}\|=0$. 所以式 (6.6) 成立.

反之, 若式 (6.6) 成立, 取 $\boldsymbol{x}$ 为第 $j$ 个坐标向量 $\boldsymbol{e}_j$, 则 $\lim\limits_{k\to\infty}\boldsymbol{A}_k\boldsymbol{e}_j=\mathbf{0}$ $(j=1,2,\cdots,n)$, 这表示 $\boldsymbol{A}_k$ 的第 $j$ 列元素极限均为零, 当 $j=1,2,\cdots,n$ 时就证明了 $\lim\limits_{k\to\infty}\boldsymbol{A}_k=\boldsymbol{O}$, 证毕.

下面讨论一种与迭代法 (6.4) 有关的矩阵序列的收敛性, 这种序列由矩阵的幂构成, 即 $\{\boldsymbol{B}^k\}$, 其中, $\boldsymbol{B}\in\mathbf{R}^{n\times n}$ .

**定理 6.3**　设 $\boldsymbol{B}\in\mathbf{R}^{n\times n}$, 则下面 3 个命题等价:

(1) $\lim\limits_{k\to\infty}\boldsymbol{B}^k=\boldsymbol{O}$; (2) $\rho(\boldsymbol{B})<1$; (3) 至少存在一种从属的矩阵范数 $\|\cdot\|_s$, 使 $\|\boldsymbol{B}\|_s<1$.

**证明**　由 (1) 推断 (2), 用反证法, 假定 $\boldsymbol{B}$ 有一个特征值 $\lambda$, 满足 $|\lambda|\geqslant 1$, 则存在 $\boldsymbol{x}\neq\mathbf{0}$, 使 $\boldsymbol{B}\boldsymbol{x}=\lambda\boldsymbol{x}$, 由此可得 $\left\|\boldsymbol{B}^k\boldsymbol{x}\right\|=|\lambda|^k\|\boldsymbol{x}\|$, 当 $k\to\infty$ 时 $\left\{\boldsymbol{B}^k\boldsymbol{x}\right\}$ 不收敛于零向量. 由定理 6.2 可知 (1) 不成立, 从而知 $|\lambda|<1$, 即 (2) 成立.

由 (2) 推断 (3), 根据定理 1.27, 对任意 $\varepsilon>0$, 存在一种从属范数 $\|\cdot\|_s$, 使 $\|\boldsymbol{B}\|_s\leqslant\rho(\boldsymbol{A})+\varepsilon$, 由 (2) 有 $\rho(\boldsymbol{A})<1$, 适当选择 $\varepsilon>0$, 可使 $\|\boldsymbol{B}\|_s<1$, 即 (3) 成立.

由 (3) 推断 (1), 由 (3) 给出的矩阵范数 $\|\boldsymbol{B}\|_s<1$, 由于 $\left\|\boldsymbol{B}^k\right\|_s\leqslant\|\boldsymbol{B}\|_s^k$, 可得 $\lim\limits_{k\to\infty}\left\|\boldsymbol{B}^k\right\|_s=0$, 从而有 $\lim\limits_{k\to\infty}\boldsymbol{B}^k=\boldsymbol{O}$.

**定理 6.4**　设 $\boldsymbol{B}\in\mathbf{R}^{n\times n}$, $\|\cdot\|$ 为任一种矩阵范数, 则

$$\lim_{k\to\infty}\left\|\boldsymbol{B}^k\right\|^{\frac{1}{k}}=\rho(\boldsymbol{B})\tag{6.7}$$

**证明**　由定理 1.27, 对一切 $k$ 有

$$\rho(\boldsymbol{B})=\left[\rho(\boldsymbol{B}^k)\right]^{\frac{1}{k}}\leqslant\left\|\boldsymbol{B}^k\right\|^{\frac{1}{k}}$$

另一方面对任意 $\varepsilon>0$, 记

$$\boldsymbol{B}_\varepsilon=[\rho(\boldsymbol{B})+\varepsilon]^{-1}\boldsymbol{B}$$

显然有 $\rho(\boldsymbol{B}_s)<1$. 由定理 6.3 有 $\lim\limits_{k\to\infty}\boldsymbol{B}_\varepsilon^k=\boldsymbol{O}$, 所以存在正整数 $N=N(\varepsilon)$, 使得当 $k>N$ 时,

$$\left\|\boldsymbol{B}_\varepsilon^k\right\|=\frac{\left\|\boldsymbol{B}^k\right\|}{[\rho(\boldsymbol{B})+\varepsilon]^k}<1$$

即当 $k > N$ 时, 有

$$\rho(\boldsymbol{B}) \leqslant \left\|\boldsymbol{B}^k\right\|^{\frac{1}{k}} \leqslant \rho(\boldsymbol{B}) + \varepsilon$$

### 6.1.2 迭代法的构造及其收敛性

设线性方程组 $\boldsymbol{Ax} = \boldsymbol{b}$, 其中 $\boldsymbol{A}=(a_{ij}) \in \mathbf{R}^{n\times n}$ 为非奇异矩阵, 下面研究如何建立解 $\boldsymbol{Ax} = \boldsymbol{b}$ 的迭代法.

将 $\boldsymbol{A}$ 分裂为

$$\boldsymbol{A} = \boldsymbol{M} + \boldsymbol{N} \tag{6.8}$$

其中, $\boldsymbol{M}$ 为可选择的非奇异矩阵, 且使 $\boldsymbol{Mx} = d$ 容易求解, 一般选择为 $\boldsymbol{A}$ 的某种近似, 称 $\boldsymbol{M}$ 为分裂矩阵.

于是, 求解 $\boldsymbol{Ax} = \boldsymbol{b}$ 转化为求解 $\boldsymbol{Mx} = -\boldsymbol{Nx} + \boldsymbol{b}$, 即求解

$$\boldsymbol{Ax} = \boldsymbol{b} \Leftrightarrow \text{求解 } x = -\boldsymbol{M}^{-1}\boldsymbol{Nx} + \boldsymbol{M}^{-1}\boldsymbol{b}$$

也就是求解线性方程组

$$\boldsymbol{x} = \boldsymbol{Bx} + \boldsymbol{f} \tag{6.9}$$

从而可构造一阶定常迭代法:

$$\begin{cases} \boldsymbol{x}^0(\text{初始向量}) \\ \boldsymbol{x}^{(k+1)} = \boldsymbol{Bx}^{(k)} + \boldsymbol{f} \quad (k = 0, 1, \cdots) \end{cases} \tag{6.10}$$

其中, $\boldsymbol{B} = -\boldsymbol{M}^{-1}\boldsymbol{N} = \boldsymbol{M}^{-1}(\boldsymbol{M} - \boldsymbol{A}) = \boldsymbol{I} - \boldsymbol{M}^{-1}\boldsymbol{A}, \boldsymbol{f} = \boldsymbol{M}^{-1}\boldsymbol{b}$. 称 $\boldsymbol{B} = \boldsymbol{I} - \boldsymbol{M}^{-1}\boldsymbol{A}$ 为迭代法的迭代矩阵, 选取 $\boldsymbol{M}$ 阵, 就得到解 $\boldsymbol{Ax} = \boldsymbol{b}$ 的各种迭代法.

下面给出迭代法式 (6.10) 收敛的充分必要条件.

**定理 6.5** 给定线性方程组 (6.9) 及一阶定常迭代法式 (6.10), 对任意选取初始向量 $\boldsymbol{x}^{(0)}$, 迭代法式 (6.10) 收敛的充要条件是矩阵 $\boldsymbol{B}$ 的谱半径 $\rho(\boldsymbol{B}) < 1$.

**证明** 充分性. 设 $\rho(\boldsymbol{B}) < 1$, 易知 $\boldsymbol{Ax} = \boldsymbol{f}$ (其中 $\boldsymbol{A} = \boldsymbol{I} - \boldsymbol{B}$) 有唯一解, 记为 $\boldsymbol{x}^*$, 则

$$\boldsymbol{x}^* = \boldsymbol{Bx}^* + \boldsymbol{f}$$

误差向量

$$\boldsymbol{\varepsilon}^{(k)} = \boldsymbol{x}^{(k)} - \boldsymbol{x}^* = \boldsymbol{B}^k\varepsilon^{(0)}, \quad \boldsymbol{\varepsilon}^{(0)} = \boldsymbol{x}^{(0)} - \boldsymbol{x}^*$$

由于 $\rho(\boldsymbol{B}) < 1$, 应用定理 6.3, 有 $\lim\limits_{k\to\infty} \boldsymbol{B}^k = \boldsymbol{O}$. 于是对任意 $\boldsymbol{x}^{(0)}$ 有 $\lim\limits_{k\to\infty} \boldsymbol{\varepsilon}^{(k)} = \boldsymbol{O}$, 即

$$\lim_{k\to\infty} \boldsymbol{x}^{(k)} = \boldsymbol{x}^*.$$

必要性. 设对任意 $\boldsymbol{x}^{(0)}$ 有

$$\lim_{k\to\infty} \boldsymbol{x}^{(k)} = \boldsymbol{x}^*$$

其中: $\boldsymbol{x}^{(k+1)} = \boldsymbol{Bx}^{(k)} + \boldsymbol{f}$. 显然, 极限 $\boldsymbol{x}^*$ 是线性方程组 (6.9) 的解, 且对任意 $\boldsymbol{x}^{(0)}$ 有

$$\boldsymbol{\varepsilon}^{(k)} = \boldsymbol{x}^{(k)} - \boldsymbol{x}^* = \boldsymbol{B}^k\boldsymbol{\varepsilon}^{(0)} \to \boldsymbol{0} \quad (k \to \infty)$$

由定理 6.2 知

$$\lim_{k\to\infty} \boldsymbol{B}^k = \boldsymbol{O}$$

再由定理 6.3, 即得 $\rho(\boldsymbol{B}) < 1$.

**定理 6.5**　是一阶定常迭代法的基本定理.

**例 6.1**　考察用迭代法解线性方程组

$$\boldsymbol{x}^{(k+1)} = \boldsymbol{B}\boldsymbol{x}^{(k)} + \boldsymbol{f}$$

的收敛性, 其中 $\boldsymbol{B} = \begin{pmatrix} 0 & 2 \\ 3 & 0 \end{pmatrix}, \boldsymbol{f} = \begin{pmatrix} 5 \\ 5 \end{pmatrix}$.

**解**　特征方程为 $\det(\lambda\boldsymbol{I} - \boldsymbol{B}) = \lambda^2 - 6 = 0$, 特征根 $\lambda_{1,2} = \pm\sqrt{6}$, 即 $\rho(\boldsymbol{B}) > 1$. 这说明用迭代法解此方程组不收敛.

迭代法的基本定理在理论上是重要的, 由于 $\rho(\boldsymbol{B}) \leqslant \|\boldsymbol{B}\|$, 下面利用矩阵 $\boldsymbol{B}$ 的范数建立判别迭代法收敛的充分条件.

**定理 6.6** (迭代法收敛的充分条件)　设线性方程组

$$\boldsymbol{x} = \boldsymbol{B}\boldsymbol{x} + \boldsymbol{f}, \quad \boldsymbol{B} \in \mathbf{R}^{n\times n}$$

及一阶定常迭代法

$$\boldsymbol{x}^{(k+1)} = \boldsymbol{B}\boldsymbol{x}^{(k)} + \boldsymbol{f}$$

如果有 $\boldsymbol{B}$ 的某种算子范数 $\|\boldsymbol{B}\| = q < 1$, 则

(1) 迭代法收敛, 即对任意 $\boldsymbol{x}^{(0)}$ 有

$$\lim_{k\to\infty} \boldsymbol{x}^{(k)} = \boldsymbol{x}^*, \quad 且 \quad \boldsymbol{x}^* = \boldsymbol{B}\boldsymbol{x}^* + \boldsymbol{f}$$

(2) $\left\|\boldsymbol{x}^* - \boldsymbol{x}^{(k)}\right\| \leqslant q^k \left\|\boldsymbol{x}^* - \boldsymbol{x}^{(0)}\right\|$

(3) $\left\|\boldsymbol{x}^* - \boldsymbol{x}^{(k)}\right\| \leqslant \dfrac{q}{1-q} \left\|\boldsymbol{x}^{(k)} - \boldsymbol{x}^{(k-1)}\right\|$

(4) $\left\|\boldsymbol{x}^* - \boldsymbol{x}^{(k)}\right\| \leqslant \dfrac{q^k}{1-q} \left\|\boldsymbol{x}^{(1)} - \boldsymbol{x}^{(0)}\right\|$

**证明**　(1) 由基本定理知, 结论 (1) 是显然的.

(2) 显然有关系式 $\boldsymbol{x}^* - \boldsymbol{x}^{(k+1)} = \boldsymbol{B}(x^* - \boldsymbol{x}^{(k)})$ 及

$$\boldsymbol{x}^{(k+1)} - \boldsymbol{x}^{(k)} = \boldsymbol{B}(\boldsymbol{x}^{(k)} - \boldsymbol{x}^{(k-1)})$$

于是有

① $\left\|\boldsymbol{x}^{(k+1)} - \boldsymbol{x}^{(k)}\right\| \leqslant q \left\|\boldsymbol{x}^{(k)} - \boldsymbol{x}^{(k-1)}\right\|$;　　② $\left\|\boldsymbol{x}^* - \boldsymbol{x}^{(k+1)}\right\| \leqslant q \left\|\boldsymbol{x}^{(*)} - \boldsymbol{x}^{(k)}\right\|$

反复利用②即得 (2).

(3) 考查

$$\begin{aligned}\left\|\boldsymbol{x}^{(k+1)} - \boldsymbol{x}^{(k)}\right\| &= \left\|\boldsymbol{x}^* - \boldsymbol{x}^{(k)} - (\boldsymbol{x}^* - \boldsymbol{x}^{(k+1)})\right\| \\ &\geqslant \left\|\boldsymbol{x}^* - \boldsymbol{x}^{(k)}\right\| - \left\|\boldsymbol{x}^* - \boldsymbol{x}^{(k+1)}\right\| \geqslant (1-q)\left\|\boldsymbol{x}^* - \boldsymbol{x}^{(k)}\right\|\end{aligned}$$

即有

$$\left\|\boldsymbol{x}^{*}-\boldsymbol{x}^{(k)}\right\| \leqslant \frac{1}{1-q}\left\|\boldsymbol{x}^{(k+1)}-\boldsymbol{x}^{(k)}\right\| \leqslant \frac{q}{1-q}\left\|\boldsymbol{x}^{(k)}-\boldsymbol{x}^{(k-1)}\right\|$$

(4) 反复利用①, 即得 (4).

注意定理 6.6 只给出迭代法式 (6.10) 收敛的充分条件, 即条件 $\|\boldsymbol{B}\|<1$ 对任何常用范数均不成立, 迭代序列仍可能收敛.

**例 6.2**　迭代法 $\boldsymbol{x}^{(k+1)}=\boldsymbol{B}\boldsymbol{x}^{(k)}+\boldsymbol{f}$, 其中 $\boldsymbol{B}=\begin{pmatrix}0.9 & 0\\ 0.3 & 0.8\end{pmatrix}, \boldsymbol{f}=\begin{pmatrix}1\\ 2\end{pmatrix}$, 显然 $\|\boldsymbol{B}\|_{\infty}=1.1, \|\boldsymbol{B}\|_{1}=1.2, \|\boldsymbol{B}\|_{2}=1.043, \|\boldsymbol{B}\|_{F}=\sqrt{1.54}$, 表明 $\boldsymbol{B}$ 的各种范数均大于 1, 但由于 $\rho(\boldsymbol{B})=0.9<1$, 故由此迭代法产生的迭代序列 $\{\boldsymbol{x}^{(k)}\}$ 是收敛的.

下面考查迭代法式 (6.10) 的收敛速度. 假定迭代法式 (6.10) 是收敛的, 即 $\rho(\boldsymbol{B})<1$, 由 $\boldsymbol{\varepsilon}^{(k)}=\boldsymbol{B}^{k}\boldsymbol{\varepsilon}^{(0)}, \boldsymbol{\varepsilon}^{(0)}=\boldsymbol{x}^{(0)}-\boldsymbol{x}^{*}$, 得

$$\left\|\boldsymbol{\varepsilon}^{(k)}\right\| \leqslant \left\|\boldsymbol{B}^{k}\right\|\left\|\boldsymbol{\varepsilon}^{(0)}\right\|, \quad \forall \boldsymbol{\varepsilon}^{(0)} \neq 0$$

于是

$$\frac{\left\|\boldsymbol{\varepsilon}^{(k)}\right\|}{\left\|\boldsymbol{\varepsilon}^{(0)}\right\|} \leqslant \left\|\boldsymbol{B}^{k}\right\|$$

根据矩阵从属范数定义, 有

$$\left\|\boldsymbol{B}^{k}\right\|=\max_{\boldsymbol{\varepsilon}^{(0)}\neq 0}\frac{\left\|\boldsymbol{B}^{k}\boldsymbol{\varepsilon}^{(0)}\right\|}{\left\|\boldsymbol{\varepsilon}^{(0)}\right\|}=\max_{\boldsymbol{\varepsilon}^{(0)}\neq 0}\frac{\left\|\boldsymbol{\varepsilon}^{(k)}\right\|}{\left\|\boldsymbol{\varepsilon}^{(0)}\right\|}$$

所以 $\left\|\boldsymbol{B}^{k}\right\|$ 是迭代 $k$ 次后误差向量 $\boldsymbol{\varepsilon}^{(k)}$ 的范数与初始误差向量 $\boldsymbol{\varepsilon}^{(0)}$ 的范数之比的最大值. 这样, 迭代 $k$ 后, 平均每次迭代误差向量范数的压缩率可看成是 $\left\|\boldsymbol{B}^{k}\right\|^{\frac{1}{k}}$, 若要求迭代 $k$ 次后有

$$\left\|\boldsymbol{\varepsilon}^{(k)}\right\| \leqslant \sigma\left\|\boldsymbol{\varepsilon}^{(0)}\right\|, \quad \text{即} \quad \frac{\left\|\boldsymbol{\varepsilon}^{(k)}\right\|}{\left\|\boldsymbol{\varepsilon}^{(0)}\right\|} \leqslant \left\|\boldsymbol{B}^{k}\right\| \leqslant \sigma$$

其中: $\sigma \ll 1$, 可取 $\sigma=10^{-s}$. 因为 $\rho(\boldsymbol{B})<1$, 故 $\left\|\boldsymbol{B}^{k}\right\|^{\frac{1}{k}}<1$, 由 $\left\|\boldsymbol{B}^{k}\right\|^{\frac{1}{k}}<\sigma^{\frac{1}{k}}$ 两边取对数得

$$\ln\left\|\boldsymbol{B}^{k}\right\|^{\frac{1}{k}} \leqslant \frac{1}{k}\ln\sigma$$

即

$$k \geqslant \frac{-\ln\sigma}{-\ln\left\|\boldsymbol{B}^{k}\right\|^{\frac{1}{k}}}=\frac{s\ln 10}{-\ln\left\|\boldsymbol{B}^{k}\right\|^{\frac{1}{k}}} \tag{6.11}$$

它表明迭代次数 $k$ 与 $-\ln\left\|\boldsymbol{B}^{k}\right\|^{\frac{1}{k}}$ 成反比.

**定义 6.2**　迭代法式 (6.10) 的平均收敛速度定义为

$$\boldsymbol{R}_{k}(\boldsymbol{B})=-\ln\left\|\boldsymbol{B}^{k}\right\|^{\frac{1}{k}} \tag{6.12}$$

平均收敛速度 $\boldsymbol{R}_k(\boldsymbol{B})$ 依赖于迭代次数及所取范数, 给计算分析带来不便, 由定理 6.4 可知 $\lim\limits_{k\to\infty}\left\|\boldsymbol{B}^k\right\|^{\frac{1}{k}}=\rho$, 所以 $\lim\limits_{k\to\infty}\boldsymbol{R}_k(\boldsymbol{B})=-\ln\rho(\boldsymbol{B})$.

**定义 6.3** 迭代法式 (6.10) 的渐近收敛速度定义为

$$\boldsymbol{R}(\boldsymbol{B})=-\ln\rho(\boldsymbol{B}) \tag{6.13}$$

$\boldsymbol{R}(\boldsymbol{B})$ 与迭代次数及 $\boldsymbol{B}$ 取何种范数无关, 它反映迭代次数趋于无穷时迭代法的渐近性质, 当 $\rho(\boldsymbol{B})$ 越小时, $-\ln\rho(\boldsymbol{B})$ 越大, 迭代法收敛越快, 可用

$$k\geqslant\frac{-\ln\sigma}{R(\boldsymbol{B})}=\frac{s\ln 10}{R(\boldsymbol{B})} \tag{6.14}$$

作为迭代法式 (6.10) 所需的迭代次数的估计.

## 6.2 常用的基本迭代法

本节介绍雅可比迭代法、高斯–赛德尔迭代法、超松弛迭代法等常用的基本迭代法.

### 6.2.1 雅可比迭代法

雅可比迭代法也称为简单迭代法. 对线性方程组式 (6.1), 设系数矩阵 $\boldsymbol{A}$ 中 $\boldsymbol{a}_{ii}\neq 0\ (i=1,2,\cdots,n)$, 将第 $i$ 个方程中的 $x_i$ 用其他元素表示, 可将方程组 (6.1) 改写为

$$\begin{cases}x_1=\dfrac{1}{a_{11}}(b_1 \qquad\qquad -a_{12}x_2-a_{13}x_3-\cdots-a_{1n}x_n)\\ x_2=\dfrac{1}{a_{22}}(b_2-a_{21}x_1 \qquad\qquad -a_{23}x_3-\cdots-a_{2n}x_n)\\ \qquad\qquad\cdots\cdots\\ x_n=\dfrac{1}{a_{nn}}(b_n-a_{n1}x_1 \qquad\qquad -\cdots-a_{n,n-1}x_{n-1})\end{cases}$$

或写为矩阵的形式

$$\boldsymbol{x}=\boldsymbol{B}_J\boldsymbol{x}+\boldsymbol{f}$$

初始向量 $\boldsymbol{x}^{(0)}$ 出发, 代入上式可以构造迭代格式

$$\begin{cases}x_1^{(k+1)}=\dfrac{1}{a_{11}}(b_1 \qquad\qquad -a_{12}x_2^{(k)}-a_{13}x_3^{(k)}-\cdots-a_{1n}x_n^{(k)})\\ x_2^{(k+1)}=\dfrac{1}{a_{22}}(b_2-a_{21}x_1^{(k)} \qquad\qquad -a_{23}x_3^{(k)}-\cdots-a_{2n}x_n^{(k)})\\ \qquad\qquad\cdots\cdots\\ x_n^{(k+1)}=\dfrac{1}{a_{nn}}(b_n-a_{n1}x_1^{(k)}-a_{n2}x_2^{(k)} \qquad\qquad -\cdots-a_{n,n-1}x_{n-1}^{(k)})\end{cases}\quad (k=0,1,\cdots) \tag{6.15}$$

或写为矩阵的形式

$$\boldsymbol{x}^{(k+1)}=\boldsymbol{B}_J\,\boldsymbol{x}^{(k)}+\boldsymbol{f}\quad (k=0,1,\cdots) \tag{6.16}$$

逐步迭代可以得到迭代序列 $\{\boldsymbol{x}^{(k)}\}_{k=1,2,\cdots}$, 这种方法称为**雅可比迭代法**. 其中式 (6.15) 和式 (6.16) 是雅可比迭代法的迭代公式, $\boldsymbol{B}_J$ 是雅可比迭代法的迭代矩阵. 式 (6.15) 也可以简写为

$$x_i^{(k+1)}=\frac{1}{a_{ii}}\left(b_i-\sum_{\substack{j=1\\j\neq i}}^{n}a_{ij}x_j^{(k)}\right)\quad(i=1,2,\cdots,n;k=1,2,\cdots)$$

下面来推导雅可比迭代公式 (6.16) 中 $\boldsymbol{B}_J$ 和 $\boldsymbol{f}$ 与方程组系数矩阵 $\boldsymbol{A}$ 的关系.

首先, 将 $\boldsymbol{A}$ 分裂为一个对角阵 $\boldsymbol{D}$、一个下三角阵 $\boldsymbol{L}$ 和一个上三角阵 $\boldsymbol{U}$ 的和, 即

$$\begin{aligned}\boldsymbol{A}&=\begin{pmatrix}a_{11}&&&\\&a_{22}&&\\&&\ddots&\\&&&a_{nn}\end{pmatrix}+\begin{pmatrix}0&&&\\a_{21}&0&&\\\vdots&\ddots&\ddots&\\a_{n1}&\cdots&a_{nn-1}&0\end{pmatrix}+\begin{pmatrix}0&a_{12}&\cdots&a_{1n}\\&0&\ddots&\vdots\\&&\ddots&a_{n-1n}\\&&&0\end{pmatrix}\\&=\boldsymbol{D}+\boldsymbol{L}+\boldsymbol{U}\end{aligned}\tag{6.17}$$

再由 $a_{ii}\neq 0\ (i=1,2,\cdots,n)$, 得 $\boldsymbol{D}$ 非奇异, 故

$$\begin{aligned}\boldsymbol{Ax}=\boldsymbol{b}&\Rightarrow(\boldsymbol{D}+\boldsymbol{L}+\boldsymbol{U})\boldsymbol{x}=\boldsymbol{b}\\&\Rightarrow\boldsymbol{Dx}=-(\boldsymbol{L}+\boldsymbol{U})\boldsymbol{x}+\boldsymbol{b}\\&\Rightarrow\boldsymbol{x}=-\boldsymbol{D}^{-1}(\boldsymbol{L}+\boldsymbol{U})\boldsymbol{x}+\boldsymbol{D}^{-1}\boldsymbol{b}\end{aligned}$$

即得雅可比迭代矩阵和常数项

$$\boldsymbol{B}_J=-\boldsymbol{D}^{-1}(\boldsymbol{L}+\boldsymbol{U})\quad(\text{或 }\boldsymbol{B}_J=\boldsymbol{I}-\boldsymbol{D}^{-1}\boldsymbol{A}),\quad\boldsymbol{f}=\boldsymbol{D}^{-1}\boldsymbol{b}$$

**例 6.3**　已知方程组

$$\begin{cases}8x_1-3x_2+2x_3=20\\4x_1+11x_2-x_3=33\\2x_1+x_2+4x_3=12\end{cases}$$

用雅可比迭代法, 以 $\boldsymbol{x}^{(0)}=(0,0,0)^{\mathrm{T}}$ 为初始向量, 求方程组的解 (精确到小数点后两位).

**解**　雅可比迭代法的迭代公式为

$$\begin{cases}x_1^{(k+1)}=(3x_2^{(k)}-2x_3^{(k)}+20)/8\\x_2^{(k+1)}=(-4x_1^{(k)}+x_3^{(k)}+33)/11\\x_3^{(k+1)}=(-2x_1^{(k)}-x_2^{(k)}+12)/4\end{cases}\quad(k=0,1,\cdots)$$

其计算结果见表 6.1, 根据精度要求, 方程组的解为 $\boldsymbol{x}^*=(3.00,2.00,1.00)^{\mathrm{T}}$.

**表 6.1　雅可比迭代法的数值结果**

| $k$ | 0 | 01 | 2 | 3 | 4 | 5 | 6 | 7 |
|---|---|---|---|---|---|---|---|---|
| $\boldsymbol{x}_1^{(k)}$ | 0 | 2.500 0 | 2.875 0 | 3.136 4 | 3.024 1 | 3.000 3 | 2.993 8 | 2.999 0 |
| $\boldsymbol{x}_2^{(k)}$ | 0 | 3.000 0 | 2.363 6 | 2.045 5 | 1.9478 | 1.9840 | 2.000 0 | 2.002 6 |
| $\boldsymbol{x}_3^{(k)}$ | 0 | 3.000 0 | 1.000 0 | 0.971 6 | 0.920 5 | 1.001 0 | 1.003 8 | 1.003 1 |

### 6.2.2　高斯–赛德尔迭代法

由雅可比迭代法的迭代公式可以看出, 在计算 $\boldsymbol{x}^{(k+1)}$ 时要使用 $\boldsymbol{x}^{(k)}$ 的全部分量, 所以 $\boldsymbol{x}^{(k)}$ 的全部分量必须保存到 $\boldsymbol{x}^{(k+1)}$ 的分量全部计算出之后才不被需要. 因此雅可比迭代法也称为整体迭代法. 其实, 在计算 $\boldsymbol{x}^{(k+1)}$ 的第 $i$ 个分量 $\boldsymbol{x}_i^{(k+1)}$ 时, $\boldsymbol{x}^{(k+1)}$ 的前 $i-1$ 个分量已经计算出来, 可以直接利用这些最新的数据来计算 $\boldsymbol{x}_i^{(k+1)}$, 也就是说将迭代公式式 (6.15) 改进为

$$\begin{cases} x_1^{(k+1)} = \dfrac{1}{a_{11}}(b_1 - a_{12}x_2^{(k)} - a_{13}x_3^{(k)} - \cdots - a_{1n}x_n^{(k)}) \\ x_2^{(k+1)} = \dfrac{1}{a_{22}}(b_2 - a_{21}x_1^{(k+1)} - a_{23}x_3^{(k)} - \cdots - a_{2n}x_n^{(k)}) \\ \cdots\cdots \\ x_n^{(k+1)} = \dfrac{1}{a_{nn}}(b_n - a_{n1}x_1^{(k+1)} - a_{n2}x_2^{(k+1)} - \cdots - a_{n,n-1}x_{n-1}^{(k+1)}) \end{cases} \quad (k=0,1,\cdots) \tag{6.18}$$

简写为

$$x_i^{(k+1)} = \frac{1}{a_{ii}}\left(b_i - \sum_{j=1}^{i-1} a_{ij}x_j^{(k+1)} - \sum_{j=i+1}^{n} a_{ij}x_j^{(k)}\right) \quad (i=1,2,\cdots,n;k=1,2,\cdots)$$

这种方法称为高斯–赛德尔迭代法. 类似的, 高斯–赛德尔迭代公式也可以表示为矩阵形式, 记为

$$\boldsymbol{x}^{(k+1)} = \boldsymbol{B}_{GS}\,\boldsymbol{x}^{(k)} + \boldsymbol{f} \quad (k=0,1,\cdots)$$

下面我们来推导其中迭代矩阵 $\boldsymbol{B}_{GS}$ 和常数项 $\boldsymbol{f}$.

现将 $\boldsymbol{A}$ 作如式 (6.17) 的分裂, 则

$$\begin{aligned} \boldsymbol{Ax} = \boldsymbol{b} &\Rightarrow (\boldsymbol{D}+\boldsymbol{L}+\boldsymbol{U})\boldsymbol{x} = \boldsymbol{b} \\ &\Rightarrow \boldsymbol{Dx} = -\boldsymbol{Lx} - \boldsymbol{Ux} + \boldsymbol{b} \\ &\Rightarrow \boldsymbol{x} = -\boldsymbol{D}^{-1}\boldsymbol{Lx} - \boldsymbol{D}^{-1}\boldsymbol{Ux} + \boldsymbol{D}^{-1}\boldsymbol{b} \end{aligned} \tag{6.19}$$

高斯–赛德尔迭代公式即可表示为

$$\boldsymbol{x}^{(k+1)} = -\boldsymbol{D}^{-1}\boldsymbol{L}\boldsymbol{x}^{(k+1)} - \boldsymbol{D}^{-1}\boldsymbol{U}\boldsymbol{x}^{(k)} + \boldsymbol{D}^{-1}\boldsymbol{b}$$

假设 $(\boldsymbol{D}+\boldsymbol{L})^{-1}$ 存在, 就有

$$\boldsymbol{x}^{(k+1)} = -(\boldsymbol{D}+\boldsymbol{L})^{-1}\boldsymbol{U}\boldsymbol{x}^{(k)} + (\boldsymbol{D}+\boldsymbol{L})^{-1}\boldsymbol{b}$$

从而得到高斯–赛德尔迭代矩阵

$$\boldsymbol{B}_{GS} = -(\boldsymbol{D}+\boldsymbol{L})^{-1}\boldsymbol{U}, \quad \boldsymbol{f} = (\boldsymbol{D}+\boldsymbol{L})^{-1}\boldsymbol{b}$$

**例 6.4**　利用高斯–赛德尔迭代法求例 6.1 中方程的解, 以 $\boldsymbol{x}^{(0)} = (0,0,0)^{\mathrm{T}}$ 为初始向量, 精确到小数点后两位.

**解**　高斯–赛德尔迭代法的迭代公式为

$$\begin{cases} x_1^{(k+1)} = (3x_2^{(k)} - 2x_3^{(k)} + 20)/8 \\ x_2^{(k+1)} = (-4x_1^{(k+1)} + x_3^{(k)} + 33)/11 \\ x_3^{(k+1)} = (-2x_1^{(k+1)} - x_2^{(k+1)} + 12)/4 \end{cases} \quad (k = 0, 1, \cdots)$$

其计算结果见表 6.2, 根据精度要求, 方程组的解为 $\boldsymbol{x}^* = (3.00, 2.00, 1.00)^{\mathrm{T}}$.

**表 6.2　高斯–赛德尔迭代法计算结果**

| $k$ | 0 | 1 | 2 | 3 | 4 |
|---|---|---|---|---|---|
| $x_1^{(k)}$ | 0 | 2.500 0 | 2.977 2 | 3.009 8 | 2.999 8 |
| $x_2^{(k)}$ | 0 | 2.090 9 | 2.028 9 | 1.996 8 | 1.999 7 |
| $x_3^{(k)}$ | 0 | 1.227 3 | 1.004 3 | 0.995 9 | 1.000 2 |

从表 6.1 和表 6.2 可以看出, 高斯–赛德尔迭代法的收敛速度比雅可比迭代法的收敛速度要快.

### 6.2.3　逐次超松弛迭代法

前面内容中可以看到, 高斯–赛德尔迭代法实质上是雅可比迭代公式的改进. 它在大部分情况下可加快迭代序列的收敛速度. 而对高斯–赛德尔迭代法做进一步改进可得 SOR 迭代法, 它是对高斯–赛德尔迭代法的一种加速方法.

设迭代法的第 $k$ 步, 已经计算出, 那么计算 $\boldsymbol{x}^{(k+1)}$ 需要两个步骤:

(1) **迭代**　$$\tilde{x}_i^{(k+1)} = \frac{1}{a_{ii}}\left(b_i - \sum_{j=1}^{i-1} a_{ij}x_j^{(k+1)} - \sum_{j=i+1}^{n} a_{ij}x_j^{(k)}\right) \quad (i = 1, 2, \cdots, n)$$

(2) **加速**　$$x_i^{(k+1)} = \omega\tilde{x}_i^{(k+1)} + (1-\omega)x_i^{(k)} \quad (i = 1, 2, \cdots, n)$$

或合并表示为

$$x_i^{(k+1)} = (1-\omega)x_i^{(k)} + \frac{\omega}{a_{ii}}\left(b_i - \sum_{j=1}^{i-1} a_{ij}x_j^{(k+1)} - \sum_{j=i+1}^{n} a_{ij}x_j^{(k)}\right) \quad (i = 1, 2, \cdots, n) \tag{6.20}$$

经过简单整理后得到 SOR 迭代法的迭代公式

$$x_i^{(k+1)} = x_i^{(k)} + \frac{\omega}{a_{ii}}\left(b_i - \sum_{j=1}^{i-1} a_{ij}x_j^{(k+1)} - \sum_{j=i}^{n} a_{ij}x_j^{(k)}\right) \quad (i = 1, 2, \cdots n; k = 1, 2, \cdots) \tag{6.21}$$

我们可以看到 SOR 迭代法中步骤 (1) 实质上是高斯–赛德尔迭代法的迭代过程, 而步骤 (2) 是取由 (1) 式计算出的 $\tilde{\boldsymbol{x}}^{(k+1)}$ 和 $\boldsymbol{x}^{(k)}$ 的一个加权平均值. 这里 $\omega$ 称为**松弛因子**. 当松弛因子 $\omega = 1$ 时, 就是高斯–赛德尔迭代法; 当松弛因子 $\omega$ 选取适当时, 可以加快收敛速度.

对方程组 $\boldsymbol{Ax} = \boldsymbol{b}$ 的系数矩阵 $\boldsymbol{A}$ 作同式 (6.17) 的分解, 再根据高斯–赛德尔迭代公式推导中的式 (6.19), SOR 迭代公式 (6.21) 可写为

$$\boldsymbol{x}^{(k+1)} = (1-\omega)\boldsymbol{x}^{(k)} + \omega(-\boldsymbol{D}^{-1}\boldsymbol{L}\boldsymbol{x}^{(k+1)} - \boldsymbol{D}^{-1}\boldsymbol{U}\boldsymbol{x}^{(k)} + \boldsymbol{D}^{-1}\boldsymbol{b})$$

再整理, 得

$$x^{(k+1)} = (D+\omega L)^{-1}[(1-\omega)D - \omega U]x^{(k)} + \omega(D+\omega L)^{-1}b$$

于是推导出 SOR 法的迭代公式

$$x^{(k+1)} = B_\omega x^{(k)} + f$$

其中迭代公式 $B_\omega$ 和 $f$ 分别为

$$B_\omega = (D+\omega L)^{-1}[(1-\omega)D - \omega U], \quad f = \omega(D+\omega L)^{-1}b$$

**例 6.5**　用 SOR 法求例 6.1 中的方程组的解, 以 $x^{(0)}=(0,0,0)^{\mathrm{T}}$ 为初始向量.

**解**　把方程组写成如式 (6.20) 的 SOR 法的迭代公式:

$$\begin{cases} x_1^{(k+1)} = (1-\omega)x_1^{(k)} + \omega(20+3x_2^{(k)}-2x_3^{(k)})/8 \\ x_2^{(k+1)} = (1-\omega)x_2^{(k)} + \omega(33-4x_1^{(k+1)}+x_3^{(k)})/11 \\ x_3^{(k+1)} = (1-\omega)x_3^{(k)} + \omega(12-2x_1^{(k+1)}-x_2^{(k+1)})/4 \end{cases}$$

我们取 $\omega=0.8$ 和 $\omega=1.2$ 计算, 其计算结果见表 6.3 和表 6.4.

**表 6.3　$\omega = 0.8$ 迭代法的数值结果**

| $k$ | 1 | 2 | 3 | 4 |
|---|---|---|---|---|
| $x_1^{(k)}$ | 2.000 0 | 2.698 2 | 2.929 4 | 2.989 5 |
| $x_2^{(k)}$ | 1.818 2 | 2.068 6 | 2.0455 | 2.015 8 |
| $x_3^{(k)}$ | 1.236 4 | 1.154 3 | 1.050 0 | 1.011 0 |

**表 6.4　$\omega = 1.2$ 迭代法的数值结果**

| $k$ | 1 | 2 | 3 | 4 |
|---|---|---|---|---|
| $x_1^{(k)}$ | 3.000 0 | 3.097 1 | 2.957 2 | 3.014 0 |
| $x_2^{(k)}$ | 2.290 9 | 1.911 7 | 2.030 4 | 1.990 8 |
| $x_3^{(k)}$ | 1.112 7 | 0.945 7 | 1.027 4 | 0.988 9 |

比较例 6.4 的结果, 可以看出, $\omega = 0.8$ 和 $\omega = 1.2$ 两种情况的收敛结果并没有高斯–赛德尔迭代法 ($\omega = 1$) 的结果好.

最后, 将本节中介绍的三种方法做以下说明.

(1) 高斯–赛德尔迭代法是雅可比迭代法的改进方法, 它较雅可比迭代法而言有收敛速度快和占用计算机存储空间更小的优点, 但是并不是对任何问题都选用高斯–赛德尔迭代法更好, 因为雅可比迭代法和高斯–赛德尔迭代法各有各的适用范围, 有的问题用雅可比迭代法可以很好解决, 但是用高斯–赛德尔迭代法却不收敛, 我们在后面一节中将看到具体例子.

(2) 对于 SOR 迭代法只有在松弛因子选择适当时才能加快收敛速度, 选择不当反而会使收敛速度变慢或者不收敛. 而如何选择最佳的收敛因子 $\omega$ 是很复杂的, 在大多数情况下用试错法选择 $\omega$ 比较实际. 下面不加证明地给出两种特殊矩阵的松弛因子的选择.

**定理 6.7**　线性方程组 $\boldsymbol{Ax}=\boldsymbol{b}$ 的系数矩阵为实对称正定阵且 $0<\omega<2$ 时, SOR 迭代法收敛.

**定理 6.8**　如果线性方程组 $\boldsymbol{Ax}=\boldsymbol{b}$ 的系数矩阵 $\boldsymbol{A}$ 为三对角对称正定矩阵, 则 SOR 迭代法的最佳松弛因子为

$$\omega_{op}=\frac{2}{1+\sqrt{1-[\rho(\boldsymbol{B}_J)]^2}}$$

其中, $\rho(\boldsymbol{B}_J)$ 是雅可比迭代法的迭代矩阵 $\boldsymbol{B}_J$ 的谱半径.

**例 6.6**　用超松弛法解方程组

$$\begin{cases}4x_1+3x_2 \qquad\quad =24\\ 3x_1+4x_2-\ x_3=30\\ \qquad -\ x_2+4x_3=-24\end{cases}$$

**解**　不难验证系数矩阵是对称正定的三对角矩阵, 其雅可比迭代矩阵的特征方程为

$$\begin{vmatrix}4\lambda & 3 & 0\\ 3 & 4\lambda & -1\\ 0 & -1 & 4\lambda\end{vmatrix}=0$$

解出

$$\lambda_1=0,\quad \lambda_2=-\sqrt{0.625},\quad \lambda_3=\sqrt{0.625}$$

所以 $[\rho(\boldsymbol{B}_J)]^2=0.625$. 由定理 6.8, 得

$$\omega_{op}=\frac{2}{1+\sqrt{1-0.625}}\approx 1.24$$

取 $\omega_{op}=1.25$, 用超松弛迭代格式 (6.20), 得

$$\begin{cases}x_1^{(k+1)}=-0.25x_1^{(k)}+\dfrac{1.25}{4}(24-3x_2^{(k)})\\ x_2^{(k+1)}=-0.25x_2^{(k)}+\dfrac{1.25}{4}(30-3x_1^{(k+1)}+x_3^{(k)})\\ x_3^{(k+1)}=-0.25x_3^{(k)}+\dfrac{1.25}{4}(-24+x_2^{(k+1)})\end{cases}$$

取 $\boldsymbol{x}_0=(1,1,1)^{\mathrm{T}}$, 若精度要求为 $10^{-3}$, 则迭代 10 次可以得到计算结果为

$$\boldsymbol{x}^{(10)}=(3.0000,4.0000,-5.0000)^{\mathrm{T}}$$

若用高斯–赛德尔迭代法, 同样要求下, 需要迭代 17 次.

## 6.3　常用迭代法的收敛性

由定理 6.5 可立即得到以下结论.

**定理 6.9** 设 $\boldsymbol{Ax}=\boldsymbol{b}$, 其中 $\boldsymbol{A}=\boldsymbol{L}+\boldsymbol{D}+\boldsymbol{U}$ 为非奇异矩阵, 且对角矩阵 $\boldsymbol{D}$ 也非奇异, 则

(1) 雅可比迭代法收敛的充要条件是 $\rho(\boldsymbol{J})<1$, 其中 $\boldsymbol{J}=-\boldsymbol{D}^{-1}(\boldsymbol{L}+\boldsymbol{U})$.

(2) 高斯–塞德尔迭代法收敛的充要条件是 $\rho(\boldsymbol{G})<1$, 其中 $\boldsymbol{G}=-(\boldsymbol{L}+\boldsymbol{D})^{-1}\boldsymbol{U}$.

定理 6.9 可由定理 6.5 直接得到. 同时, 定理 6.6 还可得到雅可比迭代法收敛的充分条件是 $\|\boldsymbol{J}\|<1$. 高斯-塞德尔迭代法收敛的充分条件是 $\|\boldsymbol{G}\|<1$.

在科学及工程计算中, 要求解线性方程组 $\boldsymbol{Ax}=\boldsymbol{b}$, 其矩阵 $\boldsymbol{A}$ 常常具有某些特征. 例如, $\boldsymbol{A}$ 具有对角占优性质或 $\boldsymbol{A}$ 为不可约矩阵, 或 $\boldsymbol{A}$ 是对称正定矩阵等, 下面讨论解这些方程组的收敛性.

**定理 6.10** (对角占优定理) 若 $\boldsymbol{A}=(a_{ij})_{n\times n}$ 为严格对角占优矩阵或 $\boldsymbol{A}$ 为不可约弱对角占优矩阵, 则 $\boldsymbol{A}$ 为非奇异矩阵.

**证明** 只就 $\boldsymbol{A}$ 为严格对角占优矩阵证明此定理. 采用反证法, 若 $\det(\boldsymbol{A})=0$, 则 $\boldsymbol{Ax}=0$ 有非零解, 记为 $x=(x_1,x_2,\cdots,x_n)^{\mathrm{T}}$, 则 $|x_k|=\max\limits_{1\leqslant i\leqslant n}|x_i|\neq 0$.

由齐次方程组第 $k$ 个方程

$$\sum_{j=1}^{n}a_{kj}x_j=0$$

则有

$$|a_{kk}x_k|=\left|\sum_{\substack{j=1\\j\neq k}}^{n}a_{kj}x_j\right|\leqslant\sum_{\substack{j=1\\j\neq k}}^{n}|a_{kj}|\,|x_j|\leqslant|x_k|\sum_{\substack{j=1\\j\neq k}}^{n}|a_{kj}|$$

即

$$|a_{kk}|\leqslant\sum_{\substack{j=1\\j\neq k}}^{n}|a_{kj}|$$

与假设矛盾, 故 $\det(\boldsymbol{A})\neq 0$.

**定理 6.11** 设 $\boldsymbol{Ax}=\boldsymbol{b}$, 若

(1) $\boldsymbol{A}$ 为严格对角占优矩阵, 则解 $\boldsymbol{Ax}=\boldsymbol{b}$ 的雅可比迭代法、高斯–塞德尔迭代法均收敛.

(2) $\boldsymbol{A}$ 为弱对角占优矩阵, 且 $\boldsymbol{A}$ 为不可约矩阵, 则解 $\boldsymbol{Ax}=\boldsymbol{b}$ 的雅可比迭代法、高斯–塞德尔迭代法均收敛.

**证明** 只证 (1) 中高斯–塞德尔迭代法收敛, 其他同理可证.

由设可知, $a_{ii}\neq 0\ (i=1,2,\cdots,n)$, 解 $\boldsymbol{Ax}=\boldsymbol{b}$ 的高斯–塞德尔迭代法的迭代矩阵为 $\boldsymbol{G}=-(\boldsymbol{L}+\boldsymbol{D})^{-1}\boldsymbol{U}$. 下面考查 $\boldsymbol{G}$ 的特征值情况.

$$\det(\lambda\boldsymbol{I}-\boldsymbol{G})=\det(\lambda\boldsymbol{I}+(\boldsymbol{L}+\boldsymbol{D})^{-1}\boldsymbol{U})=\det(\boldsymbol{L}+\boldsymbol{D})^{-1}\det(\lambda(\boldsymbol{L}+\boldsymbol{D})+\boldsymbol{U})$$

由于 $\det((L+D)^{-1})\neq 0$, 于是 $\boldsymbol{G}$ 的特征值即为 $\det(\lambda(\boldsymbol{L}+\boldsymbol{D})+\boldsymbol{U})=0$ 之根. 记

$$\boldsymbol{C}\equiv\lambda(\boldsymbol{L}+\boldsymbol{D})+\boldsymbol{U}=\begin{pmatrix}\lambda a_{11} & a_{12} & \cdots & a_{1n}\\ \lambda a_{21} & \lambda a_{22} & \cdots & a_{2n}\\ \vdots & \vdots & & \vdots\\ \lambda a_{n1} & \lambda a_{n2} & \cdots & \lambda a_{nn}\end{pmatrix}$$

下面来证明, 当 $|\lambda|\geqslant 1$ 时, 则 $\det(\boldsymbol{C})\neq 0$, 即 $\boldsymbol{G}$ 的特征值均满足 $|\lambda|<1$, 由定理 6.5, 则有高斯–塞德尔迭代法收敛.

事实上, 当 $|\lambda|\geqslant 1$ 时, 由 $\boldsymbol{A}$ 为严格对角占优矩阵, 则有

$$\begin{aligned}|\boldsymbol{c}_{ii}|=|\lambda\boldsymbol{a}_{ii}|&>|\lambda|\left(\sum_{j=1}^{i-1}|\boldsymbol{a}_{ij}|+\sum_{j=i+1}^{n}|\boldsymbol{a}_{ij}|\right)\\&\geqslant\sum_{j=1}^{i-1}|\lambda\boldsymbol{a}_{ij}|+\sum_{j=i+1}^{n}|\boldsymbol{a}_{ij}|=\sum_{\substack{j=1\\ j\neq i}}^{n}|\boldsymbol{c}_{ij}|\quad(i=1,2,\cdots,n)\end{aligned}$$

这说明, 当 $|\lambda|\geqslant 1$ 时, 矩阵 $\boldsymbol{C}$ 为严格对角占优矩阵, 再由对角占优定理有 $\det(\boldsymbol{C})\neq 0$.

若线性方程组系数矩阵 $\boldsymbol{A}$ 对称正定, 则有以下的收敛定理.

**定理 6.12**　设矩阵 $\boldsymbol{A}$ 为对称矩阵, 且主元 $a_{ii}>0\ (i=1,2,\ldots,n)$, 则

(1) 解线性方程组 $\boldsymbol{Ax}=\boldsymbol{b}$ 的雅可比迭代法收敛的充分必要条件是 $\boldsymbol{A}$ 及 $2\boldsymbol{D}-\boldsymbol{A}$ 均为正定矩阵, 其中 $\boldsymbol{D}=\operatorname{diag}(a_{11},a_{22},\cdots,a_{nn})$.

(2) 解线性方程组 $\boldsymbol{Ax}=\boldsymbol{b}$ 的高斯–塞德尔迭代法收敛的充分条件是 $\boldsymbol{A}$ 正定.

定理证明略. 定理表明若 $\boldsymbol{A}$ 对称正定, 则高斯–塞德尔迭代法一定收敛, 但雅可比迭代法不一定收敛.

**例 6.7**　在线性方程组 $\boldsymbol{Ax}=\boldsymbol{b}$ 中, $\boldsymbol{A}=\begin{pmatrix}1 & a & a\\ a & 1 & a\\ a & a & 1\end{pmatrix}$

试证明：当 $-\dfrac{1}{2}<a<1$ 时高斯–塞德尔迭代法收敛, 而雅可比迭代法只在 $-\dfrac{1}{2}<a<\dfrac{1}{2}$ 时才收敛.

**证明**　只要证 $-\dfrac{1}{2}<a<1$ 时 $\boldsymbol{A}$ 正定, 由 $\boldsymbol{A}$ 的顺序主子式 $\Delta_2=\begin{vmatrix}1 & a\\ a & 1\end{vmatrix}=1-a^2>0$, 得 $|a|<1$, 而 $\Delta_3=\det\boldsymbol{A}=1+2a^3-3a^2=(1-a)^2(1+2a)>0$, 得 $a>-\dfrac{1}{2}$, 于是得到 $-\dfrac{1}{2}<a<1$ 时 $\Delta_1>0,\Delta_2>0,\Delta_3>0$, $\boldsymbol{A}$ 正定, 故高斯–塞德尔迭代法收敛.

对雅可比迭代矩阵

$$\boldsymbol{J}=\begin{pmatrix}0 & -a & -a\\ -a & 0 & -a\\ -a & -a & 0\end{pmatrix}$$

有

$$\det(\lambda\boldsymbol{I}-\boldsymbol{J})=\lambda^3-3\lambda a^2+2a^3=(\lambda-a)^2(\lambda+2a)=0$$

当 $\rho(\boldsymbol{J}) = |2a| < 1$, 即 $|a| < \dfrac{1}{2}$ 时雅可比法收敛. 例如, 当 $a = 0.8$ 时高斯–塞德尔迭代法收敛, 而 $\rho(\boldsymbol{J}) = 1.6 > 1$, 雅可比迭代法不收敛, 此时 $2\boldsymbol{D} - \boldsymbol{A}$ 不是正定的.

注意, 求线性方程组 $\boldsymbol{Ax} = \boldsymbol{b}$ 时, 如原线性方程组换行后 $\boldsymbol{A}$ 满足收敛条件, 则应将方程换行后再构造雅可比迭代法及高斯–塞德尔迭代法. 例如, 线性方程组

$$\begin{cases} 3x_1 - 10x_2 = -7 \\ 9x_1 - \ \ 4x_2 = 5 \end{cases}$$

可换成

$$\begin{cases} 9x_1 - \ \ 4x_2 = 5 \\ 3x_1 - 10x_2 = -7 \end{cases}$$

即将 $\boldsymbol{A} = \begin{pmatrix} 3 & -10 \\ 9 & -4 \end{pmatrix}$ 换成 $\tilde{\boldsymbol{A}} = \begin{pmatrix} 9 & -4 \\ 3 & -10 \end{pmatrix}$, 显然 $\tilde{\boldsymbol{A}}$ 是严格对角占优矩阵, 对新线性方程组 $\tilde{\boldsymbol{A}}x = \tilde{\boldsymbol{b}}$ 构造雅可比迭代法及高斯–塞德尔迭代法均收敛.

**例 6.8**　设方程组 $\boldsymbol{Ax} = \boldsymbol{b}$, $\boldsymbol{A} = \begin{pmatrix} 1 & 2 & -2 \\ 1 & 1 & 1 \\ 2 & 2 & 1 \end{pmatrix}$, 试讨论解此方程组的雅可比迭代法和高斯–赛德尔迭代法的收敛性.

**解**　由雅可比迭代法公式易得雅可比迭代矩阵 $\boldsymbol{B}_J = \begin{pmatrix} 0 & -2 & 2 \\ -1 & 0 & -1 \\ -2 & -2 & 0 \end{pmatrix}$, 因此, 由

$$|\lambda \boldsymbol{I} - \boldsymbol{B}_J| = \begin{vmatrix} \lambda & 2 & -2 \\ 1 & \lambda & 1 \\ 2 & 2 & \lambda \end{vmatrix} = \lambda^3 = 0$$

解得 $\lambda = 0$, 即 $\rho(\boldsymbol{B}_J) = 0 < 1$, 知雅可比迭代法收敛.

由

$$\boldsymbol{B}_{GS} = -(\boldsymbol{D} + \boldsymbol{L})^{-1}\boldsymbol{U} = -\begin{pmatrix} 1 & & \\ 1 & 1 & \\ 2 & 2 & 1 \end{pmatrix}^{-1} \begin{pmatrix} 0 & 2 & -2 \\ & 0 & 1 \\ & & 0 \end{pmatrix}$$

$$= \begin{pmatrix} 1 & & \\ -1 & 1 & \\ 0 & -2 & 1 \end{pmatrix} \begin{pmatrix} 0 & -2 & 2 \\ & 0 & -1 \\ & & 0 \end{pmatrix} = \begin{pmatrix} 0 & -2 & 2 \\ 0 & 2 & -3 \\ 0 & 0 & 2 \end{pmatrix}$$

又

$$|\lambda \boldsymbol{I} - \boldsymbol{B}_{GS}| = \begin{vmatrix} \lambda & 2 & -2 \\ 0 & \lambda - 2 & 3 \\ 0 & 0 & \lambda - 2 \end{vmatrix} = \lambda(\lambda - 2)^2 = 0$$

得 $\lambda_1=0, \lambda_{2,3}=2$, 即 $\rho(\boldsymbol{B}_{GS})=2>1$, 高斯–赛德尔迭代法不收敛.

**例 6.9** 线性方程组为

$$\begin{cases} -x_1+8x_2 \quad\quad\; =7 \\ -x_1 \quad\quad +9x_3=8 \\ 9x_1- \; x_2- \; x_3=7 \end{cases}$$

怎样改变方程的顺序能使雅可比迭代法和高斯–赛德尔迭代法都收敛.

**解** 观察方程组中未知量的系数, 我们将方程调整为

$$\begin{cases} 9x_1- \; x_2- \; x_3=7 \\ -x_1+8x_2 \quad\quad\; =7 \\ -x_1 \quad\quad +9x_3=8 \end{cases} \tag{6.22}$$

则方程的系数矩阵为

$$\boldsymbol{A}'=\begin{pmatrix} 9 & -1 & -1 \\ -1 & 8 & 0 \\ -1 & 0 & 9 \end{pmatrix}$$

显然 $\boldsymbol{A}'$ 是严格对角占优的, 所以对方程组 (6.22) 雅可比迭代法和高斯–赛德尔迭代法都收敛.

最后介绍下列定理, 它给出了 SOR 迭代法中松弛因子的选取范围.

**定理 6.13** 超松弛迭代法收敛的必要条件是 $0<\omega<2$.

**证明** 设 $\lambda_1, \lambda_2, \cdots, \lambda_n$ 是 $\boldsymbol{B}_\omega$ 的特征值, 则

$$\begin{aligned} \lambda_1\lambda_2\cdots\lambda_n=|\boldsymbol{B}_\omega| &= |(\boldsymbol{D}-\omega\boldsymbol{L})^{-1}[(1-\omega)\boldsymbol{D}+\omega\boldsymbol{U}]| \\ &= |(\boldsymbol{D}-\omega\boldsymbol{L})|^{-1}|[(1-\omega)\boldsymbol{D}+\omega\boldsymbol{U}]| \\ &= (a_{11}a_{22}\cdots a_{nn})^{-1}(1-\omega)a_{11}(1-\omega)a_{22}\cdots(1-\omega)a_{nn} \\ &= (1-\omega)^n \end{aligned}$$

因此, 要使超松弛迭代法收敛, 必须

$$|\lambda_1\lambda_2\cdots\lambda_n|=(1-\omega)^n\leqslant|\rho(\boldsymbol{B}_\omega)|^n<1$$

从而推出 $0<\omega<2$.

## 6.4 最速下降法和共轭梯度法

当线性方程组 $\boldsymbol{Ax}=\boldsymbol{b}$ 的系数矩阵 $\boldsymbol{A}$ 是对称正定矩阵时, 可以采用最速下降法或共轭梯度法求解. 求线性方程组 $\boldsymbol{Ax}=\boldsymbol{b}$ 解的问题可以转化为求二次型

$$\varphi(\boldsymbol{x})=\frac{1}{2}\boldsymbol{x}^{\mathrm{T}}\boldsymbol{Ax}-\boldsymbol{bx} \tag{6.23}$$

的最小值问题.

**定理 6.14** 若 $\boldsymbol{A}$ 是对称正定阵, 则求解线性方程组 $\boldsymbol{Ax}=\boldsymbol{b}$ 的问题等价于求二次型 (6.23) 的最小值问题, 且函数 $\varphi(\boldsymbol{x})$ 的梯度方向为

$$\nabla\varphi(\boldsymbol{x})=\boldsymbol{Ax}-\boldsymbol{b}$$

**证明** 设 $t\in R$, $\boldsymbol{v}$ 是 $n$ 维非零向量, 则

$$\begin{aligned}\varphi(\boldsymbol{x}+t\boldsymbol{v})&=\frac{1}{2}(\boldsymbol{x}+t\boldsymbol{v})^{\mathrm{T}}\boldsymbol{A}(\boldsymbol{x}+t\boldsymbol{v})-\boldsymbol{b}^{\mathrm{T}}(\boldsymbol{x}+t\boldsymbol{v})\\&=\frac{1}{2}\boldsymbol{x}^{\mathrm{T}}\boldsymbol{Ax}+t\boldsymbol{v}^{\mathrm{T}}\boldsymbol{Ax}+\frac{1}{2}t^2\boldsymbol{v}^{\mathrm{T}}\boldsymbol{Av}-\boldsymbol{b}^{\mathrm{T}}\boldsymbol{x}-t\boldsymbol{b}^{\mathrm{T}}\boldsymbol{v}\\&=\varphi(\boldsymbol{x})+t\boldsymbol{v}^{\mathrm{T}}(\boldsymbol{Ax}-\boldsymbol{b})+\frac{1}{2}t^2\boldsymbol{v}^{\mathrm{T}}\boldsymbol{Av}\end{aligned}$$

这是一个关于 $t$ 的二次多项式, 注意到二次项系数大于 0, 所以当

$$t=-\frac{\boldsymbol{v}^{\mathrm{T}}(\boldsymbol{Ax}-\boldsymbol{b})}{\boldsymbol{v}^{\mathrm{T}}\boldsymbol{Av}}$$

时, $\varphi(\boldsymbol{x})$ 达到最小值, 此时

$$\begin{aligned}\min\varphi(\boldsymbol{x}+t\boldsymbol{v})&=\varphi(\boldsymbol{x})-\frac{\boldsymbol{v}^{\mathrm{T}}(\boldsymbol{Ax}-\boldsymbol{b})}{\boldsymbol{v}^{\mathrm{T}}\boldsymbol{Av}}\boldsymbol{v}^{\mathrm{T}}(\boldsymbol{Ax}-\boldsymbol{b})+\frac{1}{2}\left(\frac{\boldsymbol{v}^{\mathrm{T}}(\boldsymbol{Ax}-\boldsymbol{b})}{\boldsymbol{v}^{\mathrm{T}}\boldsymbol{Av}}\right)^2\boldsymbol{v}^{\mathrm{T}}\boldsymbol{Av}\\&=\varphi(\boldsymbol{x})-\frac{1}{2}\frac{\left(\boldsymbol{v}^{\mathrm{T}}(\boldsymbol{Ax}-\boldsymbol{b})\right)^2}{\boldsymbol{v}^{\mathrm{T}}\boldsymbol{Av}}\end{aligned}$$

由 $\boldsymbol{v}$ 的任意性, 知当 $\boldsymbol{Ax}=\boldsymbol{b}$ 时 $\varphi(\boldsymbol{x})$ 达到最小值.

此外, 在 $\boldsymbol{v}$ 处, $\varphi(\boldsymbol{x})$ 沿的 $\boldsymbol{v}$ 方向导数为

$$\left.\frac{\mathrm{d}}{\mathrm{d}t}\right|_{t=0}\varphi(\boldsymbol{x}+t\boldsymbol{v})=\boldsymbol{v}^{\mathrm{T}}(\boldsymbol{Ax}-\boldsymbol{b})$$

故 $\nabla\varphi(\boldsymbol{x})=\boldsymbol{Ax}-\boldsymbol{b}$.

### 6.4.1 最速下降法

最速下降法是一种运用梯度与极值的性质, 综合数值计算方法寻找局部极值的方法. 其基本思想是: 任一点的负梯度方向是函数值在该点下降最快的方向, 从而将 $n$ 维方程的求解问题转化为一系列沿负梯度方向用一维搜索方法寻优的问题. 根据梯度和方向导数的关系, 我们知道负梯度方向是函数值减小最快的方向, 故称此方法为最速下降法.

其具体步骤如下:

**步骤 1** 给定初始点 $\boldsymbol{x}^{(0)}\in R^0$, 允许误差 $\varepsilon\geqslant 0$, 令 $k=1$;

**步骤 2** 计算搜索方向 $\boldsymbol{d}^{(k)}=-\nabla\varphi(\boldsymbol{x}^{(k)})=\boldsymbol{Ax}^{(k)}-\boldsymbol{b}$;

**步骤 3** 若 $\left\|\boldsymbol{d}^{(k)}\right\|\leqslant\varepsilon$, 则 $\boldsymbol{x}^{(k)}$ 为所求的极值点, 否则, 求最优步长 $\lambda_k$, 使得

$$\varphi(\boldsymbol{x}^{(k)}+\lambda_k\boldsymbol{d}^{(k)})=\min_{\lambda}\varphi(\boldsymbol{x}^{(k)}+\lambda\boldsymbol{d}^{(k)})$$

**步骤 4** 令 $\boldsymbol{x}^{(k+1)}=\boldsymbol{x}^{(k)}+\lambda_k\boldsymbol{d}^{(k)}$, $k=k+1$. 返回步骤 2.

### 6.4.2　共轭梯度法

共轭梯度法的基本原理是在点 $\boldsymbol{x}^{(k)}$ 处选取收索方向 $\boldsymbol{d}^{(k)}$, 使其与前一次的搜索方向 $\boldsymbol{d}^{(k-1)}$ 关于 $\boldsymbol{A}$ 共轭, 即满足

$$\left(\boldsymbol{d}^{(k)}\right)^{\mathrm{T}} \boldsymbol{A}\boldsymbol{d}^{(k-1)}=0 \quad (k=1,2,\cdots) \tag{6.24}$$

之后, 从 $\boldsymbol{x}^{(k)}$ 点出发, 沿方向 $\boldsymbol{d}^{(k)}$ 求得 $\varphi(\boldsymbol{x})$ 的极小值点, 即

$$\varphi(\boldsymbol{x}^{(k+1)})=\min_{t>0}\varphi(\boldsymbol{x}^{(k)}+t\boldsymbol{d}^{(k)})$$

由定理 6.14 的证明, 得

$$\boldsymbol{x}^{(k+1)}=\boldsymbol{x}^{(k)}+\frac{\left(\boldsymbol{d}^{(k)}\right)^{\mathrm{T}}\left(\boldsymbol{b}-\boldsymbol{A}\boldsymbol{x}^{(k)}\right)}{\left(\boldsymbol{d}^{(k-1)}\right)^{\mathrm{T}}\boldsymbol{A}\boldsymbol{d}^{(k-1)}}\boldsymbol{d}^{(k)}$$

这样从 $\boldsymbol{x}^{(0)}$ 出发, 得序列 $\{\boldsymbol{x}^{(k)}\}$. 此序列收敛于方程 $\boldsymbol{A}\boldsymbol{x}=\boldsymbol{b}$ 的解.

注意到 $\boldsymbol{d}^{(k)}$ 的选取不是唯一的, 一般的, 取 $\boldsymbol{d}^{(1)}=-\nabla\varphi\left(\boldsymbol{x}^{(0)}\right)$, 那么由式 (6.22) 计算, 得

$$\boldsymbol{d}^{(k+1)}=-\nabla\varphi\left(\boldsymbol{x}^{(k)}\right)+\beta_k\boldsymbol{d}^{(k)}$$

其中

$$\beta_k=\frac{\left(\boldsymbol{d}^{(k)}\right)^{\mathrm{T}}\boldsymbol{A}\nabla\varphi\left(\boldsymbol{x}^{(k)}\right)}{\left(\boldsymbol{d}^{(k)}\right)^{\mathrm{T}}\boldsymbol{A}\boldsymbol{d}^{(k)}}$$

## 6.5　数值实验 6

**实验要求**

1. 调试雅可比迭代法、高斯–赛德尔迭代法、SOR 迭代法的程序;
2. 直接使用 MATLAB 命令求解同样的例题;
3. 了解使用 MATLAB 命令求矩阵的逆、特征值与特征向量、谱半径;
4. 完成上机实验报告.

### 6.5.1　雅可比迭代法 MATLAB 实现

编写雅可比迭代法的 MATLAB 程序主要运用到雅可比迭代公式 (6.15), 即

$$x_i^{(k+1)}=\frac{1}{a_{ii}}\left(b_i-\sum_{j=1}^{i-1}a_{ij}x_j^{(k)}-\sum_{j=i+1}^{n}a_{ij}x_j^{(k)}\right) \quad (i=1,2,\cdots n;k=1,2,\cdots)$$

其具体程序如下:

```
function [x,k]=Jacobi(A,b,x0,wc)
% k为迭代次数
% x0为初始向量
% wc精度要求
n=length(b);k=0;x=x0;
while max(abs(b-A*x0))>wc&k<=500
    for i=1:n
        sum=0;
        for j=1:n
            if j~=i
                sum=sum+A(i,j)*x0(j);
            end
        end
        x(i)=(b(i)-sum)/A(i,i);
    end
    x0=x;k=k+1;
    if k>500
       fprintf('迭代次数达到上限')
       return
    end
end
```

**例 6.10**　用雅可比迭代法求解下列线性方程组, 精度要求 $10^{-3}$.

$$\begin{pmatrix} -4 & 1 & 1 & 1 \\ 1 & -4 & 1 & 1 \\ 1 & 1 & -4 & 1 \\ 1 & 1 & 1 & -4 \end{pmatrix}\begin{pmatrix} x_1 \\ x_2 \\ x_3 \\ x_4 \end{pmatrix}=\begin{pmatrix} 1 \\ 1 \\ 1 \\ 1 \end{pmatrix}$$

在命令窗口输入:

```
>> A=[-4 1 1 1;1 -4 1 1;1 1 -4 1;1 1 1 -4];
>> b=[1 1 1 1]';
>> x0=[0 0 0 0]';
>> [x,k]=Jacobi(A,b,x0,1e-3)
```

回车, 得到运行结果为:

```
x= -0.9992              k=25
   -0.9992
   -0.9992
   -0.9992
   -0.9997
```

### 6.5.2 高斯–赛德尔迭代法 MATLAB 实现

我们运用高斯–赛德尔迭代法的公式 (6.18) 求解方程组的解, 即:

$$x_i^{(k+1)} = \frac{1}{a_{ii}}\left(b_i - \sum_{j=1}^{i-1} a_{ij}x_j^{(k+1)} - \sum_{j=i+1}^{n} a_{ij}x_j^{(k)}\right) \quad (i=1,2,\cdots n; k=1,2,\cdots)$$

其 MATLAB 具体程序如下:

```
function [x,k]=Gaussseidel(A,b,x,wc,N)
% k为迭代次数
% x0为初始向量
% wc精度要求
% N为最大迭代次数
n=length(b);k=0;
while max(abs(b-A*x))>wc&k<=N
    for i=1:n
        sum=0;
        for j=1:n
            if j~=i
                sum=sum+A(i,j)*x(j);
            end
        end
        x(i)=(b(i)-sum)/A(i,i);
    end
    k=k+1;
    if k>=N
       fprintf('跌代达到上限')
       return
    end
end
```

### 6.5.3 SOR 迭代法 MATLAB 实现

SOR 方法是对高斯–赛德尔迭代法的一种加速方法, 我们运用式 (6.20), 即

$$x_i^{(k+1)} = (1-\omega)x_i^{(k)} + \frac{\omega}{a_{ii}}\left(b_i - \sum_{j=1}^{i-1} a_{ij}x_j^{(k+1)} - \sum_{j=i+1}^{n} a_{ij}x_j^{(k)}\right) \quad (i=1,2,\cdots n; k=1,2,\cdots)$$

其 MATLAB 程序如下:

```
function [x,k]=SOR(A,b,x0,tol,N,w)
% k为迭代次数
% x0为初始向量
```

```
% tol为精度要求
% N为最大迭代次数
% w为松弛因子
 n=length(b);
 x=zeros(n,1);
 r=max(abs(b-A*x0));
 k=0;
 while (r>tol)&(k<N)
     for i=1:n
         sum=0;
         for j=1:n
             if j>i
             sum=sum+A(i,j)*x0(j);
             elseif j<i
              sum=sum+A(i,j)*x(j);
            end
      end
      x(i)=(1-w)*x0(i)+w*(b(i)-sum)/A(i,i);
    end
    r=max(abs(x-x0));
    x0=x; k=k+1;
    if k>=N
        warning('迭代次数达到上限! ');
     return;
    end
end
```

**例 6.11**　对于例 6.1 中的方程, 用 SOR 迭代法求解, 分别取 $\omega=0.7,1,1.3$, 精度要求 $10^{-3}$.

在命令窗口输入:

```
>> A=[-4 1 1 1;1 -4 1 1;1 1 -4 1;1 1 1 -4];
>> b=[1 1 1 1]';
>> x0=[0 0 0 0]';
>> [x,k]=SOR(A,b,x0,1e-3,500,0.7)
```

回车, 得运行结果为:

```
x = -0.9975                    k=22
    -0.9976
    -0.9978
```

同法可以得到当$\omega=1$时, 运行 13 次, 得到解 $\boldsymbol{x}=(-0.9991,-0.9992,-0.9993,-0.9994)^{\mathrm{T}}$

当 $\omega = 1.3$ 时, 运行 7 次, 得到解 $\boldsymbol{x} = (0.9999, 1.0001, 0.9999, -1.0000)^{\mathrm{T}}$.

### 6.5.4 MATLAB 中方程组求解的相关函数简介及使用方法

可以很方便地使用 MATLAB 的相关命令或函数求解线性方程组, 表 6.5 列出了部分相关函数.

**表 6.5 MATLAB 有关方程组求解的部分函数**

| 函数 | 功能 | 用法 | 解释 |
|---|---|---|---|
| 无 | 求解 Ax=b | x= A\b | 不推荐使用 inv(A)*b 求解方程组 |
| 无 | 求矩阵 A 的谱半径 | max(abs(eig(A))) | $\rho(A) = \max\limits_{1\leqslant k\leqslant n} \lvert\lambda_k\rvert$ |
| inv | 求矩阵 A 的逆 | inv(A) | 求 A 的逆, 可以进行符号计算 |
| norm | 求矩阵 A 的范数 | n = norm(X) | 向量或矩阵的各种范数 |
| eig | 求特征值 | lambda = eig(A) | 求矩阵 A 的特征值与特征向量 |
| solve | 解方程或方程组 | x=solve('eqn1','eqn2',...,'var1','var2',...) | 输入: eqnk 表示第 k 个方程,<br>vari 表示第 i 个变量<br>输出: 方程组的解 x |

**例 6.12**　求解下列方程

$$\begin{cases} 3x_1 + x_2 + 6x_3 = 2 \\ 2x_1 + x_2 + 3x_3 = 7 \\ x_1 + x_2 + x_3 = 4 \end{cases}$$

(1) 推荐的方法: 在命令窗口输入:

```
>> A=[3 1 6;2 1 3;1 1 1];b=[2;7;4];
>> x=A\b
x =
    19.0000
    -7.0000
    -8.0000
```

(2) 不推荐的方法: 在命令窗口输入:

```
>> A=[3 1 6;2 1 3;1 1 1];b=[2;7;4];
>> x=inv(A)*b
x1=
    19.0000
    -7.0000
    -8.0000
```

符号计算的方法: 在命令窗口输入:

```
>>x=solve('3*x1+x2+6*x3=2','2*x1+x2+3*x3=7','x1+x2+x3=4','x1','x2','x3')
```

回车得方程解

```
x =
      19     -7     -8
```

# 习　题　6

1. 用雅可比迭代法求解线性方程组

$$\begin{cases} 4x_1+3x_2 \qquad\quad =24 \\ 3x_1+4x_2-\ \ x_3 \quad =30 \\ \qquad -\ \ x_2+4x_3=-24 \end{cases}$$

要求误差不超过 $10^{-5}$.

2. 用高斯–赛德尔迭代法求解线性方程组

$$\begin{cases} 8x_1-\ \ 3x_2+\ \ 2x_3=20 \\ 4x_1+11x_2-\quad x_3=33 \\ 6x_1+\ \ 3x_2+12x_3=36 \end{cases}$$

要求误差不超过 $10^{-5}$.

3. 用雅可比迭代法和高斯–赛德尔迭代法求解线性方程组

$$\begin{cases} 3x_1+\ \ x_2+\ \ x_3=1 \\ 3x_1+6x_2+2x_3=0 \\ 3x_1+3x_2+7x_3=4 \end{cases}$$

取初值 $\boldsymbol{x}^{(0)}=(0,0,0)^{\mathrm{T}}$, 迭代一次, 计算 $\boldsymbol{x}^{(1)}$. 要求误差不超过 $10^{-4}$, 那么两种迭代各要进行多少次?

4. 用 SOR 迭代法解线性方程组

$$\begin{cases} -4x_1+\ \ x_2 & =-27 \\ \quad x_1-4x_2+\ \ x_3 & =-15 \\ \qquad\quad x_2-4x_3+\ \ x_4 & =-15 \\ \qquad\qquad\quad x_3-4x_4+\ \ x_5 & =-15 \\ \qquad\qquad\qquad\quad x_4-4x_5 & =-15 \end{cases}$$

分别取松弛因子 $\omega=1.0,1.3,1.6,1.8$, 比较那种方法好.

5. 讨论系数矩阵为 $\boldsymbol{A}=\begin{pmatrix} 2 & -1 & 1 \\ 1 & 1 & 1 \\ 1 & 1 & -2 \end{pmatrix}$ 的方程组 $\boldsymbol{A}x=\boldsymbol{b}$ 的雅可比迭代法和高斯–赛德尔迭代法的收敛性.

6. 讨论系数矩阵为 $\boldsymbol{A}=\begin{pmatrix} 1 & -2 & 2 \\ -1 & 1 & -1 \\ -2 & -2 & 1 \end{pmatrix}$ 的方程组 $\boldsymbol{A}x=\boldsymbol{b}$ 的雅可比迭代法和高斯–赛德尔迭代法的收敛性.

7. 线性方程组

$$\begin{cases} x_1+8x_2+\quad x_3=12 \\ 2x_1-3x_2+15x_3=30 \\ 20x_1+2x_2+\ \ 3x_3=24 \end{cases}$$

如何改变方程的位置, 才能使雅可比迭代法和高斯–赛德尔迭代法收敛.

# 第 7 章　非线性方程与方程组的数值解法

本章讨论一元非线性方程 $f(x)=0$ 以及多元非线性方程组

$$f_i(x_1,x_2,\cdots,x_n)=0 \quad (i=1,2,\cdots,n)$$

的数值解法. 首先针对一元情形讨论构造迭代法的基本思想与方法, 构造出基本迭代法, 然后介绍常用的牛顿迭代法，最后将一元情形的方法推广到多元情形，构造多元非线性方程组的迭代法.

## 7.1　基础的数值解法

### 7.1.1　问题的背景

非线性方程求解问题是科学与工程计算中常见的问题. 例如, 求 $n$ 次代数方程

$$a_nx^n+a_{n-1}x^{n-1}+\cdots+a_1x+a_0=0$$

的根, 或求超越方程

$$e^{-x}-\sin\left(\frac{\pi x}{2}\right)=0$$

的根. 这两类方程都可以表示为求非线性方程 $f(x)=0$ 的根, 或求函数 $f(x)$ 的零点.

**定义 7.1**　$f(x)=0$ 的解 $x^*$ 称为方程 $f(x)=0$ 的**根**或函数 $f(x)$ 的**零点**. 若

$$f(x)=(x-x^*)^m g(x)$$

其中: $m\in z, m>1$, 且 $g(x^*)\neq 0$, 则称 $x^*$ 为方程 $f(x)=0$ 的 $m$**重根**, 或函数 $f(x)$ 的 $m$**重零点**.

对于高次代数方程, 由代数基本定理可知多项式的零点数目和方程的次数相同, 但对超越方程就会复杂得多, 如果有解, 可能是一个或几个, 也可能是无穷多个.

求方程的根, 通常会遇到两种情形: 一种是求出在给定范围内的某个根, 而根的大致位置已经从问题的物理背景或其他方法知道了; 另一种是求出方程的全部根, 而根的数目和位置事先并不知道, 这在解超越方程时是比较困难的.

本章介绍几种对两类方程均适用的较为有效的方法, 即对大部分要知道根在什么范围内, 而且此范围内只有一个根, 对于工程实际问题, 一般是可以做到的.

### 7.1.2　一元方程的搜索法

**定理 7.1**　若 $f(x)\in C[a,b]$, 且 $f(a)\cdot f(b)<0$, 则 $f(x)$ 在 $(a,b)$ 内必有一根.

如果函数 $f(x)$ 在 $(a,b)$ 内有一实根 $x^*$, 我们从有根的区间 $[a,b]$ 的左端点 $a$ 出发, 按

某一个给定的步长 $h\left(\text{如 } h=\dfrac{b-a}{n}, n\in z^+\right)$, 一步一步向右跨, 每跨一步进行一次根的搜索, 即检验点 $x_i=a+ih$ 处的函数 $f(x_i)$ 的符号. 一旦发现某个点 $x_i$ 处的函数值 $f(x_i)$ 与端点 $a$ 的函数 $f(a)$ 的符号不同, 就可以断定 $f(x)$ 在 $[x_{i-1},x_i]$ 之间必有一根, 因此可取 $x_{i-1}$ 或 $x_i$ 或 $\dfrac{x_{i-1}+x_i}{2}$ 作为根的近似值. 这种方法称为根的搜索法.

显然, 只要步长 $h$ 取得足够小, 利用这种方法可以得到任意精度的近似值. 但 $h$ 越小, 计算量越大. 因此, 通常只是用这种方法确定根的大致范围.

### 7.1.3 二分法

满足定理 7.1 方程的根可由二分法求得, 二分法的算法步骤如下:

(1) 先选定两个小的正数 $\delta$ 和 $\varepsilon$.

记 $[a,b]=[a_0,b_0]$, 取其中点为 $x_0=\dfrac{a_0+b_0}{2}$, 判断 $|f(x_0)|\leqslant\delta$ 是若成立, 则 $x_0$ 即为所求的根, 停止; 否则进入下一步.

(2) 判断 $f(a_0)\cdot f(x_0)<0$ 是否成立. 若成立, 说明在 $[a_0,x_0]$ 内有一根, 则令 $a_1=a_0, b_1=x_0$; 否则 $a_1=x_0, b_1=b_0$, 形成新的有根区间 $[a_1,b_1]$, 且 $b_1-a_1=\dfrac{b-a}{2}$.

(3) 对新的有根区间重复步骤 (1)、(2), 仅当出现步骤 (1) 时计算过程中断.

上述二分法二分一次的过程如图 7.1 所示.

下面进行误差分析, 并对需要做多少次二分进行估计:

记第 $n$ 次过程得到的有根区间为 $[a_n,b_n]$, 显然有

$$[a_0,b_0]\supset[a_1,b_1]\supset\cdots\supset[a_n,b_n]$$

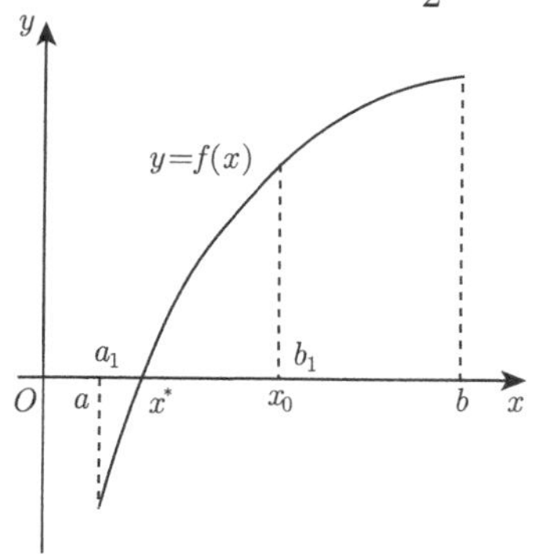


图 7.1 二分法示意图

若 $|b_n-a_n|<\varepsilon$, 则取

$$x^*=x_n=\frac{a_n+b_n}{2}$$

此时误差为

$$|x_n-x^*|\leqslant\frac{b_n-a_n}{2}=\frac{1}{2^{n+1}}(b-a) \tag{7.1}$$

考虑误差 $|x_n-x^*|\leqslant\dfrac{1}{2^{n+1}}(b-a)<\varepsilon$, 则可通过不等式大致估计出需经多少步能达到精度要求.

上述二分法的优点是算法简单, 且收敛总能得到保证, 缺点是收敛速度较慢, 故一般不单独使用, 常用作求初始近似值. 另外, 由于在偶重根附近曲线 $y=f(x)$ 为向上凹或向下凹, 即 $f(a)$ 与 $f(b)$ 的正负号相同, 所以不能用二分法求偶重根.

**例 7.1** 求方程 $f(x)=x^3-\mathrm{e}^{-x}=0$ 的一个实根.

**解**　因为 $f(0)<0, f(1)>0$, 故 $f(x)$ 在 (0,1) 内有根, 用二分法求解, 取 $(a,b)=(0,1)$, 计算结果如表 7.1 所示.

**表 7.1　二分法迭代 10 次结果**

| $n$ | $a_n$ | $b_n$ | $x_n$ | $f(x_n)$ 符号 |
|---|---|---|---|---|
| 0 | 0 | 1 | 0.5 | — |
| 1 | 0.5 | — | 0.75 | — |
| 2 | 0.75 | — | 0.875 | + |
| 3 | — | 0.875 | 0.812 5 | + |
| 4 | — | 0.812 5 | 0.781 2 | + |
| 5 | — | 0.781 2 | 0.765 6 | — |
| 6 | 0.765 6 | — | 0.773 4 | + |
| 7 | — | 0.773 4 | 0.769 5 | — |
| 8 | 0.769 5 | — | 0.771 4 | — |
| 9 | 0.771 4 | — | 0.772 4 | — |
| 10 | 0.772 4 | — | 0.772 9 | + |

取 $x_{10}=0.772\,9$, 误差为 $|x^*-x_{10}|\leqslant\dfrac{1}{2^{11}}$.

## 7.2　一元方程的基本迭代法

迭代法利用逐次逼近过程求解非线性方程 (或方程组), 同样的计算过程往往要多次进行, 而每次都要以前一次的计算结果代入计算. 在迭代计算中, 选取迭代初值、按迭代格式进行迭代计算以及判别收敛是迭代的 3 个主要部分. 对迭代法研究的主要内容包括: 迭代格式的构造、迭代过程的收敛性、迭代收敛速度的估计以及加速收敛的技巧.

### 7.2.1　基本迭代法及其收敛性

1. 不动点迭代法

将方程 $f(x)=0$ 变换成等价的形式 $x=\varphi(x)$, 若 $x^*$ 满足 $f(x^*)=0$, 则 $x^*$ 也满足方程 $x^*=\varphi(x^*)$, 反之亦然, 此时称 $x^*$ 是函数的 $\varphi(x)$ 的一个不动点. 求 $f(x)$ 的零点等价于求 $\varphi(x)$ 的不动点. 选择一个初始近似值 $x_0$, 按照以下公式迭代计算

$$x_{n+1}=\varphi(x_n)\quad(n=0,1,2,3,\cdots)\tag{7.2}$$

称为不动点迭代法, $\varphi(x)$ 称为迭代函数. 它产生的序列 $\{x_k\}$ 如果收敛到 $x^*$, 则称迭代方程 (7.2) 收敛, 且 $x^*=\varphi(x^*)$ 就是 $\varphi(x)$ 的不动点.

上述迭代法的基本思想是, 将求解隐式方程 $f(x)=0$ 问题转化为计算一组显式的计算公式 $x_{n+1}=\varphi(x_n)$. 下面用几何图形来说明迭代过程.

求方程 $x=\varphi(x)$ 的根意味着在 $xOy$ 平面上确定曲线 $y=\varphi(x)$ 和直线 $y=x$ 的交点. 对于 $x^*$ 的某个近似值 $x_0$, 在曲线 $y=\varphi(x)$ 上可确定一点 $P_0$, 它以 $x_0$ 为横坐标, 纵坐标等于 $\varphi(x_0)=x_1$. 过 $P_0$ 作平行于 $x$ 轴的直线与 $y=x$ 交于点 $Q_1$, 然后再过 $Q_1$ 作平行于 $y$ 轴的直线, 它与曲线的交点记作点 $P_1$, 点 $P_1$ 的横坐标为 $x_1$, 纵坐标等于 $\varphi(x_1)=x_2$.

按照图 7.2 中箭头所示的路径继续下去, 在曲线 $y=\varphi(x)$ 上得到点列 $P_1, P_2, \ldots$, 其横坐标分别为迭代值 $x_1, x_2, \ldots$, 若点列 $\{P_n\}$ 趋近于点 $P^*$, 则相应的迭代值数列 $x_n$ 收敛到所求的根 $x^*$.

可以通过不同的途径将方程 $f(x)=0$ 变换成为 $x=\varphi(x)$, 例如, 令 $\varphi(x)=x-f(x)$, 也可以用其他更复杂的方法.

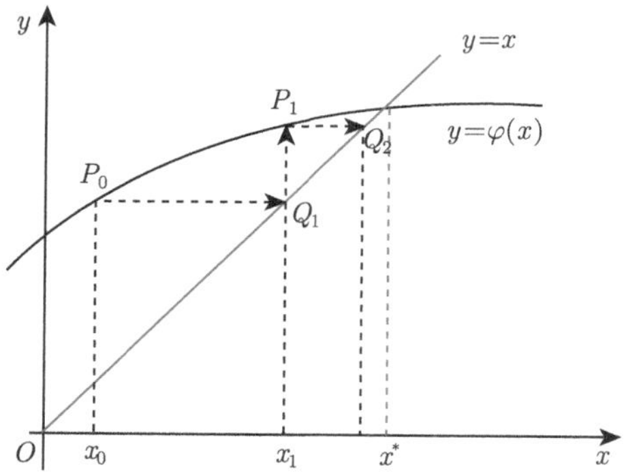

图 7.2　不动点迭代法示意图

**例 7.2**　已知方程 $x^3+4x^2-10=0$ 在 $[1,2]$ 上有一个根, 选用不同迭代函数 $\varphi(x)$ 计算出迭代序列, 观察方法的收敛性.

**解**　方法 1　将方程写成 $x=x-x^3-4x^2+10$, 取

$$\varphi(x)=x-x^3-4x^2+10$$

方法 2　将原方程写成 $4x^2=10-x^3$, 因所求的根是正根, 取

$$\varphi(x)=\frac{1}{2}\left(10-x^3\right)^{\frac{1}{2}}$$

方法 3　将原方程写成 $x^2=\dfrac{10}{x}-4x$, 取

$$\varphi(x)=\left(\frac{10}{x}-4x\right)^{\frac{1}{2}}$$

方法 4　将原方程写成 $x=\left(\dfrac{10}{4+x}\right)^{\frac{1}{2}}$, 取

$$\varphi(x)=\left(\frac{10}{4+x}\right)^{\frac{1}{2}}$$

选 $x_0=1.5$, 用以上 4 种方法迭代计算, 结果如表 7.2 所示.

**表 7.2　各种迭代格式迭代 10 次计算结果**

| $n$ | 方法 1 | 方法 2 | 方法 3 | 方法 4 |
|---|---|---|---|---|
| $x_0$ | 1.5 | 1.5 | 1.5 | 1.5 |
| $x_1$ | −0.875 | 1.283 953 8 | 0.816 5 | 1.348 339 97 |
| $x_2$ | 6.732 | 1.402 540 8 | 2.996 9 | 1.367 376 4 |
| $x_3$ | −469.7 | 1.345 458 4 | $(-8.65)^{1/2}$ | 1.364 957 0 |
| $x_4$ | $1.03\times10^8$ | 1.375 170 3 | | 1.365 264 7 |
| $x_5$ | | 1.360 094 2 | | 1.365 525 6 |
| ⋯ | | ⋯ | | ⋯ |
| $x_8$ | | 1.365 410 1 | | 1.365 230 0 |
| ⋯ | | ⋯ | | |
| $x_{23}$ | | 1.365 230 0 | | |

显然方法 1 不收敛, 方法 3 在计算过程中出现负数的开方而不能继续进行实数运算, 方法 2 算出 $x_{23} = 1.365\ 230\ 0$, 而方法 4 有 $x_8 = 1.365\ 230\ 0$. 从这个例子来看, 原方程化成不同的迭代格式时, 有的迭代收敛, 有的发散. 收敛时, 收敛的速度也有所不同. 因此, 用迭代法求解方程 $f(x) = 0$ 近似解时, 如何构造函数 $\varphi(x)$ 及 $\varphi(x)$ 满足什么条件能保证迭代收敛是必须研究的问题.

2. 不动点的存在性与迭代法的收敛性

首先考察在 $[a,b]$ 上的函数 $\varphi(x)$ 不动点的存在性, 给出不动点存在唯一的充分条件.

**引理 7.1**　设 $\varphi(x) \in C[a,b]$, 且 $a \leqslant \varphi(x) \leqslant b$ 对一切 $x \in [a,b]$ 成立, 则 $\varphi(x)$ 在 $[a,b]$ 上一定有不动点. 进一步设 $\varphi(x) \in C^1(a,b)$, 且存在常数 $0 < L < 1$, 使

$$|\varphi'(x)| \leqslant L \tag{7.3}$$

对一切 $x \in (a,b)$ 成立, 则 $\varphi(x)$ 在 $[a,b]$ 上的不动点是唯一的.

**证明**　若 $\varphi(x) = a$ 或 $\varphi(x) = b$, 显然 $\varphi(x)$ 在 $[a,b]$ 上存在不动点, 因为 $a \leqslant \varphi(x) \leqslant b$, 以下设 $\varphi(x) > a$ 及 $\varphi(x) < b$, 构造函数

$$\psi(x) = \varphi(x) - x$$

则 $\psi(x) \in C[a,b]$ 并满足

$$\psi(x) = \varphi(a) - a > 0, \quad \psi(b) = \varphi(b) - b < 0$$

由零点定理, 存在 $x^* \in C^1(a,b)$, 满足 $\psi(x^*) = 0$, 即 $\varphi(x^*) = x^*$, $x^*$ 就是 $\varphi(x)$ 的不动点.

进一步设 $\varphi(x) \in C^1(a,b)$ 满足式 (7.3). 若 $\varphi(x)$ 有两个不动点 $x_1^*, x_2^* \in [a,b]$, 则由微分中值定理

$$|x_1^* - x_2^*| = |\varphi(x_1^*) - \varphi(x_2^*)| = |\varphi'(\xi)|\ |x_1^* - x_2^*| \leqslant L\,|x_1^* - x_2^*| < |x_1^* - x_2^*|$$

引出矛盾, 故 $\varphi(x)$ 在 $[a,b]$ 上的不动点只能是唯一的.

在不动点存在唯一的情况下, 下面给出不动点迭代法收敛的一个充分条件.

**定理 7.2**　设 $\varphi(x)$ 在 $C^1[a,b]$ 且满足:

(1) $a \leqslant \varphi(x) \leqslant b$, 对一切 $x \in [a,b]$ 成立;

(2) 存在常数 $0 < L < 1$, 使得 $|\varphi'(x)| \leqslant L$, 对于一切 $x \in (a,b)$ 成立,

则对任意的 $x_0 \in [a,b]$, $x_n = \varphi(x_{n-1})$ 产生的序列 $\{x_n\}$ 必收敛到 $\varphi(x)$ 的不动点.

**证明**　根据条件 (1)、条件 (2), 由引理 7.1 的结论, 存在唯一的不动点 $x^* \in [a,b]$, 且迭代法产生的序列 $\{x_n\} \subset [a,b]$, 再由条件 (2), 可得

$$|x_n - x^*| = |\varphi(x_{n-1}) - \varphi(x^*)| = |\varphi'(\xi)|\ |x_{n-2} - x^*| \leqslant L\,|x_{n-1} - x^*|$$

其中, $\xi$ 介于 $x_{n-1}$ 和 $x^*$ 之间, 故 $\xi \in (a,b)$. 由上式递推, 得

$$|x_n - x^*| \leqslant L\,|x_{n-1} - x^*| \leqslant L^2\,|x_{n-2} - x^*| \leqslant \cdots \leqslant L^n\,|x_0 - x^*|$$

因 $0<L<1$, 故 $\lim\limits_{n\to\infty}(x_n-x^*)=0$, 即 $\{x_n\}$ 收敛于 $x^*$.

**定理 7.3**　设 $\varphi(x)\in C^1[a,b]$ 且满足:

(1) $a\leqslant\varphi(x)\leqslant b$ 对于 $x\in[a,b]$ 成立;

(2) 存在常数 $0<L<1$, 使 $|\varphi'(x)|\leqslant L$, 对于一切 $x\in(a,b)$ 成立,

则对任意 $x_0\in[a,b]$, $x_{n+1}=\varphi(x_n)$ 产生的序列满足下面两式

$$|x^*-x_n|\leqslant\frac{1}{1-L}|x_{n+1}-x_n| \tag{7.4}$$

$$|x^*-x_n|\leqslant\frac{L^n}{1-L}|x_1-x_0| \tag{7.5}$$

**证明**　由于

$$\begin{aligned}|x_{n+1}-x_n|&=|(x^*-x_n)-(x^*-x_{n+1})|\\&\geqslant|x^*-x_n|-|x^*-x_{n+1}|\\&\geqslant|x^*-x_n|-L|x^*-x_n|\\&=(1-L)|x^*-x_n|\end{aligned}$$

所以有

$$|x^*-x_n|\leqslant\frac{1}{1-L}|x_{n+1}-x_n|$$

故式 (7.4) 成立. 又 $|x_{n+1}-x_n|=|\varphi(x_n)-\varphi(x_{n-1})|\leqslant|\varphi'(\xi)||x_n-x_{n-1}|\leqslant L|x_n-x_{n-1}|\leqslant\cdots\leqslant L^n|x_1-x_0|$, 可知式 (7.5) 也成立.

实际计算中, 式 (7.4) 不仅可以用来估计迭代 $n$ 次时的误差, 还可以用来估计迭代达到给定的精度要求 $\varepsilon$ 所需的迭代次数. 如果欲使 $|x^*-x_n|<\varepsilon$, 只需

$$\frac{1}{1-L}|x_{n+1}-x_n|\leqslant\varepsilon$$

成立即可. 注意到估计式 (7.5), 当 $L$ 越小时, 序列 $\{x_n\}$ 收敛越快. 而式 (7.4) 表明只要相邻两次迭代的偏差足够小, 就可以保证近似解 $x_n$ 有足够的精度. 因此算法设计中, 常用条件 $|x_n-x_{n-1}|\leqslant\varepsilon$ 来控制迭代过程结束; 当 $|x_n|$ 的数量级较大时, 也可以用相对误差

$$\frac{|x_n-x_{n-1}|}{|x_n|}\leqslant\varepsilon$$

作为迭代终止的条件; 为避免出现无限制的迭代, 还可以规定一个最大的迭代次数.

实际上 $L$ 不易求得, 而且对于大范围的有根区间 $[a,b]$, 定理 7.3 的条件 (1) 不一定成立. 因此, 利用定理 7.3 分析迭代法在区间 $[a,b]$ 上的收敛性比较困难. 定理 7.3 给出的是 $[a,b]$ 上的收敛性, 称为全局收敛.

### 7.2.2　局部收敛性和收敛阶

**定义 7.2**　若存在 $\varphi(x)$ 的不动点 $x^*$ 的一个闭域 $N(x^*)=[x^*-\delta,x^*+\delta]$, 对任意的 $x_0\in N(x^*)$, $x_n=\varphi(x_{n-1})$ 产生的序列 $\{x_n\}$ 均收敛于 $x^*$, 则称迭代法局部收敛.

**定理 7.4**　设 $x^*$ 为 $\varphi(x)$ 的不动点, $\varphi'(x)$ 在 $x^*$ 的某邻域连续, 且 $|\varphi'(x^*)|<1$, 则迭代法局部收敛.

**证明**　因 $\varphi'(x)$ 连续, 所以存在 $x^*$ 的一个闭邻域 $N(x^*)=[x^*-\delta,x^*+\delta]$, 当 $x\in N(x^*)$ 时, 有 $|\varphi'(x)|\leqslant L<1$, 且

$$|\varphi(x)-x^*|=|\varphi(x)-\varphi(x^*)|\leqslant L|x-x^*|<\delta$$

即对一切的 $x\in N(x^*)$ 有 $x^*-\delta<\varphi(x)<x^*+\delta$. 于是由定理 7.3 知, 不动点迭代法对任意的 $x_0\in N(x^*)$ 收敛.

定理 7.4 称为不动点迭代法的局部收敛定理. 该定理表明, 只要构造迭代函数 $\varphi(x)$, 使其在所求根 $x^*$ 的其邻域内满足导数绝对值小于 1, 即可保证迭代法收敛. 事实上, 在用不动点迭代法时, 常常先用二分法求得较好的初值, 然后进行迭代.

**定义 7.3**　设序列 $\{x_n\}$ 收敛于 $x^*$, 若存在正数 $r$ 和 $c$, 使得

$$\lim_{n\to\infty}\frac{|x_{n+1}-x^*|}{|x_n-x^*|^r}=c$$

成立, 则称序列 $\{x_n\}$ 是 $r$ 阶收敛的, 或称 $\{x_n\}$ 的收敛阶为 $r$.

显然, 收敛阶 $r$ 刻画了序列 $\{x_n\}$ 的收敛速度, $r$ 愈大收敛越快. 特别地, 当 $r=1$, 称序列是**线性收敛**的; 若 $r>1$, 称为**超线性收敛**; $r=2$ 为**平方收敛**.

现在讨论迭代法的收敛阶. 在定理 7.3 的假设下, 增加条件 $\varphi'(x)\neq 0(x\in[a,b])$, 于是有 $\lim\limits_{n\to\infty}x_n=x^*$ 且 $x^*=\varphi(x^*)$, 由拉格朗日中值定理, 有

$$x_{n+1}-x^*=\varphi(x_n)-\varphi(x^*)=\varphi'(\xi)(x_n-x^*)$$

其中, $\xi$ 介于 $x_n$ 和 $x^*$ 之间. 由于 $x_{n+1}\to x^*(n\to\infty)$, $\varphi'(x)$ 在 $x^*$ 处连续, 故

$$\lim_{n\to\infty}\frac{|x_{n+1}-x^*|}{|x_n-x^*|}=\varphi'(x^*)\neq 0$$

这表明此时迭代法是线性收敛的. 由此受到启发, 要使迭代法有超线性收敛性质, 函数 $\varphi(x)$ 应该满足 $\varphi'(x^*)=0$. 事实上存在如下的高阶收敛定理.

**定理 7.5**　设 $x^*$ 为方程 $x=\varphi(x)$ 的根. 如果迭代函数 $\varphi(x)$ 满足条件:

(1) $\varphi(x)$ 在 $x^*$ 邻近是 $p$ 次连续可微的 $(p\geqslant 2)$;

(2) $\varphi'(x^*)=\varphi''(x^*)=\cdots=\varphi^{(p-1)}(x^*)=0$, 而 $\varphi^{(p)}(x^*)\neq 0$, 则取初值 $x_0$ 充分靠近 $x^*$ 时, 迭代格式 $x_{n+1}=\varphi(x_n)$ 是 $p$ 阶收敛的.

**证明**　由假设知 $\varphi'(x^*)=0$, 由定理 7.5, 迭代序列 $\{x_n\}$ 收敛于 $x^*$, 将 $\varphi(x)$ 在 $x^*$ 处按泰勒公式展开

$$\begin{aligned}\varphi(x)=&\varphi(x^*)+\varphi'(x^*)(x-x^*)+\frac{\varphi''(x^*)}{2!}(x-x^*)^2\\&+\cdots+\frac{\varphi^{(p-1)}(x^*)}{(p-1)!}(x-x^*)^{p-1}+\frac{\varphi^{(p)}(\xi)}{p!}(x-x^*)^p\end{aligned}$$

其中, $\xi$ 在 $x$ 和 $x^*$ 之间. 取 $x=x_n$ 并由条件 (2) 得

$$\varphi(x_n)=\varphi(x^*)+\frac{\varphi^{(p)}(\xi)}{p!}(x_n-x^*)^p$$

而 $\varphi(x_n)=x_{n+1},\varphi(x^*)=x^*$, 从而

$$\frac{x_{n+1}-x^*}{(x_n-x^*)^p}=\frac{\varphi^{(p)}(\xi)}{p!}$$

两边取极限即可得到

$$\lim_{n\to\infty}\frac{x_{n+1}-x^*}{(x_n-x^*)^p}=\frac{\varphi^{(p)}(x^*)}{p!}\neq 0$$

所以迭代格式 $x_{n+1}=\varphi(x_n)$ 是 $p$ 阶收敛的.

### 7.2.3　收敛性的改善

对于收敛的迭代过程, 理论上迭代足够多次, 就可以使结果达到任意的精度. 但有时迭代过程收敛缓慢而使计算量很大, 因此, 研究迭代过程的加速具有重要的意义.

设 $x_0$ 是根 $x^*$ 的某一预测值, 迭代一次得 $x_1=\varphi(x_0)$, 由微分中值定理, 有

$$x_1-x^*=\varphi'(\xi)(x_0-x^*)$$

其中, $\xi$ 介于 $x_0$ 和 $x^*$ 之间.

如果 $\varphi'(x)$ 改变不大, 近似地取 $L$ 代替, 由

$$x_1-x^*\approx L(x_0-x^*)\quad 及\quad x_2-x^*\approx L(x_1-x^*)$$

联立消去 $L$, 有

$$\frac{x_1-x^*}{x_2-x^*}\approx\frac{x_0-x^*}{x_1-x}$$

解出

$$x^*\approx x_2-\frac{(x_2-x_1)^2}{x_2-2x_1+x_0}$$

由此得如下艾特肯 (Aitken) 加速收敛方法

$$y_n\approx x_n-\frac{(x_n-x_{n-1})^2}{x_n-2x_{n-1}+x_{n-2}}\quad(n=2,3,\cdots)\tag{7.6}$$

可以证明

$$\lim_{n\to\infty}\frac{y_n-x^*}{x_n-x^*}=0$$

它表明序列 $\{y_n\}$ 的收敛速度比 $\{x_n\}$ 的收敛速度快.

将艾特肯加速收敛法与不动点迭代法相结合, 可构造出斯蒂芬森 (Steffensen) 迭代法

$$\begin{cases}y_n=\varphi(x_n),\quad z_n=\varphi(y_n)\\ x_{n+1}=z_n-\dfrac{(z_n-y_n)^2}{z_n-2y_n+x_n}\quad(n=0,1,2,\cdots)\end{cases}\tag{7.7}$$

**例 7.3** 用斯蒂芬森方法求方程 $f(x)=x^3+10x-20=0$ 的根, 要求误差小于 $10^{-6}$.

**解** 取初值 $x_0=1.5$, 迭代函数 $\varphi(x)=\dfrac{20}{x^2+10}$, 于是

$$y_n=\frac{20}{x_n^2+10},\quad z_n=\frac{20}{y_n^2+10}$$

$$x_{n+1}=z_n-\frac{(z_n-y_n)^2}{z_n-2y_n+x_n}$$

计算结果列表如表 7.3 所示.

**表 7.3 斯蒂芬森迭代法求解方程**

| $n$ | $x_n$ | $z_n$ | $y_n$ |
|---|---|---|---|
| 0 | 1.5 | 1.632 653 1 | 1.579 085 8 |
| 1 | 1.594 494 7 | 1.594 585 9 | 1.594 551 0 |
| 2 | 1.594 562 1 | 1.594 562 1 | 1.594 562 1 |

迭代 2 次就得到满足精度要求的解 $x^*\approx x_2=1.594\ 562\ 1$.

## 7.3 一元方程的牛顿迭代法

### 7.3.1 牛顿迭代法

将方程 $f(x)=0$ 中函数 $f(x)$ 线性化, 以线性方程的解逼近非线性方程的解, 是牛顿迭代法的基本思想.

设函数 $f(x)$ 在有根区间 $[a,b]$ 上二次连续可微, $x_0$ 是根 $x^*$ 的一个近似值, 则在 $f(x)$ 在 $x_0$ 处的泰勒展开式为

$$f(x)=f(x_0)+f'(x_0)(x-x_0)+f''(\xi)\frac{(x-x_0)^2}{2!}$$

其中, $\xi$ 在 $x$ 和 $x_0$ 之间. 如果用线性函数

$$P(x)=f(x_0)+f'(x_0)(x-x_0)$$

近似代替函数 $f(x)$, 则 $f(x)=0$ 的线性化方程为

$$f(x_0)+f'(x_0)(x-x_0)=0$$

设 $f'(x_0)\neq 0$, 其解记为 $x_1$, 则

$$x_1=x_0-\frac{f(x_0)}{f'(x_0)}$$

于是得到根 $x^*$ 的新近似值 $x_1$.

一般地, 在 $x_n$ 附近的线性化方程为

$$f(x_n)+f'(x_n)(x-x_n)=0$$

设 $f'(x_n) \neq 0$, 其解记为 $x_{n+1}$, 则

$$x_{n+1} = x_n - \frac{f(x_n)}{f'(x_n)} \quad (n = 0, 1, 2, \cdots) \tag{7.8}$$

由此得到迭代序列 $\{x_n\}$, 称迭代格式 (7.8) 为**牛顿 (Newton) 迭代法**.

牛顿迭代法的几何意义：方程 $f(x) = 0$ 的根就是曲线 $y = f(x)$ 和直线 $y = 0$ 交点的横坐标 (图 7.3).

设 $x_n$ 是方程的根的第 $n$ 次近似值, 过 $y = f(x)$ 上的点 $(x_n, f(x_n))$ 作曲线的切线, 切线方程为

$$y = f(x_n) + f'(x_n)(x - x_n)$$

用切线代替曲线 $y = f(x)$, 求出切线与 $x$ 轴交点的横坐标

$$x_{n+1} = x_n - \frac{f(x_n)}{f'(x_n)}$$

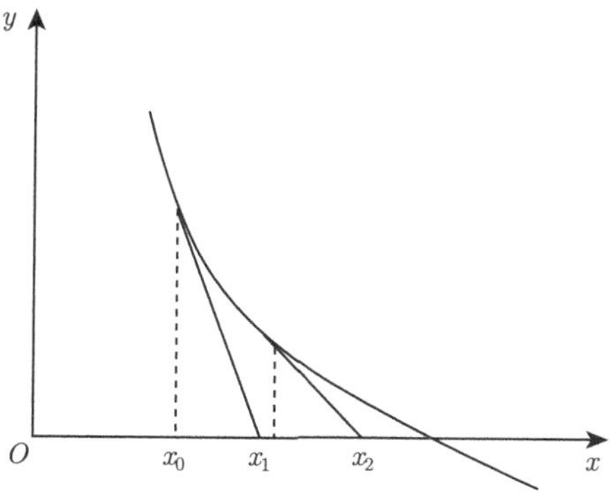

图 7.3 牛顿迭代法的几何意义

作为方程的根的第 $n+1$ 次近似值. 继续取点 $(x_{n+1}, f(x_{n+1}))$ 再作切线与 $x$ 轴相交, 又可得 $x_{n+2}, \cdots$. 由图 7.3 可见只要初值取得充分靠近 $x^*$, 序列 $\{x_n\}$ 会很快收敛于 $x^*$. 由于这种几何背景, 牛顿迭代法在单变量情况下又称为**切线法**.

**例 7.4** 设 $C>0$, 证明: 由迭代格式 $x_{n+1} = \dfrac{1}{2}\left(x_n + \dfrac{C}{x_n}\right)$ $(n = 0, 1, 2, \cdots)$, 产生的迭代序列 $\{x_n\}$, 对任意的 $x_0 > 0$, 均收敛于 $\sqrt{C}$.

**证明** 由迭代格式得 $x_{n+1} = \dfrac{1}{2x_n}(x_n^2 + C)$, 等式两端同减 $\sqrt{C}$, 并进行配方, 得

$$x_{n+1} - \sqrt{C} = \frac{1}{2x_n}(x_n - \sqrt{C})^2$$

同理可得

$$x_{n+1} + \sqrt{C} = \frac{1}{2x_n}(x_n + \sqrt{C})^2$$

将上面的两式相除, 得

$$\frac{x_{n+1} - \sqrt{C}}{x_{n+1} + \sqrt{C}} = \frac{(x_n - \sqrt{C})^2}{(x_n + \sqrt{C})^2}$$

反复递推, 得

$$\frac{x_{n+1} - \sqrt{C}}{x_{n+1} + \sqrt{C}} = \frac{(x_n - \sqrt{C})^2}{(x_n + \sqrt{C})^2} = \left(\frac{x_{n-1} - \sqrt{C}}{x_{n-1} - \sqrt{C}}\right)^{2\times 2} = \cdots = \left(\frac{x_0 - \sqrt{C}}{x_0 + \sqrt{C}}\right)^{2^{n+1}}$$

令

$$q=\frac{x_0-\sqrt{C}}{x_0+\sqrt{C}}$$

则有

$$\frac{x_n-\sqrt{C}}{x_n+\sqrt{C}}=q^{2^n}$$

化简, 得

$$x_n=\sqrt{C}\frac{1+q^{2^n}}{1-q^{2^n}}$$

对任意的 $x_0>0$, 由于 $|q|<1$, 迭代序列收敛于 $\sqrt{C}$.

### 7.3.2　牛顿迭代法的收敛性

对于牛顿迭代法 (7.8), 其迭代函数为

$$\varphi(x)=x-\frac{f(x)}{f'(x)}$$

于是$\varphi'(x)=\dfrac{f(x)f''(x)}{[f'(x)]^2}$. 假定 $x^*$ 是 $f(x)=0$ 的单根, 即 $f(x^*)=0, f'(x^*)\neq 0, \varphi'(x^*)=0$, 根据定理 7.5 可以断定, 牛顿迭代法在根 $x^*$ 附近至少平方收敛.

根据上述论述, 给出牛顿迭代法的局部收敛定理.

**定理 7.6**　假设 $f(x)$ 在 $x^*$ 的某邻域内具有连续的二阶导数, 且设 $f(x^*)=0$, $f'(x^*)\neq 0$, 则对充分靠近 $x^*$ 的初始值 $x_0$, 牛顿迭代法产生的序列 $\{x_n\}$ 至少平方收敛于 $x^*$.

**例 7.5**　用牛顿迭代法解方程 $f(x)=x\mathrm{e}^x-1=0$.

**解**　因为 $f'(x)=\mathrm{e}^x+x\mathrm{e}^x$, 故牛顿迭代公式为

$$x_{n+1}=x_n-\frac{x_n\mathrm{e}^{x_n}-1}{\mathrm{e}^{x_n}+x_n\mathrm{e}^{x_n}}\quad(n=0,1,2,\cdots)$$

取迭代初值 $x_0=0.5$, 迭代结果如下

$$x_0=0.5,\quad x_1=0.571\ 02,\quad x_2=0.567\ 16,\quad x_3=0.567\ 14$$

迭代 3 次就能达到四位有效数字的近似解.

分析牛顿迭代法的计算公式会发现, 这一方法有很大的缺陷: 一是可能发生被零除的错误; 二是可能出现死循环. 当函数在它的零点附近, 导函数的绝对值非常小时, 运算会出现被零除的错误; 而当函数在它的零点有拐点时, 可能会使迭代陷入死循环. 下面是牛顿迭代法不成功的例子.

**例 7.6**　用牛顿迭代法解方程 $f(x) = xe^{-x} = 0$.

**解**　$f(x) = xe^{-x}$, $f(x)$ 恒为正, 在区间 $[0,\infty)$ 内单调递减, 取 $x_0 = 2$(图 7.4), 用牛顿迭代法计算, 得

$$x_1 = 4, x_2 = 5.333\,333, \cdots,$$
$$x_{15} = 19.723\,549\,43, \cdots$$

函数 $f(x)$ 有一个令人感到惊奇的问题, 当自变量变大时函数迅速趋近于零, 例如 $f(x_{15}) = 0.0000000536$, 算法可能错误地将 $x_{15}$ 作为根.

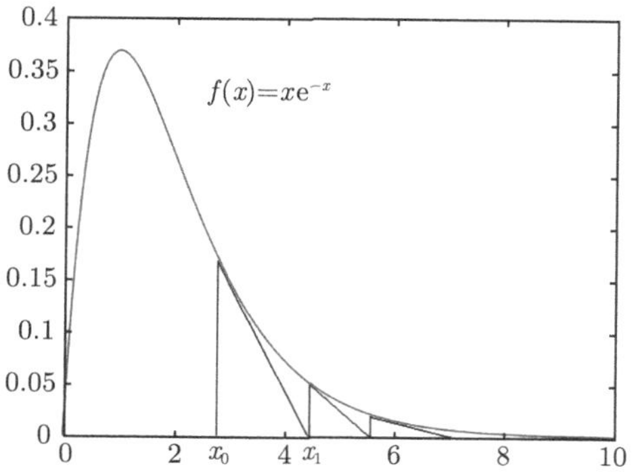


图 7.4　$f(x) = xe^{-x}$ 的图形

**例 7.7**　用牛顿迭代法解方程 $f(x) = x^3 - x - 3 = 0$.

**解**　对于 $f(x) = x^3 - x - 3$, 取 $x_0 = 0$(图 7.5), 用牛顿迭代法计算得

$$x_1 = -3, \quad x_2 = -1.961\,5, \quad x_3 = -1.147\,2, \quad x_4 = -0.006\,6, \cdots$$

数列中的项以 4 项为一个周期重复, 算法将陷入一种死循环中.

以上反例说明, 牛顿迭代法局部收敛性要求初始点要取得合适, 否则导致错误结果, 下面给出牛顿迭代法的非局部收敛性定理.

**定理 7.7**　给定方程 $f(x) = 0$, 如果函数 $f(x) \in C^2[a,b]$, 且在 $[a,b]$ 满足条件:

(1) $f(a) \cdot f(b) < 0$;

(2) $f'(x), f''(x)$ 在 $[a,b]$ 上连续且不变号 (恒正或恒负);

(3) 取 $x_0 \in [a,b]$, 使得 $f(x_0)f''(x_0) > 0$,

则方程 $f(x) = 0$ 在 $[a,b]$ 上有唯一根 $x^*$, 且由初值 $x_0$ 按牛顿迭代公式

$$x_{n+1} = x_n - \frac{f(x_n)}{f'(x_n)} \quad (n = 0, 1, 2, \cdots)$$

求得的序列 $\{x_n\}$ 二阶收敛于 $x^*$.

**证明**　由条件 (1) 及零点定理知 $f(x) = 0$ 在 $[a,b]$ 内至少有一根. 再由条件 (2) 及单调性知该方程有唯一的根, 设为 $x^*$.

现证明牛顿迭代法的收敛性. 不妨设 $f(a) < 0, f(b) > 0, f'(x) > 0, f''(x) > 0$, 其他情形可以类似地证明. 由条件 (3) 取初值 $x_0 \in [a,b]$, 使得 $f(x_0) > 0$(图 7.6), 由 $f'(x) > 0$ 知, $f(x)$ 为单调函数, 从而知 $x_0 > x^*$. 由迭代公式

$$x_1 = x_0 - \frac{f(x_0)}{f'(x_0)} < x_0$$

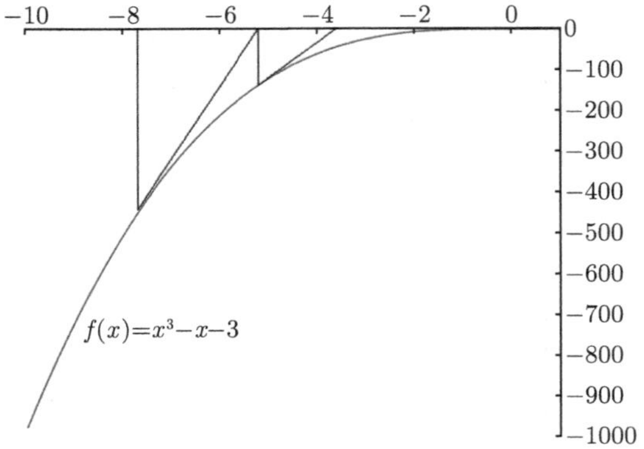


图 7.5　$f(x)=x^3-x-3$ 的图形

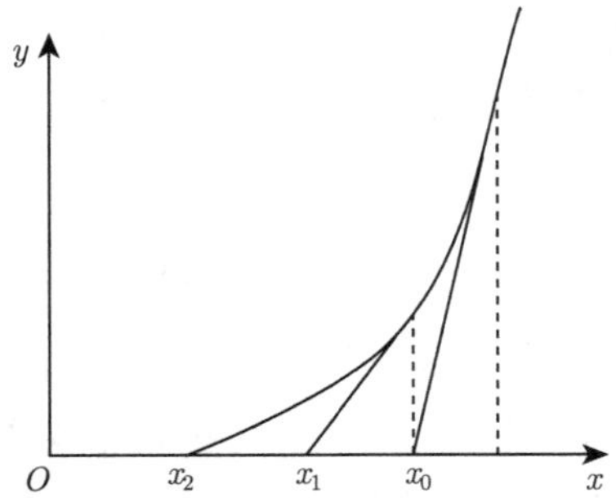


图 7.6　牛顿迭代法的收敛性 (a)

另一方面将 $f(x^*)$ 在 $x_0$ 处作泰勒展开式

$$f(x^*)=f(x_0)+f'(x_0)(x^*-x_0)+\frac{1}{2}f''(\xi_0)(x^*-x_0)^2=0$$

其中, $\xi_0$ 介于 $x_0$ 和 $x^*$ 之间, 将上式两边除以 $f'(x_0)$, 整理, 得

$$x^*-\left[x_0-\frac{f(x_0)}{f'(x_0)}\right]=-\frac{f''(\xi_0)}{2f'(x_0)}(x^*-x_0)^2<0$$

即 $x^*-x_1<0$, 所以 $x^*<x_1<x_0$.

同理可以证明,$x^*<x_{k+1}<x_k$. 这说明牛顿迭代数列 $\{x_k\}$ 单调下降有下界 $x^*$, 因而必收敛. 若该极限为 $x^{**}$, 则对牛顿迭代格式取极限, 得

$$x^{**}=x^{**}-\frac{f(x^{**})}{f'(x^{**})}$$

由此可知, $x^{**}$ 是方程 $f(x)=0$ 的根, 而已经推知 $x^*$ 是该方程在区间 $[a,b]$ 内的唯一根, 故 $x^{**}=x^*$, 即

$$\lim_{k\to\infty}x_k=x^*$$

现在证明牛顿迭代法的二阶收敛性, 将 $f(x^*)$ 在 $x_k$ 处作泰勒展开

$$f(x^*)=f(x_k)+f'(x_k)(x^*-x_k)+\frac{1}{2}f''(\xi_k)(x^*-x_k)^2=0$$

其中, $\xi_k$ 介于 $x_k$ 和 $x^*$ 之间. 将上式两边除以 $f'(x_k)$, 整理, 得

$$x^*-\left[x_k-\frac{f(x_k)}{f'(x_k)}\right]=-\frac{f''(\xi_k)}{2f'(x_k)}(x^*-x_k)^2$$

即

$$x^*-x_{k+1}=-\frac{f''(\xi_k)}{2f'(x_k)}(x^*-x_k)^2$$

由于

$$\lim_{k\to\infty}x_k=x^*,\quad \lim_{k\to\infty}\xi_k=x^*$$

得

$$\lim_{k\to\infty}\frac{x_{k+1}-x^*}{(x_k-x^*)^2}=\lim_{k\to\infty}\frac{f''(\xi_k)}{2f'(x_k)}=\frac{f''(x^*)}{2f'(x^*)}$$

所以牛顿迭代法二阶收敛.

定理 7.7 中条件 (1) 保证了根的存在; 条件 (2) 要求 $f(x)$ 为单调函数, 且 $f(x)=0$ 在 $[a,b]$ 上是凸上或凹下; 条件 (3) 保证当 $x_n\in[a,b]$ 时, 有 $x_{n+1}=\varphi(x_n)\in[a,b]$.

关于条件 (3), 取 $x_0\in[a,b]$ 使得 $f(x_0)f''(x_0)>0$ 的标记如下:

如果 $f(x)$ 的二阶导数大于零, 则函数图形是凹曲线, 否则函数图形是凸曲线. 根据条件 (3), 在方程 $f(x)=0$ 中, 如果函数 $f(x)$ 图形是凹的, 则取牛顿迭代法的初始点 $x_0$ 使得 $f(x_0)>0$(图 7.3 和图 7.6); 否则应取 $x_0$ 使得 $f(x_0)<0$(图 7.7 和图 7.8).

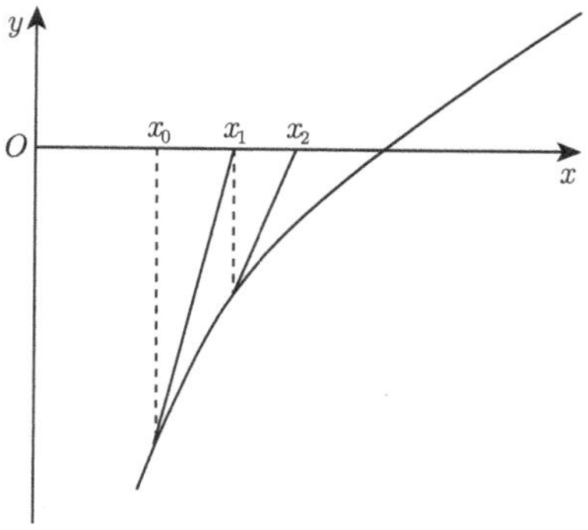


图 7.7　牛顿迭代法的收敛性 (b)

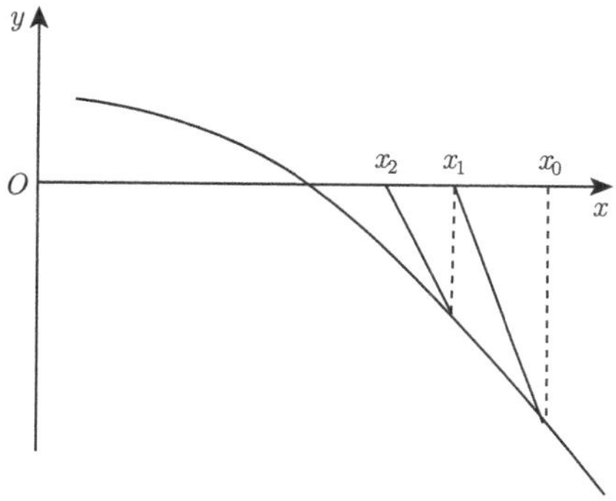


图 7.8　牛顿迭代法的收敛性 (c)

### 7.3.3　重根时的牛顿迭代改善

如果 $x^*$ 为 $f(x)$ 的 $m$ 重零点, 则 $f(x)$ 有重根分解式

$$f(x)=(x-x^*)^m g(x)$$

其中, $0<|g(x^*)|<\infty$, 此时有

$$f(x^*)=f'(x^*)=\cdots=f^{(m-1)}(x^*)=0,\quad f^{(m)}(x^*)\neq 0$$

牛顿迭代法只要 $f'(x_n)\neq 0$, 便可进行迭代计算, 但对于上面情形若用牛顿迭代法, 则定理 7.6 的条件得不到满足, 所以在方程有重根时, 不能保证牛顿迭代法至少二阶收敛.

显然 $x^*$ 是 $[f(x)]^{1/m}=0$ 的单根, 对该方程应用牛顿迭代格式 (7.8), 得迭代式

$$x_{n+1}=x_n-m\frac{f(x_n)}{f'(x_n)}\quad(n=0,1,2,\cdots)\tag{7.9}$$

迭代格式 (7.9) 具有至少二阶收敛性质. 但在实际计算时, 往往并不知道重数 $m$, 因而并不能直接使用式 (7.9), 为此定义函数

$$u(x)=\frac{f(x)}{f'(x)}$$

利用 $f(x)$ 的重根分解式得

$$u(x)=\frac{(x-x^*)g(x)}{mg(x)+(x-x^*)g'(x)},\quad u'(x^*)=\frac{1}{m}\neq 0$$

这样 $x^*$ 是方程 $u(x)=0$ 的单根, 而 $u(x)=0$ 与 $f(x)=0$ 的根相等, 对于 $u(x)=0$ 使用牛顿迭代法就得到修正的牛顿迭代法

$$x_{n+1}=x_n-\frac{u(x_n)}{u'(x_n)}=x_n-\frac{f(x_n)f'(x_n)}{[f'(x_n)]^2-f(x_n)f''(x_n)}\quad(n=0,1,2,\cdots)$$

该迭代格式至少二阶收敛.

**例 7.8**　对于方程 $f(x)=x^4-4x^2+4=0$, $x=\sqrt{2}$ 是二重根, 用以下 3 种方法求解.

**解**　方法 1　牛顿迭代法　$x_{n+1}=x_n-\dfrac{x_n^2-2}{4x_n}$

方法 2

$$x_{n+1}=x_n-m\frac{f(x_n)}{f'(x_n)}$$

这时 $m=2$, 即 $x_{n+1}=x_n-\dfrac{x_n^2-2}{2x_n}$;

方法 3　修正的牛顿迭代法, 化简为 $x_{n+1}=x_n-\dfrac{x_n(x_n^2-2)}{x_n^2+2}$.

3 种方法均取 $x_0=1.5$, 计算结果如表 7.4 所示.

**表 7.4　3 种迭代方法计算结果表**

| $n$ | 方法 1 | 方法 2 | 方法 3 |
|---|---|---|---|
| 0 | 1.5 | 1.5 | 1.5 |
| 1 | 1.458 333 333 | 1.416 666 667 | 1.411 764 706 |
| 2 | 1.436 607 143 | 1.414 215 686 | 1.414 211 438 |
| 3 | 1.425 497 619 | 1.414 213 562 | 1.414 213 562 |

经 3 次迭代, 方法 2 和方法 3 都获得了具有 6 位有效数字的计算结果, 它们都是二阶收敛的; 而方法 1 是一阶收敛的, 要进行近 30 次迭代才能达到相同的精度.

### 7.3.4　离散牛顿法

为了避免计算导数, 在牛顿迭代格式 (7.8) 中, 用均差 $\dfrac{f(x_n)-f(x_{n-1})}{x_n-x_{n-1}}$ 代替导数 $f'(x_n)$, 得

$$x_{n+1}=x_n-\frac{f(x_n)}{f(x_n)-f(x_{n-1})}(x_n-x_{n-1})\quad(n=0,1,2,\cdots)\tag{7.10}$$

该迭代格式称为**离散牛顿法**, 通常也称为**弦截法**.

从几何上看, 式 (7.10) 实际上是由曲线上两点 $(x_{n-1},f(x_{n-1}))$ 和 $(x_n,f(x_n))$ 确定的割线, 该割线与 $x$ 轴交点的横坐标即为 $x_{n+1}$, 故弦截法又称为**割线法**.

弦截法与牛顿迭代法都是线性化方法, 牛顿迭代法在计算 $x_{n+1}$ 时只用到前一步的值 $x_n$, 而弦截法用到前两步的结果 $x_n$ 和 $x_{n-1}$, 因此使用弦截法必须先给出两个初值 $x_0, x_1$.

**例 7.9**　在相距 100 m 的两个塔 (高度相等的点) 上悬挂一根电缆, 允许电缆中间下垂 10 m, 试确定悬链线方程

$$y=a\cosh\frac{x}{a}\quad(x\in[-50,50])$$

中的参数 $a$.

**解**　由于曲线的最低点和最高点高度相差 10 m, 所以 $y(50) = y(0) + 10$, 即

$$a \cosh \frac{50}{a} = a + 10$$

欲确定参数 $a$, 先构造函数

$$f(x) = x \cosh \frac{50}{x} - x - 10$$

用计算机绘出该函数的图形 (图 7.9), 由图可知, 在区间 [20, 100] 内, 曲线随自变量的增加接近于零. 如果绘出自变量在区间 [80, 160] 内函数的图形, 可以发现零点的位置大约在 $x = 120$ 处, 故选取方程

$$x \cosh \frac{50}{x} - x - 10 = 0$$

的两个初始近似值 $x_0 = 120, x_1 = 150$, 用割线法计算结果如表 7.5 所示.

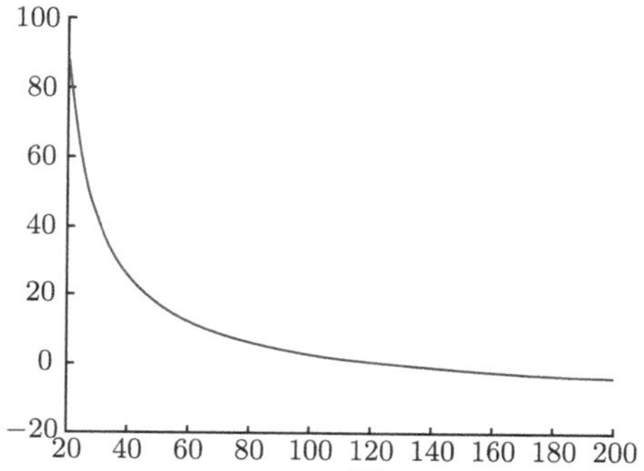


图 7.9　$f(x) = x\cosh\dfrac{50}{x} - x - 10$ 的图像

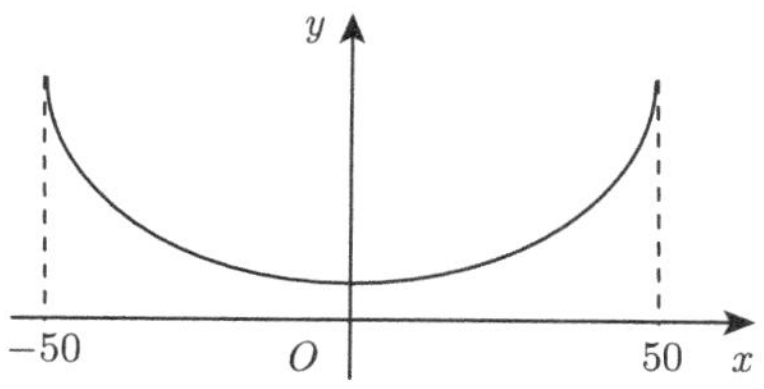


图 7.10　悬链线

**表 7.5　计算结果表**

| $x_0$ | $x_1$ | $x_2$ | $x_3$ | $x_4$ | $x_5$ | $x_6$ |
|---|---|---|---|---|---|---|
| 120.000 0 | 150.000 | 127.901 6 | 126.389 8 | 126.635 0 | 126.632 4 | 126.632 4 |

在表 7.5 中 $x_5$ 和 $x_6$ 数据相同, 可取方程的根为 126.632 4, 所以所求的悬线方程为

$$y = 126.632\,4 \times \cosh \frac{x}{126.632\,4} \quad (x \in [-50, 50])$$

根据这一方程绘出函数的图形如图 7.10 所示.

关于弦截法的收敛性有以下的结果:

**定理 7.8**　设 $f(x)$ 在 $x^*$ 附近二阶连续可微, 且 $f^*(x) = 0$, $f'(x^*) \neq 0$, 则存在 $\delta > 0$, 当 $x_0, x_1 \in [x^* - \delta, x^* + \delta]$, 由弦截法产生的序列 $\{x_n\}$ 收敛于 $x^*$, 且收敛阶至少为 1.618.

## 7.4　非线性方程组的解法

对非线性方程组

$$\boldsymbol{F}(\boldsymbol{X}) = \boldsymbol{0} \tag{7.11}$$

其中 $\boldsymbol{F} = (f_1, f_2, \cdots, f_n)^{\mathrm{T}}, \boldsymbol{X} = (x_1, x_2, \cdots, x_n)^{\mathrm{T}}, f_i(x)$ 中至少一个是非线性函数, 下面考虑用迭代法来求解该方程组.

### 7.4.1 不动点迭代法

考虑非线性方程组 $\boldsymbol{F}(\boldsymbol{X})=\boldsymbol{0}$ 与非线性方程相仿, 为了求迭代解, 先将它转化为等价方程组 $\boldsymbol{X}=\varPhi(\boldsymbol{X})$, 把非线性方程组的求解问题, 转换为求向量值函数的不动点迭代问题. 构造迭代格式

$$\boldsymbol{X}^{(n+1)}=\varPhi(\boldsymbol{X}^{(n)})\quad(n=0,1,2,\cdots)\tag{7.12}$$

对于给定的初始点 $\boldsymbol{X}^{(0)}$, 若由此得到迭代序列收敛, 记 $\lim\limits_{n\to\infty}\boldsymbol{X}^{(n)}=\boldsymbol{X}^*$, 则 $\boldsymbol{X}^*$ 满足 $\boldsymbol{X}^*=\varPhi(\boldsymbol{X}^*)$, 即 $\boldsymbol{X}^*$ 是迭代函数 $\varPhi(\boldsymbol{X})$ 的不动点, 进而是方程组 (7.11) 的解. 迭代格式 $\boldsymbol{X}^{(n+1)}=\varPhi(\boldsymbol{X}^{(n)})$ 称为非线性方程组的不动点迭代法.

### 7.4.2 牛顿迭代法

对非线性方程组 $\boldsymbol{F}(\boldsymbol{X})=\boldsymbol{0}$, 类似一元方程就, 可构造牛顿迭代法, 并同样具有平方收敛性. 有以下迭代格式:

$$\boldsymbol{X}^{(n+1)}=\boldsymbol{X}^{(n)}-\frac{\boldsymbol{F}(\boldsymbol{X}^{(n)})}{\boldsymbol{F}'(\boldsymbol{X}^{(n)})}\triangleq\boldsymbol{X}^{(n)}-(\boldsymbol{F}'(\boldsymbol{X}^{(n)}))^{-1}\boldsymbol{F}(\boldsymbol{X}^{(n)})$$

其中

$$\boldsymbol{F}'(\boldsymbol{X})=\begin{pmatrix}\dfrac{\partial f_1}{\partial x_1} & \cdots & \dfrac{\partial f_1}{\partial x_n}\\ \vdots & & \vdots\\ \dfrac{\partial f_n}{\partial x_1} & \cdots & \dfrac{\partial f_n}{\partial x_n}\end{pmatrix}$$

其迭代函数为 $\varPhi(\boldsymbol{X})=\boldsymbol{X}-(\boldsymbol{F}'(\boldsymbol{X}))^{-1}\boldsymbol{F}(\boldsymbol{X})$. 牛顿法有下面的收敛性定理.

**定理 7.9** 设 $F(x)$ 的定义域为 $D\subset R^n, x^*\in D$ 满足 $F(x^*)=0$, 在 $x^*$ 的开邻域 $S_0\subset D$ 上 $F'(x)$ 存在且连续, $F'(x)$ 非奇异, 则牛顿迭代法生成的序列 $\{x^{(k)}\}$ 在闭域 $S\subset S_0$ 上超线性收敛于 $x^*$, 若还存在常数 $L>0$, 使

$$\|F'(x)-F'(x^*)\|\leqslant L\,\|x-x^*\|\quad(\forall x\in S)$$

则 $\{x^{(k)}\}$ 至少平方收敛.

## 7.5 数值实验 7

**实验要求**

1. 调试二分法、不动点迭代法、牛顿迭代法、割线法的程序;
2. 直接使用 MATLAB 命令求解同样的例题;
3. 比较各种方法的运行效率;
4. 完成上机实验报告.

### 7.5.1 二分法 MATLAB 实现

二分法的 MATLAB 程序是下列的 bisection.m 函数 M 文件.

```
function xc = bisection(f,a,b,tol)
% use the bisection method to find the root of the function
% Page 30,computer problem 7(Bisection method)
% input:
% f:the function that transform from the equation
% a,b:the left and right value of the interval which the root is in
% tol:the accuracy
% output:
% xc:the solution of the equation
if sign(f(a)) * sign(f(b)) >=0
    error('f(a)f(b)<0 not satisfied!')
end
if nargin < 3
    disp('The function should at least include 3 parameters');
end
if nargin == 3
    tol = 10^-6;
end
while (b-a)/2 > tol
    c = (a + b)/2;
if f(c) == 0          % when f(c) == 0,c is a root of the function
break
end
if f(a) * f(c) < 0    % a and c form a new interval
        b = c;
else% c and b form a new interval
        a = c;
end
end
xc = (a+b)/2;               % the mid_rang is the root that we find
```

**例 7.10**　用二分法求方程 $x^2-x-1=0$ 的正根, 要求误差小于 0.005.

**解**　首先编制函数文件:

```
fc.m
function y=fc(x)
y=x^2-x-1;
```

在命令窗中输入:

```
>> bisection (@fc,0,10,0.005)
ans =
```

```
    1.6162
```

### 7.5.2　不动点迭代法 MATLAB 实现

不动点迭代法 MATLAB 程序是 M 文件 stablepoint.m

```
function[x n]= stablepoint(phi,x0,tol)
% 利用直接迭代法求x1=phi(x0)的不动点
% input:
% phi:the function that for iterate
% x0:初值
% tol:the accuracy
% output:
% x:迭代值,the solution of the equation
% n:迭代次数
if nargin < 2
    disp('The function should at least include 3 parameters');
end
if nargin == 2
    tol = 10^-6;
end
max_iterate_number=1000;%最大迭代次数
x1=phi(x0);
n=1;
while (abs(x1-x0)>tol)&(n<= max_iterate_number)
    x0=x1;
    x1=phi(x0);
    n=n+1;
end
x=x1;
```

**例 7.11**　对方程 $3x^2-\mathrm{e}^x=0$, 确定迭代函数 $\varphi$, 使得 $x=\varphi(x)$, 并求一根.

**解**　构造迭代函数 $\varphi=\ln(3x^2)$. 编制函数文件:

```
g.m
function y=g(x)
y=log (3*x^2);
```

若设初值为 0, 则

```
>>stablepoint(@g,0)
ans =
Inf
```

可见计算不收敛. 变换初值, 再设初值为 3.

```
>>[x n]=stablepoint(@g,3)
```

```
x =
3.7331
n =
22
```

为了观察初值对求解的影响, 读者可再尝试不同的几个初值求解.

### 7.5.3 牛顿迭代法 MATLAB 实现

牛顿迭代法是最重要且应用最为广泛的一种迭代法. 由于它广为人知, 在此不对它的推导进行介绍. 牛顿迭代法的公式为

$$x_{n+1} = x_n - \frac{f(x_n)}{f'(x_n)}$$

易知, 牛顿迭代法是超线性收敛的, 由此, 使用它计算更快捷.

编制的牛顿迭代法的函数为如下 Newton.m 文件.

```
function[x_star, index,it]=Newton(fun, x, ep, it_max))
%求解非线性方程的牛顿法
% fun第一个分量是函数值, 第二个分量是导数值
% x为初始点
% ep为精度,当|x(k)-x(k-1)|<ep时, 终止计算,缺省值为1e-5
% it_max为最大迭代次数,缺省值为100
% x_star为当迭代成功时, 输出方程的根
%  当迭代失败, 输出最后的迭代值
% index为指标变量, 当index=1时, 表明迭代成功
% 当index=0时, 表明迭代失败 (迭代次数>=it_max)
% it为迭代次数
if nargin<4 it_max=100;end
if nargin<3 ep=1e-5;end
index=0;k=1;
while k<it_max
x1=x;f=feval(fun,x);
x=x-f(1)/f(2);
    if abs(x-x1)<ep
        index=1;break;
    end
    k=k+1;
end
x_star=x;it=k;
```

**例 7.12**　用牛顿迭代法计算例 7.11.

编制函数文件:

```
fc.m
function y=fc(x)
y=[3*x.^2-exp(x), 6*x-exp(x)];%第一个分量为函数f(x),第二个分量为导数f'(x)
```

在 MATLAB 命令窗计算, 当设初值为 0 时:

```
>> [x_star,index,it] = Newton(@fc,0)
x_star =
   -0.4590
index =
     1
it =
     6
```

当设初值为 10 时:

```
>> [x_star,index,it] = Newton(@fc,10)
x_star =
    3.7331
index =
     1
it =
    12
```

可见牛顿迭代法收敛速度要快些, 且取不同的初值时可能得到不同的根.

由牛顿迭代法本身可知, 当方程有重根时, 收敛到重根的过程相当缓慢. 因此, 当方程有重根时, 要改用重根条件下的改进型牛顿迭代法.

### 7.5.4 割线法 MATLAB 实现

牛顿迭代法每步要计算导数值 $f'(x)$, 有时导数计算比较麻烦, 为了减少计算量, 用 $[x_n, x_{n+1}]$ 点上的均差代替 $f'(x)$, 得

$$x_{n+1} = x_n - \frac{f(x_n)(x_n - x_{n+1})}{f(x_n) - f(x_{n+1})}$$

此即为割线法的迭代公式.

割线法的 M 文件 Secant.m

```
function [root n]=Secant(f,x0,x1,tol)
if(nargin==3)
    tol=1.0e-6;
end
if(abs(f(x0)<tol))
    root=x0;n=0;return;
end
if(abs(f(x1)<tol))
```

```
    root=x1;n=0;return;
end

x2=x1-f(x1) * (x1-x0) / (f(x1) - f(x0));
n=1;
while (abs (x1 - x0) >=tol)
    x0=x1; x1=x2;
    x2=x1-f(x1) * (x1-x0) / (f(x1) - f(x0));
    n=n+1;
end
root=x2;
```

**例 7.13**　用割线法求方程 $x^3-3x-1=0$ 附近的根.

**解**　编制函数文件:

```
fc.m
function y=fc(x)
        y=x^3-3*x-1;
```

在 MATLAB 命令窗中计算:

```
>> [root n]=Secant(@fc,2, 1.9 )
root =
    1.8794
n =
     5
```

从计算中可看出, 割线法的收敛也是相当快的.

### 7.5.5　MATLAB 中方程求根的相关函数简介及使用方法

**表 7.6　MATLAB 中方程求根相关函数**

| 函数 | 用法 | 解释 |
|---|---|---|
| roots | x=roots(c) | 多项式求根 |
| fzero | x=fzero(fun,x0) | 非线性方程求根 |
| fsolve | x=fsolve('fun',x0) | fun 为函数名, x0 为初值 |
| | x=fsolve('fun',x0,option) | option 为可选参数 |
| | x=fsolve('fun',x0,option,'gradfun') | gradfun 为函数偏导数 |
| | x=fsolve('fun',x0,option,'gradfun',p1,p2,...　) | p1,p2 为问题定性参数 |
| | [x,option]=fsolve('fun',x0,...) | 返回使用优化方法的参数 |
| plot | x=plot('fun') | 绘制二维图形 |
| plot3 | x=plot3(x1,y1,z1) | 绘制三维图形 |

## 习　题　7

1. 求方程 $x^3-1.8x^2+0.15x+0.65=0$ 的有根区间.

2. 方程 $f(x)=x^2-0.9x-8.5=0$ 在区间 [3, 4] 中有一实根, 若用二分法求此根, 使其误差不超过 $10^{-2}$, 问应将区间对分几次? 并用二分法求此根.

3. 方程 $1-x-\sin x=0$ 在区间 [0, 1] 上有一根. 使用二分法求误差不大于 $\frac{1}{2}\times 10^{-4}$ 的根需二分多少次?

4. 方程 $x^3-x^2-1=0$ 在区间 [1.3, 1.6] 上有一根, 将方程改写成下列不同形式, 判断迭代格式的收敛性, 并选一种迭代格式求 $x_0=1.5$ 附近的根 (取 4 位有效数字).

(1) $x=1+\dfrac{1}{x^2}$, 对应迭代格式 $x_{n+1}=1+\dfrac{1}{x_n^2}$;

(2) $x^3=1+x^2$, 对应迭代格式 $x_{n+1}=\sqrt[3]{1+x_n^2}$;

(3) $x^2=\dfrac{1}{x-1}$, 对应迭代格式 $x_{n+1}=\sqrt{\dfrac{1}{x_n-1}}$;

(4) $x=\sqrt{x^3-1}$, 对应迭代格式 $x_{n+1}=\sqrt{x_n^3-1}$.

5. 比较以下两种方法求 $\mathrm{e}^x+10x-2=0$ 的根到 3 位小数所需要的计算量.

(1) 在区间 [0, 1] 内用二分法;

(2) 用迭代法 $x_{n+1}=\dfrac{1}{10}(2-\mathrm{e}^{x_n})$, 取初值 $x_0=0$.

6. 用迭代法求 $x^5-x-0.2=0$ 正根, 精确到 $10^{-5}$.

7. 下面是 $\sqrt{a}(a>0)$ 的两个迭代格式:

(1) $x_{n+1}=\dfrac{1}{2}\left(x_n+\dfrac{a}{x_n}\right)$;　　(2) $x_{n+1}=\dfrac{1}{3}\left(x_n+\dfrac{8ax_n}{a+x_n^2}\right)$

求它们的收敛阶.

8. 能否用迭代法解下列方程, 若不能, 则将方程改写成适当的迭代形式.

(1) $x=\dfrac{\cos x+\sin x}{4}$;　　(2) $x=4-2^x$

9. 设 $x_0$ 充分接近方程 $x^m-a=0$ 的某个根 $x^*$, 给定迭代函数 $x_{n+1}=\varphi(x_n)$, 其中

$$\varphi(x)=x\frac{(m-1)x^m+(m+1)a}{(m+1)x^m+(m-1)a}\quad(m\geqslant 2)$$

证明: $\{x_n\}$ 至少有三阶收敛速度.

10. 当 $R$ 取适当值时, 曲线 $y=x^2$ 和 $y^2+(x-8)^2=R^2$ 相切. 试用牛顿迭代法求切点横坐标的近似值, 要求不少于 4 位有效数字, 也不求 $R$.

11. 导出 $\dfrac{1}{a}$ $(a>0)$ 的牛顿迭代格式, 并要求格式不包括除法运算. 设初值为 3.0, 计算 0.324 的倒数, 使结果有 6 位有效数字.

12. 用牛顿迭代法求方程 $f(x)=1-\dfrac{a}{x^2}=0$, 导出求 $\sqrt{a}$ $(a>0)$ 的迭代公式, 并利用该公式求 $\sqrt{110}$ 的近似值, 结果保留 6 位有效数字.

13. 导出 $\dfrac{1}{\sqrt{a}}$ $(a>0)$ 的牛顿迭代公式, 要求公式中既无开方又无除法运算, 并利用该公式求 $\dfrac{1}{\sqrt{2}}$ 的近似值, 结果有 6 位有效数字.

14. 设函数 $f(x)=(x^3-a)^2$, 写出解 $f(x)=0$ 的牛顿迭代形式, 并求此格式的收敛阶.

# 第 8 章　常微分方程的初值问题

科学技术问题的数学模型中, 很多都归结微分方程模型, 它是应用非常广泛的基础数学模型之一. 常微分方程的初值问题作为微分方程最基础的内容是本章主要的研究对象. 自然科学界的很多问题, 例如天文学中研究的星体运动, 空间技术中研究的物体飞行等, 最后都归结为求解常微分方程的初值问题. 本章介绍如何用数值方法去求解常微分方程初值问题的常用方法, 主要介绍欧拉法、梯形法、龙格–库塔法、线性多步法等.

## 8.1　初值问题数值解的基本概念

一阶常微分方程初值问题是

$$y' = f(x, y) \quad (a \leqslant x \leqslant b) \tag{8.1}$$

$$y(x_0) = y_0 \tag{8.2}$$

其中, $f(x, y)$ 是给定的二元函数, $y = y(x)$ 是未知函数, $y(x_0) = y_0$ 是初始条件.

**定理 8.1**　若 $f(x, y)$ 在区域 $D = \{(x, y)\,|a \leqslant x \leqslant b, |\,y| < \infty\}$ 内连续, 且关于 $y$ 满足利普希茨条件, 即对任意的 $y_1, y_2 \in \mathbf{R}$, 存在常数 $L > 0$, 使

$$|f(x, y_1) - f(x, y_2)| \leqslant L\,|y_1 - y_2|$$

则初值问题 (8.1) 和 (8.2) 在 $[a, b]$ 上存在唯一的连续解.

一般地, 本章中遇到的常微分方程初值问题 (8.1) 和 (8.2) 都假设满足定理 8.1 的条件. 那么, 由定理结论可知方程 (8.1) 的解 $y = y(x)$ 是一个连续函数. 但是, 计算机没有办法对函数进行运算. 本章中采用的是数值解法来求解常微分方程初值问题.

解的存在唯性定理是常微分方程理论的基本内容, 也是数值方法的出发点, 此外还要考虑方程的解对扰动的敏感性, 它有以下结论.

**定理 8.2**　设 $f$ 在区域 $D$(定理 8.1 所定义) 上连续, 且关于 $y$ 满足利普希茨条件, 设初值问题

$$y'(x) = f(x, y), \quad y(x_0) = s$$

的解为 $y(x, s)$, 则

$$|y(x, s_1) - y(x, s_2)| \leqslant \mathrm{e}^{L|x - x_0|}\,|s_1 - s_2|$$

这个定理表明解对初值依赖的敏感性, 它与右端函数 $f$ 有关, 当 $f$ 的利普希茨. 常数 $L$ 比较小时, 解对初值和右端函数相对不敏感, 可视为好条件, 若 $L$ 较大则可认为坏条件, 即为病态问题.

如果右端函数可导, 由中值定理有

$$|f(x,y_1)-f(x,y_2)|=\left|\frac{\partial f(x,\xi)}{\partial y}\right||y_1-y_2| \quad (\xi\text{在}y_1,y_2\text{之间})$$

若假定 $\dfrac{\partial f(x,y)}{\partial y}$ 在区域 $D$ 内有界, 设 $\left|\dfrac{\partial f(x,y)}{\partial y}\right|\leqslant L$, 则

$$|f(x,y_1)-f(x,y_2)|\leqslant L|y_1-y_2|$$

它表明 $f$ 满足利普希茨条件, 且 $L$ 的大小反映了右端函数 $f$ 关于 $y$ 变化的快慢, 刻画了初值问题式 (8.1) 和式 (8.2) 是否为好条件, 这在数值求解中也是很重要的.

虽然求解常微分方程有各种各样的解析方法, 但解析方法只能用来求解一些特殊类型的方程, 实际问题中归结出来的微分方程主要靠数值解法.

所谓数值解法就是要算出精确解 $y=y(x)$ 在区间 $[a,b]$ 上一系列离散节点

$$a\leqslant x_0<x_1<\cdots<x_n\leqslant b$$

处的近似值 $y_0,y_1,\cdots,y_n$.

本章中都用 $y(x_0),y(x_1),\cdots,y(x_n)$ 来表示 $y(x)$ 在节点 $x_0,x_1,\cdots,x_n$ 的准确值, 用 $y_0,y_1,\cdots,y_n$ 表示 $y(x)$ 在相应节点的近似值, 相邻两个节点的间距 $h_n=x_{n+1}-x_n$ 称为步长. 若没有特殊说明, 总假定节点 $x_0,x_1,\cdots,x_n$ 是等距离节点, 即

$$x_i=x_0+ih\ \ (i=0,1,\cdots,n); \quad h=\frac{b-a}{n}$$

为得到数值解, 首先要对常微分方程 (8.1) 离散化, 建立求数值解的递推公式, 求解常微分方程初值问题采用的是“步进式”, 即从已知的 $y_0$ 出发 ($y_0$ 由初始条件给定), 通过某一计算公式算出 $y_1$, 再算出 $y_2$, 依此类推. 若在计算 $y_{i+1}$ 时仅用到数据 $y_i$, 称作**单步法**; 若在计算 $y_{i+1}$ 时, 不仅用到数据 $y_i$, 还用到数据 $y_{i-1},y_{i-2},\cdots,y_{i-k+1}$ $(k\geqslant 2)$, 称作**多步法**. 其次, 要研究公式的局部截断误差和阶, 数值解 $y_n$ 与精确解 $y(x_n)$ 的误差估计及收敛性, 还有递推公式的计算稳定性等问题.

## 8.2　简单的数值方法

### 8.2.1　显式欧拉法与后退欧拉法

我们知道, 在 $xOy$ 平面上, 微分方程 (8.1) 的解 $y=y(x)$ 称作它的积分曲线. 积分曲线上一点 $(x,y)$ 的切线斜率等于函数 $f(x,y)$ 的值. 如果按函数 $f(x,y)$ 在 $xOy$ 平面上建立一个方向场, 那么, 积分曲线上每一点的切线方向均与方向场在该点的方向相一致.

基于上述几何解释，我们从初始点 $P_0(x_0, y_0)$ 出发，先依方向场在该点的方向推进到 $x=x_1$ 上一点 $P_1$，然后再从 $P_1$ 依方向场的方向推进到 $x=x_2$ 上一点 $P_2$，循此前进做出一条折线 $\overline{P_0P_1P_2\cdots}$(图 8.1).

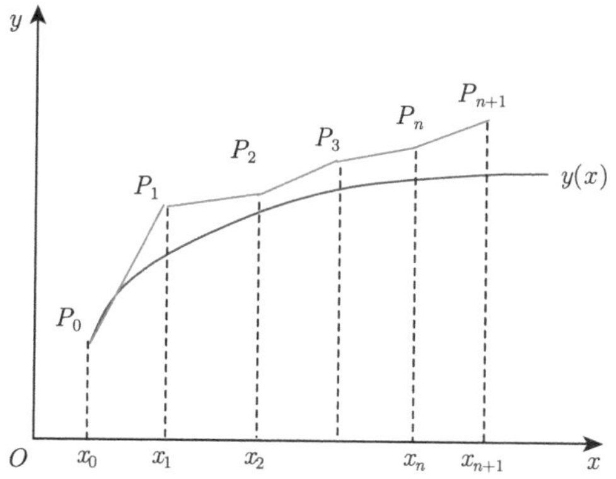


图 8.1　欧拉方法的几何意义

一般地，设已作出该折线的顶点 $P_n$，过 $P(x_n, y_n)$ 依方向场的方向再推进到 $P_{n+1}(x_{n+1}, y_{n+1})$，显然两个顶点 $P_n$, $P_{n+1}$ 的坐标有关系

$$\frac{y_{n+1}-y_n}{x_{n+1}-x_n}=f(x_n, y_n)$$

即

$$y_{n+1}=y_n+hf\left(x_n, y_n\right) \tag{8.3}$$

此方法称为欧拉 (Euler) 法 (也称为是显式欧拉法). 实际上，这是对常微分方程 (8.1) 中的导数用均差近似，即

$$\frac{y(x_{n+1})-y(x_n)}{h}\approx y'(x_n)=f(x_n, y(x_n))$$

直接得到的. 若初值 $y_0$ 已知，则由 (8.3) 式可逐次算出

$$y_1=y_0+hf(x_0, y_0)$$
$$y_2=y_1+hf(x_1, y_1)$$
$$\cdots$$

**例 8.1**　求解初值问题 $\begin{cases} y'=y-\dfrac{2x}{y} & (0<x<1) \\ y(0)=1. \end{cases}$

**解**　为便于进行比较，将用多种数值方法求解上述初值问题. 这里先用欧拉法，欧拉公式的具体形式为

$$y_{n+1}=y_n+h\left(y_n-\frac{2x_n}{y_n}\right)$$

取步长 $h=0.1$，计算结果如表 8.1 所示.

**表 8.1　计算结果对比**

| $x_n$ | $y_n$ | $y(x_n)$ | $x_n$ | $y_n$ | $y(x_n)$ |
|---|---|---|---|---|---|
| 0.1 | 1.1000 | 1.0954 | 0.6 | 1.5090 | 1.4832 |
| 0.2 | 1.1918 | 1.1832 | 0.7 | 1.5803 | 1.5492 |
| 0.3 | 1.2774 | 1.2649 | 0.8 | 1.6498 | 1.6125 |
| 0.4 | 1.3582 | 1.3416 | 0.9 | 1.7178 | 1.6733 |
| 0.5 | 1.4351 | 1.4142 | 1.0 | 1.7848 | 1.7321 |

该初值问题有解 $y=\sqrt{1+2x}$, 按此算出的准确值 $y(x_n)$ 同近似值 $y_n$ 一起列在表 8.1 中, 两者相比较可以看出欧拉法的精度很差.

还可以通过几何直观来考察欧拉法的精度, 假设 $y_n=y(x_n)$, 即顶点 $P_n$ 落在积分曲线 $y=y(x)$ 上, 那么, 按欧拉法作出的折线 $P_nP_{n+1}$ 便是 $y=y(x)$ 过点 $P_n$ 的切线 (图 8.2). 从图形上看, 这样定出的顶点 $P_{n+1}$ 显著地偏离了原来的积分曲线, 可见欧拉法是相当粗糙的.

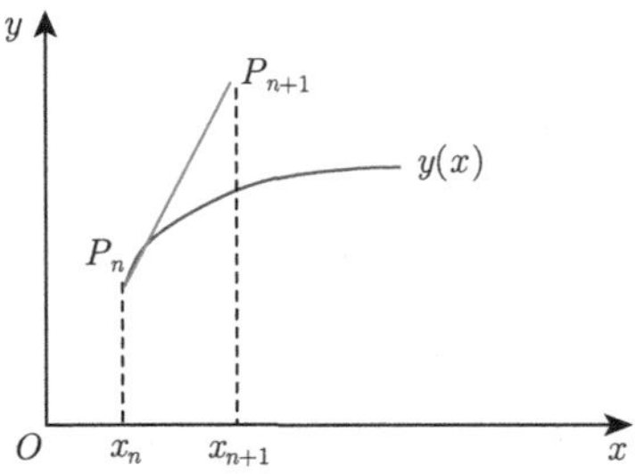

图 8.2　欧拉法误差示意图

为了分析计算公式的精度, 通常可用泰勒展开式将 $y(x_{n+1})$ 在 $x_n$ 处展开, 则有

$$y(x_{n+1})=y(x_0+h)=y(x_n)+y'(x_n)h+\frac{h^2}{2}y''(\xi_n),\xi_n\in(x_n,x_{n+1})$$

在 $y_n=y(x_n)$ 的前提下, $(x_n,y_n)=f(x_n,y(x_n))=y'(x_n)$, 于是可得欧拉法式 (8.3) 的误差

$$y(x_{n+1})-y_{n+1}=\frac{h^2}{2}y''(\xi_n)\approx\frac{h^2}{2}y''(x_n) \tag{8.4}$$

故称为此方法的局部截断误差.

如果对微分方程 (8.1) 从 $x_n$ 到 $x_{n+1}$ 积分, 得

$$y(x_{n+1})=y(x_n)+\int_{x_n}^{x_{n+1}}f(t,y(t))\mathrm{d}t \tag{8.5}$$

右端积分用左矩形公式 $hf(x_n,y(x_n))$ 近似, 再以 $y_n$ 代替 $y(x_n)$, $y_{n+1}$ 代替 $y(x_{n+1})$ 也得到欧拉法式 (8.3), 局部截断误差也是式 (8.4).

若在式 (8.5) 中右端积分用右矩形公式 $hf(x_{n+1},y(x_{n+1}))$ 近似, 则得另一个公式

$$y_{n+1}=y_n+hf(x_{n+1},y_{n+1}) \tag{8.6}$$

称为**后退欧拉法**(也称为隐式欧拉法). 它也可以利用均差近似导数 $y'(x_{n+1})$ 得到, 即

$$\frac{y(x_{n+1})-y(x_n)}{x_{n+1}-x_n}\approx y'(x_{n+1})=f(x_{n+1},y(x_{n+1}))$$

后退欧拉法与显式欧拉法有着本质的区别, 后者是关于 $y_{n+1}$ 的一个直接的计算公式, 这类公式称作是显式的; 而式 (8.6) 的右端含有未知的 $y_{n+1}$, 它实际上是关于 $y_{n+1}$ 的一个函数方程, 这类公式称作是隐式的. 所以欧拉法 (8.3) 也称为显式欧拉法. 后退的欧拉法 (8.6) 式也称为隐式欧拉法.

显式与隐式两类方法各有特点. 考虑到数值稳定性等其他因素, 人们有时需要选用隐式方法, 但使用显式方法远比隐式方法方便.

隐式方程式 (8.6) 通常用迭代法求解, 而迭代过程的实质是逐步显示化.

设用欧拉公式

$$y_{n+1}^{(0)} = y_n + hf(x_n, y_n)$$

给出迭代初值 $y_{n+1}^{(0)}$, 用它代入式 (8.6) 的右端, 使其转化为显式欧拉方法计算, 得

$$y_{n+1}^{(1)} = y_n + hf(x_{n+1}, y_{n+1}^{(0)})$$

然后再将 $y_{n+1}^{(1)}$ 代入式 (8.6), 又有

$$y_{n+1}^{(2)} = y_n + hf(x_{n+1}, y_{n+1}^{(1)})$$

如此反复进行, 得

$$y_{n+1}^{(k+1)} = y_n + hf(x_{n+1}, y_{n+1}^{(k)} \quad (k = 0, 1, \cdots) \tag{8.7}$$

由于 $f(x, y)$ 对 $y$ 满足利普希茨条件. 式 (8.7) 减去式 (8.6) 得

$$\left|y_{n+1}^{(k+1)} - y_{n+1}\right| = h\left|f(x_{n+1}, y_{n+1}^{(k)}) - f(x_{n+1}, y_{n+1})\right| \leqslant hL\left|y_{n+1}^{(k)} - y_{n+1}\right|$$

由此可知, 只要 $hL < 1$, 迭代法式 (8.7) 就收敛到解 $y_{n+1}$. 关于后退欧拉法的误差, 从积分公式看到它与欧拉法是相似的.

### 8.2.2 梯形方法

为了得到比欧拉法精度高的计算公式, 在等式 (8.5) 右端积分中若用梯形求积公式近似, 并用 $y_n$ 代替 $y(x_n)$, $y_{n+1}$ 代替 $y(x_{n+1})$, 则得

$$y_{n+1} = y_n + \frac{h}{2}[f(x_n, y_n) + f(x_{n+1}, y_{n+1})] \tag{8.8}$$

这种方法称为**梯形方法**.

梯形方法是隐式单步法, 可用迭代法求解, 同后退欧拉法一样, 仍用欧拉法提供迭代初值, 则梯形法的迭代公式为

$$\begin{cases} y_{n+1}^{(0)} = y_n + hf(x_n, y_n) \\ y_{n+1}^{(k+1)} = y_n + \dfrac{h}{2}\left[f(x_n, y_n + f(x_{n+1}, y_{n+1}^{(k)})\right] \quad (k = 0, 1, 2, \cdots) \end{cases} \tag{8.9}$$

为了分析迭代过程的收敛性, 将式 (8.8) 与式 (8.9) 相减, 得到

$$y_{n+1} - y_{n+1}^{(k+1)} = \frac{h}{2}\left[f(x_{n+1}, y_{n+1}) - f(x_{n+1}, y_{n+1}^{(k)})\right]$$

于是有

$$\left|y_{n+1} - y_{n+1}^{(k+1)}\right| \leqslant \frac{hL}{2}\left|y_{n+1} - y_{n+1}^{(k)}\right|$$

其中, $L$ 为 $f(x, y)$ 关于 $y$ 的利普希茨常数. 若选取 $h$ 充分小, 使得 $\dfrac{hL}{2} < 1$, 则当 $k \to \infty$ 时有 $y_{n+1}^{(k)} \to y_{n+1}$, 这说明迭代过程 (8.9) 是收敛的.

### 8.2.3　改进的欧拉公式

梯形方法虽然提高了精度, 但其算法复杂, 在应用迭代公式 (8.9) 进行实际计算时, 每迭代一次, 都要重新计算函数 $f(x,y)$ 的值, 而迭代又要反复进行若干次, 计算量很大, 而且往往难于预测, 为了控制计算量, 通常只迭代一两次就转入下一步的计算, 下面提供一种操作思路.

具体地说, 先用欧拉公式求得一个初步的近似值 $\overline{y}_{n+1}$, 称为**预测值**, 预测值 $\overline{y}_{n+1}$ 的精度可能很差, 再用梯形公式 (8.8) 将它校正一次, 即按式 (8.9) 迭代一次得 $y_{n+1}$, 这个结果称**校正值**, 而这样建立的预测–校正系统通常称为**改进的欧拉公式**

$$\begin{cases}\overline{y}_{n+1}=y_n+hf(x_n,y_n)\\ y_{n+1}=y_n+\dfrac{h}{2}\left[f(x_n,y_n)+f(x_{n+1},\overline{y}_{n+1})\right]\end{cases}\tag{8.10}$$

或表示为下列平均化形式

$$\begin{cases}y_p=y_n+hf(x_n,y_n)\\ y_c=y_n+hf(x_{n+1},y_p)\\ y_{n+1}=\dfrac{1}{2}(p_p+y_c)\end{cases}$$

**例 8.2**　用改进的欧拉方法求解初值问题 8.1.

**解**　改进的欧拉公式为

$$\begin{cases}y_p=y_n+h\left(y_n-\dfrac{2x_n}{y_n}\right)\\ y_c=y_n+h\left(y_p-\dfrac{2x_{n+1}}{y_p}\right)\\ y_{n+1}=\dfrac{1}{2}(y_p+y_c)\end{cases}$$

仍取 $h$=0.1, 计算结果如表 8.2 所示. 同例 8.1 中欧拉法的计算结果比较, 改进的欧拉法明显改善了精度.

**表 8.2　计算结果对比**

| $x_n$ | $y_n$ | $y(x_n)$ | $x_n$ | $y_n$ | $y(x_n)$ |
|---|---|---|---|---|---|
| 0.1 | 1.0959 | 1.0954 | 0.6 | 1.4860 | 1.4832 |
| 0.2 | 1.1841 | 1.1832 | 0.7 | 1.5525 | 1.5492 |
| 0.3 | 1.2662 | 1.2649 | 0.8 | 1.6165 | 1.6125 |
| 0.4 | 1.3434 | 1.3416 | 0.9 | 1.6782 | 1.6733 |
| 0.5 | 1.4164 | 1.4142 | 1.0 | 1.7379 | 1.7321 |

### 8.2.4　单步法的局部截断误差与阶

初值问题式 (8.1) 和式 (8.2) 的单步法可用一般形式表示为

$$y_{n+1}=y_n+h\varphi(x_n,y_n,y_{n+1},h)\tag{8.11}$$

其中: 多元函数 $\varphi$ 与 $f(x,y)$ 有关, 当 $\varphi$ 含有 $y_{n+1}$ 时, 方法是隐式的, 若 $\varphi$ 中不含 $y_{n+1}$ 则为显式方法, 所以显式单步法可表示为

$$y_{n+1}=y_n+h\varphi(x_n,y_n,h) \tag{8.12}$$

其中: $\varphi(x,y,h)$ 称为**增量函数**, 例如对欧拉法式 (8.3) 有

$$\varphi(x,y,h)=f(x,y)$$

它的局部截断误差已由式 (8.4) 给出, 对一般显式单步法则有如下定义.

**定义 8.1** 设 $y(x)$ 是初值问题式 (8.1) 和式 (8.2) 的准确解, 则

$$T_{n+1}=y(x_{n+1})-y(x_n)-h\varphi(x_n,y(x_n),h) \tag{8.13}$$

称为显式单步法式 (8.12) 的**局部截断误差**.

$T_{n+1}$ 之所以称为局部的, 是假设在 $x_n$ 前各步没有误差. 当 $y_n=y(x_n)$ 时, 计算一步, 则有

$$\begin{aligned}y(x_{n+1})-y_{n+1}&=y(x_{n+1})-[y_n+h\varphi(x_n,y_n,h)]\\&=y(x_{n+1})-y(x_n)-h\varphi(x_n,y(x_n),h=T_{n+1}\end{aligned}$$

所以局部截断误差可理解为用式 (8.12) 计算一步的误差, 也即式 (8.12) 中用准确解 $y(x)$ 代替数值解产生的公式误差. 根据定义, 显然欧拉法的局部截断误差

$$\begin{aligned}T_{n+1}=&y(x_{n+1})-y(x_n)-hf(x_n,y(x_n))\\=&y(x_n+h)-y(x_n)-hy'(x_n)=\frac{h^2}{2}y''(x_n)+O(h^3)\end{aligned}$$

即为式 (8.4) 的结果. 这里 $\dfrac{h^2}{2}y''(x_n)$ 称为**局部截断误差主项**. 显然 $T_{n+1}=O(h^2)$. 一般情形的定义如下.

**定义 8.2** 设 $y(x)$ 是初值问题式 (8.1) 和式 (8.2) 的准确解, 若存在最大整数 $p$ 使显式单步法式 (8.12) 的局部截断误差满足

$$T_{n+1}=y(x+h)-y(x)-h\varphi(x,y,h)=O(h^{p+1}) \tag{8.14}$$

则称方法 (8.12) 具有 $p$ 阶精度.

若将式 (8.14) 展开写成

$$T_{n+1}=\psi(x_n,y(x_n))h^{p+1}+O(h^{p+2})$$

则 $\psi(x_n,y(x_n))h^{p+1}$ 称为局部截断误差主项.

以上定义对隐式单步法式 (8.11) 也是适用的. 例如, 对后退欧拉法式 (8.6), 其局部截断误差为

$$T_{n+1}=y(x_{n+1})-y(x_n)-hf[(x_{n+1}),y(x_{n+1})]$$

$$
\begin{aligned}
&= hy'(x_n) + \frac{h^2}{2}y''(x_n) + O(h^3) - h\left[y'(x_n) + hy''(x_n) + O(h^2)\right] \\
&= -\frac{h^2}{2}y''(x_n) + O(h^3)
\end{aligned}
$$

这里 $p=1$, 是一阶方法, 局部截断误差主项为 $-\frac{h^2}{2}y''(x_n)$.

同样对梯形法式 (8.8) 有

$$
\begin{aligned}
T_{n+1} &= y(x_{n+1}) - y(x_n) - \frac{h}{2}\left[y'(x_n) + y'(x_{n+1})\right] \\
&= hy'(x_n) + \frac{h^2}{2}y''(x_n) + \frac{h^3}{3!}y'''(x_n) \\
&\quad - \frac{h}{2}\left[y'(x_n) + y'(x_n) + hy''(x_n) + \frac{h^2}{2}y'''(x_n)\right] + O(h^4) \\
&= -\frac{h^3}{12}y'''(x_n) + O(h^4)
\end{aligned}
$$

所以梯形方法式 (8.7) 是二阶方法, 其局部截断误差主项为 $-\frac{h^3}{12}y'''(x_n)$.

## 8.3 龙格–库塔方法

### 8.3.1 显式龙格–库塔法的一般形式

在 8.2 节中给出了显式步法的表达式 (8.12), 其局部截断误差为式 (8.14), 对欧拉法 $T_{n+1}=O(h^2)$, 即方法为 $p=1$ 阶, 若用改进的欧拉法式 (8.10), 它可以表示为

$$
y_{n+1} = y_n + \frac{h}{2}\left[f(x_n, y_n) + f(x_n + h, y_n + hf(x_n, y_n))\right] \tag{8.15}
$$

此时增量函数

$$
\varphi(x_n, y_n, h) = \frac{1}{2}\left[f(x_n, y_n) + f(x_n + h, y_n + hf(x_n, y_n))\right] \tag{8.16}
$$

它比欧拉法的 $\varphi(x_n, y_n, h) = f(x_n, y_n)$ 增加了计算一个右端函数 $f$ 的值, 可望 $p=2$. 若要使得到的公式阶数 $p$ 更大, $\varphi$ 就必须包含更多的 $f$ 值. 实际上从与方程 (8.1) 等价的积分形式 (8.5), 即

$$
y(x_{n+1}) - y(x_n) = \int_{x_n}^{x_{n+1}} f(x, y(x))\mathrm{d}x \tag{8.17}
$$

若要使公式阶数提高, 就必须使右端积分的数值求积公式精度提高, 它必然要增加求积节点, 为此可将式 (8.17) 的右端用求积公式表示为

$$
\int_{x_n}^{x_{n+1}} f(x, y(x))\mathrm{d}x \approx h\sum_{i=1}^{r} c_i f(x_n + \lambda_i h, y(x_n + \lambda_i h))
$$

一般来说, 点数 $r$ 越多, 精度越高, 上式右端相当于增量函数 $\varphi(x, y, h)$, 为得到便于计算的显式方法, 可类似于改进的欧拉法式 (8.15) 及式 (8.16), 将公式表示为

$$
y_{n+1} = y_n + h\varphi(x_n, y_n, h) \tag{8.18}
$$

式中

$$\begin{cases}\varphi(x_n,y_n,h)=\sum_{i=1}^{r}c_iK_i\\K_1=f(x_n,y_n)\\K_i=f(x_n+\lambda_ih,y_n+h\sum_{j=1}^{i-1}\mu_{ij}K_j)\quad(i=2,\cdots,r)\end{cases}\tag{8.19}$$

其中, $c_i,\lambda_i,u_{ij}$ 均为常数. 式 (8.18) 和式 (8.19) 称为 **$r$级显式龙格–库塔**(Runge-Kutta) 方法, 简称 R-K 方法.

当 $r=1,\varphi(x_n,y_n,h)=f(x_n,y_n)$ 时, 就是欧拉法, 此时方法的阶为 $p=1$. 当 $r=2$ 时, 改进的欧拉法式 (8.15) 就是其中的一种, 下面将证明阶 $p=2$. 要使式 (8.18) 和式 (8.19) 具有更高的阶 $p$, 就要增加点数 $r$. 下面我们只就 $r=2$ 推导 R-K 方法. 并给出 $r=3,4$ 时的常用公式, 其推导方法与 $r=2$ 时类似, 只是计算较复杂.

### 8.3.2 二阶显式龙格–库塔方法

对 $r=2$ 的 R-K 方法, 由式 (8.18) 和式 (8.19) 可得下列计算公式

$$\begin{cases}y_{n+1}=y_n+h(c_1K_1+c_2K_2)\\K_1=f(x_n,y_n)\\K_2=f(x_n+\lambda_2h,y_n+\mu_{21}hK_1)\end{cases}\tag{8.20}$$

其中, $c_1$, $c_2$, $\lambda_2$, $\mu_{21}$ 均为待定常数, 我们希望适当选取这些系数, 使式 (8.20) 阶数尽量高. 根据局部截断误差定义, 式 (8.20) 的局部截断误差为

$$T_{n+1}=y(x_{n+1})-y(x_n)-h[c_1f(x_n,y_n)+c_2f(x_n+\lambda_2h,y_n+\mu_{21}hf_n]\tag{8.21}$$

其中, $y_n=y(x_n)$,$f_n=f(x_n,y_n)$.

为得到 $T_{n+1}$ 的阶 $p$, 将上式各项在 $(x_n,y_n)$ 处作泰勒展开, 由于 $f(x,y)$ 是二元函数, 故要用到二元泰勒展开, 各项展开式为

$$y(x_{n+1})=y_n+hy'_n+\frac{h^2}{2}y''_n+\frac{h^3}{3!}y'''_n+O(h^4)$$

其中

$$\begin{cases}y'_n=f(x_n,y_n)=f_n\\y''_n=\dfrac{\mathrm{d}}{\mathrm{d}x}f(x_n,y(x_n))=f_x(x_n,y_n)+f_y(x_n,y_n)f_n\\y'''_n=f_{xx}(x_n,y_n)+2f_nf_{xy}(x_n,y_n)+f_n^2f_{yy}(x_n,y_n)\\\qquad+f_y(x_n,y_n)[f_x(x_n,y_n)+f_nf_y(x_n,y_n)]\end{cases}\tag{8.22}$$

$$f(x_n+\lambda_2h,y_n+\mu_{21}hf_n)=f_n+f_x(x_n,y_n)\lambda_2h+f_y(x_n,y_n)\mu_{21}hf_n+O(h^2)$$

将以上结果代入式 (8.21), 得

$$T_{n+1}=hf_n+\frac{h^2}{2}[f_x(x_n,y_n)+f_y(x_n,y_n)f_n]$$

$$
\begin{aligned}
&- h[c_1 f_n + c_2(f_n + \lambda_2 f_x(x_n, y_n)h \\
&+ \mu_{21} f_y(x_n, y_n) f_n h)] + O(h^3) \\
=&(1 - c_1 - c_2) f_n h + \left(\frac{1}{2} - c_2\lambda_2\right) f_x(x_n, y_n) h^2 \\
&+ \left(\frac{1}{2} - c_2\mu_{21}\right) f_y(x_n, y_n) f_n h^2 + O(h^3)
\end{aligned}
$$

若要式 (8.20) 具有 $p = 2$ 阶, 必须使

$$
1 - c_1 - c_2 = 0, \quad \frac{1}{2} - c_2\lambda_2 = 0, \quad \frac{1}{2} - c_2\mu_{21} = 0 \tag{8.23}
$$

即

$$
c_2\lambda_2 = \frac{1}{2}, \quad c_2\mu_{21} = \frac{1}{2}, \quad c_1 + c_2 = 1
$$

非线性方程组 (8.23) 的解不唯一. 可令 $c_2 = a \neq 0$, 则得

$$
c_1 = 1 - a, \quad \lambda_2 = \mu_{21} = \frac{1}{2a}
$$

这样得到的公式称为二阶 R-K 方法.

若以 $\lambda_2$ 为自由变量, 分别取 $\lambda_2 = \frac{1}{2}, 1, \frac{3}{4}$, 依次得到如下三个方法.

(1) 改进的欧拉法

$$
y_{k+1} = y_k + \frac{h}{2}\left[f(x_k, y_k) + f(x_k + h, y_k + hf(x_k, y_k))\right]
$$

(2) 中点公式

$$
y_{k+1} = y_k + hf\left(x_k + \frac{1}{2}h, y_k + \frac{h}{2}f(x_k, y_k)\right)
$$

(3) 休恩 (Heun) 公式

$$
y_{k+1} = y_k + \frac{h}{4}\left[f(x_k, y_k) + 3f\left(x_k + \frac{2}{3}h, y_k + \frac{2}{3}hf(x_k, y_k)\right)\right]
$$

### 8.3.3　三阶与四阶显式龙格–库塔方法

本章以上给出的构造 R-K 方法的思路和方法, 可以推广到 $R = 3, 4, 5, \cdots$, 构造出三阶、四阶等方法. 下面对三阶和四阶各给出一个公式

$$
\begin{cases}
y_{n+1} = y_n + \dfrac{h}{6}(K_1 + 4K_2 + K_3) \\
K_1 = f(x_n, y_n) \\
K_2 = f(x_n + \dfrac{h}{2}, y_n + \dfrac{h}{2}K_1) \\
K_3 = f(x_n + h, y_n - hK_1 + 2hK_2)
\end{cases}
$$

此公式称为**库塔三阶方法**.

常用的四阶四级龙格–库塔公式, 又称经典龙格–库塔 (classical Runge-Kutta) 公式

$$\begin{cases} y_{k+1}=y_k+\dfrac{h}{6}(K_1+2K_2+2K_3+K_4) \\ K_1=f(x_k,y_k) \\ K_2=f\left(x_k+\dfrac{h}{2},y_k+\dfrac{h}{2}K_1\right) \\ K_3=f\left(x_k+\dfrac{h}{2},y_k+\dfrac{h}{2}K_2\right) \\ K_4=f(x_k+h,y_k+hK_3) \end{cases} \tag{8.24}$$

**例 8.3**　用经典龙格–库塔方法求 $\begin{cases} \dfrac{\mathrm{d}y}{\mathrm{d}x}=x+y, \\ y(0)=1 \end{cases}$ 在 $x=0.1$ 处的近似值, 取步长 $h=0.02$.

**解**　$f(x,y)=x+y, x_0=0, y_0=1, h=0.1$

$$K_1=hf(x_0,y_0)=0.1\times(0+1)=0.1$$

$$K_2=hf\left(x_0+\frac{1}{2}h,y_0+\frac{1}{2}K_1\right)=0.1\times\left[\left(0+\frac{0.1}{2}\right)+\left(1+\frac{0.1}{2}\right)\right]=0.11$$

$$K_3=hf\left(x_0+\frac{1}{2}h,y_0+\frac{1}{2}K_2\right)=0.1\times\left[\left(0+\frac{0.1}{2}\right)+\left(1+\frac{0.11}{2}\right)\right]=0.1105$$

$$K_4=hf(x_0+h,y_0+K_3)=0.1\times[(0+0.1)+(1+0.1105)]=0.12105$$

$$\begin{aligned} y_1&=y_0+\frac{1}{6}(K_1+2K_2+2K_3+K_4) \\ &=1+\frac{1}{6}(0.1+2\times0.11+2\times0.1105+0.12105) \\ &=1.110341667 \end{aligned}$$

$$|y_1-y(0.1)|=|y_1-1.1103418\cdots|=0.169\cdots\times10^{-6}<\frac{1}{2}\times10^{-6}$$

与准确解比较高达 7 位有效数字.

将例 8.3 与例 8.2 比较, 可以发现经典龙格–库塔方法的结果比欧拉方法、改进的欧拉方法好得多. 在相同步长下, 经典龙格–库塔方法的计算量是欧拉方法的 4 倍, 是改进的欧拉方法的 2 倍. 若经典龙格–库塔方法步长为 $h$, 欧拉方法步长取 $\dfrac{h}{4}$, 预测格–校正欧拉方法取 $\dfrac{h}{2}$, 它们的计算量将大致相等, 但经典龙格–库塔方法仍比欧拉方法、改进的欧拉方法好得多.

对于 $r=1,2,3,4$ 的显式龙格–库塔方法, 可以得到 $r$ 阶的方法. 也可建立低于 $r$ 阶的方法. 那么, 是否 $r$ 越大, 得到的龙格–库塔方法的最高精度就越高呢? 答案是否定的. 数学家 Butcher 在 1965 年已经证明了 $r$ 与最高精度的关系, 如表 8.3 所示.

表 8.3　龙格–库塔方法精度对照表

| $r$ | 1, 2, 3, 4 | 5, 6, 7 | 8, 9 | $\geqslant 10$ |
|---|---|---|---|---|
| 方法的最高精度 | $r$ | $r-1$ | $r-2$ | $\leqslant r-2$ |

显式五阶龙格–库塔方法至少是六级的, 要比显式四阶龙格–库塔方法每步多计算二次 $f(x,y)$ 函数值, 故一般情况下使用经典龙格–库塔方法比较好.

隐式龙格–库塔方法, 需要解关于 $k_1,\cdots,k_R$ 的方程组

$$k_r = f\left(x_k + a_r h, y_k + h\sum_{s=1}^{R} b_{rs}k_s\right) \quad (r=1,2,\cdots,R)$$

计算量比较大. 当 $h$ 较小时, 可以用简单迭代法求解. 隐式龙格–库塔方法有其优点, 一是 $R$ 级隐式龙格–库塔方法的阶可以大于 $R$, 二是隐式龙格–库塔方法的稳定性一般比显式方法好. 这里不再讲述, 有兴趣的读者可参阅有关专著.

### 8.3.4　变步长的龙格–库塔方法

单从每一步看, 步长越小, 截断误差就越小, 但随着步长的缩小, 在一定求解范围内所要完成的步数就增加了. 步数的增加不但引起计算量的增大, 而且可能导致舍入误差的严重积累. 因此同积分的数值计算一样, 微分方程的数值解法也有个选择步长的问题.

在选择步长时, 需要考虑以下两个问题:

(1) 怎样衡量和检验计算结果的精度?

(2) 如何依据所获得的精度处理步长?

我们考察经典的四阶龙格–库塔式 (8.22). 从节点 $x_n$ 出发, 先以 $h$ 为步长求出一个近似值, 记为 $y_{n+1}^{(h)}$, 由于式 (8.22) 的局部截断误差为 $O(h^5)$, 故有

$$y(x_{n+1}) - y_{n+1}^{(h)} \approx ch^5 \tag{8.25}$$

然后将步长折半, 即取 $\dfrac{h}{2}$为步长从 $x_n$ 跨两步到 $x_{n+1}$, 再求得一个近似值 $y_{n+1}^{(\frac{h}{2})}$, 每跨一步的截断误差是 $c\left(\dfrac{h}{2}\right)^5$, 因此有

$$y(x_{n+1}) - y_{n+1}^{(\frac{h}{2})} \approx 2c\left(\frac{h}{2}\right)^5 \tag{8.26}$$

比较式 (8.25) 和式 (8.26) 可知步长减半后, 误差大约减少到 $\dfrac{1}{16}$, 即有

$$\frac{y(x_{n+1}) - y_{n+1}^{(\frac{h}{2})}}{y(x_{n+1}) - y_{n+1}^{(h)}} \approx \frac{1}{16}$$

由此得

$$y(x_{n+1}) - y_{n+1}^{(\frac{h}{2})} \approx \frac{1}{15}\left[y_{n+1}^{(\frac{h}{2})} - y_{n+1}^{(h)}\right]$$

这样, 我们可以通过检查步长, 减半前后两次计算结果的偏差

$$\Delta=\left|y_{n+1}^{(\frac{h}{2})}-y_{n+1}^{(h)}\right|$$

来判定所选的步长是否合适, 具体地说, 将区分以下两种情况处理:

(1) 对于给定的精度 $\varepsilon$, 如果 $\Delta>\varepsilon$, 我们反复将步长折半进行计算, 直至 $\Delta<\varepsilon$ 为止, 这时取最终得到的 $y_{n+1}^{(\frac{h}{2})}$ 作为结果;

(2) 如果 $\Delta<\varepsilon$, 我们反复将步长加倍, 直到 $\Delta>\varepsilon$ 为止, 这时再将步长折半一次, 就得到所要的结果.

这种通过加倍或折半处理步长的方法称为**变步长方法**, 表面上看, 为了选择步长, 每一步的计算量增加了, 但总体考虑往往是合算的.

变步长方法还可利用 $p$ 阶与 $p+1$ 阶公式的局部截断误差得到误差控制与变步长的具体方法, 可自行参见有关文献资料.

## 8.4　单步法的收敛性与稳定性

### 8.4.1　收敛性与相容性

数值解法的基本思想是通过某种离散化手段将微分方程 (8.1) 转化为差分方程, 如单步法

$$y_{n+1}=y_n+h\varphi(x_n,y_n,h) \tag{8.27}$$

它在 $x_n$处的解为 $y_n$, 而初值问题式 (8.1) 和式 (8.2) 在 $x_n$ 处的精确解为 $y(x_n)$, 记 $e_n=y(x_n)-y_n$ 称为**整体截断误差**. 收敛性就是讨论当 $x=x_n$ 固定且 $h=\dfrac{x_n-x_0}{n}\to 0$ 时 $e_n\to 0$ 是否成立的问题.

**定义 8.3**　若一种数值方法 (如单步法 (8.27)) 对于固定的 $x_n=x_0+nh$, 当 $h\to 0$ 时, 有 $y_n\to y(x_n)$, 其中 $y(x)$ 是初值问题式 (8.1) 和式 (8.2) 的准确解, 则称该方法是**收敛**的.

显然数值方法收敛是指 $e_n=y(x_n)-y_n\to 0$, 对单步法 (8.27) 有下述收敛性定理.

**定理 8.3**　假设单步法 (8.27) 具有 $p$ 阶精度, 且增量函数 $\varphi(x,y,h)$ 关于 $y$ 满足利普希茨条件

$$|\varphi(x,y,h)-\varphi(x,\overline{y},h)|\leqslant L_\varphi|y-\overline{y}| \tag{8.28}$$

又设初值 $y_0$ 是准确的, 即 $y_0=y(x_0)$, 则其整体截断误差

$$y(x_n)-y_n=O(h^p) \tag{8.29}$$

**证明**　设以 $\overline{y}_{n+1}$ 表示取 $y_n=y(x_n)$ 用式 (8.27) 求得的结果, 即

$$\overline{y}_{n+1}=y(x_n)+h\varphi(x_n,y(x_n),h) \tag{8.30}$$

则 $y(x_{n+1})-\overline{y}_{n+1}$ 为局部截断误差, 由于所给方法具有 $p$ 阶精度, 按定义 8.2, 存在定数 $C$, 使

$$\left|y(x_{n+1})-\overline{y}_{n+1}\right|\leqslant Ch^{p+1}$$

又由式 (8.27) 与式 (8.30), 得

$$\left|\overline{y}_{n+1}-y_{n+1}\right| \leqslant |y(x_n)-y_n| + h\,|\varphi(x_n,y(x_n),h)-\varphi(x_n,y_n,h)|$$

再利用假设条件 (8.28), 有

$$\left|\overline{y}_{n+1}-y_{n+1}\right| \leqslant (1+hL_\varphi)\,|y(x_n)-y_n|$$

从而有

$$|y(x_{n+1})-y_{n+1}| \leqslant \left|\overline{y}_{n+1}-y_{n+1}\right| + \left|y(x_{n+1})-\overline{y}_{n+1}\right| \leqslant (1+hL_\varphi)\,|y(x_n)-y_n| + Ch^{p+1}$$

即对整体截断误差 $e_n = y(x_n)-y_n$ 成立下列递推关系式

$$|e_{n+1}| \leqslant (1+hL_\varphi)\,|e_n| + Ch^{p+1} \tag{8.31}$$

可得

$$|e_n| \leqslant (1+hL_\varphi)^n\,|e_0| + \frac{Ch^p}{L_\varphi}\left[(1+hL_\varphi)^n-1\right] \tag{8.32}$$

再当 $x_n - x_0 = nh \leqslant T$ 时 ①

$$(1+hL_\varphi)^n \leqslant \left(e^{hL_\varphi}\right)^n \leqslant e^{TL_\varphi}$$

最终得

$$|e_n| \leqslant |e_0|\,e^{TL_\varphi} + \frac{Ch^p}{L_\varphi}(e^{TL_\varphi}-1) \tag{8.33}$$

由此可以断定, 如果初值是准确的, 即 $e_0 = 0$, 则式 (4.3) 成立. 证毕.

依据这一定理, 判断单步法 (8.27) 的收敛性, 归结为验证增量函数 $\varphi$ 能否满足利普希茨条件 (8.28).

对于欧拉方法, 由于其增量函数 $\varphi$ 就是 $f(x,y)$, 故当 $f(x,y)$ 关于 $y$ 满足利普希茨条件时它是收敛的.

再考察改进的欧拉方法, 其增量函数已由式 (8.16) 给出, 有

$$|\varphi(x,y,h)-\varphi(x,\bar{y},h)| \leqslant \frac{1}{2}\left[|f(x,y)-f(x,\bar{y})|+|f(x+h,y+hf(x,y))-f(x+h,\bar{y}+hf(x,\bar{y}))|\right]$$

假设 $f(x,y)$ 关于 $y$ 满足利普希茨条件, 记利普希茨常数为 $L$, 则由上式推得

$$|\varphi(x,y,h)-\varphi(x,\bar{y},h)| \leqslant L(1+\frac{h}{2}L)\,|y-\bar{y}|$$

设限定 $h \leqslant h_0$($h_0$ 为定数, 上式表明 $\varphi$ 关于 $y$ 的利普希茨常数

$$L_\varphi = L\left(1+\frac{h_0}{2}L\right)$$

因此改进的欧拉方法也是收敛的.

①对于任意实数 $x$, 有 $1+x \leqslant e^x$, 而当 $x \geqslant -1$ 时, 成立 $0 \leqslant (1+x)^n \leqslant e^{nx}$.

类似地, 不难验证其他龙格–库塔方法的收敛性.

定理 8.3 表明 $p \geqslant 1$ 时单步法收敛, 并且当 $y(x)$ 是初值问题式 (8.1) 和式 (8.2) 的解, 式 (8.27) 具有 $p$ 阶精度时, 则有展开式

$$\begin{aligned}T_{n+1} &= y(x+h) - y(x) - h\varphi(x, y(x), h) = y'(x)h + \frac{y''(x)}{2}h^2 + \cdots \\ &\quad - h\left[\varphi(x, y(x), 0) + \varphi_x(x, y(x), 0)h + \cdots\right] \\ &= h\left[y'(x) - \varphi(x, y(x), 0)\right] + O(h^2)\end{aligned}$$

所以 $p \geqslant 1$ 的充要条件是 $y'(x) - \varphi(x, y(x), 0) = 0$, 而 $y'(x) = f(x, y(x))$, 于是可给出如下定义.

**定义 8.4**　若单步法 (8.27) 的增量函数 $\varphi$ 满足

$$\varphi(x, y, 0) = f(x, y)$$

则称单步法式 (8.27) 与初值问题 (8.1)、式 (8.2)**相容**.

相容性是指数值方法逼近微分方程 (8.1), 即微分方程 (8.1) 离散化得到的数值方法, 当 $h \to 0$ 时可得到 $y'(x) = f(x, y)$.

于是有下面定理.

**定理 8.4**　$p$ 阶方法 (8.27) 与初值问题 (8.1)、式 (8.2) 相容的充分必要条件是 $p \geqslant 1$.

由定理 8.3 可知单步法 (8.27) 收敛的充分必要条件是方法 (8.27) 是相容的.

以上讨论表明 $p$ 阶方法 (8.27) 当 $p \geqslant 1$ 时与式 (8.1)、式 (8.2) 相容, 反之则相容方法至少是一阶的.

于是由定理 8.3 可知式 (8.27) 收敛的充分必要条件为此方法是相容的.

### 8.4.2　绝对稳定性与绝对稳定域

前面关于收敛性的讨论有个前提, 必须假定数值方法本身的计算是准确的. 实际情形并不是这样, 差分方程的求解还会有计算误差, 例如由于数字舍入而引起的小扰动. 这类小扰动在传播过程中会不会恶性增长, 以至于 “淹没” 了差分方程的 “真解” 呢? 这就是差分方法的稳定性问题. 在实际计算时, 我们希望某一步产生的扰动值, 在后面的计算中能够被控制, 甚至是逐步衰减的.

**定义 8.5**　若一种数值方法在节点值 $y_n$ 上大小为 $\delta$ 的扰动, 于以后各节点值 $y_m$ $(m > n)$ 上产生的偏差均不超过 $\delta$, 则称该方法是稳定的.

对一般的微分方程, 稳定性不仅跟方法本身有关, 还和微分方程 (8.1) 中函数 $f(x, y)$ 有关, 讨论起来非常复杂. 为了简单起见, 通常引入模型方程

$$y' = \lambda y \quad (\lambda\text{为复数且 } \mathrm{Re}\lambda < 0) \tag{8.34}$$

来讨论, 即研究数值方法用于解方程 (8.34) 得到的差分方程是否稳定.

下面以欧拉法和改进的欧拉法为例, 分别讨论它们的稳定性:

(1) 对欧拉法, 将模型方程 (8.34) 代入欧拉公式 (8.3), 得

$$y_{i+1} = y_i + hf(x_i, y_i) = (1 + \lambda h)y_i \tag{8.35}$$

设 $y_i$ 有误差 $\delta_i$, 由此引起的 $y_{i+1}$ 的误差为 $\delta_{i+1}$, 则有

$$y_{i+1} + \delta_{i+1} = (1 + \lambda h)(y_i + \delta_i) \tag{8.36}$$

将式 (8.36) 减去式 (8.35) 得到

$$\delta_{i+1} = (1 + \lambda h)\delta_i$$

要使 $|\delta_{i+1}| < |\delta_i|$, 必须有 $|1 + h\lambda| < 1$. 这就是欧拉法绝对稳定时 $\lambda h$ 需要满足的条件. 由于 $\lambda$ 可以是复数, 故在 $\lambda h$ 的复平面上, $|1 + h\lambda| < 1$ 表示以 $-1$ 为中心的单位圆内部, 如图 8.3 所示, 将这个区域称为欧拉法的**绝对稳定区域**. 若要求 $\lambda$ 是实数, 则得到 $0 < h < -\dfrac{2}{\lambda}$.

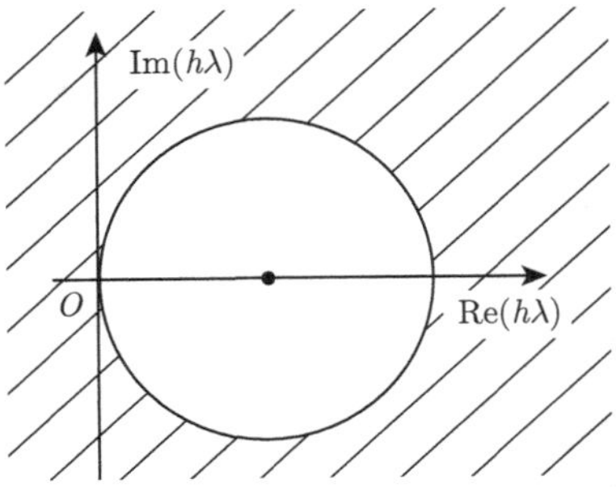


图 8.3　欧拉法绝对稳定区域

(2) 对改进的欧拉法, 将模型方程式 (8.34) 代入欧拉公式 (8.3), 得

$$\begin{aligned} y_{i+1} &= y_i + h[f(x_i, y_i) + f(x_{i+1}, y_i + hf(x_i, y_i))]/2 \\ &= y_i + [\lambda y_i + \lambda(y_i + \lambda h y_i)] \\ &= [1 + \lambda h + (\lambda h)^2/2]y_i \end{aligned}$$

设 $y_i$ 有误差 $\delta_i$, 由此引起的 $y_{i+1}$ 的误差为 $\delta_{i+1}$, 则有

$$y_{i+1} + \delta_{i+1} = [1 + \lambda h + (\lambda h)^2/2](y_i + \delta_i)$$

两式相减, 得

$$\delta_{i+1} = [1 + \lambda h + (\lambda h)^2/2]\delta_i$$

要使 $|\delta_{i+1}| < |\delta_i|$, 必须有 $\left|1 + h\lambda + \dfrac{(\lambda h)^2}{2}\right| < 1$, 这就是改进的欧拉法绝对稳定时 $\lambda h$ 需要满足的条件.

类似地, 可以得到隐式欧拉法绝对稳定条件是: $\left|\dfrac{1}{1 - \lambda h}\right| < 1$

$$\text{梯形公式的稳定条件}\ \left|\frac{2 + \lambda h}{2 - \lambda h}\right| < 1$$

经典的四阶龙格–库塔方法的绝对稳定性条件为

$$\left|1 + \lambda h + \frac{1}{2}(\lambda h)^2 + \frac{1}{6}(\lambda h)^3 + \frac{1}{24}(\lambda h)^4\right| < 1$$

**例 8.4**　利用改进的欧拉法计算

$$\begin{cases} \dfrac{\mathrm{d}y}{\mathrm{d}x} = -20y \quad (0 \leqslant x \leqslant 1) \\ y(0) = 1 \end{cases}$$

当步长 $h$ 分别取 0.11, 0.09 时, 计算稳定吗?

**解**　由方程知 $f(x,y) = -20y$, 代到改进的欧拉公式 (8.10), 得

$$\begin{aligned} y_{i+1} &= y_i + h[-20y_i - 20(y_i - 20hy_i)]/2 \\ &= (1 - 20h + 200h^2)y_i \end{aligned}$$

当 $h = 0.11$ 时, $y_{i+1} = 1.22y_i$, 误差在计算过程中会增长, 数值计算不稳定; 当 $h = 0.09$ 时, $y_{i+1} = 0.82y_i$, 误差在计算过程中减小, 数值计算稳定.

从例 8.4 可以看到稳定性和步长也是密切相关的, 对于一种步长的稳定的数值方法, 如果步长增大就可能不稳定了. 所以只有既收敛又稳定的数值方法在实际算法中才可以放心使用. 而且, 在稳定性满足的前提下, 为了减少计算量步长应尽可能取大一些. 如上例中, 方法本身是收敛的, 只要 $|1 - 20h + 200h^2| < 1$, 即 $h < 0.1$, 方法就是稳定的. 所以在实际操作时, 可以选取接近 0.1 的数作为步长 $h$.

## 8.5　线性多步法

### 8.5.1　线性多步法的一般公式

单步法在计算 $y_{k+1}$ 时, 只用到了 $y_k$. 而计算 $y_{n+1}$ 时, 若 $y_0, \cdots, y_k$ 已知, 如果能够充分利用前面多步的信息来预测 $y_{n+1}$, 则可能获得较高的精度且计算量较小, 这就是所谓的多步法的基本思想.

构造多步法的主要途径有两种：基于数值积分方法和基于泰勒展开方法. 本节主要介绍基于数值积分方法的构造方法, 可直接由方程两端积分后利用插值求积公式得到.

多步法中最常用的是线性多步法, 一般 $l$ 步线性多步法计算公式可表示为

$$y_{k+1} = \sum_{i=0}^{l-1} \alpha_i y_{k-i} + h \sum_{i=-1}^{l-1} \beta_i f_{k-i} \tag{8.37}$$

其中: $\alpha_0, \cdots, \alpha_{k-1}, \beta_{-1}, \beta_0, \cdots, \beta_{k-1}$ 是独立常数, $\alpha_{k-1}, \beta_{k-1}$ 不全为零.

线性多步法的局部截断误差为

$$T_{k+1} = y(x_{k+1}) - \sum_{i=0}^{l-1} \alpha_i y(x_{k-i}) - h \sum_{i=-1}^{l-1} \beta_i y'(x_{k-i})$$

**定义 8.6**　设 $y(x)$ 是初值问题 (8.1) 的精确解, 若对线性多步法式 (8.37) 满足

$$T_{k+1} = y(x_{n+1}) - \sum_{i=0}^{l-1} \alpha_i y(x_{k-i}) - h \sum_{i=-1}^{l-1} \beta_i y'(x_{k-1}) = O(h^{p+1})$$

其中, $p$ 为正整数, 则称此线性多步法是 $p$ 阶相容的.

引入多项式

$$\rho(\xi)=\sum_{i=-1}^{l-1}\alpha_i\xi^{i+1},\quad \sigma(\xi)=\sum_{i=-1}^{l-1}\beta_i\xi^{i+1}$$

分别称 $\rho(\xi),\sigma(\xi)$ 为差分方程 (8.37) 的第一和第二特征多项式.

**定理 8.5**　线性多步法 (8.37) 相容的充分必要条件是 $\rho(1)=0,\rho'(1)=\sigma(1)$.

**定义 8.7**　若某种数值方法对任意初值 $y_0, x\in(a,b]$ 都有

$$\lim_{h\to 0} y_n = y(x)\quad x=a+nh$$

则称该数值方法是收敛的.

**定义 8.8**　设线性多步法 (8.37) 的特征多项式 $\rho(\xi)$ 的根都在单位圆内并且在单位圆上只有单根出现, 则称线性多步法 (8.37) 满足根条件.

**定理 8.6**　设 $f(x,y)$ 满足利普希茨条件, 线性多步法 (8.37) 是 $p(\geqslant 1)$ 阶方法, 则方法 (8.37) 收敛的充分必要条件是满足根条件.

满足根条件的线性多步法, 当 $h\to 0$ 时, 数值解收敛到准确解. 不满足根条件的线性多步法, 舍入误差会随计算步数增加而呈指数增长, 截断误差也随步数呈指数形式影响解.

### 8.5.2　线性多步法的稳定性与绝对稳定域

若某算法在计算过程中任一步产生的误差在以后的计算中都逐步衰减, 则称该算法是绝对稳定的.

用某种数值方法求解试验方程

$$y'=\lambda\quad (\lambda y\text{为复常数})$$

对固定的步长 $h$, 若由计算 $y_n$ 时产生的误差 $\delta$ 所引起后面节点值 $y_m$ $(m>n)$ 的误差的绝对值均不超过 $|\delta|$, 则称该方法对于所用步长 $h$ 和 $\lambda$ 是绝对稳定的, 使得方法绝对稳定的 $h$ 和 $\lambda$ 的全体称为该方法的绝对稳定区域, 绝对稳定区域与实轴的交, 称为绝对稳定区间.

特别地, 若绝对稳定区域包含左半平面, 则称该方法是 $A$-稳定的.

数值稳定性不仅与数值方法有关, 也与具体使用的步长 $h$ 有关. 当方法本身不稳定时, 对任何步长不具有数值稳定性; 当方法是稳定时, 也不是对所有步长具有数值稳定性. 一个线性多步法, 若对任意 $h>0$ 都不是数值稳定的, 这个线性多步法不能直接使用.

对于试验方程

$$y'=\lambda y,\quad \mathrm{Re}\lambda<0$$

线性多步法 (8.37) 对应的特征方程为

$$\rho(r)-\lambda h\sigma(r)=0$$

记 $\bar{h}=\lambda h$, 特征方程的 $l$ 个根为 $r_1(\bar{h}),\cdots,r_l(\bar{h})$. 由差分方程的相关定理可知, 当 $\max\limits_{1\leqslant i\leqslant l}\left|r_i(\bar{h})\right|<1$ 时, 误差在计算过程中逐渐衰减, 从而是数值稳定的; 当 $\max\limits_{1\leqslant i\leqslant l}\left|r_i(\bar{h})\right|\geqslant 1$ 时, 方法不是数值稳定的.

在复平面上由 $\left|r_i(\bar{h})\right|<1\ (i=1,\cdots,l)$ 可以求出该方法的绝对稳定区域及绝对稳定区间.

满足根条件的线性多步法是稳定的.

线性多步法的典型代表是亚当斯 (Adams) 方法.

形如

$$y_{i+1}=y_i+h\sum_{r=-1}^{k-1}\beta_r f_{i-r}$$

的线性 $k$ 步法, 称为**亚当斯方法**. $\beta_{-1}=0$ 时为显示方法, 通常称为**亚当斯显示公式**, 也称亚当斯 [–巴什福思](Adams[-Bashforth]) 公式; $\beta_{-1}\neq 0$ 时为隐式方法, 通常称为**亚当斯隐式公式**, 也称亚当斯–莫尔顿 (Adams-Moulton) 公式.

可以在式$y(x_{i+1})-y(x_i)=\displaystyle\int_{x_i}^{x_{i+1}}y'(x)\mathrm{d}x$ 右端的积分中, 取具有 $k+1$ 节点的插值多项式近似替代 $y'(x)$ 作为被积函数, 从而导出初值问题的亚当斯方法公式.

### 8.5.3　亚当斯 [–巴什福思] 法

取 $x_j(j=i,i-1,\cdots,i-k)$ 处的 $y'_j=f(x_j,y_j)$ 构造插值多项式取代 $y'(x)$

$$\begin{aligned}
y'(x)=&p(x)+R(x)\\
p(x)=&\sum_{j=i-k}^{i}l_j(x)y'(x_j)=\sum_{j=i-k}^{i}l_j(x)f(x_j,y_j)\\
R(x)=&\frac{1}{(k+1)!}y^{(k+2)}(\xi_i)\omega(x)
\end{aligned}$$

其中, $\omega(x)=\prod\limits_{j=i-k}^{i}(x-x_j)=(x-x_{i-k})\cdots(x-x_i)$. 由于 $\omega(x)\geqslant 0$, $\forall x\in[x_i,x_{i+1}]$, 有

$$\begin{aligned}
&y(x_{i+1})-y(x_i)=\int_{x_i}^{x_{i+1}}y'(x)\mathrm{d}x\\
=&\int_{x_i}^{x_{i+1}}\left[\sum_{j=i-k}^{i}l_j(x)f(x_j,y_j)\right]\mathrm{d}x+\int_{x_i}^{x_{i+1}}\frac{1}{(k+1)!}y^{(k+2)}(\xi_i)\omega(x)\mathrm{d}x\\
=&\sum_{j=i-k}^{i}\left[\int_{x_i}^{x_{i+1}}l_j(x)\mathrm{d}x\right]f(x_j,y_j)+\frac{1}{(k+1)!}y^{(k+2)}(\eta_i)\int_{x_i}^{x_{i+1}}\omega(x)\mathrm{d}x
\end{aligned}$$

记 $f_i=f(x_i,y_i)$, 可得 $k+1$ 步 $k+1$ 阶亚当斯 [–巴什福思] 公式及其局部截断误差

$$y_{i+1}=y_i+\frac{h}{A}(b_0f_i+b_1f_{i-1}+\cdots+b_kf_{i-k})$$

$$T_{i+1} = rh^{k+2}y^{(k+2)}(\eta_i)$$

表 8.3 所示是 $k=0, 1, \cdots, 4$ 的 $A$, $b_j$ $(j=0, 1, \cdots, k), r$ 的数值.

**表 8.3 部分亚当斯 [–巴什福思] 公式系数**

| $k$ | $A$ | $b_0$ | $b_1$ | $b_2$ | $b_3$ | $b_4$ | $r$ |
|---|---|---|---|---|---|---|---|
| 0 | 1 | 1 | | | | | 1/2 |
| 1 | 2 | 3 | −1 | | | | 5/12 |
| 2 | 12 | 23 | −16 | 5 | | | 3/8 |
| 3 | 24 | 55 | −59 | 37 | −9 | | 251/720 |
| 4 | 720 | 1 901 | −2 774 | 2 616 | −127 4 | 251 | 95/288 |

### 8.5.4 亚当斯–莫尔顿方法

若取 $x_j, j=i+1, i, i-1, \cdots, i-k+1$ 处的 $y'_j = f(x_j, y_j)$ 构造插值多项式取代 $y'(x)$, 与前一样的方法, 可得 $k$ 步 $k+1$ 阶亚当斯–莫尔顿公式及其局部截断误差

$$y_{i+1} = y_i + \frac{h}{A}(b_0^* f_{i+1} + b_1^* f_i + \cdots + b_k^* f_{i-k+1})$$

$$T_{i+1} = r^* h^{k+2} y^{(k+2)}(\eta_i)$$

表 8.4 所示是 $k=0, 1, \cdots, 4$ 的 $A$, $b_j^*$ $(j=0, 1, \cdots, k), r^*$ 的数值.

**表 8.4 部分亚当斯–莫尔顿公式系数**

| $k$ | $A$ | $b_0^*$ | $b_1^*$ | $b_2^*$ | $b_3^*$ | $b_4^*$ | $r^*$ |
|---|---|---|---|---|---|---|---|
| 0 | 1 | 1 | | | | | −1/2 |
| 1 | 2 | 1 | 1 | | | | −1/12 |
| 2 | 12 | 5 | 8 | −1 | | | −1/24 |
| 3 | 24 | 9 | 19 | −5 | 1 | | −19/720 |
| 4 | 720 | 251 | 646 | −2 664 | 106 | −19 | −3/160 |

1~4 步的亚当斯显式和隐式方法的绝对稳定区间如表 8.5 所示.

**表 8.5 亚当斯显式和隐式方法的绝对稳定区间**

| 步数 | 显式亚当斯方法 | | 隐式亚当斯方法 | |
|---|---|---|---|---|
| 1 | $(-2, 0)$ | $p$=1 | $(-\infty, 0)$ | $p=2$ |
| 2 | $(-1, 0)$ | $p$=2 | $(-6, 0)$ | $p$=3 |
| 3 | $\left(-\frac{6}{10}, 0\right)$ | $p=3$ | $(-3, 0)$ | $p$=4 |
| 4 | $\left(-\frac{3}{10}, 0\right)$ | $p=4$ | $\left(-\frac{99}{49}, 0\right)$ | $p$=5 |

从表 8.5 可以看出, 同阶的隐式亚当斯方法比显式亚当斯方法数值稳定性要好.

在选用线性多步法时, 要检验是否满足根条件, 在确定步长时, 要控制步长的大小, 要在 $\mathrm{Re}\left(\frac{\partial f}{\partial y}\right) < 0$ 时, $\left(\frac{\partial f}{\partial y}\right) \cdot h$ 要落在绝对稳定区域内. 那些对所有步长都不具数值稳定

性的方法不能简单地单独使用.

### 8.5.5　吉尔方法

吉尔研究了一个隐式 $k$ 步法公式

$$\sum_{r=0}^{k}\alpha_r y_{i+r}=h\beta_k f_{i+k}\quad(\beta_k\neq 0,\alpha_r=1)$$

这个公式只有 $k$ 阶精度, 当 $k=1$ 时就是隐式欧拉公式, 此方法只有当 $k\leqslant 6$ 时才满足收敛性及稳定性条件, 并且比隐式亚当斯方法精度低, 因此过去很少使用. 但在 1968 年, 吉尔证明了此方法具有刚性稳定, 可用于求解刚性方程. 因此, 这种方法称为吉尔方法.

利用泰勒展开, 可以很容易求出各阶吉尔公式.

$$\begin{aligned}
&k=1,\quad y_{i+1}=y_i+hf_{i+1}\\
&k=2,\quad y_{i+2}=\frac{1}{3}(4y_{i+1}-y_i+2hf_{i+2})\\
&k=3,\quad y_{i+3}=\frac{1}{11}(18y_{i+2}-9y_{i+1}+2y_i+6hf_{i+3})\\
&k=4,\quad y_{i+4}=\frac{1}{11}(48y_{i+3}-36y_{i+2}+16y_{i+1}-3y_i+12hf_{i+3})
\end{aligned}$$

对应吉尔方法目前还有不少改进方法, 感兴趣的读者可以参看相关文献.

### 8.5.6　预测–校正方法

从理论上讲, 可以构造 $2k-1$ 阶的显式 $k$ 步线性多步法和 $2k$ 阶的隐式 $k$ 步线性多步法. 但是线性多步法不是所有相容线性多步法都可以应用, 存在稳定性问题.

利用两个同阶的显式多步法和隐式多步法, 可以构造预测–校正线性多步法. 例如用显式格式作为预测值, 再用隐式格式来校正, 可以得到预测–校正亚当斯方法.

预测值

$$\bar{y}_{i+1}=y_i+\frac{h}{24}(-9f_{i-3}+37f_{i-2}-59f_{i-1}+55f_i)$$

校正值

$$y_{i+1}=y_i+\frac{h}{24}(f_{i-2}-5f_{i-1}+19f_i+9f(x_{i+1},\bar{y}_{i+1}))$$

**例 8.5**　用亚当斯预测–校正公式求解初值问题 $\begin{cases}\dfrac{\mathrm{d}y}{\mathrm{d}x}=x+y\\ y(0)=1\end{cases}$ 在区间 [0,1] 上的近似值, 取步长 $h=0.1$.

**解**　首先用标准四阶龙格–库塔方法计算 $y_1,y_2,y_3$, 然后用亚当斯外推公式和预测 - 校正公式分别计算其他值, 计算结果见表 8.6.

表 8.6　计算结果表

| $k$ | $x_k$ | 龙格–库塔 | 亚当斯预测 | 亚当斯校正 | 精确值 | 误差 |
|---|---|---|---|---|---|---|
| 0 | 0 | 1.000 000 0 | | | 1.000 000 00 | 0.00e+00 |
| 1 | 0.1 | 1.110 341 7 | | | 1.110 341 84 | 1.69e-07 |
| 2 | 0.2 | 1.242 805 1 | | | 1.242 805 52 | 3.75e-07 |
| 3 | 0.3 | 1.399 717 0 | | | 1.399 717 62 | 6.21e-07 |
| 4 | 0.4 | | 1.583 640 2 | 1.583 649 1 | 1.583 649 40 | 3.15e-07 |
| 5 | 0.5 | | 1.797 432 9 | 1.797 442 6 | 1.797 442 54 | 7.53e-08 |
| 6 | 0.6 | | 2.044 273 2 | 2.044 238 1 | 2.044 237 60 | 5.46e-07 |
| 7 | 0.7 | | 2.327 494 6 | 2.327 506 5 | 2.327 505 42 | 1.12e-06 |
| 8 | 0.8 | | 2.651 070 5 | 2.651 083 7 | 2.651 081 86 | 1.80e-06 |
| 9 | 0.9 | | 3.019 194 3 | 3.019 208 8 | 3.019 206 22 | 2.61e-06 |
| 10 | 1 | | 3.436 551 1 | 3.465 672 | 3.436 563 66 | 3.58e-06 |

## 8.6　一阶常微分方程组

常微分方程组初值问题的解法与常微分方程初值问题的解法几乎没什么不同, 仅需要把纯量替换成向量. 为此, 引入向量

$$\boldsymbol{Y}(\boldsymbol{x})=\begin{pmatrix} y_1(x)\\ y_2(x)\\ \vdots\\ y_n(x)\end{pmatrix},\quad \boldsymbol{F}(\boldsymbol{x},\boldsymbol{Y}(\boldsymbol{x}))=\begin{pmatrix} f_1(x,y_1(x),y_2(x),\cdots y_n(x))\\ f_2(x,y_1(x),y_2(x),\cdots y_n(x))\\ \vdots\\ f_n(x,y_1(x),y_2(x),\cdots y_n(x))\end{pmatrix}$$

则可将常微分方程组初值问题

$$\begin{cases} y_1'(x)=f_1(x,y_1(x),y_2(x),\cdots,y_n(x))\\ y_2'(x)=f_2(x,y_1(x),y_2(x),\cdots,y_n(x))\\ \qquad\cdots\cdots\\ y_n'(x)=f_n(x,y_1(x),y_2(x),\cdots,y_n(x))\\ y_1(a)=y_{10},y_2(a)=y_{20},\cdots,y_n(a)=y_{n0}\end{cases}$$

表示成向量形式

$$\boldsymbol{Y}'(\boldsymbol{x})=\boldsymbol{F}(\boldsymbol{x},\boldsymbol{Y}(\boldsymbol{x})),\quad \boldsymbol{Y}(\boldsymbol{x}_0)=\boldsymbol{Y}_0$$

对此向量形式的初值问题的解法, 只需将以前一维方程的数值方法改为向量形式便可.

例如, 解常微分方程组的欧拉方法, 写成向量形式

$$\boldsymbol{Y}_{k+1}=\boldsymbol{Y}_k+h\boldsymbol{F}(\boldsymbol{x}_k,\boldsymbol{Y}_k)$$

四阶标准龙格–库塔公式的向量形式

$$\begin{cases} \boldsymbol{Y}_{k+1}=\boldsymbol{Y}_k+\dfrac{h}{6}(\boldsymbol{K}_1+2\boldsymbol{K}_2+2\boldsymbol{K}_3+\boldsymbol{K}_4) \\ \boldsymbol{K}_1=\boldsymbol{F}(\boldsymbol{x}_k,\boldsymbol{Y}_k) \\ \boldsymbol{K}_2=\boldsymbol{F}\left(\boldsymbol{x}_k+\dfrac{h}{2},\boldsymbol{Y}_k+\dfrac{h}{2}\boldsymbol{K}_1\right) \\ \boldsymbol{K}_3=\boldsymbol{F}\left(\boldsymbol{x}_k+\dfrac{h}{2},\boldsymbol{Y}_k+\dfrac{h}{2}\boldsymbol{K}_2\right) \\ \boldsymbol{K}_4=\boldsymbol{F}(\boldsymbol{x}_k+h,\boldsymbol{Y}_k+\boldsymbol{K}_3) \end{cases}$$

对于高阶常微分方程初值问题, 一般可以转化成一阶常微分方程组初值问题来求解.

## 8.7 刚 性 问 题

在求解常微分方程组$\begin{cases}\boldsymbol{Y}'(x)=\boldsymbol{F}(x,\boldsymbol{Y})\\ \boldsymbol{Y}(x_0)=\boldsymbol{Y}_0\end{cases}$时, 经常出现方程组的解的分量数量级差别很大的情形, 这给数值求解带来很大的困难, 这种问题称为刚性问题, 它在电子网络、化学反应和自动控制等领域中都是常见的.

先考察以下例子.

给定系统

$$\begin{cases} \dfrac{\mathrm{d}y_1}{\mathrm{d}x}=-1001y_1+999y_2+2 \\ \dfrac{\mathrm{d}y_2}{\mathrm{d}x}=999y_1-1001y_2+2 \quad (0<x<10) \\ y_1(0)=3, y_2(0)=1 \end{cases}$$

方程的准确解为

$$\begin{cases} y_1(x)=\mathrm{e}^{-2\,000x}+\mathrm{e}^{-2x}+1 \\ y_2(x)=-\mathrm{e}^{-2\,000x}+\mathrm{e}^{-2x}+1 \end{cases}$$

$y_1(x),y_2(x)$ 中都包含了趋于 0 的项 $\mathrm{e}^{-2000x}$ 和 $\mathrm{e}^{-2x}$, 但两者衰减速度相差很大, 快变分量 $\mathrm{e}^{-2\,000x}$ 在 $x=0.01$ 时就衰减到$\mathrm{e}^{-20}$, 而慢变分量 $\mathrm{e}^{-2x}$ 要到 $x=10$ 才降到 $\mathrm{e}^{-20}$. 若用经典四阶格–库塔方法来求解, 必须取步长 $h<\dfrac{2.785}{2\,000}\approx 0.001\,39$, 才能使计算稳定. 而要计算到稳态解至少需要算到 $x=10$, 至少要算近 7200 步, 工作量很大. 这种用小步长计算长区间的现象是刚性方程数值求解出现的困难, 它是系统本身病态性质引起的.

一般的常系数常微分方程组初值问题

$$\begin{cases} \boldsymbol{Y}'=\boldsymbol{A}\boldsymbol{Y}+\phi(x), \quad a<x<b \\ \boldsymbol{Y}(a)=(\alpha_1,\cdots,\alpha_n)^{\mathrm{T}} \end{cases}$$

其中 $\boldsymbol{A}\in R^{n\times n},\boldsymbol{Y}\in R^n,\boldsymbol{\phi}(x)=(\varphi,(x),\varphi_2(x),\cdots,\varphi_n(x))^{\mathrm{T}}$.

若矩阵 $\boldsymbol{A}$ 的特征值 $\lambda_1, \lambda_2, \cdots, \lambda_n$ 满足条件:

(1) $\mathrm{Re}(\lambda_i) < 0\ (i = 1, 2, \cdots, n)$

(2) $S = \dfrac{\max\limits_i |\mathrm{Re}(\lambda_i)|}{\min\limits_i |\mathrm{Re}(\lambda_i)|} \gg 1$

则称此常微分方程组是刚性的或坏条件的, 比值 $S$ 称为刚性比.

对刚性方程组可用专门的数值方法求解, 例如隐式欧拉方法、梯形方法、吉尔方法和隐式龙格–库塔方法. 这些方法都有现成的数学软件可供使用, 有兴趣的读者可参阅有关专著, 本书不再介绍.

## 8.8　数值实验 8

**实验要求**

1. 调试欧拉法、改进的欧拉法的程序;
2. 直接使用 MATLAB 命令求解常微分方程数值解;
3. 完成上机实验报告.

### 8.8.1　本章重要方法的 MATLAB 实现

**例 8.6**　求微分方程 $\dfrac{\mathrm{d}y}{\mathrm{d}x} = 1 + y^2$ 的通解. 若初始条件 $y\,|_{x=0} = 1$, 求特解.

**解**

```
>> dsolve('Dy=1+y^2')
 ans =
 tan(t+C1)
>> y=dsolve('Dy=1+y^2','y(0)=1')
y =
tan(t+1/4*pi)
```

**例 8.7**　求解常微分方程 $y' = -2y + 2x^2 + 2x, 0 \leqslant x \leqslant 0.5, y(0) = 1$.

**解**　MATLAB 程序如下:

```
>>fun=inline('-2*y+2*x*x+2*x');
>>[x,y]=ode23(fun,[0,0.5],1)
```

结果为:

```
x = 0,0.0400,0.0900,0.1400,0.1900,0.2400,0.2900,0.3400,0.3900,0.4400,
    0.4900,0.5000
y = 1.0000,0.9247,0.8434,0.7754,0.7199,0.6764,0.6440,0.6222,0.6105,
    0.6084,0.6154,0.6179
```

**例 8.8**　求解常微分方程 $\dfrac{\mathrm{d}^2y}{\mathrm{d}t^2} - \mu(1 - y^2)\dfrac{\mathrm{d}y}{\mathrm{d}t} + y = 0, y(0) = 1, y'(0) = 0$ 的解, 并画出解的图形.

**分析**　这是一个二阶非线性方程, 用现成的方法均不能求解, 但我们可以通过下面的变换, 将二阶方程化为一阶方程组, 即可求解.

**解**　令 $x_1 = y, x_2 = \dfrac{\mathrm{d}y}{\mathrm{d}t}, \mu = 7$, 则

$$\begin{cases} \dfrac{\mathrm{d}x_1}{\mathrm{d}t} = x_2, x_1(0) = 1 \\ \dfrac{\mathrm{d}x_2}{\mathrm{d}t} = 7(1 - x_1^2)x_2 - x_1, x_2(0) = 0 \end{cases}$$

先编写函数文件 vdp.m 如下:

```
function funy=vdp(t,x)
funy=[x(2);7*(1-x(1)^2)*x(2)-x(1)];
```

再运行如下:

```
>>y0=[1;0];
[t,x]=ode45(@vdp,[0,40],y0);
y=x(:,1);dy=x(:,2);
plot(t,y,t,dy)
```

解的图形如图 8.4 所示.

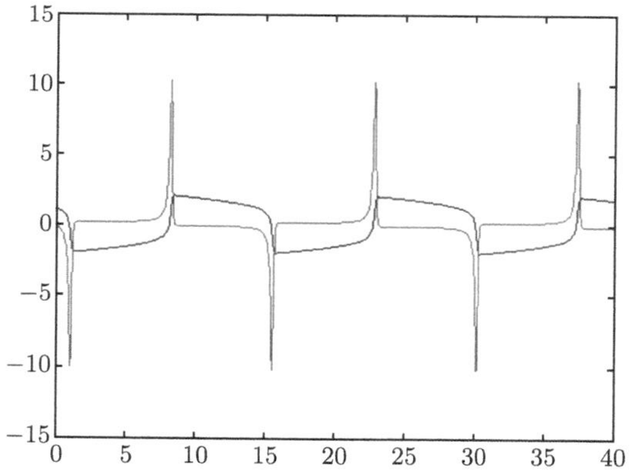


图 8.4　例 8.8 解图

**例 8.9**　请自己编写 MATLAB 程序, 分别用欧拉方法、改进欧拉方法在区间 $1 \leqslant x \leqslant 2$ 上求解初值问题 (取 $h = 0.2$).

$$\begin{cases} \dfrac{\mathrm{d}y}{\mathrm{d}x} = x^3 - \dfrac{y}{x} \\ y(1) = 0.4 \end{cases}$$

**解**　先编写函数文件如下:

```
function v=myfun4(x,y)
v=x.^3-y./x;
```

欧拉法 M 文件 Euler.m:

```
function [x y]=Euler(f,a,b,h,y0)
x=[a:h:b];
```

```
n=(b-a)./h;
y(1)=y0;
for i=2:(n+1)
    y(i)=y(i-1)+h*feval(f,x(i-1),y(i-1));
end
```

改进欧拉法 M 文件 Eulergai.m

```
function[x y]= Eulergai(f,a,b,h,y0)
x=[a:h:b];
n=(b-a)./h;
y(1)=y0;
for i=2:(n+1)
    y1=y(i-1)+h*feval(f,x(i-1),y(i-1));
    y2=y(i-1)+h*feval(f,x(i),y1);
    y(i)=(y1+y2)./2;
end
```

再运行如下:

```
>> [x y]=Euler('myfun4',1,2,0.2,0.4)
x =
    1.0000    1.2000    1.4000    1.6000    1.8000    2.0000
y =
    0.4000    0.5200    0.7789    1.2165    1.8836    2.8407

>> [x y]= Eulergai('myfun4',1,2,0.2,0.4)
x =
    1.0000    1.2000    1.4000    1.6000    1.8000    2.0000
y =
    0.4000    0.5895    0.9278    1.4615    2.2464    3.3466
```

### 8.8.2 MATLAB 中常微分方程 (组) 求解的相关函数简介及使用方法

为方便使用 MATLAB 的相关命令或函数求解线性方程组, 表 8.7 列出相关函数.

**表 8.7　MATLAB 常微分方程 (组) 求解相关函数简介及使用方法**

| 函数 | 功能 | 用法 | 解释 |
| --- | --- | --- | --- |
| dsolve | 常微分方程 (组) 的求解析解 | `r = dsolve('eqn1,eqn2,...', 'cond1,cond2,...', 'x')` | `'eqn1,eqn2,...'`是微分方程或微分方程组, `'cond1,cond2,...'`是初始条件或边界条件, `'x'` 是自变量, 默认的独立变量是 `'t'` |
| ode45 | 采用 4,5 阶龙格–库塔方法 | `[T,Y]= ode45 (odefun,tspan,y0)` | 大部分场合的首选算法 |
| ode23 | 采用 2,3 阶龙格–库塔方法 | `[T,Y]= ode45 (odefun,tspan,y0)` | 适用于精度较低的情形 |

续表

| 函数 | 功能 | 用法 | 解释 |
|---|---|---|---|
| ode113 | 采用亚当斯算法 | `[T,Y]= ode45 (odefun,tspan,y0)` | 高低精度均可达到 $10^{-3} \sim 10^{-6}$, 且计算时间比 ode45 短 |
| ode23t | 采用梯形算法 | `[T,Y]= ode45 (odefun,tspan,y0)` | 适度刚性情形 |
| ode15s | 采用多步法 | `[T,Y]= ode45 (odefun,tspan,y0)` | Gear's 反向数值积分, 精度中等, 若 ode45 失效时, 可尝试使用 |
| ode23s | 采用 2 阶 Rosebrock 算法, 低精度 | `[T,Y]= ode45 (odefun,tspan,y0)` | 当精度较低时, 计算时间比 ode15s 短 |

### 8.8.3 常微分方程数值解数值试验题

用欧拉法、改进的欧拉法、经典四阶龙格–库塔法求解下列初值问题

$$\begin{cases} y' = y - \dfrac{2x}{y} & (0 \leqslant x \leqslant 1) \\ y(0) = 1 \end{cases}$$

**要求:**

(1) 编写 MATLAB 软件程序, 用三种方法求解, 并取不同的步长. 将三种方法的结果显示在一张图上, 比较几种数值解法的精度, 并与精确解比较精度.

(2) 利用 MATLAB 软件相关函数计算初值问题的精确解、数值解.

## 习　题　8

1. 列出求解下列初值问题的欧拉格式 (取 $h = 0.2$)

(1) $y' = \left(\dfrac{y}{x}\right)^2 + \dfrac{y}{x}\ (1 \leqslant x \leqslant 1.2), y(0) = 1$

(2) $y' = x^2 - y^2\ (0 \leqslant x \leqslant 0.4), y(0) = 1$

2. 取 $h = 0.1$, 用欧拉方法求解初值问题 $y' = \dfrac{1}{1+x^2} - 2y^2\ (0 \leqslant x \leqslant 4)$, $y(0) = 0$. 并与精确解 $y = \dfrac{2x1}{1+x^2}$ 比较计算结果.

3. 用四阶经典的龙格–库塔方法求解初值问题 $y' = 8 - 3y$, $y(0) = 2$, 试取步长 $h = 0.2$, 计算 $y(0.4)$ 的近似值, 要求小数点后保留 4 位数字.

4. 用欧拉法、改进欧拉法、经典龙格–库塔法求解下列初值问题 (取 $h = 0.2$):

(1) $y' = -y - xy^2, y(0) = 1, 0 \leqslant x \leqslant 1$;

(2) $y' = xe^y, y(0) = 1, 0 \leqslant x \leqslant 1$;

(3) $y'' = -y - \sin x, y(0) = 1, 0 \leqslant x \leqslant 1$.

5. 取步长 $h = 0.1$, 求解初值问题 $\begin{cases} \dfrac{\mathrm{d}y}{\mathrm{d}x} = -y + 1 \\ y(0) = 1 \end{cases}$, 用改进的欧拉法和经典的四阶龙格–库塔法求 $y(0.1)$ 的值.

6. 用二步法 $y_{n+1} = ay_n + by_{n-1} + h[\lambda f(x_n, y_n) + (1-\lambda) f(x_{n-1}, y_{n-1})]$ 求解常微分方程的初

值问题 $\begin{cases} y' = f(x, y), \\ y(x_0) = y_0 \end{cases}$ 时, 如何选择参数 $a, b, \lambda$ 使方法阶数尽可能高, 并求局部截断误差主项, 此时该方法是几阶的.

7. 证明：方法 $y_{m+1} = y_m + \frac{h}{6}(2f_{m+1} + 4f_m) + \frac{h^2}{6}f_m$ 是二阶的.

8. 应用四阶亚当斯显式格式求解初值问题 $\begin{cases} \frac{\mathrm{d}y}{\mathrm{d}x} = 3y - 2x\ (0 \leqslant x \leqslant 0.5), \\ y(0) = 1, \end{cases}$ 取步长 $h = 0.1$, 计算结果保留到小数点后 6 位.

9. 用亚当斯外推公式和预报–校正公式求初值问题 $\begin{cases} \frac{\mathrm{d}y}{\mathrm{d}x} = x^2 - y^2, \\ y(-1) = 0 \end{cases}$ 在区间 $[-1,0]$ 上的数值解, 取步长 $h$=0.1.

10. 对于常微分方程初值问题 $\begin{cases} \frac{\mathrm{d}y}{\mathrm{d}x} = f(x, y) \\ y(x_0) = y_0 \end{cases}$, 利用在区间 $[x_{n-1}, x_{n+1}]$ 上的辛普森求积公式, 建立具有如下形式

$$y_{n+1} = y_{n-1} + h(af_{n+1} + bf_n + cf_{n-1})$$

的线性多步法, 试确定出相应的求积系数 $a, b, c$.

# 第 9 章　矩阵特征值和特征向量计算

在线性代数中, 我们学过, 若 $\boldsymbol{A}$ 为 $n\times n$ 矩阵, 所谓 $\boldsymbol{A}$ 的特征问题是求数 $\lambda$ 和非零向量 $\boldsymbol{X}$, 使 $\boldsymbol{AX}=\boldsymbol{\lambda X}$ 成立. 其中数 $\lambda$ 称为 $\boldsymbol{A}$ 的一个特征值, 非零向量 $\boldsymbol{X}$ 称为与特征值 $\lambda$ 对应的特征向量. 也就是求使方程组 $(\boldsymbol{A}-\lambda\boldsymbol{I})\boldsymbol{X}=\boldsymbol{0}$ 有非零解的数 $\lambda$ 和相应的非零向量 $\boldsymbol{X}$. 在线性代数中, 我们是通过求解特征多项式 $\det(\boldsymbol{A}-\lambda\boldsymbol{I})=0$ 的零点得到 $\lambda$, 然后通过求解退化的方程组 $(\boldsymbol{A}-\lambda\boldsymbol{I})\boldsymbol{X}=\boldsymbol{0}$ 得到非零向量 $\boldsymbol{X}$. 但是, 当矩阵阶数很高时, 这种方法极为困难. 目前, 用数值方法计算矩阵的特征值以及特征向量比较有效的方法是迭代法和变换法.

本章主要介绍计算特殊矩阵特征值的两种方法: 计算大型稀疏矩阵的主特征值的幂法; 计算一般矩阵 (中小型矩阵) 全部特征值集合的 $\boldsymbol{QR}$ 方法.

## 9.1　幂 迭 代 法

### 9.1.1　幂迭代法原理

幂法是计算一个矩阵按模最大的特征值 (称为 $\boldsymbol{A}$ 的主特征值) 和对应的特征向量的一种迭代方法 (又称为乘幂法). 它的最大优点是方法简单, 适合于计算大型稀疏矩阵的主特征值.

设矩阵 $\boldsymbol{A}=(a_{ij})\in R^{n\times n}$ 的 $n$ 个特征值 $\lambda_i(i=1,2,\cdots,n)$ 满足

$$|\lambda_1|\geqslant|\lambda_2|\geqslant|\lambda_3|\geqslant\cdots\geqslant|\lambda_n|$$

相应的 $n$ 个特征向量 $\boldsymbol{x}_i\ (i=1,2,\cdots,n)$ 线性无关, 则 $\lambda_1$ 为非零单实根, $\boldsymbol{x}_1$ 为实特征向量.

幂法的基本思想是: 任取非零实向量 $\boldsymbol{u}^{(0)}$, 作迭代

$$\begin{cases}\boldsymbol{u}^{(1)}=\boldsymbol{A}\boldsymbol{u}^{(0)}\\ \boldsymbol{u}^{(2)}=\boldsymbol{A}\boldsymbol{u}^{(1)}=\boldsymbol{A}^2\boldsymbol{u}^{(0)}\\ \qquad\cdots\cdots\\ \boldsymbol{u}^{(k)}=\boldsymbol{A}\boldsymbol{u}^{(k-1)}=\boldsymbol{A}^k\boldsymbol{u}^{(0)}\end{cases}\qquad(k=1,2,\cdots)$$

由于 $\boldsymbol{x}_i\ (i=1,2,\cdots,n)$ 线性无关, 故可构成 $R^n$ 中的一组基, 于是有

$$\boldsymbol{u}^{(0)}=\sum_{i=1}^{n}\alpha_i x_i$$

可得

$$\boldsymbol{u}^{(k)}=\boldsymbol{A}^k\sum_{i=1}^{n}\alpha_i\boldsymbol{x}_i=\sum_{i=1}^{n}\alpha_i\boldsymbol{A}^k\boldsymbol{x}_i=\sum_{i=1}^{n}\alpha_i\lambda_i^k\boldsymbol{x}_i=\lambda_1^k\left[\alpha_1\boldsymbol{x}_1+\sum_{i=2}^{n}\alpha^i\left(\frac{\lambda_i}{\lambda_1}\right)^k\boldsymbol{x}_i\right]$$

由于$\left|\dfrac{\lambda_i}{\lambda_1}\right|<1\ (i=2,3,\cdots,n)$, 则 $\lim\limits_{k\to\infty}\left(\dfrac{\lambda_i}{\lambda_1}\right)^k=0\ (i=2,\cdots,n)$

当 $\alpha_1\neq 0, (x_1)_j\neq 0$ 时, 有

$$\lim_{k\to\infty}\frac{u_j^{(k+1)}}{u_j^{(k)}}=\lim_{k\to\infty}\frac{\lambda_1^{k+1}\left[\alpha_1\boldsymbol{x}_1+\sum\limits_{i=2}^{n}\alpha_i\left(\dfrac{\lambda_i}{\lambda_1}\right)^{k+1}\boldsymbol{x}_i\right]_j}{\lambda_1^{k}\left[\alpha_1\boldsymbol{x}_1+\sum\limits_{i=2}^{n}\alpha_i\left(\dfrac{\lambda_i}{\lambda_1}\right)^{k}\boldsymbol{x}_i\right]_j}=\lambda_1$$

这里 $u_j^{(k)}$ 表示向量 $\boldsymbol{u}^{(k)}$ 的第 $j$ 个分量, $(x_1)_j$ 表示向量 $\boldsymbol{x}_1$ 的第 $j$ 个分量. 说明相邻迭代向量分量的比值收敛到主特征 $\lambda_1$, 且收敛速度由比值$r=\left|\dfrac{\lambda_2}{\lambda_1}\right|$ 来度量, $r$ 越小收敛越快, 但 $r=\left|\dfrac{\lambda_2}{\lambda_1}\right|<1$, 而接近于 1 时, 收敛速度可能会很慢.

可以知道, 当 $k$ 充分大时, 有

$$\boldsymbol{u}^{(k)}\approx\lambda_1^k\alpha_1\boldsymbol{x}_1$$

这表明 $\boldsymbol{u}^{(k)}$ 是特征向量 $\boldsymbol{x}_1$ 的一常数倍, 即 $\boldsymbol{u}^{(k)}$ 近似于 $\lambda_1$ 的一个特征向量.

**定理 9.1**　(1) 设 $\boldsymbol{A}\in R^{n\times n}$ 有 $n$ 个线性无关的特征向量;

(2) 设 $\boldsymbol{A}$ 的特征值满足 $|\lambda_1|>|\lambda_2|\geqslant\cdots\geqslant|\lambda_n|$;

(3) 幂法: $\boldsymbol{u}^{(0)}\neq 0\ (\alpha_1\neq 0)$

$$\boldsymbol{u}^{(k)}=\boldsymbol{A}\boldsymbol{u}^{(k-1)}=\boldsymbol{A}^k\boldsymbol{u}^{(0)}\quad(k=1,2,\cdots)$$

则

(a) $\lim\limits_{k\to\infty}\dfrac{\boldsymbol{u}^{(k)}}{\lambda_1^k}=\alpha_1\boldsymbol{x}_1$; (b) $\lim\limits_{k\to\infty}\dfrac{u_j^{(k+1)}}{u_j^{(k)}}=\lambda_1$

幂法的主要缺点是: 当 $|\lambda_1|>1$ 或 $|\lambda_1|<1$ 时, $\boldsymbol{u}^{(k)}$ 会发生上溢或下溢, 因此不实用. 克服这一缺点的常用方法是迭代时每一步都对向量 $\boldsymbol{u}^{(k)}$ 规范化. 引入函数 $\max(\boldsymbol{u}^{(k)})$, 它表示取向量 $\boldsymbol{u}^{(k)}$ 中按模最大的分量, 例如, $\boldsymbol{u}^{(k)}=(2,-5,4)^{\mathrm{T}}$, 则 $\max(\boldsymbol{u}^{(k)})=-5$, 这样 $\dfrac{\boldsymbol{u}^{(k)}}{\max(\boldsymbol{u}^{(k)})}$ 的最大分量为 1, 即完成了规范化.

由于 $\boldsymbol{v}^{(k)}$ 中最大分量为 1, 即 $\max(\boldsymbol{v}^{(k)})$=1, 故

$$\boldsymbol{v}^{(k)}=\frac{\boldsymbol{A}^k\boldsymbol{u}^{(0)}}{\max(\boldsymbol{A}^k\boldsymbol{u}^{(0)})}$$

有

$$\lim_{k\to\infty}\boldsymbol{v}^{(k)}=\lim_{k\to\infty}\frac{\lambda_1^k\left[\alpha_1\boldsymbol{x}_1+\sum\limits_{i=2}^{n}\left(\dfrac{\lambda_i}{\lambda_1}\right)^k\boldsymbol{x}_i\right]}{\lambda_1^k\max(\alpha_1\boldsymbol{x}_1+\sum\limits_{i=2}^{n}\left(\dfrac{\lambda_i}{\lambda_1}\right)^k\boldsymbol{x}_i)}=\frac{\boldsymbol{x}_1}{\max(\boldsymbol{x}_1)}$$

令

$$m_k=\max(\boldsymbol{u}^{(k)})=\max(\boldsymbol{A}\boldsymbol{u}^{(k-1)})=\frac{\max(\boldsymbol{A}^k\boldsymbol{u}^{(0)})}{\max(\boldsymbol{A}^{k+1}\boldsymbol{u}^{(0)})}$$

于是

$$\lim_{k\to\infty}m_k=\lim_{k\to\infty}\frac{\lambda_1^k\left[\alpha_1x_1+\sum_{i=2}^{n}\left(\frac{\lambda_i}{\lambda_1}\right)^k\boldsymbol{x}_i\right]}{\lambda_1^{k-1}\max\left(\alpha_1\boldsymbol{x}_1+\sum_{i=2}^{n}\left(\frac{\lambda_i}{\lambda_1}\right)^{k-1}\boldsymbol{x}_i\right)}=\lambda_1$$

**定理 9.2**(改进幂法)

(1) 设 $\boldsymbol{A}\in\mathbf{R}^{n\times n}$ 有 $n$ 个线性无关的特征向量;

(2) 设 $\boldsymbol{A}$ 的特征值满足

$$|\lambda_1|>|\lambda_2|\geqslant\cdots\geqslant|\lambda_n|$$

且 $\boldsymbol{A}\boldsymbol{x}_i=\lambda_i\boldsymbol{x}_i\ (i=1,2,\cdots,n)$;

(3) $\{\boldsymbol{u}^{(k)}\},\{\boldsymbol{v}^{(k)}\}$ 由改进幂法得到, 则有

$$\lim_{k\to\infty}\boldsymbol{u}^{(k)}=\frac{x_1}{\max(\boldsymbol{x}_1)}$$

$$\lim_{k\to\infty}m_k=\lim_{k\to\infty}\max(v^{(k)})=\lambda_1$$

且收敛速度由比值 $r=|\frac{\lambda_2}{\lambda_1}|$ 确定.

实用幂法迭代格式如下:

任取初始向量 $\boldsymbol{u}^{(0)}\neq 0$, 作迭代

$$\begin{cases}m_k=\max(\boldsymbol{u}^{(k)})\\ \boldsymbol{v}^{(k)}=\dfrac{\boldsymbol{u}^{(k)}}{m_k}\\ \boldsymbol{u}^{(k+1)}=\boldsymbol{A}\boldsymbol{v}^{(k)}\end{cases}\quad(k=0,1,2,\cdots)$$

则

$$\lim_{k\to\infty}m_k=\lambda_1$$

$$\lim_{k\to\infty}\boldsymbol{v}^{(k)}=\frac{\boldsymbol{x}_1}{\max(\boldsymbol{x}_1)}$$

事实上, 可知

$$\boldsymbol{v}^{(k)}=\frac{\boldsymbol{A}^k\boldsymbol{u}^{(0)}}{\prod_{i=0}^{k}m_i}$$

幂法迭代算法

$$\begin{gathered}\forall \boldsymbol{u}_0, \|\boldsymbol{u}_0\|_\infty = 1\\ \text{For } k = 1, 2, 3, \cdots\\ \boldsymbol{v}^{(k)} = \boldsymbol{A}\boldsymbol{u}^{k-1}\\ m_k = \left\|\boldsymbol{v}^{(k)}\right\|_\infty\\ \boldsymbol{v}^{(k)} = \frac{\boldsymbol{u}^{(k)}}{m_{(k)}}\\ \|m_k - m_{k-1}\|_\infty < \varepsilon\\ \text{输出} m_k \text{和} \boldsymbol{v}^{(k)}\end{gathered}$$

**例 9.1**　计算矩阵 $\boldsymbol{A} = \begin{pmatrix} 7 & 3 & -2 \\ 3 & 4 & -1 \\ -2 & -1 & 3 \end{pmatrix}$ 的主特征值及主特征向量 ($\varepsilon = 10^{-5}$)

**解**　由改进幂法计算公式计算得表 9.1.

**表 9.1　改进的幂法计算结果**

| $k$ | $\boldsymbol{u}^{(k)}$ | $\boldsymbol{v}^{(k)}$ | $m_k$ |
|---|---|---|---|
| 0 | 1.000 000, 1.000 000, 1.000 000 | 1.000 000, 1.000 000, 1.000 000 | 1.000 000 |
| 1 | 8.000 000, 6.000 000, 0.000 000 | 1.000 000, 0.750 000, 0.000 000 | 8.000 000 |
| 2 | 9.250 000, 6.000 000, −2.750 000 | 1.000 000, 0.648 649, −0.297 297 | 9.250 000 |
| 3 | 9.540 541, 5.891 892, −3.540 541 | 1.000 000, 0.617 564, −0.371 105 | 9.540 541 |
| 4 | 9.594 901, 5.841 360, −3.730 878 | 1.000 000, 0.608 798, −0.388 840 | 9.594 901 |
| 5 | 9.604 074, 5.824 033, −3.775 317 | 1.000 000, 0.606 413, −0.393 095 | 9.604 074 |
| 6 | 9.605 429, 5.818 746, −3.785 699 | 1.000 000, 0.605 777, −0.394 121 | 9.605 429 |
| 7 | 9.605 572, 5.817 228, −3.778 139 | 1.000 000, 0.605 777, −0.394 369 | 9.605 572 |
| 8 | 9.605 567, 5.816 808, −3.788 717 | 1.000 000, 0.605 566, −0.394 429 | 9.605 567 |

由表 9.1 知, $|m_8 - m_7| < 10^{-5}$, 故取 $\lambda_1 \approx m_8 = 9.605\ 567$, 相应的特征向量为

$$\boldsymbol{x}_1 \approx \boldsymbol{v}^{(8)} = (1.000\ 000, 0.605\ 566, -0.374\ 429)^{\mathrm{T}}$$

即精确值 $\lambda_1 = 9.605\ 551\ 27\cdots$.

### 9.1.2　加速收敛的方法

应用幂法计算矩阵 $\boldsymbol{A}$ 主特征值的收敛速度主要由比值$r = \left|\frac{\lambda_2}{\lambda_1}\right|$ 来确定, 当 $r = 1$ 或接近于 1 时, 收敛可能很慢. 一个补救的办法是采用加速收敛的方法, 容易先想到埃特金 (Aitken) 加速方法.

由幂法原理可知

$$m_k - \lambda_1 \approx c\left(\frac{\lambda_2}{\lambda_1}\right)^k$$

其中, $c$ 是与 $k$ 无关的常数. 可得

$$\frac{m_{k+1} - \lambda_1}{m_k - \lambda_1} \approx \frac{m_{k+2} - \lambda_1}{m_{k+1} - \lambda_1}$$

由此可解得

$$\lambda_1 \approx \tilde{m}_{k+2} = m_k - \frac{(m_{k+1}-m_k)^2}{m_{k+2}-2m_{k+1}+m_k}$$

$$v_i \approx v_i^{(k+2)} = v_i^{(k)} - \frac{(v_i^{(k+1)}-v_i^{(k)})^2}{v_i^{(k+2)}-2v_i^{(k+1)}+v_i^{(k)}} \quad (i=1,2,\cdots,n)$$

还可以适当选取 $p$, 对矩阵 $\boldsymbol{B}=\boldsymbol{A}-p\boldsymbol{I}$ 应用幂法, 使得在计算矩阵 $\boldsymbol{B}$ 的主特征值 $\lambda_1-p$ 的过程中得到加速, 称为原点平移法. 对于特征值的某种分布, 它是十分有效的. 引进矩阵

$$\boldsymbol{B}=\boldsymbol{A}-p\boldsymbol{I}$$

其中, $p$ 是可选择的参数.

设矩阵 $\boldsymbol{A}$ 的特征值为 $\lambda_1,\lambda_2\cdots,\lambda_n$, 则矩阵 $\boldsymbol{B}$ 的特征值为 $\lambda_1-p,\lambda_2-p,\cdots,\lambda_n-p$, 且矩阵 $\boldsymbol{A},\boldsymbol{B}$ 特征向量相同.

如果需要计算矩阵 $\boldsymbol{A}$ 的主特征值 $\lambda_1$, 就要适当选择 $p$ 使满足

$$\frac{\max\limits_{2\leqslant j\leqslant n}|\lambda_i-p|}{|\lambda_1-p|} < \left|\frac{\lambda_2}{\lambda_1}\right|$$

**例 9.2**　计算矩阵 $\boldsymbol{A}=\begin{pmatrix}1 & 1 & 0.5\\ 1 & 1 & 0.25\\ 0.5 & 0.25 & 2\end{pmatrix}$ 的主特征值.

**解**　(1) 应用改进幂法计算. 计算结果见表 9.2 所示.

**表 9.2　改进的幂法计算结果**

| $k$ | $\boldsymbol{u}^{(k)}$ | $m_k=\max(\boldsymbol{v}^{(k)})$ |
|---|---|---|
| 0 | (1, 1, 1) | |
| 1 | (0.909 1, 0.818 2, 1) | 2.75 |
| 15 | (0.748 3, 0.649 7, 1) | 2.536 625 6 |
| 20 | (0.748 2, 0.649 7, 1) | 2.536 532 3 |

因此, $\boldsymbol{A}$ 的主特征值

$$\lambda_1 \approx 2.5365323$$

特征值 $\boldsymbol{x}_1=(0.748\,2, 0.649\,7, 1)^{\mathrm{T}}$(近似特征向量)

而 $\lambda_1$ 及 $\boldsymbol{x}_1$ 真值为

$$\lambda_1 = 2.536\,525\,8$$

$$\boldsymbol{x}_1=(0.748\,221, 0.649\,661, 1)^{\mathrm{T}}$$

(2) 用原点平移法作变换 $\boldsymbol{B}=\boldsymbol{A}-p\boldsymbol{I}$, 取 $p=0.75$

$$\boldsymbol{B}=\begin{pmatrix}0.25 & 1 & 0.5\\ 1 & 0.25 & 0.25\\ 0.5 & 0.25 & 1.25\end{pmatrix}$$

对 $\boldsymbol{B}$ 应用改进幂法, 计算结果见表 9.3, 所以

$$\lambda_1(\boldsymbol{A}) = \lambda_1(\boldsymbol{B}) + p \approx 2.536\ 591\ 4$$

与 (1) 比较, 加速计算迭代 10 次结果比 (1) 不加速幂法计算迭代 15 次结果还好.

**表 9.3　改进的幂法计算结果**

| $k$ | $\boldsymbol{u}^{(k)}$ | $m_k = \max(\boldsymbol{v}^{(k)})$ |
|---|---|---|
| 0 | (1, 1, 1) | |
| 9 | (0.748 3, 0.649 7, 1) | 1.786 658 7 |
| 10 | (0.748 2, 0.649 7, 1) | 1.786 549 14 |

原点位移的加速方法是一个矩阵变换方法, 这种变换容易计算, 又不破坏矩阵 $\boldsymbol{A}$ 的稀疏性, 但 $p$ 的选择依赖于对 $\boldsymbol{A}$ 的特征值分布原大致了解, 对于特征值的某些分布情况常常能够选择有利的 $p$ 值, 使幂法计算主特征值得到加速.

### 9.1.3　反幂法

反幂法是求一个矩阵的模最小的特征值和对应的特征向量的一种迭代方法 (又称为反迭代法、逆幂法).

设矩阵 $\boldsymbol{A} \in R^{n\times n}$ 为非奇异矩阵, $\boldsymbol{A}$ 的特征值满足

$$|\lambda_1| \geqslant |\lambda_2| \geqslant \cdots \geqslant |\lambda_n| > 0$$

对应的特征向量 $\boldsymbol{x}_1, \boldsymbol{x}_1, \cdots, \boldsymbol{x}_n$ 线性无关, 则 $\boldsymbol{A}^{-1}$ 的特征值为

$$\left|\frac{1}{\lambda_1}\right| \leqslant \frac{1}{|\lambda_2|} \leqslant \cdots \leqslant \frac{1}{|\lambda_n|}$$

特征向量为 $\boldsymbol{x}_1, \boldsymbol{x}_2, \cdots, \boldsymbol{x}_n$.

对 $\boldsymbol{A}^{-1}$ 实行幂法, 则可求出 $\boldsymbol{A}^{-1}$ 按模最大的特征值 $\mu_n = \dfrac{1}{\lambda_n}$ 和相应的特征向量 $\boldsymbol{x}_n$, 从而求得矩阵 $\boldsymbol{A}$ 按模最小的特征对特征值 $\mu_n$ 及对应的特征向量 $\boldsymbol{x}_n$.

反幂法的迭代格式如下:

任取初始向量 $\boldsymbol{u}^{(0)} \neq 0$, 作迭代

$$\begin{cases} m_k = \max(\boldsymbol{u}^{(k)}) \\ \boldsymbol{v}^{(k)} = \dfrac{\boldsymbol{u}^{(k)}}{m_k} & (k = 0, 1, 2, \cdots) \\ \boldsymbol{u}^{(k+1)} = \boldsymbol{A}^{-1}\boldsymbol{v}^{(k)} \end{cases}$$

则

$$\mu_n = \frac{1}{\lambda_n} = \lim_{k\to\infty} m_k$$
$$\lim_{k\to\infty} \boldsymbol{v}^{(k)} = \frac{\boldsymbol{x}_n}{\max(\boldsymbol{x}_n)}$$

利用反幂法结合原点平移法, 可以求任一特征值及相应特征向量. 具体方法如下:

若已知 $\hat{\lambda}_j$ 为 $\lambda_j$ 的近似值, 则 $(\boldsymbol{A}-\hat{\lambda}_j\boldsymbol{I})^{-1}$ 的特征值是

$$\frac{1}{\lambda_1-\hat{\lambda}_j},\cdots,\frac{1}{\lambda_j-\hat{\lambda}_j},\cdots,\frac{1}{\lambda_n-\hat{\lambda}_j}$$

而 $\dfrac{1}{\lambda_j-\hat{\lambda}_j}$ 显然非常大 (最大), 比值 $\dfrac{\lambda_j-\hat{\lambda}_j}{\lambda_i-\hat{\lambda}_j}$ 很小.

迭代公式

$$\begin{cases}\boldsymbol{y}^{(k)}=\dfrac{\boldsymbol{x}^{(k)}}{\max(\boldsymbol{x}^{(k)})}\\(\boldsymbol{A}-\hat{\lambda}_j\boldsymbol{I})\boldsymbol{x}^{(k+1)}=\boldsymbol{y}^{(k)}\end{cases}\quad(k=0,1,2,\cdots)$$

当 $k\to\infty$ 时, 有

$$\begin{cases}\boldsymbol{y}^{(k)}\to\dfrac{\boldsymbol{v}^{(j)}}{\max(\boldsymbol{v}^{(j)})}\\\max(\boldsymbol{x}^{(k)})\to\dfrac{1}{\lambda_j-\hat{\lambda}_j}\quad\text{或 }\hat{\lambda}_j+\dfrac{1}{\max(\boldsymbol{x}^{(k)})}\to\lambda_n\end{cases}$$

注: 若存在 $\boldsymbol{LU}$ 分解 $\boldsymbol{P}(A-\hat{\lambda}_j\boldsymbol{I})=\boldsymbol{LU}$, 则有迭代公式

$$\begin{cases}\boldsymbol{y}^{(k)}=\dfrac{\boldsymbol{x}^{(k)}}{\max(\boldsymbol{x}^{(k)})}\\\boldsymbol{lz}^{(k+1)}=\boldsymbol{Py}^{(k)}\\\boldsymbol{Ux}^{(k+1)}=z^{(k+1)}\end{cases}\quad(k=0,1,2,\cdots)$$

在公式中直接取 $\boldsymbol{z}^{(1)}=(1,\cdots,1)$ 作初值开始迭代称为半次迭代法.

**例 9.3**　用反幂法计算矩阵 $\boldsymbol{A}=\begin{pmatrix}2&1&0\\1&3&1\\0&1&4\end{pmatrix}$对应于近似特征值 $\lambda_3=1.26$ 的特征向量 (精确特征值为 $\lambda_3=3-\sqrt{3}=1.267\,949\,193$).

**解**　取 $p=1.26$, 用部分选主元分解法实现 $\boldsymbol{P}(\boldsymbol{A}-p\boldsymbol{I})=\boldsymbol{LU}$, 其中

$$\boldsymbol{L}=\begin{pmatrix}1&&\\0&1&\\0.74&-0.2876&1\end{pmatrix},\quad\boldsymbol{U}=\begin{pmatrix}1.0&1.74&1\\&1&2.74\\&&0.480\,24\times10^{-1}\end{pmatrix},\quad\boldsymbol{P}=\begin{pmatrix}0&1&0\\0&0&1\\1&0&0\end{pmatrix}$$

(1) 求解 $\boldsymbol{Uv}_1=(1,\cdots,1)^{\mathrm{T}}$

$$\boldsymbol{v}_1=(77.712\,440\,5,-56.054\,806,20.229\,219)^{\mathrm{T}}$$

$$\boldsymbol{u}_1=(1,-0.721\,310,\ 0.267\,948\,4)^{\mathrm{T}}$$

(2) 求解 $\boldsymbol{LUv}_3 = \boldsymbol{Pu}_2$

$$\boldsymbol{v}_3 = (125.796\ 396, -92.089\ 334\ 4, 33.707\ 034\ 0)^{\mathrm{T}}$$

$$\boldsymbol{u}_2 = (1, -0.732\ 050\ 7, 0.267\ 949\ 1)^{\mathrm{T}}$$

(3) 利用 $\lambda_3$ 求解特征向量 (真解)

$$\boldsymbol{x}_3 = (1, 1-\sqrt{3}, 2-\sqrt{3})^{\mathrm{T}} \approx (1, -0.7320508, 0.267949)^{\mathrm{T}}$$

由此, $\boldsymbol{u}_2$ 是所求特征向量 $\boldsymbol{x}_3$ 相当好的近似, 且 $\lambda_3 \approx 1.26 + \dfrac{1}{125.796396} = 1.2679493.$

## 9.2 $\boldsymbol{QR}$ 迭代法

### 9.2.1 $\boldsymbol{QR}$ 迭代法的原理

$\boldsymbol{QR}$ 迭代法是目前计算矩阵全部特征值的最有效的方法之一. 它具有收敛快、算法稳定等特点, 适合于对称矩阵, 也适合于非对称矩阵. $\boldsymbol{QR}$ 算法最早在 1961 年由 J.G.Francis 提出, 后来经过多位数学家进行深入讨论并作出了卓有成效的改进与发展.

$\boldsymbol{QR}$ 迭代法是利用正交相似变换将一个给定的矩阵逐步约化为上三角矩阵或拟上三角矩阵的一种迭代方法.

算法如下:

分解 $\boldsymbol{A}_k = \boldsymbol{Q}_k\boldsymbol{R}_k$

构造 $\boldsymbol{A}_{k+1} = \boldsymbol{Q}_k^{\mathrm{T}}\boldsymbol{A}_k\boldsymbol{Q}_k = \boldsymbol{R}_k\boldsymbol{Q}_k\ (k = 1, 2, 3, \cdots)$

这里 $\boldsymbol{Q}_k$ 为正交矩阵, $\boldsymbol{R}_k$ 为上三角矩阵, 且当 $\boldsymbol{R}_k$ 的主对角元均为正数时, 则上述正交三角分解唯一.

### 9.2.2 海森伯格矩阵

常用的分解方法有 Smith 正交变换、豪斯霍尔德 (Householder) 变换 (反射)、吉文斯 (Givens) 变换 (旋转). 这里只简单介绍豪斯霍尔德变换进行 $\boldsymbol{QR}$ 分解.

首先简要介绍一下本章将要用到的矩阵论的相关知识.

**定义 9.1** 设 $\boldsymbol{w} \in R^n$, 且 $\|\boldsymbol{w}\|_2 = 1$, 则初等矩阵

$$\boldsymbol{H}(\boldsymbol{w}) = \boldsymbol{I} - 2\boldsymbol{w}\boldsymbol{w}^{\mathrm{T}}$$

称为豪斯霍尔德变换矩阵, 也称初等镜面反射矩阵.

豪斯霍尔德矩阵具有如下基本性质:

**性质 9.1** $\boldsymbol{H}$ 是对称正交矩阵, 即 $\boldsymbol{H} = \boldsymbol{H}^{\mathrm{T}} = \boldsymbol{H}^{-1}$.

**性质 9.2** 设 $\boldsymbol{x} \in R^n, \boldsymbol{y} = \boldsymbol{Hx}$, 则 $\|\boldsymbol{y}\|_2 = \|\boldsymbol{x}\|_2$.

**性质 9.3** 设 $\boldsymbol{x}, \boldsymbol{y} \in R^n, \boldsymbol{x} \neq \boldsymbol{y}$, 且 $\|\boldsymbol{x}\|_2 = \|\boldsymbol{y}\|_2$, 则由向量 $\boldsymbol{w} = \dfrac{\boldsymbol{x}-\boldsymbol{y}}{\|\boldsymbol{x}-\boldsymbol{y}\|_2}$ 确定的豪斯霍尔德矩阵 $\boldsymbol{H}(\boldsymbol{w})$, 满足 $\boldsymbol{Hx} = \boldsymbol{y}$.

**例 9.4** 设 $\boldsymbol{x} = (3, 4, 12)^{\mathrm{T}}$, 试求 $\boldsymbol{H}$ 矩阵, 使 $\boldsymbol{Hx} = \boldsymbol{y} = (-13, 0, 0)^{\mathrm{T}}$.

**解**　$\boldsymbol{u}=\boldsymbol{x}-\boldsymbol{y}=(16,4,13)^{\mathrm{T}}$, 于是

$$\boldsymbol{H}=\boldsymbol{I}-2\frac{\boldsymbol{u}\boldsymbol{u}^{\mathrm{T}}}{\|\boldsymbol{u}\|_2^2}=\begin{pmatrix}1&0&0\\0&1&0\\0&0&1\end{pmatrix}-\frac{2}{416}\begin{pmatrix}16\\4\\12\end{pmatrix}(16,4,12)=\frac{1}{13}\begin{pmatrix}-3&-4&-12\\-4&12&-3\\-12&-3&4\end{pmatrix}$$

直接验证 $\boldsymbol{H}\boldsymbol{x}=(-13,0,0)^{\mathrm{T}}$.

计算 $\boldsymbol{y}=\boldsymbol{H}\boldsymbol{x}=(-\sigma,0,\cdots,0)^{\mathrm{T}}$ 的步骤如下.

(1) $\sigma=\operatorname{sign}(x_1)\left(\sum\limits_{i=1}^{n}x_i^2\right)^{\frac{1}{2}}$;

(2) $\boldsymbol{u}=(x_1+\sigma,x_2,\cdots,x_n)^{\mathrm{T}}\triangleq(u_1,u_2,\cdots,u_n)^{\mathrm{T}}$;

(3) $\rho=\sigma(x_1+\sigma)=\sigma u_1$;

(4) $\boldsymbol{y}=\boldsymbol{x}-\boldsymbol{u}$.

**定理 9.3** (矩阵 $\boldsymbol{QR}$ 分解)　设矩阵 $\boldsymbol{A}\in R^{n\times n}$, 且非奇异, 则一定存在正交矩阵 $\boldsymbol{Q}$, 上三角矩阵 $\boldsymbol{R}$, 使 $\boldsymbol{A}=\boldsymbol{Q}\boldsymbol{R}$, 并且当 $\boldsymbol{R}$ 的主对角元素均为正数时, 分解式是唯一的.

**定义 9.2**　(1) 设 $\boldsymbol{B}=(b_{ij})\in R^{n\times n}$, 若当 $i>j+1$ 时, 则 $b_{ij}=0$, 称 $\boldsymbol{B}$ 为海森伯格矩阵, 即

$$\boldsymbol{B}=\begin{pmatrix}b_{11}&b_{12}&\cdots&b_{1n}\\b_{21}&b_{22}&\cdots&b_{2n}\\&\ddots&\ddots&\\&&b_{n,n-1}&b_{nn}\end{pmatrix}$$

(2) 若 $b_{i+1,i}\neq0\ (i=1,2,\cdots,n-1)$, 则称 $\boldsymbol{B}$ 为不可约上海森伯格阵.

利用豪斯霍尔德变换约化矩阵 $\boldsymbol{A}$ 为上海森伯格阵的算法:

输入: $a_{ij}\quad(i,j=1,2,\cdots,n)$;

对 $k=1,2,\cdots,n-2$ 构造初等反射矩阵 $\boldsymbol{R}_k=\boldsymbol{I}-\rho_k^{-1}\boldsymbol{u}_k\boldsymbol{u}_k^{\mathrm{T}}$, 使 $\boldsymbol{R}_k c_k=-\sigma_k\boldsymbol{e}_1$;

(1) $\sigma_k=\operatorname{sign}(a_{k+1,k})\left(\sum\limits_{i=k+1}^{n}a_{ik}^2\right)^{\frac{1}{2}}$;

(2) if $|\sigma_k|\neq|a_{k+1,k}|$ then

$$\begin{aligned}&u_{k+1}=a_{k+1,k}+\sigma_k;u_j=a_{jk}\quad(j=k+2,\cdots,n)\\&\rho_k=\sigma_k u_{k+1}\\&a_{k+1}=-\sigma_k\end{aligned}$$

约化计算

$$\boldsymbol{A}\leftarrow\boldsymbol{H}_k\boldsymbol{A}\boldsymbol{H}_k,\ \boldsymbol{H}_k=\begin{pmatrix}I_k&0\\0&\boldsymbol{R}_k\end{pmatrix}$$

即计算

$$\begin{pmatrix}\boldsymbol{A}_{12}\\\boldsymbol{A}_{22}\end{pmatrix}\leftarrow\begin{pmatrix}\boldsymbol{A}_{12}^{(k)}&\boldsymbol{R}_k\\\boldsymbol{R}_kA_{22}^{(k)}&\boldsymbol{R}_k\end{pmatrix}=\begin{pmatrix}\boldsymbol{A}_{12}^{(k)}\\\boldsymbol{R}_k\boldsymbol{A}_{22}^{(k)}\end{pmatrix}\boldsymbol{R}_k$$

左变换：$\boldsymbol{A}_{22} \leftarrow \boldsymbol{R}_k \boldsymbol{A}_{22}$

$$v_j = \sum_{i=k+1}^{n} u_i a_{ij}/\rho_k \quad (j = k+1, \cdots, n)$$

$$a_{ij} = a_{ij} - u_i v_j \quad (i, j = k+1, \cdots, n)$$

右变换：$\begin{pmatrix} \boldsymbol{A}_{12} \\ \boldsymbol{A}_{22} \end{pmatrix} \leftarrow \begin{pmatrix} \boldsymbol{A}_{12} \\ \boldsymbol{A}_{22} \end{pmatrix} \boldsymbol{R}_k$

$$w_j = \sum_{j=k+1}^{n} a_{ij} u_j/\rho_k \quad (i = 1, 2, \cdots, n)$$

$$a_{ij} = a_{ij} - w_i u_j \quad (i, j = k+1, \cdots, n)$$

输出：$a_{ij}\ (i, j = 1, 2, \cdots, n)$, 结束.

**例 9.5**　设 $\boldsymbol{A} = \left(\begin{array}{c|cc} -4 & -3 & -7 \\ \hline 2 & 3 & 2 \\ 4 & 2 & 7 \end{array}\right)$, 试用初等反射阵正交相似约化 $\boldsymbol{A}$ 为上海森伯格阵.

**解**　$k = 1$

(1) 选取 $\boldsymbol{R}_1 = \boldsymbol{I} - \beta_1^{-1} \boldsymbol{u}_1 \boldsymbol{u}_1^{\mathrm{T}}$, 使

$$\boldsymbol{R}_1 \begin{pmatrix} 2 \\ 4 \end{pmatrix} = -\sigma_1 \begin{pmatrix} 1 \\ 0 \end{pmatrix}$$

其中

$$\sigma_1 = \sqrt{20} = 4.472\ 136, \quad \beta_1 = \sigma_1(\sigma_1 + 2) = 28.944\ 27$$

$$\boldsymbol{u}_1 = \begin{pmatrix} 2 \\ 4 \end{pmatrix} + \sigma_1 \boldsymbol{e}_1 = \begin{pmatrix} 6.472\ 136 \\ 4 \end{pmatrix}$$

$$\boldsymbol{R}_1 = \boldsymbol{I} - \boldsymbol{\beta}_1^{-1} \boldsymbol{u}_1 \boldsymbol{u}_1^{\mathrm{T}}$$

$$\boldsymbol{U}_1 = \begin{pmatrix} 1 & 0 & 0 \\ 0 & & \\ 0 & & \boldsymbol{R}_1 \end{pmatrix}$$

(2) 约化计算, 计算 $\boldsymbol{R}_1 \boldsymbol{A}_{22}^{(1)}$. 其中

$$\boldsymbol{A}_{22}^{(1)} = \begin{pmatrix} 3 & 2 \\ 2 & 7 \end{pmatrix} \equiv (a_1, a_2)$$

于是

$$\boldsymbol{R}_1 \boldsymbol{A}_{22}^{(1)} = (\boldsymbol{R}_1 a_1, \boldsymbol{R} a_2) = \begin{pmatrix} -3.130\ 496, & -7.155\ 419 \\ -1.788\ 855, & 1.341\ 640 \end{pmatrix}$$

计算

$$\begin{pmatrix} \boldsymbol{A}_{12}^{(1)}\boldsymbol{R}_1 \\ \boldsymbol{R}_1\boldsymbol{A}_{22}^{(1)}\boldsymbol{R}_1 \end{pmatrix} = \begin{pmatrix} \boldsymbol{A}_{12}^{(1)} \\ \boldsymbol{R}_1\boldsymbol{A}_{22}^{(1)} \end{pmatrix}\boldsymbol{R}_1 = \begin{pmatrix} 7.602\,634 & -0.447\,212 \\ 7.800\,003 & -0.399\,999 \\ -0.399\,999 & 2.200\,000 \end{pmatrix}$$

从而

$$\boldsymbol{A}_2 = \boldsymbol{U}_1\boldsymbol{A}_1\boldsymbol{U}_1 = \begin{pmatrix} -4 & \boldsymbol{A}_{12}^{(1)}\boldsymbol{R}_1 & \\ -\sigma_1 & & \\ 0 & \boldsymbol{R}_1\boldsymbol{A}_{22}^{(1)}\boldsymbol{R}_1 & \end{pmatrix} = \begin{pmatrix} -4 & 7.602634 & -0.447212 \\ -4.472136 & 7.800003 & -0.399999 \\ 0 & -0.399999 & 2.200000 \end{pmatrix}$$

为上海森伯格阵.

# 9.3 数值实验 9

**实验要求**

1. 调试幂法求特征值的程序;
2. 直接使用 MATLAB 命令特征值与特征向量;
3. 完成上机实验报告.

## 9.3.1 本章重要方法的 MATLAB 实现

**例 9.6** 用幂法求 $\boldsymbol{A} = \begin{pmatrix} 2 & 4 & 6 \\ 3 & 9 & 15 \\ 4 & 16 & 36 \end{pmatrix}$ 的最大模特征值及对应特征向量.

**解** 首先给出函数代码:

```
function y = maxa(x)
k=1;n=length(x);
for i=2:n
    if (abs(x(i))>abs(x(k))), k=i;
    end;
end;
y=x(k);
```

幂法代码:

```
A=[2,4,6;3,9,15;4,16,36];
x0=[1;1;1];
y=x0/maxa(x0)
x1=A*y
while(abs(maxa(x1)-maxa(x0)))>0.001
    x0=x1;
    y=x0/maxa(x0)
```

```
    x1=A*y
end;
y
maxa(x1)
```

运行后, 结果是最大模特征值为 43.880 0, 对应特征向量为 $\boldsymbol{y} = (0.185\ 9, 0.446\ 0, 1.000\ 0)^{\mathrm{T}}$. 而用 eig 函数计算的结果是最大模特征值为43.8800, 对应特征向量为 $(0.167\,4, 0.401\,6, 0.900\,4)$.

**例 9.7**　用幂法求方阵 $\boldsymbol{A} = \begin{pmatrix} -4 & 14 & 0 \\ -5 & 13 & 0 \\ -1 & 0 & 2 \end{pmatrix}$ 的最大模特征值, 并用埃尔金加速法.

**解**　幂法代码:

```
A=[-4,14,0;-5,13,0;-1,0,2];
x0=[1;1;1];k=1
y=x0/maxa(x0)
x1=A*y
while(abs(maxa(x1)-maxa(x0)))>0.01
    x0=x1;k=k+1
    maxa(x0)
    y=x0/maxa(x0)
    x1=A*y
end;
```

埃尔金加速代码:

```
A=[-4,14,0;-5,13,0;-1,0,2];l1=0;k=1
x0=[1;1;1];y0=x0/maxa(x0)
x1=A*y0;y1=x1/maxa(x1)
x2=A*y1;y2=x2/maxa(x2)
l0=maxa(x2)-(maxa(x2)-maxa(x1))^2/(maxa(x2)-2*maxa(x1) + maxa(x0))
while (abs(l1-l0))>0.01
    x0=x1;x1=x2;l1=l0;k=k+1
    x2=A*y2
    maxk=maxa(x2)
    y2=x2/maxk
    l0=maxa(x2)-(maxa(x2)-maxa(x1))^2/(maxa(x2)-2*maxa(x1)+maxa(x0))
end;
```

运行后, 幂法的计算结果是最大模特征值为 6.013 5, 运算次数 9 次; 埃尔金加速后的计算结果是最大模特征值为 6.001 0, 运算次数 6 次. 而直接计算得到准确值是最大模特征值为 6, 可见, 埃尔金加速后, 不但精度更高, 收敛速度更快.

**例 9.8**　设矩阵 $\boldsymbol{A}=\begin{pmatrix}-1 & 2 & 1\\ 2 & -4 & 1\\ 1 & 1 & -6\end{pmatrix}$ 的一个特征值 $\lambda$ 的近似值 $\widehat{\lambda}=-6.42$, 用带原点平移的反幂法求 $\lambda$ 及相应的特征向量.

**解**

```
A=[-1,2,1;2,-4,1;1,1,-6]; x0=[1;1;1];
B=A+6.42*eye(3); C=lu(B);
R = triu(C,0); L =eye(3)+ tril(C,-1);
y=x0/maxa(x0);
z=[1,1,1]';
x1=inv(R)*z
while(abs(maxa(x1)-maxa(x0)))>0.001
    x0=x1;
    y=x0/maxa(x0)
    z=inv(L)*y
    x1=inv(R)*z
end;
-6.42+1/maxa(x1)
```

运行后, 结果是 $\lambda$ 为 $-6.421\ 1$, 对应特征向量为 $(0.046\ 1, 0.357\ 9, -1.142\ 8)$. 而用 eig 函数计算的结果是特征值为 $-6.421\ 1$, 对应特征向量为 $(0.043\ 2, 0.350\ 7, -0.935\ 5)$.

### 9.3.2　MATLAB 中求矩阵特征值与特征向量的相关函数简介及使用方法

在 MATLAB 中, 求矩阵 $\boldsymbol{A}$ 的特征值与特征向量的函数是 $\mathrm{eig}(A)$.

该函数的调用格式为:

$$[V, D]=\mathrm{eig}(A)$$

其中, 返回值对角矩阵 $\boldsymbol{D}$ 的对角元素为矩阵 $\boldsymbol{A}$ 的特征值, 矩阵 $\boldsymbol{V}$ 的列向量是对应的特征向量.

例如:

```
>>A=[3 -1; -1 3]
A=
     3  -1
    -1   3
>>[V,D]=eig(A)
V=
    -0.7071    -0.7071
    -0.707 1    0.7071
D=
    2.0000    0
```

```
          0      4.0000
```

$\boldsymbol{A}$ 的特征值为

$$\lambda_1 = 2, \quad \lambda_2 = 4$$

$\boldsymbol{A}$ 的特征向量为

$$\boldsymbol{p}_1 = \begin{pmatrix} -0.707\ 1 \\ -0.707\ 1 \end{pmatrix}, \quad \boldsymbol{p}_2 = \begin{pmatrix} -0.707\ 1 \\ 0.707\ 1 \end{pmatrix}$$

### 9.3.3 特征值与特征向量数值试验题

已知矩阵 $\begin{pmatrix} 4 & -1 & 1 \\ -1 & 3 & -2 \\ 1 & -2 & 3 \end{pmatrix}$, 计算该矩阵主特征值和相应的特征向量.

**要求**: (1) 使用 MATLAB 软件编写幂法求主特征值和相应特征向量的程序, 并且选择不同的初值, 观察所需的迭代次数和迭代结果.

(2) 利用 MATLAB 函数 eig 求特征值和特征向量.

## 习 题 9

1. 用幂法计算下列矩阵的主特征值和对应的近似特征向量, 精度为 0.00001.

(1) $\boldsymbol{B} = \begin{pmatrix} -11 & 2 & 15 \\ 2 & 58 & 3 \\ 15 & 3 & -3 \end{pmatrix}$　　(2) $\boldsymbol{A} = \begin{pmatrix} -5 & 2 & 17 \\ 2 & -8 & 3 \\ 3 & 3 & -3 \end{pmatrix}$

2. 用反幂法计算下列矩阵的主特征值和对应的特征向量的近似向量, 精度为 0.000 01.

(1) $\begin{pmatrix} -11 & 2 & 15 \\ 2 & 58 & 3 \\ 15 & 3 & -3 \end{pmatrix}$　　(2) $\begin{pmatrix} -5 & 2 & 17 \\ 2 & -8 & 3 \\ 3 & 3 & -3 \end{pmatrix}$

3. 计算 $\boldsymbol{A} = \begin{pmatrix} 0 & 11 & -5 \\ -2 & 17 & -7 \\ -4 & 26 & -10 \end{pmatrix}$ 的主特征值和对应的近似特征向量, 迭代 10 次.

4. 用初等反射矩阵正交相似约化实对称矩阵 $\boldsymbol{A}$ 为三对角矩阵矩阵, 其中

$$\boldsymbol{A} = \begin{pmatrix} -92 & -5 & 3 & -14 & -90 & -41 \\ -5 & 71 & 23 & 61 & -9 & -21 \\ 3 & 23 & 53 & 12 & -72 & 51 \\ -14 & 61 & 12 & 73 & 23 & 21 \\ -90 & -9 & -72 & 23 & -34 & -61 \\ -41 & -21 & 51 & 21 & -61 & -52 \end{pmatrix}$$

5. 用初等反射矩阵正交相似约化实矩阵 $\boldsymbol{A}$ 为上 Householder 矩阵, 其中

$$\boldsymbol{A}=\begin{pmatrix} 67 & -12 & 34 & -12 & 17 & -51 \\ -56 & 7 & 2 & 0 & 32 & -17 \\ 3 & 2 & 5 & 1 & 72 & -63 \\ -1 & 0 & 1 & 12 & 21 & -94 \\ -32 & -78 & -10.2 & 98 & -72 & 11 \\ 31 & -41 & -78 & 37 & -19 & 34 \end{pmatrix}$$

6. 用 [Q,R] = qr(A) 和 [Q,R,E] = qr (A) 将矩阵 $\boldsymbol{A}$ 进行正交三角分解, 并且比较差异.

(1) $\boldsymbol{A}=\begin{pmatrix} 62 & -52 & 34 & -12 & 17 & -51 \\ -56 & 7 & 2 & 0 & 32 & -17 \\ 3 & 2 & 5 & 1 & 72 & -63 \\ -1 & 0 & 1 & 12 & 21 & -94 \\ -32 & -78 & -51/5 & 98 & -72 & 11 \\ 31 & -41 & -78 & 37 & -19 & 34 \end{pmatrix}$

(2) $\boldsymbol{A}=\begin{pmatrix} 21 & 2 & 3 \\ 21 & 2 & 3 \\ 3 & 4 & 5 \end{pmatrix}$

7. 试用 MATLAB 程序计算下列矩阵的特征值和特征向量.

(1) $\begin{pmatrix} -11 & 2 & 15 \\ 2 & 58 & 3 \\ 15 & 3 & -3 \end{pmatrix}$　　(2) $\begin{pmatrix} -5 & 2 & 17 \\ 2 & -8 & 3 \\ 3 & 3 & -3 \end{pmatrix}$

# 第 10 章　数值分析应用案例

数值分析是一门工具性、方法性、整合性的新学科, 而且是各种科学与工程计算领域 (如: 气象、地震、核能技术、石油探勘、航天工程、 密码解译等) 中不可缺少的工具. 本章通过一些简单的案例, 展示数值分析的具体应用.

## 10.1　计算圆周率的算法

圆周率 $\pi$ 是大家熟悉的数学术语, 是数学中很重要的一个常数. 所谓圆周率通俗地说, 就是圆的周长与直径之比. 对 $\pi$ 计算的方法和思路也引发了许多新的概念和思想, 有力地推动了数学的发展. 圆周率的计算大致经历了四个时期: 经验性获得时期、几何推算时期、解析计算时期、计算机运算时期, 计算的方法可分为三大类, 即几何方法 (割圆术)、解析法、蒙特卡罗方法. 下面分别对这些方法作简要介绍.

1. 割圆术

阿基米德 (Archimedes) 首次提出了一个可以将 $\pi$ 的数值计算到任意精度的一般性方法: 割圆术. 其基本思想就是圆周的长度介于其外切及内接正多边形周长之间, 要提高精度, 只需要边数加倍即可. 割圆术推动了几何学的发展, 其中还蕴含着极限思想.

阿基米德的割圆术思路如下: 设圆的半径是 1, 其内接正多边形边长为 $a_n$, 而内接正 $2n$ 边形的边长为 $a_{2n}$ 则由欧氏几何理论 (勾股定理、三角形三边关系等), 可以得出如下不等式

$$\frac{na_{2n}}{\sqrt{1-\dfrac{1}{4}a_{2n}^2}} > \pi > na_{2n}$$

其中: $a_{2n}=\sqrt{2-\sqrt{4-a_n^2}}$. 随着边数 $n$ 的不断加倍, 可将 $\pi$ 值计算到任意的精度.

我国三国时期魏国的刘徽, 也独立地提出了割圆术. 刘徽先考虑的是用圆外切 (或内接) 正多边形的面积来近似代替圆的面积, 继而将圆外切正多边形面积用内接正多边形面积与一系列相应的矩形面积之和来近似, 得到

$$S_{2n} < S < S_n + 2(S_{2n} - S_n)$$

同样可以把圆周率计算到任意的精度. 这种方法既减少了运算量又提高了精度, 比阿基米德的割圆术计算简便得多, 体现出了割圆时用面积作近似代替考虑问题的优势. 刘徽利用正 192 边形, 求得 $3.141\ 024<\pi<3.142\ 704$, 用正 3 072 边形, 求得 $\pi\approx3.141\ 59$, 这在当时是非常精确的结果.

用割圆术求 $\pi$ 值的贡献, 必须要提到南北朝数学家祖冲之, 他在刘徽开创的探索圆周率的精确方法的基础上, 将 $\pi$ 值计算到

$$3.141\,592\,5 < \pi < 3.141\,592\,7$$

即精确到小数点后七位, 这个结果领先欧洲足足 11 个世纪. 他的另一个令人吃惊和感兴趣的是不知采用什么方法计算出密率: $\pi \approx \frac{355}{113}$, 其值为 $3.141\,592\,9\cdots$, 精确到小数点后 6 位.

2. *解析法*

随着微积分的发展, 计算 $\pi$ 的方法进入到解析法的阶段, 其主要思想是将 $\pi$ 展开为无穷幂级数来求 $\pi$ 值. 比较著名的公式是从下式出发

$$\frac{1}{1+x^2} = 1 - x^2 + x^4 - \cdots + (-1)^n x^{2n} + \cdots \quad (-1 < x < 1)$$

两边从 0 到 $x$ 积分, 得

$$\arctan x = x - \frac{1}{3}x^3 + \frac{1}{5}x^5 - \cdots + \frac{(-1)^n}{2n+1}x^{2n+1} + \cdots \quad (-1 \leqslant x \leqslant 1) \tag{10.1}$$

令 $x$ =1, 即得

$$\frac{\pi}{4} = 1 - \frac{1}{3} + \frac{1}{5} - \cdots + \frac{(-1)^n}{2n+1} + \cdots \tag{10.2}$$

令 $x = \frac{1}{\sqrt{3}}$, 即得

$$\frac{\pi}{6} = \frac{1}{\sqrt{3}}\left(1 - \frac{1}{3\cdot 3} + \frac{1}{5\cdot 3\cdot 3} - \cdots + \frac{(-1)^n}{2n+1}\cdot\frac{1}{3^n} + \cdots\right) \tag{10.3}$$

式 (10.3) 右边是收敛很快的级数.

还可以得到 Machin 公式 (由 Machin 在 1706 年得到)

$$\frac{\pi}{4} = 4\arctan\frac{1}{5} - \arctan\frac{1}{239} \tag{10.4}$$

令$x = \frac{1}{5}, \frac{1}{239}$, 代入到式 (10.1), 就可以较快地计算出 $\pi$.Machin 公式每计算一项可以得到 1.4 位的十进制精度, 且因为它的计算过程中被乘数和被除数都不大于长整数, 所以很适合在计算机上编程实现.

还有其他的计算 $\pi$ 的算法如 AGM(arithmetic-geometric mean) 算法、波尔文四次迭代式、bailey-borwein-plouffe 算法 (BBP 公式)、丘德诺夫斯基公式等, 这些算法基本都是适合计算机计算 $\pi$ 的算法, 可以计算到 $\pi$ 的小数点后几百万位以上, 在此不作介绍.

3. *蒙特卡罗方法*

蒙特卡罗方法就是用计算机模拟的方法, 可以设计出多种方法, 下面简单介绍一种.

在正方形 $0 < x < 1, 0 < y < 1$ 上随机地投大量的点, 那么落在 1/4 圆内的点数 $m$ 与

在正方形内的点数 $n$ 之比 $\frac{m}{n}$ 应为这两部分图形面积之比, 即

$$\frac{m}{n}=\frac{\pi}{4}$$

得到

$$\pi=\frac{4m}{n}$$

下面给出两个计算 π 的两个 MATLAB 程序.

按式 (10.2) 计算 π 的 MATLAB 程序:

```
function mypi=calc_pi1(n)
%函数功能: 按pi/4=1-1/3+1/5-1/7+...计算圆周率
%变量说明: n 表示迭代次数; mypi  计算的pi值
%调用方式: p=calc_pi1(100)
%运算结果: 3.1316
s=0;
k=1;
for i=1:n
    s=k/(2*i- 1)+s;
    k=- k;
end
mypi=4*s;
```

按蒙特卡罗方法计算 π 的 MATLAB 程序:

```
function mypi=calc_pi2(n)
%函数功能: 按蒙特卡罗方法计算圆周率
%变量说明: n 表示模拟次数; mypi  计算的pi值
%调用方式: p=calc_pi2(10000)
%运算结果: 3.1316   每次结果不一样
x=rand(n,2);
m=0;
for i=1:n
if x(i,1)^2+x(i,2)^2<1
        m=m+1;
end
end
mypi=4*m/n;
```

## 10.2 蛛网迭代

### 10.2.1 用图像显示迭代的"蜘蛛网"图

对迭代格式 $x_{n+1}=f(x_n)$, 以非线性方程 $f(x)=ax(1-x)$ 为例说明其迭代的"蜘

蛛网" 图. 先作出函数 $f(x) = ax(1-x)$ 和直线 $y = x$ 的图像, 对初值 $x_0$, 在曲线 $f(x) = ax(1-x)$ 上可确定一点 $f(x_0)$, 再以 $x_0$ 为横坐标, 过 $(x_0, 0)$ 引平行 $x$ 轴的直线, 设该直线与曲线 $f(x) = ax(1-x)$ 交于点 $P_1(x_0, f(x_0))$, 再过该点作平行 $y$ 轴的直线, 它与直线 $y = x$ 的交点记为 $Q_1(x_1, x_1)$, 重复上面的过程, 就在曲线 $f(x) = ax(1-x)$ 上得到点 $P_2, P_3, P_4, \cdots$, 如图 10.1 所示. 不难知道, 这些点的横坐标构成的序列就是迭代序列. 若迭代序列收敛, 则点列 $P_1, P_2, P_3, P_4, \cdots$ 趋向于函数 $f(x) = ax(1-x)$ 和直线 $y = x$ 的交点 $P$, 称 $P$ 点为不动点. 因此迭代序列是否收敛, 可以在图上观察出来, 这种图因其形状像蜘蛛网而被称为迭代的"蜘蛛网" 图.

为了画出迭代的蛛网图, 以 $a$ =2.8 为例, 相应的 MATLAB 程序名为 DIEDAITU1.

```
x=0.3;a=2.8;
for i=1:50
    x=a*x*(1-x);x1(i)=i;y(i)=x;
end
x1(1)=0.3 ;y1(1)=0;
for i=1:49
   x1(2*i+1)=y(i);x1(2*i)=x1(2*i-1);
   y1(2*i)=y(i);y1(2*i+1)=y1(2*i);
end
x2=0:0.01:1;y2=x2;y3=a.*x2.*(1-x2);
plot(x1,y1,x2,y2,x2,y3)
```

运行上述 DIEDAITU1 的文件, 其命令如下:

```
>>DIEDAITU1  按回车键(Enter)
```

序列变化情况如图 10.1 所示, 显然该序列收敛且收敛于不动点 0.642 9.

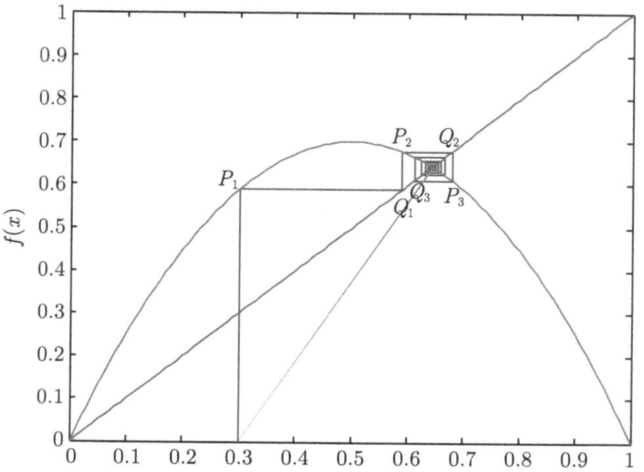


图 10.1　$f(x) = 2.8x(1-x)$ 的"蜘蛛网" 图

### 10.2.2　周期为 $k$ 的循环的概念

如果 $f(u_1)=u_2, f(u_2)=u_3,\cdots,f(u_k)=u_1$，且 $u_k\neq u_1$ $(j=2,3,\cdots,k)$，则 $u_1,u_2,\cdots,u_k$ 形成一个 $k$ 循环. 我们用 $u_1\to u_2\to u_3\to\cdots\to u_k\to u_1$ 记这个事实.$u_1$ 称为一个 $k$ 周期点, $u_1,u_2,\cdots,u_k$ 称为一个周期轨道. 显然不动点就是周期为 1 的周期点. 10.2.1 中例子取 a=3.2 做出一个迭代的可视图形. 相应的 MATLAB 程序名为 DIEDAITU2.

```
q=0.3;a=3.2;
for i=1:50
  x(i)=q;
  q=a*q*(1-q);n(i)=i;
end
plot(n,x,'k-*')
```

运行上述 DIEDAITU2 的文件, 其命令如下：

```
>>DIEDAITU2  按回车键(enter)
```

运行后的图像如图 10.2 所示, 由图中可知, 经过一段时间调整, 迭代数列开始在两个近似为 0.51 和 0.80 的值之间振荡. 这类振荡称为 2-循环.

为了更加看清楚这个 2-循环, 用迭代的“蜘蛛网”图进行对比, 如图 10.3 所示.

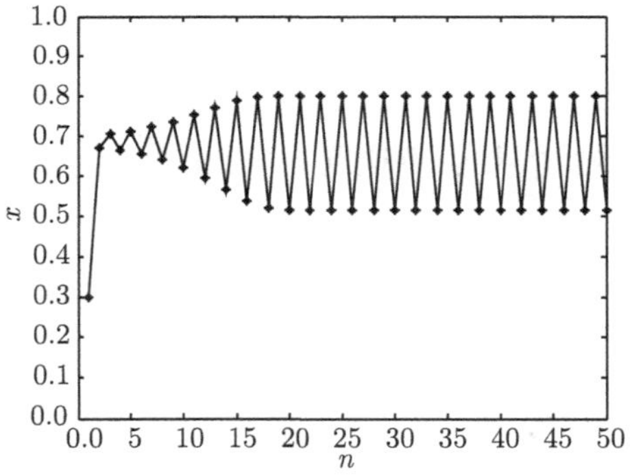


图 10.2　$f(x)=3.2x(1-x)$ 迭代序列图

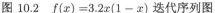

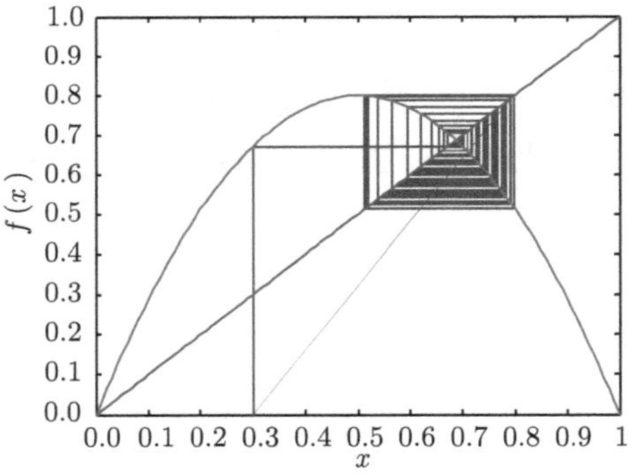


图 10.3　$f(x)=3.2x(1-x)$ 的“蜘蛛网”图

### 10.2.3　分叉现象

取 $a=3.46$, $x_0=0.3$ 相应的 MATLAB 程序名为 DIEDAITU3 的文件. 运行后的图像如图 10.4 所示, 经过 10 多次的迭代, 迭代数列开始在 4 个值之间振荡, 这类振荡称为 4-循环. 当参数 $r$ 的值变化时, 从收敛到唯一不动点 (1-循环) 到 2-循环, 再从 2-循环到 4-循环, 这样的分裂行为称为分叉 (bifurcation) 现象.

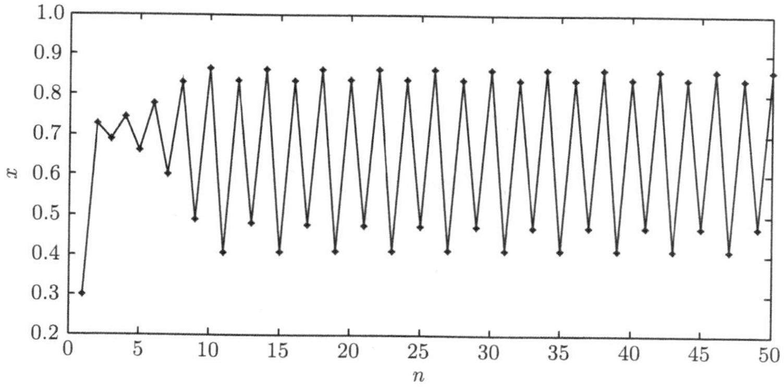


图 10.4　$f(x)=3.46x(1-x)$ 迭代序列图

其 “蜘蛛网” 图如图 10.5 所示：

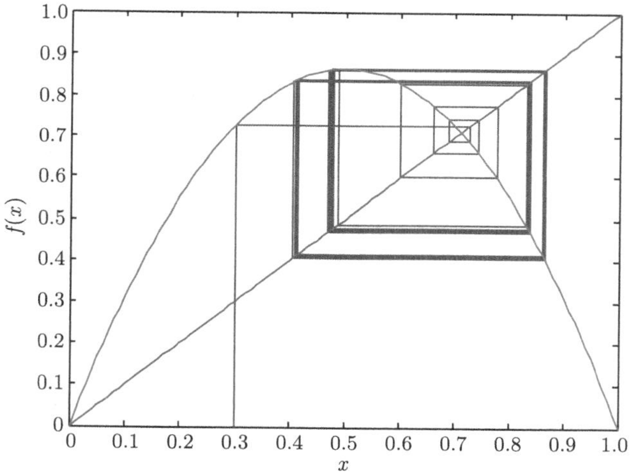


图 10.5　$f(x)=3.46x(1-x)$ 的 “蜘蛛网” 图

### 10.2.4　混沌现象与性质

当 $a=3.80$, $x_0=0.3$, 运行后的图像如图 10.6 所示, 迭代数列不再呈现稳定的周期性, 也不具有任何可预测的模式. 迭代序列在区间 (0, 1) 内来回跳动, 而且表现出对初始条件的高度敏感性, 称这种现象为混沌 (Chaos). 但混沌不是随机的：由初值和迭代函数完全确定, 随迭代次数的增加, 它与随机序列并无多大差别, 故混沌又称为确定性的随机运动.

同样运行其 “蜘蛛网” 程序如图 10.7 所示.

为了观察参数 a 对迭代序列的行为影响, 将区间 (0, 4) 以步长离散化并对每个离散的 a 值进行迭代, 忽略前 200 个迭代值, 把点显示在坐标平面上. 这样形成的图称为 Feigenbaum 图, 它反映了分叉与混沌的基本特性, 其参考的 MATLAB 程序名为 fengcha1.

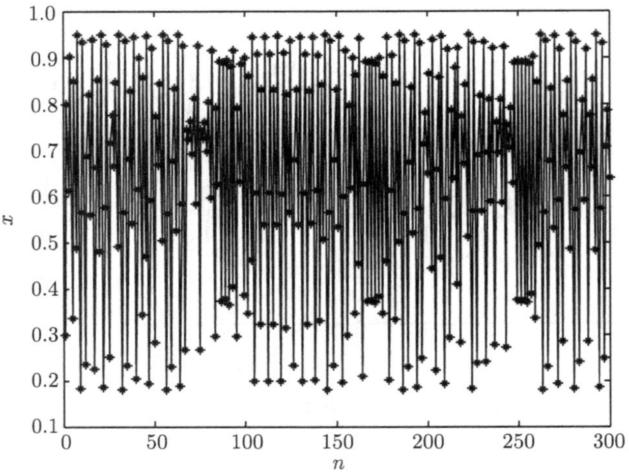


图 10.6　$f(x) = 3.8x(1-x)$ 迭代序列图

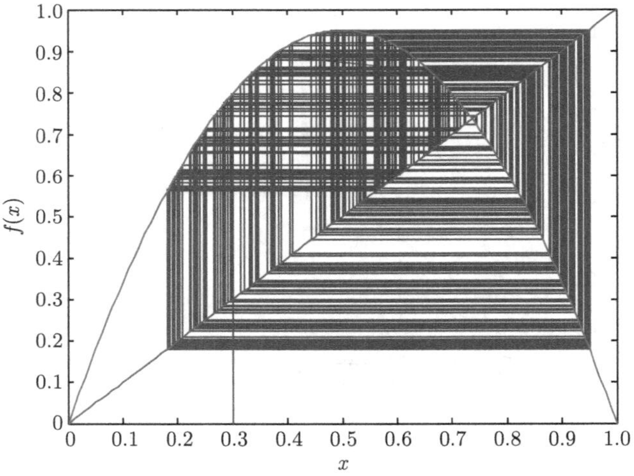


图 10.7　混沌的 Feigenbaum 图

```
for j=1:800;
  x=0.2;a=j/200;
  for i=1:600
    x=a*x*(1-x);x1(i)=i;y(i)=x;
  end
  for k=1:100
    xx(k)=a;yy(k)=y(500+k);
  end
  hold on;
  plot(xx,yy,'k.')
end
```

运行上述 fengcha1 的文件, 其命令如下:

```
>>fengcha1  按回车键(enter)
```

从图 10.8 可以看出, 当 $a\in(0,1)$ 时, 0 是稳定的不动点; $a\in(1,\ 3)$ 时, 0 是排斥点, $\dfrac{a-1}{a}$ 是稳定的不动点; $a\in(3,\ 3.449\ 489\ 7)$ 时, 迭代变为 2-周期轨道, 是第 1 个分叉点; $a\in(3.449\ 489\ 7,\ 3.544\ 090)$ 时, 迭代变为 8-周期轨道, 是第 3 个分叉点; 下面迭代将依次分叉为 16- 周期, 32-周期, 64-周期, $\cdots$, 这种分叉形式称为倍周期分叉当 $a\in(3.569\ 945\ 6,\ 4)$ 时, 迭代进入混沌区域.

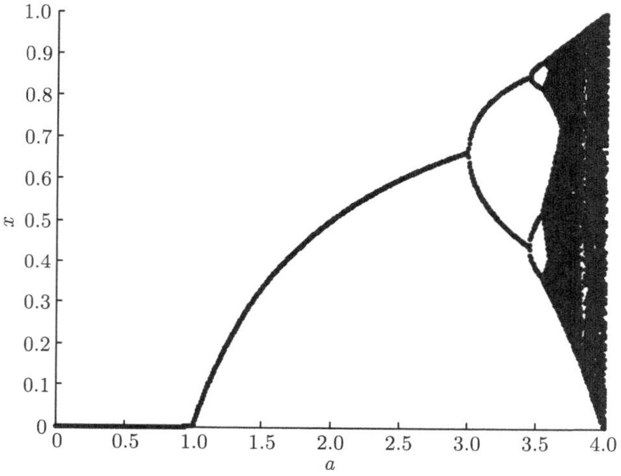


图 10.8　混沌的倍周期分叉图

## 10.3　投入产出分析

**问题**　大到国民经济, 小到日常生活, 只要是从事某项经济活动, 就有可能会涉及投入产出问题. 所谓投入是从事一项经济活动的各种消耗, 包括原材、人力、设备、资金等的消耗; 所谓产出是指从事经济活动的成果, 通常看作产品. 一项经济活动往往有多个方面, 称为部门, 每个部门之间存在相互依存的关系, 每个部门在进行生产活动时会消耗其他部门的产品. 故如何根据各部门间的投入–产出平衡关系, 确定各部门的生产水平, 从而建立投入产出模型是以下所要研究的课题.

**数学模型**　设某个经济活动中有 $n$ 个部门, 记一定时期内第 $i$ 个部门的总产出为 $x_i$. 其中一部分产出作为中间产品满足经济活动本身的需求投入生产, 其余部分作为最终产品来满足外部需求, 如用于消费、积累、出口等. 具体情况如表 10.1 所示.

在表 10.1 中, $x_{ij}$ 表示是第 $i$ 个部门分配给第 $j$ 部门的产品产值 (也可以说是第 $j$ 部门在审查过程中消耗第 $i$ 部门的产品产值). $b_i$ $(i=1,2,\cdots,n)$ 表示第 $i$ 个部门的外部需求或最终产品产值, $d_j$ 表示初始投入, 包括工人工资、税收、固定资产折旧费用等.

**表 10.1　投入–产出数据表**

| 投入 \ 产出 | 中间产品产值 | | | | 最终产品产值 | 总产值 |
|---|---|---|---|---|---|---|
| | 1 | 2 | $\cdots$ | n | | |
| 1 | $x_{11}$ | $x_{12}$ | $\cdots$ | $x_{1n}$ | $b_1$ | $x_1$ |
| 2 | $x_{21}$ | $x_{22}$ | $\cdots$ | $x_{2n}$ | $b_2$ | $x_2$ |
| $\vdots$ | $\vdots$ | $\vdots$ | | $\vdots$ | $\vdots$ | $\vdots$ |
| $n$ | $x_{n1}$ | $x_{n2}$ | $\cdots$ | $x_{nn}$ | $b_n$ | $x_n$ |
| 初始投入 | $d_1$ | $d_2$ | $\cdots$ | $d_n$ | | |
| 总投入 | $x_1$ | $x_2$ | $\cdots$ | $x_n$ | | |

可以看到表的每一行都表示一个等式, 即

部门 $i$ 的总产值 = 部门 $i$ 的投入其他部门的产值 + 部门 $i$ 的最终产品产值

用算式表示为

$$\begin{cases} x_1 = x_{11} + x_{12} + \cdots + x_{1n} + b_1 \\ x_2 = x_{21} + x_{22} + \cdots + x_{2n} + b_2 \\ \qquad\qquad \cdots\cdots \\ x_n = x_{n1} + x_{n2} + \cdots + x_{nn} + b_n \end{cases} \tag{10.5}$$

式 (10.5) 称为分配平衡方程组.

假设每个部门的总投入和总产出平衡, 故 $x_i$ 也表示第 $i$ 个部门投入总量. 记 $a_{ij} = x_{ij}/x_j$ $(i, j = 1, 2, \cdots, n)$, 称为第 $i$ 个部门对第 $j$ 个部门的投入系数 (或第 $j$ 个部门对第 $i$ 个部门的直接消耗系数). 它表示当第 $j$ 个部门生产单位产品时, 第 $i$ 个需要投入 (或直接消耗)$a_{ij}$ 个单位的产品数值.

各部门之间的投入系数构成的 $n$ 阶矩阵

$$\boldsymbol{A} = \begin{pmatrix} a_{11} & a_{12} & \cdots & a_{1n} \\ a_{21} & a_{22} & \cdots & a_{2n} \\ \vdots & \vdots & & \vdots \\ a_{n1} & a_{n2} & \cdots & a_{nn} \end{pmatrix}$$

称为投入系数矩阵(或直接消耗系数矩阵).

由 $a_{ij}$ 的定义知道 $x_{ij} = a_{ij}x_j$ $(i, j = 1, 2, \cdots, n)$, 代入分配平衡方程组 (10.5) 得

$$\begin{cases} x_1 = a_{11}x_1 + a_{12}x_2 + \cdots + a_{1n}x_n + b_1 \\ x_2 = a_{21}x_1 + a_{22}x_2 + \cdots + a_{2n}x_n + b_2 \\ \qquad\qquad \cdots\cdots \\ x_n = a_{n1}x_1 + a_{n2}x_2 + \cdots + a_{nn}x_n + b_n \end{cases}$$

或简记为

$$\boldsymbol{x} = \boldsymbol{A}\boldsymbol{x} + \boldsymbol{b}$$

即

$$(\boldsymbol{I} - \boldsymbol{A})\boldsymbol{x} = \boldsymbol{b} \tag{10.6}$$

其中: $\boldsymbol{A}$ 为投入系数矩阵, $\boldsymbol{x}=(x_1,x_2,\cdots,x_n)^{\mathrm{T}}$ 为总产出的列向量, $\boldsymbol{b}=(b_1,b_2,\cdots,b_n)^{\mathrm{T}}$ 为外部需求的列向量.

此外, 表的每一列也都表示一个等式, 即

$$\text{部门 } i \text{ 的总投入} = \text{其他部门对部门 } i \text{ 的投入} + \text{部门 } i \text{ 的初始投入}$$

用算式表示为

$$\begin{cases} x_1 = x_{11}+x_{21}+\cdots+x_{n1}+d_1 \\ x_2 = x_{12}+x_{22}+\cdots+x_{n2}+d_2 \\ \qquad\cdots\cdots \\ x_n = x_{1n}+x_{2n}+\cdots+x_{nn}+d_n \end{cases} \tag{10.7}$$

式 (10.7) 称为**投入平衡方程组**. 把 $x_{ij}=a_{ij}x_j(i,j=1,2,\cdots,n)$, 代入式 (10.7) 得

$$\begin{cases} x_1 = a_{11}x_1+a_{21}x_1+\cdots+a_{n1}x_1+d_1 \\ x_2 = a_{12}x_2+a_{22}x_2+\cdots+a_{n2}x_2+d_2 \\ \qquad\cdots\cdots \\ x_n = a_{1n}x_n+a_{2n}x_n+\cdots+a_{nn}x_n+d_n \end{cases}$$

简记为

$$\boldsymbol{x}=\boldsymbol{C}\boldsymbol{x}+\boldsymbol{d}$$

其中

$$\boldsymbol{C}=\begin{pmatrix} \sum\limits_{i=1}^{n}a_{i1} & 0 & \cdots & 0 \\ 0 & \sum\limits_{i=1}^{n}a_{i2} & \cdots & 0 \\ \vdots & \vdots & & \vdots \\ 0 & 0 & \cdots & \sum\limits_{i=1}^{n}a_{in} \end{pmatrix}$$

称为中间投入系数矩阵, $\boldsymbol{d}=(x_1,x_2,\cdots,x_n)^{\mathrm{T}}$ 为初始投入向量.

**例 10.1**　设国民经济仅由农业、制造业、和服务业三个部门构成, 已知某年他们之间的投入产出关系如表 10.2 所示, 试讨论以下问题:

(1) 如果今年对农业、制造业和服务业的外部需求分别为 50、150、100 亿元, 问这三个部门的总产出分别应为多少?

(2) 如果三个部门的外部需求分别增加 1 个单位, 他们的总产出应分别增加多少?

**表 10.2　国民经济投入–产出表**　单位: 亿元

| 投入 \ 产出 | 农业 | 制造业 | 服务业 | 外部需求 | 总产出 |
|---|---|---|---|---|---|
| 农业 | 15 | 20 | 30 | 35 | 100 |
| 制造业 | 30 | 10 | 45 | 115 | 200 |
| 服务业 | 20 | 60 | —— | 70 | 150 |
| 初始投入 | 35 | 110 | 75 | | |
| 总投入 | 100 | 200 | 150 | | |

**解** (1) 设农业、制造业和服务业的总产量分别为 $x_1, x_2, x_3$. 由题意可以得投入系数矩阵为

$$
\boldsymbol{A}=\begin{pmatrix} 0.15 & 0.1 & 0.2 \\ 0.3 & 0.05 & 0.3 \\ 0.2 & 0.3 & 0 \end{pmatrix}
$$

由分配平衡方程组 (10.5)

$$
(\boldsymbol{I}-\boldsymbol{A})\boldsymbol{x}=\boldsymbol{b}
$$

在 MATLAB 命令窗口输入:

```
>> A=[0.15 0.1 0.2;0.3 0.05 0.3;0.2 0.3 0];
>> b=[50 150 100]';
>>x=(eye(3)-A)\b
```

回车, 得

```
x =
  139.2801
  267.6056
  208.1377
```

即得总产出向量 $\boldsymbol{x}=(139.280\,1, 267.605\,6, 208.137\,7)^{\mathrm{T}}$.

(2) 由分配平衡方程组 (10.6) 得

$$
\boldsymbol{x}=(\boldsymbol{I}-\boldsymbol{A})^{-1}\boldsymbol{b}
$$

这说明总产出 $\boldsymbol{x}$ 对外部需求 $\boldsymbol{b}$ 是线性的, 故当 $\boldsymbol{b}$ 增加 $\Delta\boldsymbol{b}$ 个单位时, $\boldsymbol{x}$ 增加 $(\boldsymbol{I}-\boldsymbol{A})^{-1}\Delta\boldsymbol{b}$ 个单位, 所以外部需求分别增加 1 个单位, 他们的总产出的增量为

$$
\Delta\boldsymbol{x}=(\boldsymbol{I}-\boldsymbol{A})^{-1}\Delta\boldsymbol{b}=\begin{pmatrix} 0.85 & -0.1 & -0.2 \\ -0.3 & 0.95 & -0.3 \\ -0.2 & -0.3 & 1 \end{pmatrix}^{-1}\begin{pmatrix} 1 \\ 1 \\ 1 \end{pmatrix}=\begin{pmatrix} 1.345\,9 \\ 0.563\,4 \\ 0.438\,2 \end{pmatrix}
$$

即农业、制造业和服务业的总产量分别增加 1.3459, 0.5634, 0.4382 个单位.

**例 10.2** 某地有煤矿、发电厂和铁路三个产业, 开采一元钱的煤, 煤矿要支付 0.25 元的电费及 0.25 元的运输费; 生产一元钱的电力, 发电厂要支付 0.65 元的煤费, 0.05 元的电费及 0.05 元的运输费; 创收一元钱的运输费, 铁路要支付 0.55 元的煤费和 0.10 元的电费, 在某一周内煤矿接到外地金额 500 00 元定货, 发电厂接到外地金额 250 00 元定货, 外界对地方铁路没有需求. 试问

(1) 三个企业间一周内总产值多少才能满足自身及外界需求?

(2) 三个企业间相互支付多少金额?

(3) 三个企业各创造多少新价值?

**解**　(1) 这是一个投入产出分析问题. 设 $x_1$ 为本周内煤矿总产值, $x_2$ 为电厂总产值, $x_3$ 为铁路总产值, 由题意可得投入系数矩阵

$$\boldsymbol{A}=\begin{pmatrix} 0 & 0.65 & 0.55 \\ 0.25 & 0.05 & 0.10 \\ 0.25 & 0.05 & 0 \end{pmatrix}$$

由分配平衡方程组 (10.6)

$$(\boldsymbol{I}-\boldsymbol{A})\boldsymbol{x}=\boldsymbol{b}$$

在 MATLAB 的命令窗口输入:

```
>> A=[0 0.65 0.55;0.25 0.05 0.1;0.25 0.05 0];
>> b=[50 000 25 000 0]';
>> x=(eye(3)-A)\b
```

回车, 得:

```
x =
    1.0e+05*
     1.0209
     0.5616
     0.2833
```

即得总产出向量为 $\boldsymbol{x}=(x_1,x_2,x_3)=(102\ 088,56\ 163,28\ 330)^{\mathrm{T}}$.

继续在命令窗口输入:

```
>>total=sum(x)
```

回车, 得到

```
total=
    1.8~658e+05 =
```

total 的值为 186 580.52, 即三个企业间一周内总产值为 186 581 元才能满足自身及外界需要.

(2) 在命令窗口输入:

```
>>A*diag(x)
```

回车, 得到

```
ans =
   1.0e+004*
      0          3.6506     1.5582
      2.5522     0.2808     0.2833
      2.5522     0.2808     0
```

这个矩阵的每一行给出了每一个企业分别用于企业内部和其他企业的消耗 (中间产品), 即煤矿要支付 25 522 元的电费, 25 522 元的运输费; 电厂要支付 36 506 元的煤费, 2 808 元的电费和 2 808 元的运输费; 铁路要支付 15 582 元的煤费, 2 833 元的电费;

(3) 由投入平衡方程组 (10.7) 得, 创造价值

$$\boldsymbol{d}=\boldsymbol{x}-\boldsymbol{C}\boldsymbol{x}=(\boldsymbol{E}-\boldsymbol{C})\boldsymbol{x}$$

即

$$\begin{pmatrix} d_1 \\ d_2 \\ d_3 \end{pmatrix}=\left[\begin{pmatrix} 1 & & \\ & 1 & \\ & & 1 \end{pmatrix}-\begin{pmatrix} 0.5 & & \\ & 0.75 & \\ & & 0.65 \end{pmatrix}\right]\begin{pmatrix} x_1 \\ x_2 \\ x_3 \end{pmatrix}$$

在命令窗口输入:

```
>> C=diag([0.5,0.75,0.65]);
>>d=(eye(3)-C)*x
```

回车, 得到

```
d =
    51043.7
    14040.7
    9915.50
```

即煤矿创造价值为 51 044 元; 电厂创造价值为 14 041 元; 铁路创造价值为 9 915 元. 用以上数据可建立下列投入–产出表 (表 10.3)

**表 10.3　煤厂、发电厂、煤矿投入–产出表**　　单位: 元

| 投入 \ 产出 | | 消耗部门 | | | 外部需求 | 总产出 |
|---|---|---|---|---|---|---|
| | | 煤矿 | 电厂 | 铁路 | | |
| 生产部门 | 煤矿 | 0 | 36 506 | 15 582 | 50 000 | 102 088 |
| | 电厂 | 25 522 | 2 808 | 2 833 | 25 000 | 56 163 |
| | 铁路 | 205 522 | 2 808 | 0 | 0 | 28 330 |
| 创造价值 | | 51 044 | 14 041 | 9 915 | | |
| 总投入 | | 102 088 | 56 163 | 28 330 | | |

## 10.4　给药方案设计

一种新药用于临床之前, 必须设计给药方案. 在快速静脉注射的给药方式下, 所谓给药方案是指每次注射剂量多大, 以及间隔时间多长.

药物进入机体后通过血液输送到全身, 在这个过程中不断地被吸收、分布、代谢, 最终排出体外, 药物在血液中的浓度, 即单位体积血液中的药物含量, 称为血药浓度. 最简单的模型是建立所谓的一室模型: 将整个机体看作一个房室, 称中心室, 室内血药浓度是均匀的. 快速静脉注射后, 浓度立即上升, 然后迅速下降. 当浓度太低时, 达不到预期的治疗效果; 当浓度太高, 又可能导致药物中毒或副作用太强. 临床上, 每种药物有一个最小有效浓度 $c_1$ 和一个最大有效浓度 $c_2$. 设计给药方案时, 要使血药浓度保持在 $c_1 \sim c_2$ 之间. 本题设 $c_1$ =10μg/ml, $c_2$ =25μg/ml.

通过实验, 对某人用快速静脉注射方式一次注入该药物 300 mg 后, 在一定时刻 $t$(h) 采集血药, 测得血药浓度 $c$(μg/ml) 如表 10.4 所示:

**表 10.4　实验数据**

| $t$/h | 0.25 | 0.5 | 1 | 1.5 | 2 | 3 | 4 | 6 | 8 |
|---|---|---|---|---|---|---|---|---|---|
| $c$/(μg/ml) | 19.21 | 18.15 | 15.36 | 14.10 | 12.89 | 9.32 | 7.45 | 5.24 | 3.01 |

试针对该患者设计给药方案, 即解决如下问题:

(1) 在快速静脉注射的给药方式下, 研究血药浓度 (单位体积血液中的药物含量) 的变化规律;

(2) 给定药物的最小有效浓度和最大治疗浓度, 设计具体给药方案: 每次注射剂量多大; 间隔时间多长.

首先在坐标系中画出血药浓度 $c$ 与时间 $t$ 的关系图, 如图 10.9 所示.

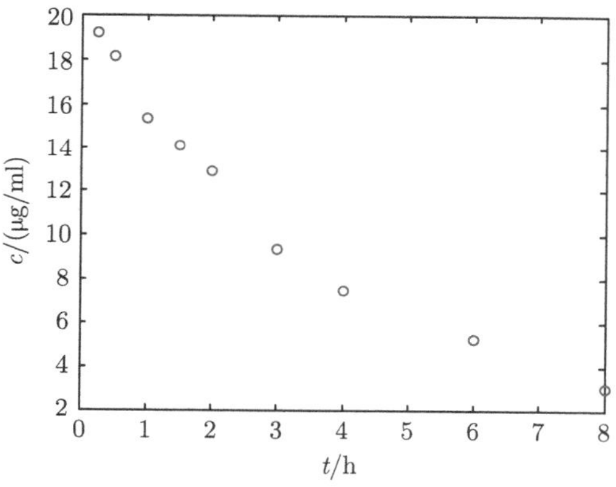

图 10.9　血药浓度 $c$ 与时间 $t$ 的关系图

从图 10.9 可以看出, 血药浓度 $c$ 与时间 $t$ 的关系似乎符合负指数变化规律, 下面从理论上用一室模型来研究血药浓度与时间的变化规律. 为此作如下模型假设:

(1) 机体看作一个房室, 室内血药浓度均匀 —— 一室模型.

(2) 药物排除速率与血药浓度成正比, 比例系数 $k$ ($k>0$).

(3) 血液容积 $v$, $t=0$ 时注射剂量为 $d$, 则血药浓度立即变为 $d/v$.

由假设 (2), 可得

$$\frac{\mathrm{d}c}{\mathrm{d}t} = -kc$$

由假设 (3), 可得初始条件

$$c(0) = \frac{d}{v}$$

得初值问题

$$\frac{\mathrm{d}c}{\mathrm{d}t} = -kc, \quad c(0) = \frac{d}{v} \tag{10.8}$$

解得

$$c(t) = \frac{d}{v}\mathrm{e}^{-kt} \tag{10.9}$$

其中, $d=300$ mg, 而 $k, v$ 是待估计参数, 可通过最小二乘法求出.

为了方便估计参数 $k,v$, 先对式 (10.9) 两边取对数, 可将函数表达式转化为线性

形式

$$\left.\begin{array}{r}c(t)=\dfrac{d}{v}\mathrm{e}^{-kt}\Rightarrow \ln c=\ln\dfrac{d}{v}-kt\\ y=\ln c,\ \ a_1=-k,\ \ a_2=\ln\dfrac{d}{v}\end{array}\right\}\Rightarrow\begin{array}{c}y=a_1t+a_2\\ k=-a_1, v=de^{-a_2}\end{array}$$

从而可以用线性拟合来估计参数 $k, v$.

下列 MATLAB 程序采用线性拟合计算出参数 $k, v$.

```
d=300;
t=[0.25 0.5 1 1.5 2 3 4 6 8];
c=[19.21 18.15 15.36 14.10 12.89 9.32 7.45 5.24 3.01];
y=log(c);
a=polyfit(t,y,1)
k=-a(1)
v=d*exp(-a(2))
```

计算结果为：$k=0.2347(l/h)$, $v=15.02(l)$.

下面根据估计出的参数制定给药方案. 为此假设:

(1) 设每次注射剂量 $D$, 间隔时间 $\tau$;

(2) 血药浓度 $c(t)$ 应满足 $c_1\leqslant c(t)\leqslant c_2$;

(3) 初次剂量 $D_0$ 应较 $D$ 要大.

将给药方案记为：$\{D_0, D, \tau\}$, 则有

$$D_0=vc_2,\quad D=v(c_2-c_1) \tag{10.10}$$

$$c_1=c_2\mathrm{e}^{-k\tau}$$

即

$$\tau=\frac{1}{k}\ln\frac{c_2}{c_1} \tag{10.11}$$

将 $c_1=10, c_2=25, v=15.05$ 代入式 (10.10) 和式 (10.11), 得

$$D_0=375.5,\quad D=225.3,\quad \tau=3.9$$

从而制定给药方案为

$$D_0=375(\mathrm{mg}),\quad D=225(\mathrm{mg}),\quad \tau=4\ (\mathrm{h})$$

即首次注射 375 mg, 其余每次注射 225 mg, 注射的间隔时间为 4h.

## 10.5　黄河小浪底调水调沙问题

2004 年 6 月至 7 月黄河进行了第 3 次调水调沙试验, 特别是首次由小浪底、三门峡和万家寨三大水库联合调度, 采用接力式防洪预泄放水, 形成人造洪峰进行调沙试验获得成功. 整个试验期为 20 多天, 小浪底从 6 月 19 日开始预泄放水, 到 7 月 13 日恢复正常

供水结束. 小浪底水利工程按设计拦沙量为 $75.5\times10^8\text{m}^3$, 在这之前, 小浪底共积泥沙达 $14.15\times10^8\text{t}$. 这次调水调沙试验一个重要的目的就是由小浪底上游的三门峡和万家寨水库泄洪, 在小浪底形成人造洪峰, 冲刷小浪底库区沉积的泥沙, 在小浪底水库开闸泄洪以后, 从 6 月 27 日开始三门峡水库和万家寨水库陆续开闸放水, 人造洪峰于 29 日先后到达小浪底, 7 月 3 日达到最大流量 2 700m$^3$/s, 使小浪底水库的排沙量也不断地增加. 表 10.5 所示是由小浪底观测站从 6 月 29 日到 7 月 10 日检测到的试验数据.

**表 10.5　由小浪底观测站检测试验数据**

| 日期 | 6/29 | | 6/30 | | 7/1 | | 7/2 | | 7/3 | | 7/4 | |
|---|---|---|---|---|---|---|---|---|---|---|---|---|
| 时间/h | 8:00 | 20:00 | 8:00 | 20:00 | 8:00 | 20:00 | 8:00 | 20:00 | 8:00 | 20:00 | 8:00 | 20:00 |
| 水流量/$10^8$t | 1 800 | 1 900 | 2 100 | 2 200 | 2 300 | 2 400 | 2 500 | 2 600 | 2 650 | 2 700 | 2 720 | 2 650 |
| 含沙量/$10^8$t | 32 | 60 | 75 | 85 | 90 | 98 | 100 | 102 | 108 | 112 | 115 | 116 |
| 日期 | 7/5 | | 7/6 | | 7/7 | | 7/8 | | 7/9 | | 7/10 | |
| 时间/h | 8:00 | 20:00 | 8:00 | 20:00 | 8:00 | 20:00 | 8:00 | 20:00 | 8:00 | 20:00 | 8:00 | 20:00 |
| 水流量/$10^8$t | 2 600 | 2 500 | 2 300 | 2 200 | 2 000 | 1 850 | 1 820 | 1 800 | 1 750 | 1 500 | 1 000 | 900 |
| 含沙量/$10^8$t | 118 | 120 | 118 | 105 | 80 | 60 | 50 | 30 | 26 | 20 | 8 | 5 |

注: 以上数据主要是根据媒体公开报道的结果整理而成, 不一定与真实数据完全相符.

现在, 根据试验数据建立数学模型研究下面的问题:

(1) 给出估算任意时刻的排沙量及总排沙量的方法;

(2) 确定排沙量与水流量的变化关系.

下面求解第 (2) 问: 设时间是连续变化的, 所取时间点依次为 $1,2,3,\cdots,24$, 单位时间为 12 h.

从试验数据可以看出, 在排水排沙过程中, 随时间的推移, 开始排沙量随水流量的增加而增加, 而后随水流量的减少而减少, 显然并非是线性关系. 因此, 将问题分为如表 10.6 及表 10.7 两个部分来研究.

**表 10.6　第一阶段观测数据**

| 节点 | 1 | 2 | 3 | 4 | 5 | 6 | 7 | 8 | 9 | 10 | 11 | 12 |
|---|---|---|---|---|---|---|---|---|---|---|---|---|
| 水流量/$10^8$t | 1 800 | 1 900 | 2 100 | 2 200 | 2 300 | 2 400 | 2 500 | 2 600 | 2 650 | 2 700 | 2 720 | 2 650 |
| 含沙量/$10^8$t | 32 | 60 | 75 | 85 | 90 | 98 | 100 | 102 | 108 | 112 | 115 | 116 |

**表 10.7　第二阶段观测数据**

| 节点 | 13 | 14 | 15 | 16 | 17 | 18 | 19 | 20 | 21 | 22 | 23 | 24 |
|---|---|---|---|---|---|---|---|---|---|---|---|---|
| 水流量/$10^8$t | 2 600 | 2 500 | 2 300 | 2 200 | 2 000 | 1 850 | 1 820 | 1 800 | 1 750 | 1 500 | 1 000 | 900 |
| 含沙量/$10^8$t | 118 | 120 | 118 | 105 | 80 | 60 | 50 | 30 | 26 | 20 | 8 | 5 |

先画出排沙量与水流量的散点图 (图 10.10).

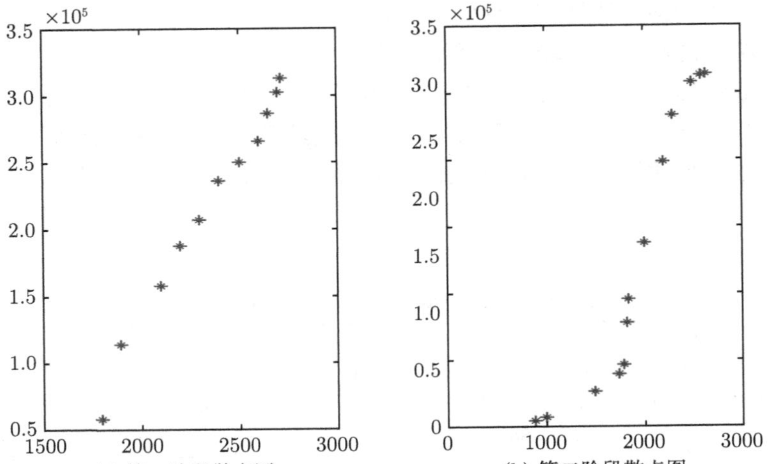

(a) 第一阶段散点图　(b) 第二阶段散点图

图 10.10　排沙量与水流量的散点图

从散点图可以看出排沙量与水流量的大致趋势. 对两个阶段都用多项式进行拟合, 并计算它的最小误差 $S$.

设 $m$ 次多项式拟合函数为

$$y = \sum_{i=1}^{m} a_i x^i$$

$m$ 次多项式拟合的最小误差为

$$S = \sum_{i=1}^{11} \left( \sum_{i=1}^{m} a_i x_j^i - y_j \right) (\text{第一阶段})$$

$$S = \sum_{i=1}^{13} \left( \sum_{i=1}^{m} a_i x_j^i - y_j \right) (\text{第二阶段})$$

最终采用的拟合多项式的次数 $m$ 由最小误差 $S$ 来确定, 最小误差 $S$ 越小, 拟合效果越好.

用 MATLAB 分别用 1~4 次多项式拟合, 得到结果如图 10.11 所示:

其最小误差为: $S1 = 9.206181083635087\text{e}+008$

$S2 = 6.895433807257007\text{e}+008$

$S3 = 3.064729231715386\text{e}+008$

$S4 = 3.042796821308041\text{e}+008$

从图 10.11 及最小误差来看, 3 次多项式拟合与 4 次多项式效果差别不大, 基本可以看出排沙量与水流量之间的关系.

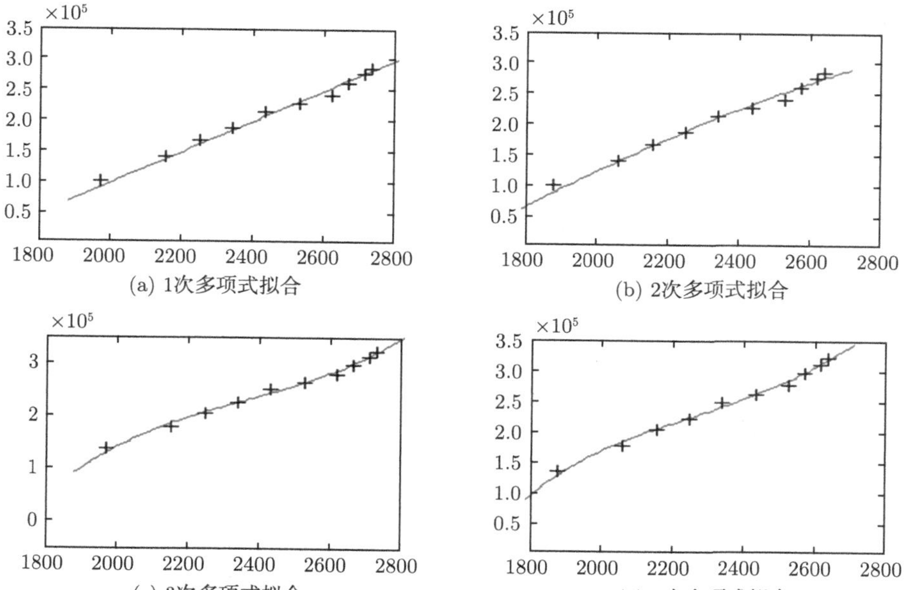

(a) 1次多项式拟合　(b) 2次多项式拟合

(c) 3次多项式拟合　(d) 4次多项式拟合

图 10.11　1~4 次多项式拟合

其 3 次多项式拟合与 4 次多项式分别为

$$y_3 = 3.4683 \times 10^{-4} v^3 - 2.4188 v^2 + 5814.8441 v - 4590454.2078$$

$$y_4 = -1.1 \times 10^{-7} v^4 + 1.348 \times 10^{-3} v^3 - 5.809 v^2 + 10880.7188 v - 7408344.7$$

同理, 对第二阶段, 有如图 10.12 所示的结果.

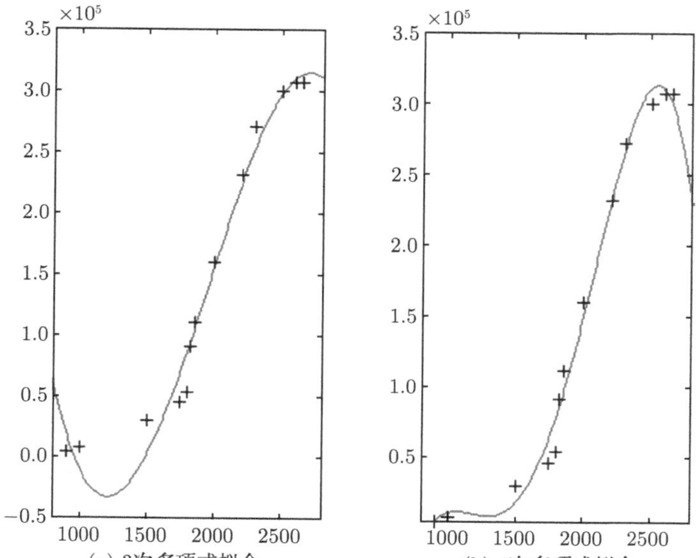

(a) 3次多项式拟合　(b) 4次多项式拟合

图 10.12　3 次、4 次拟合曲线图

得 4 次拟合多项式

$$y_4 = -2.8 \times 10^{-7} v^4 + 1.811 \times 10^{-3} v^3 - 4.092 v^2 + 3891.0441 v - 1322627.4967$$

其最小误差为：$S3 = 3.612084193389563\text{e}+009$
$S4 = 1.748805174191605\text{e}+009$

## 10.6 计算定积分的蒙特卡罗方法

蒙特卡罗方法, 或称计算机随机模拟方法, 是一种基于 "随机数" 的蒙特卡罗方法. 这一方法源于美国在第二次世界大战研制原子弹的 "曼哈顿计划". 该计划的主持人之一数学家冯 • 诺伊曼用驰名世界的赌城–摩纳哥的 Monte Carlo 来命名这种方法. 蒙特卡罗方法的基本思想很早以前就被人们所发现和利用. 早在 17 世纪, 人们就知道用事件发生的 "频率" 来决定事件的 "概率".1777 年, 蒲丰 (Buffon) 提出著名的蒲丰投针试验来近似计算圆周率 $\pi$. 20 世纪 40 年代电子计算机的出现, 特别是近年来高速电子计算机的出现, 使得人们在计算机上利用数学方法大量、快速地模拟这样的试验成为可能. 目前这一方法已经广泛地运用到数学、物理、管理、生物遗传、社会科学等领域, 并显示出特殊的优越性.

定积分的计算是蒙特卡罗方法引入计算数学的开端, 在实际问题中, 许多需要计算多重积分的复杂问题, 用蒙特卡罗方法一般都能够很有效地予以解决, 尽管蒙特卡罗方法计算结果的精度不很高, 但它能很快地提供出一个低精度的模拟结果也是很有价值的. 而且, 在多重积分中, 由于蒙特卡罗方法的计算误差与积分重数无关, 它比常用的均匀网格求积公式要优越. 用蒙特卡罗方法计算定积分的方法也叫随机投点法, 下面简要介绍.

(1) 设计算的定积分为$I = \int_a^b f(x)\mathrm{d}x$, 其中 $a$,$b$ 为有限数, 被积函数 $f(x)$ 是连续随机变量 $X$ 的概率密度函数, 因此满足如下条件:

$$f(x)\text{非负}, \quad \text{且} \quad \int_{-\infty}^{+\infty} f(x)\mathrm{d}x = 1$$

显然 $I$ 是一个概率积分, 其积分值等于概率 $P(a \leqslant X \leqslant b)$.

下面按给定分布 $f(x)$ 随机投点的办法, 给出如下蒙特卡罗近似求积算法:

**步骤 1:** 产生服从给定分布的随机变量值 $x_i$ $(i = 1, \cdots, N)$;

**步骤 2:** 检查 $x_i$ 是否落入积分区间. 如果条件 $a \leqslant x_i \leqslant b$ 满足, 则记录 $x_i$ 落入积分区间一次.

假设在 $N$ 次实验以后, $x_i$ 落入积分区间的总次数为 $n$, 那么用

$$\bar{I} = \frac{n}{N}$$

作为概率积分的近似值, 即

$$I \approx \frac{n}{N}$$

(2) 如果要计算的定积分为$I=\int_a^b f(x)\mathrm{d}x$, 其中 $a$, $b$ 为有限数, 但被积函数 $f(x)$ 不是某随机变量的的概率密度函数. 在这种情况下, 当然我们可以对积分作变换, 将积分变换成满足 (1) 的条件. 但在变换以后, 需要产生新的分布随机变量, 因此常会遇到很多困难和比较复杂的计算.

上述求积方法需要产生给定分布的随机变量, 它适合于解决特殊类型的概率积分. 如果只用随机数完成随机投点, 那么, 下面的方法可以解决较为广泛的一类积分问题.

(3) 设 $f(x)$ 是 [0,1]上的连续函数, 且 $0\leqslant g(x)<1$, 需计算积分 $I=\int_a^b f(x)\mathrm{d}x$, 如图 10.13 所示阴影部分的面积. 在图中单位正方形内均匀地投点 $(\xi,\eta)$, 则该随机点落入曲线 $y=f(x)$ 下面的概率为

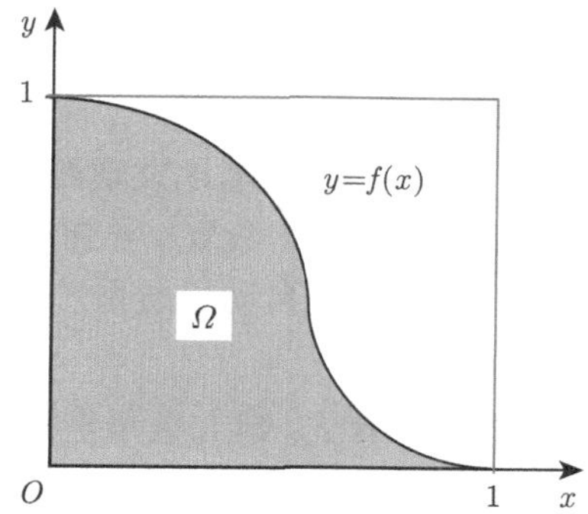

图 10.13　随机投点示意图

$$P\{y\leqslant f(x)\}=\int_a^b f(x)\mathrm{d}x=I$$

因此, 给出以下蒙特卡罗近似求积算法:

**步骤 1:** 产生两组 [0, 1] 区间内的随机数 $x_i, y_i$ $(i=1,\cdots,N)$, 并把 $(x_i,y_i)$ 作为随机投点 $(\xi,\eta)$ 的可取坐标;

**步骤 2:** 检查 $(x_i,y_i)$ 是否落入 $\Omega$ 内, 如果条件 $y_i\leqslant f(x_i)$ 满足, 则记录 $(x_i,y_i)$ 落入积分区间一次.

假设在 $N$ 次实验以中, 落入 $\Omega$ 内总次数为 $n$, 那么量

$$\overline{I}=\frac{n}{N}$$

近似等于随机投点落入 $\Omega$ 内的概率, 即

$$I\approx\frac{n}{N}$$

假如所需计算积分 $I=\int_a^b f(x)\mathrm{d}x$, 其中 $a$, $b$ 为有限数, 被积函数 $f(x)$ 有界, 并用 $M$ 和 $m$ 分别表示其最大值和最小值.

作变换 $x=a+(b-a)x^*, f^*(x^*)=\dfrac{1}{M-m}[f(a+(b-a)x^*)-m]$
此时

$$I=(M-m)(b-a)\int_0^1 f^*(x)\mathrm{d}x+m(b-a)$$

且有 $0\leqslant f^*(x^*)\leqslant 1, x\in[0,\ 1]$, 即转化为上面讨论过的情况.

## 10.7　导弹追击问题

很多科学技术问题, 如天体运动、物体飞行、生态系统中的等问题, 最后都可以归结为微分方程求解. 这些问题都有一个共同的特点, 就是研究对象的变化速度是有规律可寻的. 依据这个特点可以建立微分方程的模型. 下面以导弹追踪问题为例, 介绍建立微分方程模型的基本思想.

**问题**　某军一导弹基地发现距基地 $a$ km 处有一艘敌舰以 $v$ km/h 的速度行驶, 该基地立即发射导弹追击敌舰, 导弹速度为 $u$ km/h, 导弹的初始速度和敌舰行驶速度成 $\alpha$ $(0 \leqslant \alpha \leqslant \pi)$ 角度且自动导航系统在任一时刻都能对准敌舰, 试问导弹在何时何处能击中敌舰?

**模型建立**　首先, 建立直角坐标系. 设导弹基地位于坐标原点, 导弹视为动点 $P$, 它的追击曲线为 $y = y(x)$. 敌舰视为动点 $Q$(图 10.14 所示).

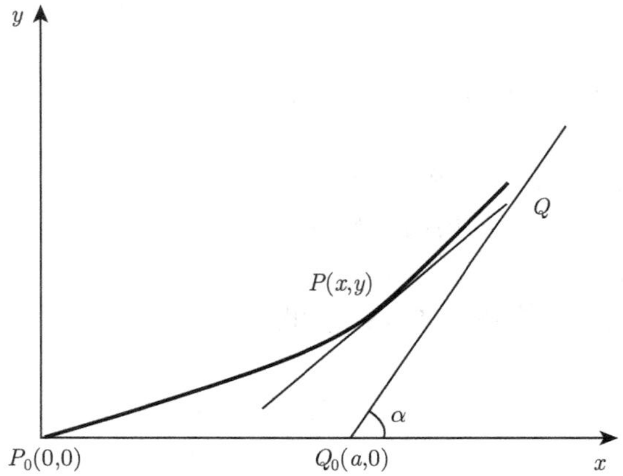


图 10.14　导弹跟踪示意图

在 $t = 0$ 时刻, 导弹位于原点, 敌舰位于点 $Q_0(a, 0)$ 处. 在 $t$ 时刻导弹位于点 $P(x(t), y(t))$ 处, 而敌舰位于 $Q(a + vt\cos\alpha, vt\sin\alpha)$ 点处. 由于导弹在追击过程中始终指向敌舰, 而导弹的运动方向正好是沿曲线 $y = y(x)$ 的切线方向, 所以有方程

$$\frac{\mathrm{d}y}{\mathrm{d}x} = \frac{vt\sin\alpha - y}{a + vt\cos\alpha - x} \tag{10.12}$$

另一方面, 由于导弹的速度是由水平分速度和垂直分速度合成的, 所以

$$u^2 = \left(\frac{\mathrm{d}x}{\mathrm{d}t}\right)^2 + \left(\frac{\mathrm{d}y}{\mathrm{d}t}\right)^2 \tag{10.13}$$

方程 (10.12) 和方程 (10.13) 可以转化为一阶常微分方程组求解, 也可以转化为二阶微分方程初值问题求解. 下面将两种模型做简单介绍.

1. 一阶常微分方程组模型

方程 (10.13) 可以变形为

$$\frac{\mathrm{d}x}{\mathrm{d}t}=\sqrt{u^2-\left(\frac{\mathrm{d}y}{\mathrm{d}t}\right)^2} \tag{10.14}$$

把式 (10.14) 和 $\frac{\mathrm{d}y}{\mathrm{d}x}=\frac{\mathrm{d}y}{\mathrm{d}t}\frac{\mathrm{d}t}{\mathrm{d}x}$ 代入式 (10.12), 得

$$\frac{\mathrm{d}y}{\mathrm{d}t}\frac{1}{\sqrt{u^2-\left(\frac{\mathrm{d}y}{\mathrm{d}t}\right)^2}}=\frac{vt\sin\alpha-y}{a+vt\cos\alpha-x}$$

整理之后, 得

$$\frac{\mathrm{d}y}{\mathrm{d}t}=\frac{u}{\sqrt{1+\left(\frac{a+vt\cos\alpha-x}{vt\sin\alpha-y}\right)^2}} \tag{10.15}$$

再将式 (10.15) 代入式 (10.14) 可以计算出

$$\frac{\mathrm{d}x}{\mathrm{d}t}=\frac{u}{\sqrt{1+\left(\frac{vt\sin\alpha-y}{a+vt\cos\alpha-x}\right)^2}} \tag{10.16}$$

联合式 (10.15) 和式 (10.16) 可以得到一阶常微分方程组的初值问题模型

$$\begin{cases}\dfrac{\mathrm{d}x}{\mathrm{d}t}=f(t,x,y)=\dfrac{u\,|a+vt\cos\alpha-x|}{\sqrt{(vt\sin\alpha-y)^2+(a+vt\cos\alpha-x)^2}} & (x(0)=0)\\[2ex] \dfrac{\mathrm{d}y}{\mathrm{d}t}=g(t,x,y)=\dfrac{u\,|vt\sin\alpha-y|}{\sqrt{(vt\sin\alpha-y)^2+(a+vt\cos\alpha-x)^2}} & (y(0)=0)\end{cases} \tag{10.17}$$

其中: $a$, $u$, $v$, $\alpha$ 是已知参数.

2. 二阶微分方程初值问题模型

方程 (10.12) 可以转化为

$$(a+vt\cos\alpha-x)\frac{\mathrm{d}y}{\mathrm{d}x}=vt\sin\alpha-y$$

两边同时对 $x$ 求导, 注意时间 $t$ 和 $x$ 之间存在函数关系, 故

$$\left(v\cos\alpha\frac{\mathrm{d}t}{\mathrm{d}x}-1\right)\frac{\mathrm{d}y}{\mathrm{d}x}+(a+vt\cos\alpha-x)\frac{\mathrm{d}^2y}{\mathrm{d}x^2}=v\sin\alpha\frac{\mathrm{d}t}{\mathrm{d}x}-\frac{\mathrm{d}y}{\mathrm{d}x}$$

整理得

$$\frac{\mathrm{d}^2y}{\mathrm{d}x^2}=\frac{(v\sin\alpha-v\cos\alpha\frac{\mathrm{d}y}{\mathrm{d}x})\frac{\mathrm{d}t}{\mathrm{d}x}}{a+vt\cos\alpha-x} \tag{10.18}$$

另外, 由 $\dfrac{\mathrm{d}y}{\mathrm{d}t}=\dfrac{\mathrm{d}y}{\mathrm{d}x}\dfrac{\mathrm{d}x}{\mathrm{d}t}$ 可将式 (10.13) 转化为

$$\frac{\mathrm{d}x}{\mathrm{d}t}=\frac{u}{\sqrt{1+\left(\dfrac{\mathrm{d}y}{\mathrm{d}x}\right)^2}}$$

代入式 (10.18), 得

$$\frac{\mathrm{d}^2y}{\mathrm{d}x^2}=\frac{v\left(\cos\alpha\dfrac{\mathrm{d}y}{\mathrm{d}x}-\sin\alpha\right)}{u(x-a-vt\cos\alpha)}\sqrt{1+\left(\dfrac{\mathrm{d}y}{\mathrm{d}x}\right)^2}$$

综上得到一个二阶常微分方程初值问题模型

$$\begin{cases}y''=\dfrac{v(\cos\alpha y'-\sin\alpha)}{u(x-a-vt\cos\alpha)}\sqrt{1+(y')^2}\\ y(0)=0;\ y'(0)=0\end{cases}\tag{10.19}$$

其中: $a$, $u$, $v$, $\alpha$ 是已知参数.

**例 10.3**　一敌舰在某海域内沿正北方向航行时, 我方战舰恰好位于敌舰正西方向 100 km 处. 我舰向敌舰发射制导鱼雷, 敌舰速度为 42 km/h, 鱼雷速度是敌舰速度的两倍. 试问敌舰航行多远时将被击中?

**解**　这也是一个导弹追击问题, 因为鱼雷在追击过程中会始终指向敌舰. 由题意知敌舰的速度 $v=42$ km/h, 导弹的追击速度为 $\mu=84$ km/h, 在 $t=0$ 时, 两者所成夹角为 $\alpha=\pi/2$, 且敌方距我方 100 km. 下面用两种方法求解.

**方法 1**: 利用式 (10.17) 可得到导弹追击问题的一阶常微分方程组的初值问题模型

$$\begin{cases}\dfrac{\mathrm{d}x}{\mathrm{d}t}=f(t,x,y)=\dfrac{84|100-x|}{\sqrt{(42t-y)^2+(100-x)^2}} & (x(0)=0)\\ \dfrac{\mathrm{d}y}{\mathrm{d}t}=g(t,x,y)=\dfrac{84|42t-y|}{\sqrt{(42t-y)^2+(100-x)^2}} & (y(0)=0)\end{cases}$$

用改进的欧拉法求解, 取时间步长为 $h=0.000\,1$, 编写 MATLAB 程序如下:

```
function [t,x,y]=daodanzhuiji(x0,y0,f,g,h,a)
%本程序是用改进的Euler法求解导弹追踪问题
%t是时间
%(x,y)是导弹的位置, (x0,y0)是导弹的初始坐标
% f,g是方程组的两个导函数.
%h是时间步长
%a是导弹和敌舰的初始距离
 k=1;
 t(1)=0;x(1)=x0;y(1)=y0;%初始值
 while x<=a
     xp=x(k)+h*feval(f,t(k),x(k),y(k));
```

```
        yp=y(k)+h*feval(g,t(k),x(k),y(k));
        t(k+1)=k*h;
        xq=x(k)+h*feval(f,t(k+1),xp,yp);
        yq=y(k)+h*feval(g,t(k+1),xp,yp);
        x(k+1)=(xp+xq)/2;
        y(k+1)=(yp+yq)/2;
        k=k+1;
    end
    t=t(end);x=x(end);y=y(end);
```

在命令窗口输入

```
>> f=inline('84*abs(100-x)/sqrt((42*t-y)^2+(100-x)^2)','t','x','y');
>> g=inline('84*abs(42*t-y)/sqrt((42*t-y)^2+(100-x)^2)','t','x','y');
>> [t,x,y]=daodanzhuiji(0,0,f,g,0.0001,100)
```

回车, 输出答案

```
t =                    x =                    y=
      1.5873                100.0001               66.666 5
```

即敌舰在 1.587 3 h 后, 航行了 66.666 5 km 被击中.

**方法 2**: 利用式 (10.19) 可得到导弹追击问题的二阶微分方程初值问题模型

$$\begin{cases} y'' = \dfrac{\sqrt{1+(y')^2}}{2(100-x)} \\ y(0)=0; y'(0)=0 \end{cases} \tag{10.20}$$

直接用 MATLAB 中求解常微分方程的命令 dsolve 求解, 在命令窗口输入:

```
>> y=dsolve('D2y=sqrt(1+(Dy)^2)/2/(100-x)','y(0)=0,Dy(0)=0','x')
```

回车, 得到

```
y =
1/10*i*(-200/3-1/3*x)*(-100+x)^(1/2)-200/3, -1/10*i*(-200/3-1/3*x)*
(-100+x)^(1/2)+200/3
```

即微分方程 (10.20) 的解函数为

$$y = \frac{200}{3} + \frac{(x-100)(x+200)}{30}i \quad 或 \quad y = -\frac{200}{3} - \frac{(x-100)(x+200)}{30}i$$

当 $x=1$ 时, 易得 $y=\dfrac{200}{3}$ 或 $y=-\dfrac{200}{3}$(舍去). 所以敌舰在航行至 200/3 km 处被击中.

**例 10.4**　某军一导弹基地发现正北方向 120 km 处海面上有一艘敌艇以 90 km/h 的速度向正东方向行驶. 该基地立即发射导弹跟踪追击敌艇, 导弹速率为 450 km/h, 如果当基地发射导弹的同时, 敌艇立即由仪器发觉. 假定敌艇为高速快艇, 它即刻以 135 km/h 的速度与导弹方向成固定 60° 的方向逃逸, 问导弹何时何地击中敌艇?

**解**　这一题在方向上和模型有区别, 不妨以正北方为 $x$ 轴方向, 以正东方为 $y$ 轴方向建立坐标系, 则可以建立相同的微分方程模型. 由题意知敌舰的速度 $v=135$ km/h, 导弹的追击速度为 $\mu=450$ km/h, 在 $t=0$ 时, 两者所成夹角为 $\alpha=\pi/3$, 且敌方距我方 120 km.

这里仅选取一阶常微分方程组的初值问题模型求解, 由 (10.17) 得

$$\begin{cases} \dfrac{\mathrm{d}x}{\mathrm{d}t}=f(t,x,y)=\dfrac{450\left|120+\dfrac{135}{2}t-x\right|}{\sqrt{\left(\dfrac{135\sqrt{3}}{2}t-y\right)^2+\left(120+\dfrac{135}{2}t-x\right)^2}} & (x(0)=0) \\ \dfrac{\mathrm{d}y}{\mathrm{d}t}=g(t,x,y)=\dfrac{450\left|\dfrac{135\sqrt{3}}{2}t-y\right|}{\sqrt{\left(\dfrac{135\sqrt{3}}{2}t-y\right)^2+\left(120+\dfrac{135}{2}t-x\right)^2}} & (y(0)=0) \end{cases}$$

用改进的 Euler 法求解, 取时间步长为 $h=0.000\,1$, 编写 MATLAB 程序如下:

```
function [t,x,y]=daodanzhuiji_2(x0,y0,f,g,h,a,v,r)
%本程序是用改进的Euler法求解导弹追踪问题
%a是导弹和敌舰的初始距离
%v是舰艇的速度
%r是舰艇速度和导弹初始方向的夹角
 k=1;
 t(1)=0;x(1)=x0;y(1)=y0;%初始值
 while x<=a+v*t*cos(r)
     xp=x(k)+h*feval(f,t(k),x(k),y(k));
     yp=y(k)+h*feval(g,t(k),x(k),y(k));
     t(k+1)=k*h;
     xq=x(k)+h*feval(f,t(k+1),xp,yp);
     yq=y(k)+h*feval(g,t(k+1),xp,yp);
     x(k+1)=(xp+xq)/2;
     y(k+1)=(yp+yq)/2;
     k=k+1;
 end
 t=t(end);x=x(end);y=y(end);
```

在命令窗口输入

```
>> f=inline('450*abs(120+135*t/2-x)/sqrt((sqrt(3)*135*t/2-y)^2
     +(120+135*t/2-x)^2)','t','x','y');
>>g=inline('450*abs(sqrt(3)*135/2*t-y)/sqrt((sqrt(3)*135*t/2-y)^2
    +(120+135*t/2-x)^2)','t','x','y');
>>>> [t,x,y]=daodanzhuiji_2(0,0,f,g,0.001,120,135,pi/3)
```

回车, 输出答案

```
t =                    x =                  y=
     0.3370                 142.8199            39.3263
```

即敌舰在 0.273 7 h 后, 在距导弹基地向北 142.819 9 km、向东 39.326 3 km 的地方被击中. 追击过程的图形如图 10.15 所示.

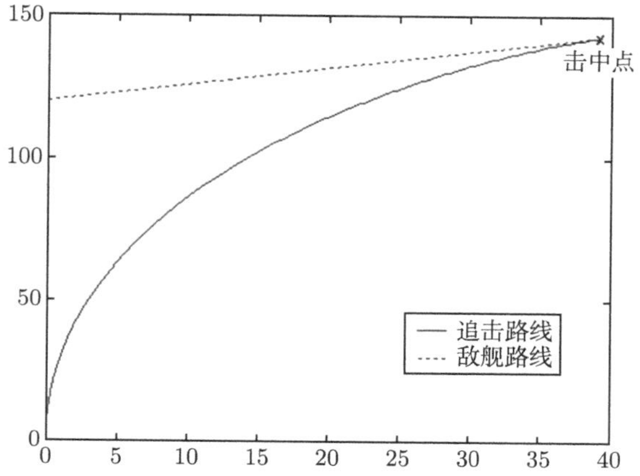


图 10.15　导弹追击示意图

## 10.8　主成分分析法的应用

主成分分析是把原来多个变量划为少数几个综合指标的一种统计分析方法, 从数学角度来看, 这是一种降维处理技术.

主成分分析计算一般有四个步骤, 下面简要介绍.

1. **计算相关系数矩阵**

$$\boldsymbol{R}=\begin{pmatrix} r_{11} & r_{12} & \cdots & r_{1p} \\ r_{21} & r_{22} & \cdots & r_{2p} \\ \vdots & \vdots & & \vdots \\ r_{p1} & r_{p2} & \cdots & r_{pp} \end{pmatrix} \tag{10.21}$$

在式 (10.21) 中, $r_{ij}(i,j=1,2,\cdots,p)$ 为原变量的 $x_i$ 与 $x_j$ 之间的相关系数, 其计算公式为

$$r_{ij}=\frac{\sum\limits_{k=1}^{n}(x_{ki}-\bar{x}_i)(x_{kj}-\bar{x}_j)}{\sqrt{\sum\limits_{k=1}^{n}(x_{ki}-\bar{x}_i)^2\sum\limits_{k=1}^{n}(x_{kj}-\bar{x}_j)^2}} \tag{10.22}$$

因为 $\boldsymbol{R}$ 是实对称矩阵 (即 $r_{ij}=r_{ji}$), 所以只需计算上三角元素或下三角元素即可.

2. 计算特征值与特征向量

首先解特征方程 $|\lambda I - R| = 0$, 通常用雅可比法 (Jacobi method) 求出特征值 $\lambda_i$ $(i = 1, 2, \cdots, p)$, 并使其按大小顺序排列, 即 $\lambda_1 \geqslant \lambda_2 \geqslant \cdots \geqslant \lambda_p \geqslant 0$; 然后分别求出对应于特征值 $\lambda_i$ 的特征向量 $\boldsymbol{e}_i$ $(i = 1, 2, \cdots, p)$, 这里要求 $\|\boldsymbol{e}_i\| = 1$, 即 $\sum\limits_{j=1}^{p} e_{ij}^2 = 1$, 其中 $e_{ij}$ 表示向量 $\boldsymbol{e}_i$ 的第 $j$ 个分量. 但更简单的是利用 MATLAB 函数 eig(A) 直接求出方阵 $\boldsymbol{A}$ 的所有特征值及其相应的特征向量.

3. 计算主成分贡献率及累计贡献率

主成分 $z_i$ 的贡献率为

$$\frac{\lambda_i}{\sum\limits_{k=1}^{p} \lambda_k} \quad (i = 1, 2, \cdots, p)$$

累计贡献率为

$$\frac{\sum\limits_{k=1}^{i} \lambda_k}{\sum\limits_{k=1}^{p} \lambda_k} \quad (i = 1, 2, \cdots, p)$$

一般取累计贡献率达 85%～95%的特征值 $\lambda_1, \lambda_2, \cdots, \lambda_m$ 所对应的第 1, 第 2, $\cdots$, 第 $m$ $(m \leqslant p)$ 个主成分.

4. 计算主成分载荷

其计算公式为

$$l_{ij} = p(z_i, x_j) = \sqrt{\lambda_i} e_{ij} \quad (i, j = 1, 2, \cdots, p) \tag{10.23}$$

得到各主成分的载荷以后, 还可以按照进一步计算, 得到各主成分的得分

$$\boldsymbol{Z} = \begin{pmatrix} z_{11} & z_{12} & \cdots & z_{1m} \\ z_{21} & z_{22} & \cdots & z_{2m} \\ \vdots & \vdots & & \vdots \\ z_{n1} & z_{n2} & \cdots & z_{nm} \end{pmatrix} \tag{10.24}$$

在 MATLAB 中实现主成分分析可以采取两种方式实现: 一是通过编程来实现; 二是直接调用 MATLAB 的统计分析工具箱中的主成分分析函数实现.

下面我们给出了 MATLAB 中主成分分析的函数, 如表 10.8 所示. (统计分析工具箱):

表 10.8　MATLAB 中主成分分析函数

| 函数名称 | 功能 | 使用格式 | 解释 |
| --- | --- | --- | --- |
| princomp | 主成分分析 | PC=princomp(X)<br>[PC,SCORE,latent,tsquare]=princomp(X) | 对数据矩阵 X 进行主成分分析 |
| pcacov | 运用协方差矩阵进行主成分分析 | PC=pcacov(X)<br>[PC,latent,explained]=pcacov(X) | 通过协方差矩阵 X 进行主成分分析 |
| pcares | 运用协方差矩阵进行主成分分析 | residuals=pcares(X,ndim) | 返回保留 X 的 ndim 个主成分所获的残差 |
| barttest | 主成分的巴特力特检验 | ndim=barttest(X,alpha)<br>[ndim,prob,chisquare]=barttest(X,alpha) | 巴特力特检验是一种等方差性检验 |

读者有兴趣可以查看 MATLAB 中的帮助文件来学习主成分分析法的编程实现, 也可以自己尝试用本章学过的方法编程实现. 更推荐使用 MATLAB 的统计分析工具箱并结合编程来实现.

# 部分习题答案

## 习题 1

**1**. $\delta$　**2**. $0.02n$　**3**. $\dfrac{\delta}{\ln x}$　**4**. 0.1%　**5**. 3; 0.001 3; 0.000 41

**6**. 5, 2, 5, 1　**7**. 3　**8**. 略　**9**. 55.982, 0.017 863　**10**. 略　**11**. $\dfrac{1}{(3+2\sqrt{2})^3}$ 最好

**12**. $\dfrac{1}{2}\times 10^8$, 不稳定　**13**. $f(x)=\{[(2x-3)x+1]x-7\}x+2$　**14**. 略

**15**. (1) 特征值 $\pm i$, 特征向量 $(1,\pm i)^{\mathrm{T}}$, 谱半径 1, 行列式 1, 迹 0

(2) 特征值 $-1,1,1$, 特征向量 $(1,0,-1)^{\mathrm{T}}\,(1,0,1)^{\mathrm{T}}, (0,-1,0)^{\mathrm{T}}$, 谱半径 $\sqrt{2}$, 行列式 $-1$, 迹 1

(3) 特征值 $1,1,5$, 特征向量 $(-1,1,0)^{\mathrm{T}}\,(-1,0,1)^{\mathrm{T}}, (1,2,1)^{\mathrm{T}}$, 谱半径 5, 行列式 5, 迹 7

**16**. 都不一定, 可举反例　**17**. $\boldsymbol{A}^{\mathrm{T}}, \boldsymbol{A}^2$ 正定　18. 当 $-2<t<2$ 时, $\boldsymbol{A}$ 为否定

**19**. $|a|+|b\}<3, |a|<1.5$; 图略

**20**. (1) 不构成内积;　(2) 构成内积

**21**. (1) 5,5,5　(2) $2+\sqrt{5}, 3, 3.146\ 3$　(3) $|a|\,|a|, 1$　22.~24. 略

**25**. (1) $1, \dfrac{1}{4}\dfrac{1}{\sqrt{7}}$　(2) cos1+ch1,sin1+sh1, $\sqrt{\dfrac{1}{4}(\sin 2+\mathrm{sh}2)+\cos 1\mathrm{sh}1+\mathrm{ch}1\sin 1+1}$

## 习题 2

**1**. $\left(\dfrac{1}{e}-1\right)x+1, 0.125$　**2**. 均为 $\dfrac{5}{6}x^2+\dfrac{3}{2}x-\dfrac{7}{3}$　**3**. $-0.620\ 219, -0.616\ 839$

**4**. 提示: 注意到 $L_1(x)=0$, 考察 $|f(x)-L_1(x)|=|R_1(x)|=\dfrac{1}{2}|f''(\xi)(x-a)(x-b)|$

**5**.
$$\begin{aligned}N_4(x)=&4-3(x-1)+\frac{5}{6}(x-1)(x-2)-\frac{7}{60}(x-1)(x-2)(x-4)\\&+\frac{1}{180}(x-1)(x-2)(x-4)(x-6)\\R_4(x)=&\frac{f^{(5)}(\xi)}{5!}(x-1)(x-2)(x-4)(x-6)(x-7),\ \xi\in(\min(x,1),\max(x,7))\end{aligned}$$

**6**. $h\leqslant 0.006\ 6$　**7**. 161, 282 2, 1, 0　**8**. 0　**9**. 略　**10**. 0.232 0　**11**. 0.998 9

**12**. $x^3-x^2+x$　**13**. $\dfrac{1}{4}x^2(x-3)^2$

**14**.
$$\begin{aligned}P(x)=&f(x_0)+f'(x_0)(x-x_0)+\frac{1}{2}f''(x_0)(x-x_0)^2\\&+\left[\frac{f[x_0,x_1]-f'(x_0)}{x_1-x_0}-\frac{1}{2}f''(x_0)\right]\frac{(x-x_0)^3}{x_1-x_0}\end{aligned}$$

## 习题 3

**1**. 由于

$$(1,x)=\int_{-1}^{1}x\mathrm{d}x=0,\ \left(1,x^2-\frac{1}{3}\right)=\int_{-1}^{1}(x^2-\frac{1}{3})\mathrm{d}x=0$$

$$\left(x,x^2-\frac{1}{3}\right)=\int_{-1}^{1}x\left(x^2-\frac{1}{3}\right)\mathrm{d}x=0$$

所以函数 $1, x, x^2-\dfrac{1}{3}$ 在 [-1,1] 上两两正交

设 $P_3(x)=a_0+a_1x+a_2x^2+a_3x^3, x\in[-1,1]$, 且其与 $1,x,x^2-\dfrac{1}{3}$ 都正交, 故应满足

$$(1,p_3(x))=\int_{-1}^{1}(a_0+a_1x+a_2x^2+a_3x^3)\mathrm{d}x=2a_0+\frac{2}{3}a_2=0$$

$$(x,p_3(x))=\int_{-1}^{1}(a_0x+a_1x^2+a_2x^3+a_3x^4)\mathrm{d}x=\frac{2}{3}a_1+\frac{2}{5}a_3=0$$

$$\left(x^2-\frac{1}{3},p_3(x)\right)=\int_{-1}^{1}\left(x^2-\frac{1}{3}\right)(a_0+a_1x+a_2x^2+a_3x^3)\mathrm{d}x=\left(\frac{2}{5}-\frac{2}{9}\right)a_2=0$$

解得 $a_0=0, a_1=-\dfrac{3}{5}a_3, a_2=0, a_3$ 任意非零常数, $P_3(x)$ 有无穷多个. 特别取 $a_3=1$, 则

$$P_3(x)=x^3-\frac{3}{5}x$$

**2.~3.** 略

**4.** 由 $P_0(x)=1, P_1(x)=x, P_2(x)=\dfrac{1}{2}(3x^2-1)$, 得

$$(f,P_0)=\int_{-1}^{1}x^4\mathrm{d}x=\frac{2}{5},\quad (f,P_1)=\int_{-1}^{1}x^4\cdot x\mathrm{d}x=0$$

$$(f,P_2)=\int_{-1}^{1}x^4\cdot\frac{1}{2}(3x^2-1)\mathrm{d}x=\frac{8}{35}$$

又由 $a_k^*=\dfrac{2k+1}{2}(f,P_k)\ (k=0,1,2)$, 得

$$a_0^*=\frac{1}{2}(f,P_0)=\frac{1}{5},\quad a_1^*=\frac{3}{2}(f,P_1)=0,\quad a_2^*=\frac{5}{2}(f,P_2)=\frac{4}{7}$$

故 $f(x)=x^4$ 在 $[-1,1]$ 上的二次最佳平方逼近多项式为

$$\varPhi_2^*(x)=\frac{1}{5}+\frac{4}{7}\times\frac{1}{2}(3x^2-1)=\frac{6}{7}x^2-\frac{3}{35}$$

平方逼近误差

$$\|\delta\|_2^2=\|f\|_2^2-\sum_{k=0}^{2}\frac{2}{2k+1}(a_k^*)^2=\int_{-1}^{1}x^8\mathrm{d}x-\left[2\times(\frac{1}{5})^2+\frac{2}{5}(\frac{4}{7})^2\right]\approx 0.011\ 609\ 977$$

**5.** $\arctan x\approx 0.042\ 54+0.791\ 6x$

**6.** $S(t)=22.253\ 76t-7.855\ 048$

**7.** $y(x)=0.972\ 604\ 6+0.050\ 035\ 1x^2$

**8.** $y(x)=1.638+3.352x$

## 习题 4

**1. 分析** 求解求积公式的代数精度时, 应根据代数精度的定义, 即求积公式对于次数不超过 $m$ 的多项式均能准确地成立, 但对于 $m+1$ 次多项式就不准确成立, 进行验证性求解.

(1) $A_0=-\dfrac{4}{3}h, A_1=\dfrac{8}{3}h, A_{-1}=\dfrac{8}{3}h$, 具有 3 次代数精度

(2) $a=\dfrac{1}{12}$, 具有 3 次代数精度

(3) $\begin{cases}x_1=-0.289\ 9\\x_2=0.526\ 6\end{cases}$ 或 $\begin{cases}x_1=0.689\ 9\\x_2=0.126\ 6\end{cases}$, 具有 2 次代数精度

**2**. 略

**3**. $S = 0.632\ 33$, 误差为 $|R(f)| \leqslant 0.000\ 35, \eta \in (0,1)$

**4**. 略

**5**. (1) 复化梯形公式为 $T_8 = \dfrac{h}{2}\left[f(a) + 2\sum_{k=1}^{7} f(x_k) + f(b)\right] = 0.111\ 40$

复化辛普森公式为 $S_8 = \dfrac{h}{6}\left[f(a) + 4\sum_{k=0}^{7} f\left(x_{k+\frac{1}{2}}\right) + 2\sum_{k=1}^{7} f(x_k) + f(b)\right] = 0.111\ 57$

(2) 复化梯形公式为 $T_{10} = \dfrac{h}{2}\left[f(a) + 2\sum_{k=1}^{9} f(x_k) + f(b)\right] = 1.391\ 48$

复化辛普森公式为 $S_{10} = \dfrac{h}{6}\left[f(a) + 4\sum_{k=0}^{9} f(x_{k+\frac{1}{2}}) + 2\sum_{k=1}^{9} f(x_k) + f(b)\right] = 1.454\ 71$

(3) 复化梯形公式为 $T_4 = \dfrac{h}{2}\left[f(a) + 2\sum_{k=1}^{3} f(x_k) + f(b)\right] = 17.227\ 74$

复化辛普森公式为 $S_4 = \dfrac{h}{6}\left[f(a) + 4\sum_{k=0}^{3} f(x_{k+\frac{1}{2}}) + 2\sum_{k=1}^{3} f(x_k) + f(b)\right] = 17.322\ 22$

(4) 复化梯形公式为 $T_6 = \dfrac{h}{2}\left[f(a) + 2\sum_{k=1}^{5} f(x_k) + f(b)\right] = 1.035\ 62$

复化辛普森公式为 $S_6 = \dfrac{h}{6}\left[f(a) + 4\sum_{k=0}^{5} f(x_{k+\frac{1}{2}}) + 2\sum_{k=1}^{5} f(x_k) + f(b)\right] = 1.035\ 77$

**6**. 采用复化梯形公式时, 将区间 213 等分时可以满足误差要求; 采用复化辛普森公式时, 将区间 8 等分时可以满足误差要求

**7**. 其几何意义为: $f''(x) > 0$ 为下凸函数, 梯形面积大于曲边梯形面积

**8**. (1)$I \approx 10.207\ 592\ 2$　(2)$I = 0.713\ 727$　(3)$I \approx 0$

**9**. 用 $n = 2$ 的高斯–勒让德公式计算积分 $I \approx 10.948\ 4$; 用 $n = 3$ 的高斯–勒让德公式计算积分 $I \approx 10.950\ 14$

**10**. 人造卫星轨道的周长为 48 708 km

**11**. $\pi \approx 3.141\ 58$

**12**. (1) 采用龙贝格方法可得 $I \approx 1.098\ 613$

(2) 采用高斯公式时, 利用三点高斯公式, 则 $I \approx 1.098\ 039$, 利用五点高斯公式, 则 $I \approx 1.098\ 609$

(3) 采用复化两点高斯公式 $I \approx 1.098\ 538$

**13**. $\begin{cases} \varphi(x_0) = -0.247 \\ \varphi(x_1) = -0.217 \\ \varphi(x_2) = -0.187 \end{cases}$

## 习题 5

**1**. (1) $x = (-4, 1, 2)^{\mathrm{T}}$

(2) $\boldsymbol{x} = (6.165\ 7, 6.019\ 1, -1.089\ 3)^{\mathrm{T}}$

**2**. (1) $\boldsymbol{x} = (1.2, 2, -1.4)^{\mathrm{T}}$　(2) $\boldsymbol{x} = (-3.3, -1.6, 0.4, -0.6)^{\mathrm{T}}$

**3**. (1) $\boldsymbol{L}=\begin{pmatrix}1&&\\2&1&\\-1&2&1\end{pmatrix}$, $\boldsymbol{U}=\begin{pmatrix}2&2&3\\&3&1\\&&6\end{pmatrix}$

(2) $\boldsymbol{L}=\begin{pmatrix}1&&\\-0.5&1&\\1.5&7&1\end{pmatrix}$, $\boldsymbol{U}=\begin{pmatrix}2&-3&-2\\&0.5&-3\\&&28\end{pmatrix}$

**4**. (1) $\boldsymbol{x}=(1,2,3)^{\mathrm{T}}$ (2) $\boldsymbol{x}=(1,1,2,2)^{\mathrm{T}}$

**5**. (1) $\boldsymbol{x}=(-2.25,4,2)^{\mathrm{T}}$ (2) $\boldsymbol{x}=(11,3,-3,-1)^{\mathrm{T}}$

**6**. (1) $\boldsymbol{x}=(1,-1,1,-1,1)^{\mathrm{T}}$ (2) $\boldsymbol{x}=(50,100,150,100,50)^{\mathrm{T}}$

**7**. $\mathrm{cond}_\infty(\boldsymbol{A})=\dfrac{21}{5}$, $\mathrm{cond}_1(\boldsymbol{A})=\dfrac{21}{5}$, $\mathrm{cond}_2(\boldsymbol{A})=3$

**8**. 略

**9**. (1) $\boldsymbol{x}=(4,3)^{\mathrm{T}}, \boldsymbol{x}+\delta\boldsymbol{x}=(8,6)^{\mathrm{T}}$

(2) $\dfrac{\|\delta\boldsymbol{x}\|_\infty}{\|\boldsymbol{x}\|_\infty}\leqslant 1.274$, $\|\delta\boldsymbol{x}\|_\infty\leqslant 1.274\,\|\boldsymbol{x}\|_\infty\leqslant 5.10$, 实际计算 $\|\delta\boldsymbol{x}\|_\infty=4$ 比理论估计值略小, 这是合理的

## 习题 6

**1**. $\boldsymbol{x}=(2.999\,996, 3.999\,996, -4.999\,999)^{\mathrm{T}}$

**2**. $\boldsymbol{x}=(3.000\,002, 1.999\,999, 0.999\,993)^{\mathrm{T}}$

**3**. 雅可比迭代法: $\boldsymbol{x}^{(1)}=(0.333\,333, 0.000\,000, 0.571\,43)^{\mathrm{T}}$, 58 次

高斯–赛德尔法: $\boldsymbol{x}^{(0)}=(0.333\,33, -0.833\,33, 0.785\,71)^{\mathrm{T}}$, 25 次

**4**. 略

**5**. 雅可比迭代法发散, 高斯–赛德尔迭代法收敛

**6**. 雅可比迭代法收敛, 高斯–赛德尔迭代法发散

**7**. 调整方程位置, (1) 到 (2), (2) 到 (3),(3) 到 (1), 调整后系数矩阵严格对角占优, 均收敛

## 习题 7

**1**. 略

**2**. 6 次 **3**. 10 次.

**4**. (1) 与初值有关 (2) 收敛 (3) 发散 (4) 发散

**5**.~**6**. 略

**7**. (1) 二阶收敛 (2) 三阶收敛

**8**. (1) 能 (2) 不能, 比如 $x=\dfrac{\ln(4-x)}{ln2}$

**9**. 提示: 证明 $\varphi'(\sqrt[m]{a})=\varphi''(\sqrt[m]{a})=0$ 即可

**10**. **分析** 两曲线相切, 在切点处曲线函数相等, 导数值相等, 根据这些条件可列出切点横坐标应满足的关系式, 然后用迭代法求解

**解** $y=x^2$ 的导数为 $y'=2x$; $y^2+(x-8)^2=R^2$ 的导数 $y'$ 满足 $2yy'+2(x-8)=0$, 故由两曲线相切的条件, 可得

$$4x^2\cdot x+2(x-8)=0$$

即 $2x^3+x-8=0$

令 $f(x)=2x^3+x-8$, 则 $f(1)<0$, $f(2)>0$, 因此 $f(x)=0$ 在 $(1,2)$ 内有根. 又在 $(1,2)$ 内 $f'(x)=6x^2+1>0$, 所以 $f(x)=0$ 仅有一个根. 构造迭代格式

$$x_{k+1}=[(8-x_k)/2]^{1/3}\quad(k=0,1,2\cdots)$$

取 $x_0=\frac{1}{2}(1+2)=1.5$, 计算结果如下

$$x_0=1.5,\quad x_1=1.481248,\quad x_2=1.482671,\quad x_3=1.482563$$

由于 $|x_3-x_2|=0.000108<\frac{1}{2}*10^{-3}$, 故取 $x^*\approx x_3=1.483$, 即可保证有 4 位有效数字. 即两曲线切点的横坐标为 1.483

**11.～14.** 略

## 习题 8

**1.** (1) $y_{n+1}=y_n+h\left(\frac{y_n^2}{x_n^2}+\frac{y_n}{x_n}\right)=y_n+0.2\times\left(\frac{y_n^2}{x_n^2}+\frac{y_n}{x_n}\right)$

(2) $y_{n+1}=y_n+hy_n'=y_n+h(x_n^2-y_n^2)=y_n+0.2\times(x_n^2-y_n^2)$

**2.** 欧拉格式

$$y_{n+1}=y_n+hy_n'=y_n+h\left(\frac{1}{1+x_n^2}-2y_n^2\right)=y_n+0.2\times\left(\frac{1}{1+x_n^2}-2y_n^2\right)$$

化简后, $y_{n+1}=y_n-0.4y_n^2+\frac{0.2}{1+x_n^2}$, 计算结果略

**3.** 四阶经典的龙格–库塔方法公式: $\begin{cases}y_{n+1}=y_n+\frac{h}{6}(K_1+2K_2+2K_3+K_4)\\K_1=f(x_n,y_n)\\K_2=f(x_{n+\frac{1}{2}},y_n+\frac{h}{2}K_1)\\K_3=f(x_{n+\frac{1}{2}},y_n+\frac{h}{2}K_2)\\K_4=f(x_{n+1},y_n+hK_3)\end{cases}$

列表求得 $y(0.4)$ 如表 1 所示:

**表 1　计算结果 (1)**

| $n$ | $x_n$ | $y_n$ |
|---|---|---|
| 0 | 0.0 | 2.0000 |
| 1 | 0.2 | 2.3004 |
| 2 | 0.4 | 2.4654 |

**4.** (1) 欧拉法　$y_{n+1}=y_n+h(-y_n-x_ny_n^2)$

改进欧拉法

$$y_{n+1}=y_n+\frac{h}{2}((-y_n-x_ny_n^2)+(-y_n-h(-y_n-x_ny_n^2)-x_{n+1}(y_n+h(-y_n-x_ny_n^2))^2))$$

经典龙格–库塔法
$$\begin{cases} y_{n+1} = y_n + \dfrac{1}{6}(K_1 + 2K_2 + 2K_3 + K_4) \\ K_1 = h(-y_n - x_n y_n^2) \\ K_2 = h\left[-y_n + \dfrac{1}{2}K_1 - \left(x_n + \dfrac{h}{2}\right)\left(y_n + \dfrac{1}{2}K_1\right)^2\right] \\ K_3 = h\left[-y_n + \dfrac{1}{2}K_2 - \left(x_n + \dfrac{h}{2}\right)\left(y_n + \dfrac{1}{2}K_2\right)^2\right] \\ K_4 = h\left(-y_n + K_3 - (x_n + h)(y_n + K_3)^2\right) \end{cases}$$

计算结果如表 2 所示.

**表 2 计算结果 (2)**

| $x$ | 欧拉法 | 改进欧拉法 | 经典龙格–库塔法 |
|---|---|---|---|
| 0 | 1 | 1 | 1 |
| 0.2 | 0.8 | 0.807 2 | 0.804 636 |
| 0.4 | 0.614 4 | 0.636 118 | 0.631 465 |
| 0.6 | 0.461 321 | 0.495 044 | 0.489 198 |
| 0.8 | 0.343 519 | 0.383 419 | 0.377 225 |
| 1 | 0.255 934 | 0.296 974 | 0.291 009 |

(2) 同上可得初值问题 $y' = xe^y, y(0) = 1, 0 \leqslant x \leqslant 1$ 的近似解 ($h$ =0.2) 的结果如表 3 所示.

**表 3 计算结果 (3)**

| $x$ | 欧拉法 | 改进欧拉法 | 经典龙格–库塔法 |
|---|---|---|---|
| 0 | 1 | 1 | 1 |
| 0.2 | 1 | 1.054 37 | 1.055 91 |
| 0.4 | 1.108 73 | 1.240 54 | 1.245 25 |
| 0.6 | 1.351 17 | 1.652 39 | 1.672 18 |
| 0.8 | 1.814 61 | 2.746 7 | 3.02846 |
| 1 | 2.796 79 | 22.884 8 | 1.087 7*$10^{26776}$ |

(3) 同上可得结果如表 4 所示.

**表 4 计算结果 (4)**

| $x$ | 欧拉法 | 改进欧拉法 | 经典龙格–库塔法 |
|---|---|---|---|
| 0 | 1 | 1 | 1 |
| 0.2 | 0.8 | 0.800 133 | 0.800 064 |
| 0.4 | 0.600 266 | 0.601 274 | 0.600982 |
| 0.6 | 0.402 329 | 0.405 427 | 0.404754 |
| 0.8 | 0.208 935 | 0.215 543 | 0.214342 |
| 1 | 0.023 676 7 | 0.0352 096 | 0.0333 587 |

**5**. 两种方法都是 $y(0.1) = y_1 = 1$

**6**. $a = 1, b = 0, \lambda = \dfrac{3}{2}$, 主项: $\dfrac{5}{12}h^3 y'''(x_n)$, 该方法是二阶的

**7**. 略

**8**. 先用四阶经典龙格–库塔法计算 $y_1, y_2, y_3$, 得

$$y_1 = 0.832783, \quad y_2 = 0.723067, \quad y_3 = 0.660429$$

然后用四阶亚当斯显示公式计算, 得

$$y_4 = 0.636466, \quad y_5 = 0.643976$$

**9**. 令 $x_k = -1 + 0.1k(k = 0, 1, \cdots, 10)$, 先用经典四阶龙格–库塔法计算 $y_1, y_2, y_3$, 然后用亚当斯外推公式和预测–校正公式分别计算其他值, 计算结果如表 5 所示.

**表 5　计算结果 (5)**

| $k$ | $x_k$ | 龙格–库塔法 | 亚当斯预测 | 亚当斯校正 |
|---|---|---|---|---|
| 0 | −1.0 | 0.000 000 | | |
| 1 | −0.9 | 0.090 047 | | |
| 2 | −0.8 | 0.160 727 | | |
| 3 | −0.7 | 0.213 483 | | |
| 4 | −0.6 | | 0.250 472 | 0.250 360 |
| 5 | −0.5 | | 0.273 854 | 0.273 760 |
| 6 | −0.4 | | 0.286 270 | 0.286 203 |
| 7 | −0.3 | | 0.290 235 | 0.290 193 |
| 8 | −0.2 | | 0.288 161 | 0.288 140 |
| 9 | −0.1 | | 0.282 331 | 0.282 325 |
| 10 | 0.0 | | 0.274 891 | 0.274 893 |

**10**. $a = \frac{1}{3}, b = \frac{4}{3}, c = \frac{1}{3}$

## 习题 9

**1**. (1) 初始值 $(1,1,1)^{\mathrm{T}}$; 迭代次数 12 次; 主特征值的迭代值: 58.260 925 807 004 85, 主特征向量的迭代向量 $(0.041\ 694\ 470\ 005\ 20, 1.000\ 000\ 000\ 000\ 00, 0.059\ 178\ 402\ 158\ 50)^{\mathrm{T}}$; 相邻两次迭代的误差为 6.804 534 288 787 500e − 006, 故迭代序列收敛

(2) 初始值 $(1,1,1)^{\mathrm{T}}$; 最大迭代次数 100 次; 主特征值的迭代值: 9.000 134 369 672 96, 主特征向量的迭代向量 $(0.958\ 178\ 234\ 834\ 75, -1.000\ 000\ 000\ 000\ 00, -0.063\ 651\ 893\ 093\ 30)^{\mathrm{T}}$; 相邻两次迭代的误差为 2.743 865 089 428 58, 故迭代序列发散

**2**. (1) 初始值 $(2,0,1)^{\mathrm{T}}$; 迭代次数 5 次; 主特征值的迭代值: 8.263 9, 主特征向量的迭代向量 $(0.76\ 92, -0.091\ 2, 1.000\ 0)^{\mathrm{T}}$; 相邻两次迭代的误差为 3.115 9e − 005, 故迭代序列收敛

(2) 初始值 $(2,0,1)^{\mathrm{T}}$; 迭代次数 5 次; 主特征值的迭代值: 4.418 9, 主特征向量的迭代向量 $(1.000\ 0, 0.286\ 7, 0.520\ 3)^{\mathrm{T}}$; 相邻两次迭代的误差为 6.850 8e − 006, 故迭代序列收敛

**3**. 取初始值 $(1,1,1)^{\mathrm{T}}$, 迭代 10 次, 主特征值的迭代值: 4, 主特征向量的迭代向量 $(0.400\ 059, 0.600\ 039, 1)^{\mathrm{T}}$

**4**. $$\begin{pmatrix} -92.000\ 0 & 100.055\ 0 & 0 & 0 & 0 & 0 \\ 100.055\ 0 & -69.713\ 1 & -84.142\ 1 & 0 & 0 & 0 \\ 0 & -84.142\ 1 & 57.029\ 1 & 45.693\ 1 & 0 & 0 \\ 0 & 0 & 45.693\ 1 & 5.205\ 8 & -43.050\ 4 & 0 \\ 0 & 0 & 0 & -43.050\ 4 & -19.365\ 8 & -33.656\ 0 \\ 0 & 0 & 0 & 0 & -33.656\ 0 & 137.844\ 1 \end{pmatrix}$$

**5**. $\begin{pmatrix} 67.0000 & -12.0000 & 34.0000 & -12.0000 & 17.0000 & -51.0000 \\ -71.6310 & 37.3896 & 62.7838 & 49.5257 & -7.2942 & -6.9492 \\ 0 & -145.2941 & 125.3916 & -29.3938 & 21.9498 & -76.3932 \\ 0 & 0 & -113.3438 & -111.0135 & -17.0401 & 7.3187 \\ 0 & 0 & 0 & 150.7556 & 138.8595 & 17.2687 \\ 0 & 0 & 0 & 0 & -12.7313 & -204.6272 \end{pmatrix}$

**6**. 略

**7**. (1)

```
>>B = [-11 2 15;2 58 3;15 3 -3]; [V,D] = eig(B)
V=

     0.792 8     0.608 1   0.041 6
     0.003 0   -0.072 1   0.997 4
    -0.609 5     0.790 6   0.059 0

D=

    -22.524 9          0          0
            0    8.264 0          0
            0          0   58.260 9
```

(2)

```
>>A=[-5 2 17;2 -8 3;3 3 -3]; [V,D] = eig(A,'nobalance')
V=

    1.000 0    0.851 9 - 0.148 1i     0.851 9 + 0.148 1i
    0.286 7   -0.3978 - 0.208 5i    -0.397 8 + 0.208 5i
    0.520 3   -0.2056 + 0.119 9i    -0.205 6 - 0.119 9i

D=

    4.4189                    0                        0
         0   -10.209 5 + 0.998 2i                      0
         0                    0     -10.209 5 - 0.998 2i
```